U0720952

国家生物安全出版工程

国家生物安全出版工程

——总主编 李生斌 沈百荣——

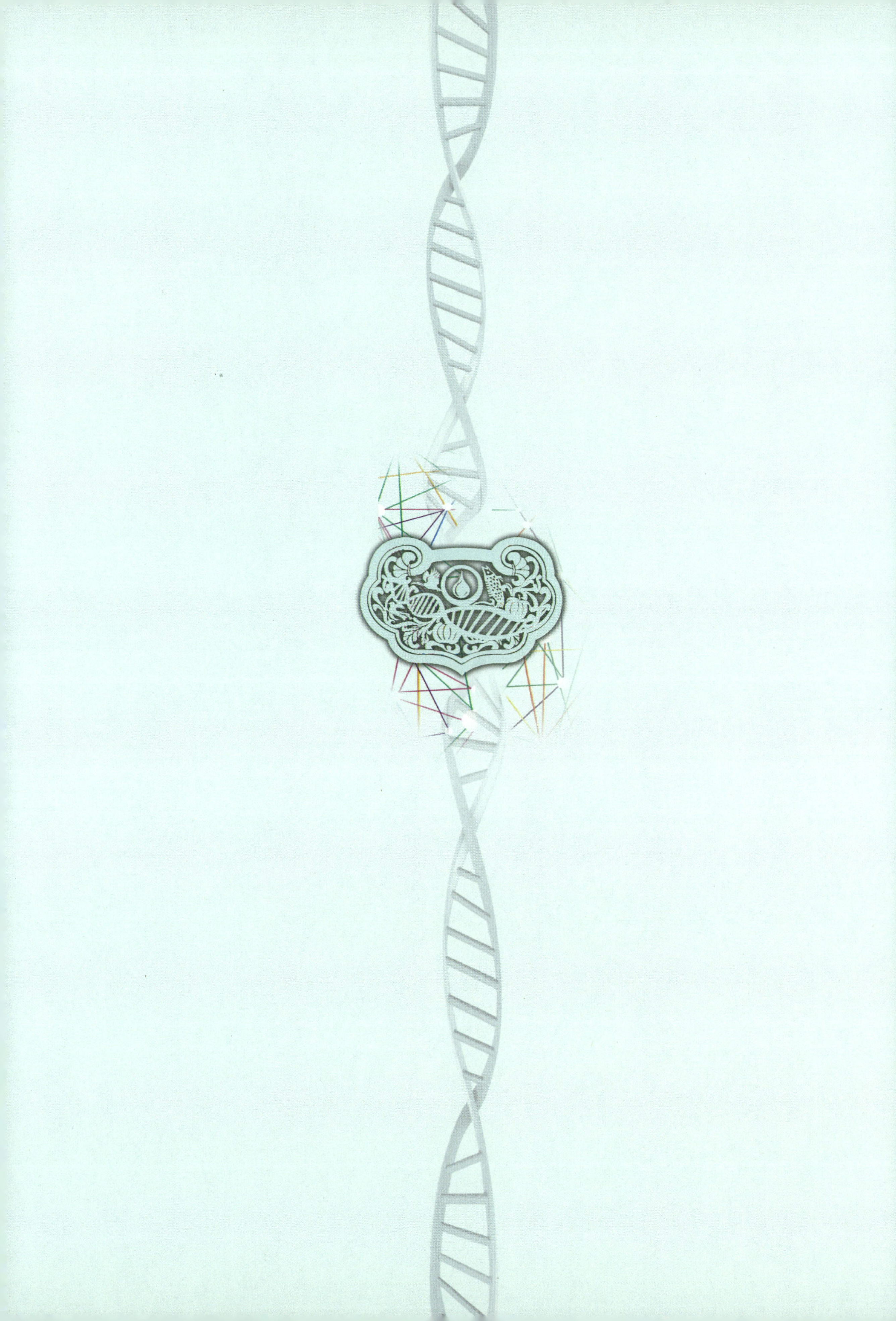

国家生物安全出版工程

—— 总主编 李生斌 沈百荣 ——

生物安全证据技术

主　编 李生斌 常洪龙
副主编 高树辉 朱永生 成 诚

图书在版编目(CIP)数据

生物安全证据技术 / 李生斌，常洪龙主编. — 西安 ：西安交通大学出版社，2023.12
国家生物安全出版工程
ISBN 978-7-5693-3607-8

Ⅰ.①生…　Ⅱ.①李…　②常…　Ⅲ.①生物工程—安全科学—研究　Ⅳ.①Q81

中国国家版本馆 CIP 数据核字(2023)第 242082 号

SHENGWU ANQUAN ZHENGJU JISHU

书　　名　生物安全证据技术
主　　编　李生斌　常洪龙
责任编辑　李　晶　秦金霞　肖　眉
责任印制　张春荣　刘　攀
责任校对　张永利

出版发行　西安交通大学出版社
(西安市兴庆南路 1 号　邮政编码 710048)
网　　址　http://www.xjtupress.com
电　　话　(029)82668357　82667874(市场营销中心)
(029)82668315(总编办)
传　　真　(029)82668280
印　　刷　西安五星印刷有限公司

开　　本　787mm×1092mm　1/16　**印张**　19.75　**字数**　416 千字
版次印次　2023 年 12 月第 1 版　2023 年 12 月第 1 次印刷
书　　号　ISBN 978-7-5693-3607-8
定　　价　228.00 元

如发现印装质量问题，请与本社市场营销中心联系。
订购热线：(029)82665248　(029)82667874
投稿热线：(029)82668805

国家生物安全出版工程

编撰委员会

参编单位

（以音序排列）

安徽大学
安徽科技学院
百码科技（深圳）有限公司
北京大学
北京航空航天大学
北京警察学院
北京市公安局
滨州医学院
长安先导集团
重庆市公安局
重庆医科大学
大连理工大学
复旦大学
广东省毒品实验技术中心
广州市第八人民医院
广州市公安局
广州医科大学
贵州医科大学
国家生物安全证据基地
国家卫生健康委法医学重点实验室
海南大学
海南医学院
海南政法职业学院
杭州锘崴信息科技有限公司
河北大学
河北医科大学
华大基因
华壹健康技术有限公司
华壹健康医学检验实验室有限公司
华中科技大学
济宁医学院
暨南大学
嘉兴南湖学院
江苏大学
精密微纳制造技术全国重点实验室
空天微纳系统教育部重点实验室
昆明医科大学
南京医科大学
南通大学
宁波市公安局
清华大学
山东第一医科大学
山东农业大学
山西医科大学
陕西省司法鉴定学会
陕西省医学会
陕西省医学会生物安全分会
上海交通大学

上海市公安局
深圳大学
深圳华大基因科技有限公司
深圳市公安局
司法鉴定科学研究院
四川大学
四川大学华西医院
四川省公安厅
苏州大学
西安城市发展(集团)有限公司
西安交通大学
西安交通大学学报(医学版)第九届编辑委员会
西安人才集团
西安市第三医院
西安市公安局
西安碳桢科技有限公司
西北工业大学
香港城市大学
新乡医学院
烟台大学
烟台市公安局
烟台市公共卫生临床中心
烟台业达医院
扬州大学
云南大学
云南省公安厅
浙江大学
浙江警察学院
中国电子技术标准化研究院
中国法医学会
中国疾病预防控制中心
中国科学院
中国科学院大学
中国人民公安大学
中国人民解放军军事科学院
中国人民解放军军事医学科学院
中国人民解放军空军军医大学
中国刑事警察学院
中国研究型医院学会
中国医科大学
中国医学科学院
中国政法大学
中华人民共和国公安部
中华人民共和国最高人民法院
中华人民共和国最高人民检察院
中南大学
中山大学
珠海市人民医院

《生物安全证据技术》

编委会

主　编

李生斌　常洪龙

副主编

高树辉　朱永生　成　诚

编　委

（按姓氏笔画排序）

王　健　国家生物安全证据基地

王海容　精密微纳制造技术全国重点实验室

成　诚　国家卫生健康委法医学重点实验室
　　　　国家生物安全证据基地

朱永生　西安交通大学

朱德芹　西安交通大学

刘少文　西安交通大学

李　晶　西安交通大学

李小明　西安交通大学精准医学研究院

李生斌　国家卫生健康委法医学重点实验室
　　　　国家生物安全证据基地

李魏强　西安碳桢科技有限公司

张　磊　陕西省医学会
张生谦　山东省烟台市公安局经济技术开发区分局
张效礼　中华人民共和国司法部公共法律服务管理局
张瑞荣　西北工业大学机电学院
空天微纳系统教育部重点实验室
张德文　国家生物安全证据基地
苑曦宸　西北工业大学机电学院
空天微纳系统教育部重点实验室
帕维尔·诺伊茨尔　西北工业大学机电学院
空天微纳系统教育部重点实验室
周颖琳　北京大学化学与分子工程学院
赵海涛　西北工业大学机电学院
空天微纳系统教育部重点实验室
姜乃乾　西北工业大学机电学院
空天微纳系统教育部重点实验室
高树辉　中国人民公安大学
常　辽　西安交通大学
常洪龙　西北工业大学机电学院
空天微纳系统教育部重点实验室
焦得钊　西北工业大学机电学院
空天微纳系统教育部重点实验室
曾　文　西北工业大学机电学院
空天微纳系统教育部重点实验室
虞益挺　西北工业大学机电学院
空天微纳系统教育部重点实验室
赫　培　西北工业大学机电学院
空天微纳系统教育部重点实验室
管培中　烟台业达医院
熊子军　西安交通大学

国家生物安全出版工程

丛书总策划

刘夏丽

丛书总编辑

刘夏丽　李　晶　赵文娟

丛书编辑

刘夏丽　李　晶　赵文娟

秦金霞　张沛烨　郭泉泉

肖　眉　张永利　张家源

序　一

FOREWORD

生物安全关注并解决全球、国家和地方规模的相关难题。这种跨学科的生物安全政策和科学方法，建立在人类、动物、植物和环境健康之间相互联系之上，以有效预防和减轻生物安全风险影响；同时提供一个综合视角和科学框架，来解决许多超越健康、农业和环境传统界限的生物安全风险。

面对全球生物安全风险的不断演变，我国政府高度重视生物安全体系建设，将生物安全纳入国家安全战略，积极推进多学科交叉整合和相关法律法规的制定与完善。生物安全内容涵盖了人类学、动物学、微生物学、植物学、基因组学、信息学、法医学、刑事科学、环境科学、人工智能、微纳传感、生物计算以及社会学、经济学等学科领域，主要用于调查和解决与生物安全风险相关活动、生物技术、药物滥用，以及生物威胁等问题，在确保全球公共卫生和安全方面发挥着至关重要的作用。因此，由国家出版基金资助，国家卫生健康委员会法医学重点实验室和国家生物安全证据基地牵头，联合西安交通大学、四川大学、中国科学院等 90 余所知名大学、科研机构的 200 余位专家共同编写了“国家生物安全出版工程”丛书。丛书共分10卷，包括《生物安全证据技术》《生物安全信息学》《生物安全多元数据与智能预警》《动物、植物与生物安全》《人类遗传资源保护与应用》《生物入侵与生态安全》《生物安全相关死亡的处理与应对》《生物安全威胁防控实践与进展》《实验室生物安全及规范管理》《法医微生物与生物安全》。

丛书统筹考虑国家生物安全涉及的各个要素间的关系，以生物安全证据为核心，探索生物安全智能分析、控制与预警应用，涉及相关技术、工具、算法等领域，包括生物溯源、生物分子分型、生物安全证据技术、生物威胁、死亡机制、遗传资源等方面。本项目首次较为系统地对生物安全证据方法、技术、标准以及教育科研等方面的研究进行了梳理，跟踪国内外生物安全证据与鉴定技术、科研、实验、标准的最新动向，为国家生物安全证据相关管理政策、技术标准的制定和立法评估等提供了技术支撑，也将成为在生物安全证据、司法鉴定、法医微生物等领域的新指南；有助于解决生物安全领域的争议或者纠纷事件，提供生物证据和预警依据，提升国家生物安全的防控能力，筑牢国家生物安全的防火墙。同时，书中关于建立微生物基因组分型的方法和技术，也将为确保全球公共卫生和生物安全方面发挥至关重要的作用。

丛书的编撰和出版，对于加快国家生物安全技术创新、保障生物科技健康发展、提升国家生物防御能力、防范生物安全事件、掌握未来生物技术、竞争制高点和有效维护国家安全具有重大意义。丛书审视当前国家生物安全的新特点，汇集整理了当今相关领域重要的研究数据，为后续研究提供了权威、可靠、较为全面的数据，为国家生物安全战略布局和进一步研究提供了重要参考。

在丛书编撰过程中，编写人员充分发挥了自己的专业优势，紧密结合国内外生物安全的最新动态，借鉴国际生物安全治理的经验，探讨了我国生物安全面临的风险与挑战，提出了切实可行的政策建议和管理措施。丛书不仅反映了我国生物安全领域的最新研究成果，也凝聚了所有编写人员的心血和智慧。

“国家生物安全出版工程”丛书的出版，不仅对提高全社会的生物安全意识、加强生物安全风险管理、促进生物技术健康发展具有重要意义，而且对推动我国生物安全领域的学术交流和人才培养、提升国家生物安全科技创新能力也将发挥积极作用。

我们期待这套丛书的出版能够为政府部门、科研机构、教育机构、法律司法机关以及广大读者提供一部了解生物安全、关注生物安全、参与生物安全的权威读本，为推动我国生物安全事业的发展、构建人类命运共同体贡献一份力量。

是为序。

樊代明

2023 年 12 月 30 日

樊代明，中国工程院院士，美国医学科学院外籍院士，法国医学科学院外籍院士。

序 二

FOREWORD

生物安全是当今世界面临的重大挑战之一。它是健康－农业－环境的系统协同和演变的基础。应对生物安全的挑战，涉及人类、动物、植物、微生物、生态、科学、社会、立法、治理和专门人才等多个层面。为了应对这一挑战，我们亟须深入研究和了解生物安全及其相互作用因素之间的关联性、独立性、复杂性，并推动科学、技术和社会的协同发展，共同治理未来全球范围面临的生物安全风险。

“国家生物安全出版工程”丛书是一套包含10卷书的权威著作，涉及《中华人民共和国生物安全法》核心以及相关学术界的最新理论研究，旨在为读者提供全面的生物安全知识和研究成果。丛书涵盖了生物安全领域的多个层次，从遗传和细胞层面到社会和生态层面，从科学技术交叉融合到社会发展需要，凝聚了众多专家、学者的智慧贡献，致力于创新研究、跨学科和跨国合作及知识的交流和传播。

在新突发感染性疾病以及未知疾病等生物安全背景下，分子遗传和细胞层面的研究对于我们理解病原体的特性、传播途径和防控策略至关重要。“国家生物安全出版工程”丛书中的《生物安全证据技术研究》《生物安全信息学》和《生物安全多元数据与智能预警》分卷为读者提供了数据、信息和智能等最新技术在生物安全应对中的应用，帮助我们更好地预测、识别和应对生物安全威胁。在社会层面，生物安全问题不仅仅是对科学技术的挑战，更关系到社会发展，《动物、植物与生物安全》《人类遗传资源保护与应用》《生物入侵与生态安全》分卷探讨了生物安全与社会经济发展、生态平衡和人类福祉的关系，为我们建立可持续发展的生物安全框架提供理论指导和实践经验。《实验室生物安全及规范管理》《生物安全相关死亡的处理与应对》《生物安全威胁防控实践与进展》《法医微生物与生物安全》分卷则从具体的应用实践角度讨论生物安全在不同领域和社会生活中的具体问题及其应对措施。

科学技术交叉融合是推动生物安全领域创新的重要动力。“国家生物安全出版工程”丛书的编撰涉及生物学、信息学、医学、法学等多个学科的交叉，旨在促进不同领域之间的合作与交流，推动科学技术在生物安全领域的应用与发展。生物安全问题既是挑战，也是机遇。解决生物安全问题需要培养专业人才，提升国家的科技创新能力，推动新质生产力形成生物安全国家战略科技力量。

“国家生物安全出版工程”丛书为生物安全相关领域的人才培养提供了重要的参考和教材蓝本，可帮助读者了解生物安全领域的前沿知识和技能，培养创新思维和综合能力，为国家的生物安全事业贡献人才和智慧。在国家层面，生物安全已经成为国家战略的重要组成部分。保障国家安全和人民生命健康是国家的首要任务，而生物安全作为其中的重要方面，需要得到高度重视和有效管理。“国家生物安全出版工程”丛书将为政策制定者和决策者提供科学依据和政策建议，推动国家生物安全能力的提升和规范化建设。

生物安全学科作为新时代的重要学科方向，发展迅猛、日新月异。本套丛书是国内这一领域的一次开创性努力。由于我们在这一新领域的知识和视野有限，编写方面的疏漏和不当之处在所难免，恳请广大读者提出宝贵意见和建议，以期将来再版时修正。期待“国家生物安全出版工程”丛书的问世能促进生物安全知识的传播与交流，激发科技创新和社会发展的活力，推动国家生物安全事业迈上新的台阶。希望读者能够从中受到启发和获益，为构建安全、可持续的生物安全环境而共同努力！

李生斌　沈百荣

2023 年 12 月

李生斌，国家卫生健康委法医学重点实验室主任，国家生物安全证据基地主任，欧洲科学与艺术学院院士。

沈百荣，四川大学华西医院疾病系统遗传研究院院长。

序言

FOREWORD

很荣幸作者们邀请我为《生物安全证据技术》卷撰写序言。我与这个领域发生联系起源于25年前，当时在中国科学院人类基因组中心空港实验室的一个会议中心，我遇见法医学家李生斌教授，看到他和李昌钰合著《法科学》。事实上，早在生物安全作为一门正式的学科出现之前，一些会议已为生物安全领域奠定了一些基础。2002年11月，空港实验室举办第一次北京国际DNA会议即聚焦基因组学时代的生物证据，会议回顾了DNA测序和生物信息学技术。2014年冬天，第五届香山论坛上，李生斌、杨焕明、刘耀、翟恒利共同探讨了法医科学与国家安全。2016年在国家外国专家局、司法部以及陕西省外国专家局、司法厅的支持下，国际丝路法医联盟成立。截至目前，会员国已发展到55个国家和地区。2018至2020年，经小范围多次酝酿、磋商及辩论，最终于2020年底，在我国司法部、公安部、最高人民法院、西安交通大学的支持下，国家生物安全证据基地得以建立，并与西安交通大学出版社成功申报国家出版基金项目“国家生物安全出版工程”丛书。2023年秋，经陕西省卫生健康委员会、陕西省医学会批准，陕西省医学会生物安全分会诞生。

早期的法医基因组学，利用基因组技术及其相关的群体遗传分析，已经在学术实验室中发展起来。在成为司法系统工具之前，需要理论和技术方面的训练，以及公众、执法部门和辩护律师接受。在新型冠状病毒感染大流行之后，世界已经意识到生物安全的重要性和国际管理的必要性。尽管对人类、动物、植物、微生物和环境健康进行了大量研究，但这些部门、领域之间的科学联系仍然相当有限，因此，在人类、动物、植物和环境健康之间的相互联系之上建立一个综合视角和研究框架平台，以有效预防和减轻外来入侵物种的影响，解决未来许多超越健康、农业和环境传统界限的生物安全风险，意义深远。

生物安全证据调查和分子流行病学调查虽然方法和重点不同，但它们都是为了保护公共健康和生物安全，共同构建应对生物安全风险或健康威胁的全面策略。《生物安全证据技术》不仅提供科学技术支撑，还具有生物安全证据的价值，而且具有极大的权威性。这一责任要求为生物安全服务而使用科学技术的人以尽可能高的标准履职。基因组技术与刑事技术融合发展经历了几十年才达到这一水平，生物安全证据技术也需要同样的努力才能达到同样的可信度和接受度。但毫无疑问，《生物安全证据技术》的出版在确保全球公共健康和生物安全方面具有重要意义，通过执法和生物安全调查方法、高通量技术以及生物安全风险的详细特征，为解决生物安全事件提供强有力的证据，这将是非常值得期盼的，因为这一新兴学科将继续履行其承诺。

贺林

2023 年 8 月

贺林，中国科学院院士，上海交通大学 Bio-X 研究院院长。

前 言

PREFACE

生物安全风险通过若干不同途径包括空气、水、食物、受感染的动植物、微生物媒介和人为途径传播，对全球卫生健康和生物安全构成挑战。以快速有效的方式确定生物安全风险的能力，对于预警、防范以及适当保护响应非常重要。2001 年的美国炭疽邮件袭击是本土生物恐怖主义最严重的事件之一，对公众健康构成了巨大威胁，也对执法和科学界提出了前所未有的挑战。炭疽邮件袭击事件再次表明，传统的法医证据虽然可以相对容易地被收集和分析，但生物证据的性质和复杂性，要求新的科学方法和工具，以帮助我们应对生物威胁和保护公共安全。在 SARS－CoV－2 大流行之后，世界各国已经意识到生物安全的重要性和国际治理的必要性。尽管对人类、动物、植物和环境健康进行了大量研究，但对于它们之间的科学联系研究工作仍然相当有限。无论是否与植物、动物或人类健康有关，既往的这些工作都可以部分反映了在研究中缺乏跨学科思维。然而，在过去的 100 年中，植物、动物和微生物在世界各地的流动速度出现了显著增长，严重地危害了全球生物安全，导致生物安全事件频发。

生物安全证据技术旨在突破全球、国家和地方的地域限制，以人类、动物、植物和环境健康的相互联系为基础，制定跨学科的生物安全政策，建立科学的研究方法，以有效预防和减轻生物安全风险的影响；同时提供了一个综合视角和科学框架，来解决许多超越健康、农业和环境传统界限的生物安全风险。自2019年以来，生物安全领域确实有了显著发展，其相关能力得到了显著提升。一方面，传统的执法和法医物证调查方法依然发挥着重要作用，如通过细菌培养、血清学检测等手段确认微生物的种类和来源；另一方面，高通量技术如大规模基因组测序的引入，使得生物安全证据技术在生物识别和生物溯源方面取得了突破性进展，通过分析生物的基因组序列，可以精确鉴定和溯源，为健康卫生和执法部门提供强有力的生物证据，也为未来的研究和实践提供了坚实的基础。

生物安全证据调查和分子流行病学调查虽然在方法和技术上有许多相似之处，但它们的目的不同。分子流行病学调查的主要目的是确定疫情的来源，了解传播途径，制定有效的预防措施，以阻止疫情的进一步扩散，并减少未来疫情发生的风险。这种调查通常关注疾病在人群中的流行模式、风险因素和传播机制，以便为公共卫生决策提供科学依据。相比之下，生物安全证据调查的目的是确定生物安全事件的性质，首先，鉴定导致事件的生物安全风险因素；其次，将事件描述为自然发生的、非故意的（如由于疏忽或意外导致的）或故意的；最后，如果事件被认为是非法的（即故意的或非故意的），则使用归因技术将责任归咎于特定的当事者。无论事件是故意的还是非故意的，防止更多的袭击和保护公众的生物安全都是至关重要的。生物安全证据调查和分子流行病学调查都是为了保护公共健康和生物安全，共同构成了应对生物安全风险或威胁的全面策略。

生物安全证据调查的关键步骤如下。①样本采集和分析：在犯罪现场或受害者体内采集样本，然后使用各种分子生物学技术进行分析，以确定是否存在生物安全源。②生物安全样本鉴定：利用传统的培养和血清学方法，以及现代分子生物学技术（如PCR和质谱分析），鉴定生物制剂的种类和特性。③基因组序列分析：通过高通量测序技术［如二代测序（NGS）］获取生物安全样本的完整基因组序列，这有助于确定其来源，构建微生物的“指纹”，以及生物溯源追踪和生物特征。④数据比对和溯源：将获得的基因序列与已知的微生物数据库进行比对，以确定生物安全样本的可能来源，这可能涉及对生物安全样本的生产、储存和分发过程的分析。⑤排除无辜者：在调查过程中，重要的是要排除那些可能与证据或犯罪错误联系在一起的人。生物安全证据调查的前两个阶段确实与流行病学调查的一些问题相似，可使用相同的方法和技术来解决这些问题，如无论是生物安全证据调查还是流行病学调查，都可能需要确定样本病原体的种类、传播途径、感染源等。这些阶段的目的是为了收集样本必要的信息，以理解事件的性质和规模，并为后续的调查奠定基础。生物安全证据调查的第三个阶段——归因步骤，它是生物安全证据中的关键环节，也是独特的一个环节。在这个阶段，除了进行传统法医技术，如人类 DNA 技术、指纹技术、纤维分析等外，还需要对相关的生物安全样本，如动物、植物、微生物（细菌、病毒、真菌或毒素）进行详细地分析，这包括确定生物安全样本的基因序列、来源、制造方法等信息，以及可能的传播机制和动机。在进行生物安全证据调查时，科学家和执法人员需要综合运用生物学、化学、物理学、统计学、人口遗传学、计算机科学和计算生物学等多个学科的知识和技术，这种跨学科的合作对于确保生物安全证据调查的全面性和准确性至关重要。国际合作和信息共享也是成功解决生物安全问题的关键因素，因为生物样本的释放可能跨越国界，影响全球公共卫生和生物安全。

随着时间的推移，生物安全证据技术得到了显著提升。现在，科学家们能够进行更复杂的基因测序和分析，使用先进的生物信息学工具来比较不同生物安全样本的基因序列，从而更准确地确定生物样本的来源和传播路径。这些技术的进步使得生物安全在调查生物安全案件以及生物恐怖主义时更加有效，对于生物安全工作者、法医、执法人员和决策者来说都是极其宝贵的。

为了维护国家安全，防范和应对生物安全风险，保障人民生命健康，保护生物资源和生态环境，促进生物技术健康发展，推动构建人类命运共同体，实现人与自然和谐共生，《中华人民共和国生物安全法》于 2021 年 4 月 15 日起正式实施。这是生物安全领域的一部基础性、综合性、系统性、统领性法律，标志着我国生物安全进入依法治理的新阶段，是国家生物防御政策的基本支柱。《生物安全证据技术》作为“国家生物安全出版工程”丛书之一，内容主要集中在检测和识别生物安全证据的基本原理、技术以及应用，为生物安全依法治理提供科学证据，筑牢国家生物安全防火墙。生物安全证据技术的发展提高了我们识别和鉴定生物安全风险的能力，但其仍然是一个不断发展的领域，面临着许多科学挑战，这些挑战包括如何快速、准确地识别生物安全风险，如何溯源，以及如何在国际间分享信息和技术。各国政府致力于提升生物安全证据技术的能力，以确保能够有效地检测、识别和确定生物安全风险的特征，这些进展不仅对于国家安全至关重要，也对全球公共卫生具有重要意义。

生物安全证据技术和应用的快速发展，以及不同学科间的结合对于分析生物证据至关重要。依靠跨学科（包括生命科学、农业、环境 、医学、人工智能、微纳传感、微流控制造等）的技术和工具，有助于在生物安全事件中，特别是在没有传统形式的证据或证据内容非常有限的情况下，从获得的生物安全证据中提取更多的信息。生物安全证据技术的挑战不仅在于开发新的快速检验、检测装备和采用新技术，对于微生物样本库的严格管理，与他人或者跨国界分享样本资源，在各方认可的情况下进行组织和国际合作研究等同样面临挑战。本书不仅有助于提高生物安全工作者、法医科学家和执法人员的专业技能，还有助于推动整个领域的进步，从而更好地应对生物安全风险和保护公共安全。

生物安全证据技术反映了这个领域的持续进步和变化。我们期待科学家们未来的持续投入、互动和见解，这将有助于推动生物安全领域的发展，并为应对生物安全风险、进行生物安全调查和保护公共健康与生物安全提供更多的工具和知识。在未来的应用中，生物安全有望发挥更大的作用，例如：利用人体微生物组来识别人类个体，可以实现对犯罪现场快速排查和嫌疑人识别；通过对微生物组的研究，实现地理定位，为侦查工作提供有力支持；通过分析尸体上的微生物菌群，准确地推断出死亡时间，从而为案件侦破提供关键信息。

总之，生物安全证据技术在确保全球公共卫生和安全方面具有重要意义。在未来，随着技术的不断发展，其在证据收集、预防和治理等方面将发挥更大的作用，确保这些技术能够被有效地应用于保护全球生物安全和公共健康。

2023 年 6 月

目 录

CONTENTS

第 1 章 生物安全概论

1.1 生物安全概述

生物安全(biosafety)是一个重要的自然科学命题,它也是以所有生物,包括微生物、植物和动物为研究对象,以保护人类健康、维护社会和自然环境安全为主体,以评估和处理生物安全风险为目的的科学学科。生物安全主要研究微生物、植物、动物、人类和环境健康之间的协同作用,以及综合处理生物安全风险的方法。

全球新型冠状病毒感染(corona virus disease 2019)大流行,再次提醒人们生物安全作为一门科学学科的必要性、重要性和紧迫性。生物安全的关键是科学技术,生物安全方面的所有行动都必须以证据为基础。生物安全科学需要以研究对象为出发点,以研究的成果和事实为证据,生物证据的应用将为生物安全风险的预防措施和指导政策提供依据。因此,实现生物安全的治理关键,是学科的进步和技术的发展。

全球化开拓了许多新的途径,同时也提高了生物体传播的速度和数量。既往,科学家对人类、动物、植物、微生物和环境进行了大量研究,但是,关于它们之间相互联系的研究比较少。生物安全需要跨学科的科学政策和研究方法,并建立在人类、动物、植物、微生物和环境健康之间的相互联系之上,以更有效地预防和减轻生物入侵与新发疾病的影响。

生物安全研究包括了多个方面,涉及对生物多样性、生态环境和人体健康产生的潜在的不确定影响,以及对其所采取的一系列有效预防和控制措施。随着全球科学技术的迅猛发展,世界各国的生物工程也正在不断向前推进。我国从国家层面已经对生物安全进行立法,但生物安全的相关基础建设等还亟待加强。

1.1.1 生物安全的定义

生物安全是一个多维度、跨学科的领域，需要政府、企业和公众共同参与，通过制定和执行相应的法律法规、标准规范以及采取科学有效的措施来共同维护和保障。生物安全防范包括防止病原微生物的意外释放或故意释放，确保生物技术和生物制品的安全性，以及管理和应对可能出现的生物安全事故和疫情。生物安全不仅关乎实验室和研究机构的操作规范，还涉及公共卫生、环境保护、国际贸易和国家安全等多个领域。

狭义上，生物安全主要关注生物性传染媒介通过直接感染或间接破坏环境，对人类、动物或植物造成的实际或潜在危险。因此，生物安全一般指由现代生物技术开发和应用所造成的对生态环境和人体健康产生的潜在威胁，涉及这类生物医学科学性质的突发事件或司法生物溯源纠纷，以及对其所采取的一系列有效预防、控制措施和司法生物证据溯源。

广义上，生物安全还包括与生物有关的因素对社会、经济、人类健康和生态环境产生的危害或潜在风险。包括重大新发突发传染病（new and emerging infectious diseases）、动植物疫情（animal and plant epidemics）、外来入侵物种（invasive alien species）、生物遗传资源和人类遗传资源（human genetic resources）流失、实验室生物安全、微生物耐药性、生物恐怖袭击、生物武器威胁等可能对人类健康、生态环境和社会、经济造成严重危害的重大安全风险。

为了维护国家安全，防范和应对生物安全风险，保障人民生命健康，保护生物资源和生态环境，促进生物技术健康发展，推动构建人类命运共同体，实现人与自然和谐共生，我国制定并颁布了《中华人民共和国生物安全法》，在法律层面上，生物安全是指国家有效防范和应对危险生物因子及相关因素威胁，使生物技术能够稳定健康发展，人民生命健康和生态系统相对处于没有危险和不受威胁的状态，生物领域具备维护国家安全和持续发展的能力。

1.1.2 生物安全与生物安全证据的重要性

在我国，生物安全的重要性也得到了充分的认识和重视。《中华人民共和国生物安全法》的颁布和实施，为生物安全证据（biosafety evidence）的收集、保存和使用提供了明确的法律依据，有助于加强生物安全风险的防范和管理。研究生物安全证据，就是要把这类具有生物医学科学问题性质的突发事件或者司法生物溯源纠纷，回归到生物证据层面上，采用先进的科学技术和标准，用生物证据进行司法溯源，提供具有法律效力的生物安全证据。有助于解决生物安全领域的争议或者纠纷事件，提供生物证据和预警依据，提升国家生物安全的防控能力，筑牢国家生物安全的防火墙。

生物安全与生物安全证据的重要性体现在以下几个方面。

（1）公共健康安全：生物安全能够有效预防和控制传染病的传播，保护人民群众的生命健康。生物安全证据可以用来评估和监测病原体、疫苗和生物制品的安全性和有效性,为公共卫生决策提供科学依据。

(2)生态平衡和生物多样性:生物安全证据有助于识别和评估入侵物种和生态系统破坏的程度,为生态保护和管理提供科学支持。有助于维护生物多样性,保护自然资源的可持续利用。

(3)国家安全:生物安全是国家安全的重要组成部分。生物安全证据可以用来评估和监测生物恐怖主义、生物武器威胁等,为国家安全决策提供科学依据。

(4)经济发展:生物安全证据可以用来评估和监测生物技术产品的安全性和环境影响,为生物产业的健康发展提供科学支持。生物安全的发展还有助于保护农业、医药等领域的利益。

(5)国际合作:生物安全是全球性的问题,需要国际社会共同合作来应对。生物安全证据可以作为国际交流和合作的依据,促进全球生物安全治理的完善。

1.1.3　生物安全的历史

生物安全最初被称为"微生物安全",1908 年,查尔斯 - 爱德华 · 阿莫里 · 温斯洛(Charles-Edward Amory Winslow)温斯洛描述了一种新的检查方法来计算空气中存在的细菌[1]。有学者在 1941 年一项回顾调查中描述了实验室获得性布鲁氏菌病,该调查表明,类似的感染可能对非实验室人员构成威胁。1947 年,美国国立卫生研究院(National Institutes of Health,NIH)7 号楼拥有了第一个专门为微生物安全量身定制的和平时期研究实验室。这些重要里程碑和突破只是微生物研究历史中的一小部分,这些研究揭示了生物安全在医疗保健和研究机构中的重要性和相关性。

通过美国生物安全协会(American Biosafety Association,ABSA),美国生物安全原则和专业同时发展起来。正如美国科学家联合会(Federation of American Scientists)所描述的那样,第一次会议是在 1955 年与军方成员共同举行的,会议的重点是"安全在生物战中的作用"。随后的与会者包括美国疾病控制与预防中心(Centers for Disease Control and Prevention,CDC)和美国国立卫生研究院、大学、实验室、医院和行业代表。从那时起,与生物安全相关的书面法规涵盖了生物制剂的运输、安全培训和计划,以及生物安全等级分类。

随着分子生物学和基因工程技术的快速发展,科学家们开始意识到这些新兴技术可能带来的潜在风险和未知影响。1975 年,第一次生物安全国际会议在澳大利亚举行,标志着生物安全问题开始受到国际社会的广泛关注。此后,各国逐步建立了生物安全的法律法规和标准,以预防生物技术可能带来的风险。

20 世纪 80 年代,随着生物技术在农业、医疗和工业等领域的应用不断扩展,生物安全的问题也日益复杂。目前,除了以病原体的具体生物危害水平为重点的研究外,各国还制定了新的战略,以加强生物风险评估能力、生物安全和生物防护措施。农业和生物技术等其他行业现在也正在考虑生物安全应用。

20 世纪 90 年代,全球生物安全体系得到了进一步的加强,包括世界卫生组织等国际组织制定了在生物安全方面的活动和指导原则。历史上,严重急性呼吸综合征(severe acute respiratory syndrome,SARS)、埃博拉出血热(Ebola hemorrhagic fever)等新发突发传染病的大流行,以及实验室安全事件都极大地推动了生物安全领域的发展。例如,SARS 疫情促使全球重新审视传染病防控体系和实验室生物安全标准。

目前,生物安全还包括对抗生物恐怖主义、防止生物武器扩散、保护人类遗传资源和生物资源不受威胁等多个方面[2]。随着生物技术在医疗、农业、工业等领域的应用越来越广泛,生物安全的范围也在不断扩大,成为涉及国家安全、公共健康、环境保护等多个层面的非传统安全问题。

2021 年,《中华人民共和国生物安全法》正式实施之后,生物安全在我国法律体系中占据了更为重要的位置。这部法律明确了生物安全的定义、防控体制、涵盖领域、能力建设和法律责任等内容,标志着我国生物安全法律体系的进一步完善。

总之,生物安全的历史是一个不断发展和演变的过程,随着科技的进步和全球化的加深,生物安全的重要性日益凸显,成为当今世界面临的重要挑战之一。

1.2 生物安全领域

生物安全相关风险于 20 世纪 70 年代中期引起国际社会的广泛注意,在 1992 年联合国环境与发展大会上由多国签署的《生物多样性公约》中又被专门提到。这些生物安全风险相互联系,既需要跨学科的方法,也需要跨主题的生物安全治理政策和经济政策。值得注意的是,治理政策和沟通与行为改变涵盖了疾病威胁、生物工程、入侵物种、防止药品滥用等不同的生物安全领域,而且防止药品滥用和生物工程两个主题有很大的重叠(图 1.1)。

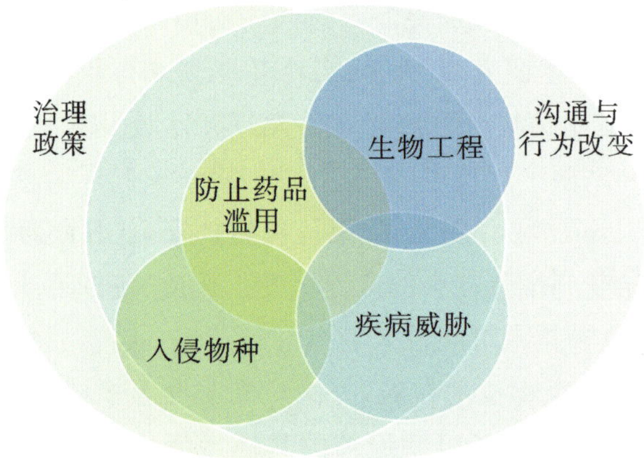

图 1.1 生物安全领域涵盖多个相互关联的主题

1.2.1 疾病威胁

疾病是对生物安全的潜在严重威胁。在当前全球健康环境下，疾病威胁（disease threats）是多方面的，且随着时间、环境变化以及人类行为模式的转变而演变。这些疾病包括从动物传播到人类的新疾病、新的植物和动物疾病、传播到新地区的现有人类、植物和动物疾病、对现有治疗方法产生耐药性的病原体（如耐药结核分枝杆菌）、尽管存在现有治疗方法但仍继续对人类产生严重影响的疾病（如艾滋病），以及在引入新环境时严重程度发生变化的疾病（如两栖动物壶菌病）。

世界卫生组织对于“X疾病”的预警表明，未知且致命的病原体可能构成未来全球健康的重大威胁。这种疾病的潜在致命性可能远超已知疾病，因此提前准备和监测至关重要。在细菌物种内进行亚型鉴定，可以对细菌属、种、亚种、菌株进行精确的基因分型，最终对分离株进行生物溯源与生物证据的司法鉴定。

对未知疾病的预警机制和已知疾病的监测系统加大投入，确保能够快速识别和响应新出现的健康威胁，包括开发管理疫情的新技术的方法、预测使用新技术进行检测的可能性，以及预防或管理疾病暴发的方法，特别是有关疾病监测、检测和检疫方面的技术，这将有助于为下一次重大疾病暴发做好准备。

1.2.2 生物工程

生物工程（bioengineering）是应用生命科学和工程学原理，借助生物体作为反应器或用生物的成分作为工具以提供产品来为社会服务的生物技术。这包括传统生物技术（如发酵技术等）和现代生物技术（如基因工程、细胞工程、蛋白质工程等）。生物技术研究、开发与应用涉及多个领域，如医学、农业、环境保护、工业等。这些领域为人类带来了很多利益，比如生产出了许多救命药物、提高了作物产量和质量、解决了环境问题等。然而，生物技术研究、开发与应用也存在一些潜在风险，如生物安全风险、伦理道德问题、生物武器扩散等。因此，各国和国际组织都在加强对生物技术研究和应用的监管，确保其安全、合规地发展。在我国，生物技术研究、开发与应用受到了高度重视，国家出台了一系列政策和规定对其进行管理和指导，以促进其健康、有序地发展。同时，我国也积极参与国际交流和合作，推动全球生物技术的进步。

1.2.3 入侵物种

入侵物种（invasive species）被广泛认为是生物多样性丧失的主要驱动因素之一，入侵物种可能与外来宿主物种一起引入入侵性寄生虫和病原体，威胁人类健康、本地野生动物、渔业、林业和粮食安全。我们使用入侵物种来涵盖非本地动物、植物、寄生虫和病原体。随着全球化和相关贸易的增加，全球范围的外来物种数量正在增加。我们需要有效地防范外来物种入侵,保护我国的生物多样性,确保生态安全和可持续发展。这不仅是我国生态环境保护的需要,也是构建人类命运共同体、推进全球生态文明建设的重要组成部分。

1. 外来物种入侵的概念与危害

外来物种入侵是指非本地物种在新环境中定殖、繁殖,并对当地的生态系统、物种和生境造成威胁或危害的现象。这些入侵物种可能会通过竞争、掠夺、疾病传播等方式对本地物种造成严重影响,甚至导致部分物种灭绝。外来物种入侵不仅威胁我国生态安全和生物多样性,还可能影响农业、林业、渔业等产业的可持续发展。

2. 保护生物多样性的重要性

生物多样性是指地球上所有生物及其所构成的生态系统的多样性。它关系到人类福祉和可持续发展,是人类赖以生存和发展的基础。保护生物多样性有助于维持生态平衡、提供生态服务,同时生物多样性也是文化和自然遗产的一部分。

3. 防范外来物种入侵的措施

为了防范外来物种入侵,保护生物多样性,我国采取了一系列措施。

(1)加强立法与政策制定:颁布和实施生物安全法,强化对外来入侵物种的防控和管理。

(2)建立名录与管理体系:制定外来入侵物种名录,加强对其传入、定殖、扩散和影响的监测和管理。

(3)强化监管与执法:加强对入境生物材料的检疫监管,防止有害生物传入。对擅自引进、释放或丢弃外来物种的行为进行处罚。

(4)生态修复与防控:对已入侵的物种实施生态修复,控制其繁殖和扩散,减轻对本地生态系统的危害。

(5)公众宣传与教育:提高公众对生物多样性保护和防范外来物种入侵的意识,鼓励公众参与监督和报告潜在入侵物种。

(6)国际合作与交流:加强与其他国家和国际组织的合作,共享信息资源,学习、借鉴先进的防控经验和技术。

4. 全民参与与共同责任

防范外来物种入侵、保护生物多样性是全社会共同的责任。每个公民都应树立正确的生态观念,自觉遵守相关法律法规,不随意引进、释放或丢弃外来物种。同时,发现破坏生物多样性或随意放生等现象时,应积极进行劝阻或向相关部门反映。

1.2.4 防止药品滥用

药品滥用是指非医疗目的下,过量、不当或持续使用具有依赖性或潜在依赖性的药物。这种用药行为往往超出了临床医疗需要,导致使用者对药物产生依赖性,并可能出现精神错乱和其他异常行为。毒品包括鸦片、海洛因、甲基苯丙胺(冰毒)、吗啡、大麻、可卡因,以及国家规定管制的其他能够使人形成瘾癖的麻醉药品和精神药品。

1. 毒品的分类和危害

毒品可以分为以下几类。①麻醉药品:如阿片类、可卡因、大麻等,长期使用会导致成瘾。②中枢抑制剂:如镇静催眠药,长期使用可能导致依赖和昏睡等不良反应。③中枢兴奋剂:如咖啡因,长期使用可能导致依赖和心脏问题等不良反应。④致幻剂:如麦司卡林、麦角酸二乙酰胺等,会导致幻觉、错觉和异常行为。⑤其他:如汽油、打火机燃料和涂料溶剂等,其具有抑制和致幻作用,甚至能产生精神依赖性。毒品的滥用会给个人健康、社会稳定和经济发展带来严重的危害。

2. 国际禁毒战略和我国的相关法律法规

国际禁毒战略将减少毒品非法供应、降低毒品非法需求和减少滥用毒品的危害确定为三大目标,对全球范围内毒品滥用的管制起着重要的指导和协调作用。我国也采取了一系列措施来应对毒品滥用问题,包括发布通告提醒相关企业和个人谨慎销售可制毒物品,严格区分麻醉、精神药品用途,准确认定犯罪性质,对滥用麻醉、精神药品的犯罪案件从严惩处等。此外,我国还开展了全民禁毒宣传月活动,提高人民群众对麻醉药品、精神药品、非列管物质滥用危害性的认识,增强警惕性和识别能力。

1.2.5 治理政策体系

生物安全治理和政策不断受到生物风险变化以及其中许多风险的跨部门性质的挑战。人们也越来越认识到,生物安全治理需要自上而下和自下而上相结合的方法。

1. 国家生物安全治理政策体系的含义

国家生物安全治理政策体系是指国家为了预防和应对生物安全风险,保障人民群众生命健康安全,维护国家生态安全和粮食安全,促进生物技术健康发展而制定和实施的一系列政策、法规、制度和措施等。

2. 国家生物安全治理政策体系的主要内容

国家生物安全治理政策体系的主要内容包含以下几方面:①生物安全法律法规:如生物安全法、病原微生物实验室生物安全通用准则等。②生物安全风险防控:包括病原微生物、生物制品、生物技术和入侵物种等的监管和管理。③生物安全风险评估:对生物技术和生物产品可能带来的风险进行科学评估,以确定风险等级和相应措施。④生物安全保障:建立生物安全监控和应急体系,提高生物安全事件的预警和应对能力。⑤生物资源管理:对生物资源进行合理利用和保护,防止生物资源的过度开发和滥用。⑥加强国际合作:加强与其他国家和国际组织的合作,共同应对全球生物安全挑战。

3. 完善国家生物安全治理政策体系的意义

完善国家生物安全治理政策体系对于保障人民群众生命健康安全、维护国家生态安全和粮食安全、促进生物技术健康发展具有重要意义。这有助于提高国家生物安全治理能力，切实筑牢国家安全屏障，保护生物多样性，促进可持续发展。同时，也有助于推动生物技术产业的健康发展，促进经济社会的全面进步。

1.2.6 生物安全实验室分级管理

为解决生物安全和生物防护问题提供证据基础。在过去的几年里，细菌、真菌、病毒、寄生虫或转基因生物等病原体已被描述，并因其深刻的生物学和生态风险而受到广泛关注。此外，危及生命的疾病的出现和（或）重新出现是极其令人关切的问题，并被纳入生物安全议程，以规避实验室获得性感染（laboratory - acquired infections，LAI）。虽然接触后的确切感染风险仍不确定，但既往实验室获得性感染报告显示，布鲁氏菌、结核分枝杆菌、沙门菌、志贺菌、立克次体和脑膜炎奈瑟菌是主要致病菌。同样，人类免疫缺陷病毒、乙型肝炎病毒、丙型肝炎病毒及二态性真菌是导致病毒和真菌相关实验室获得性感染的罪魁祸首[3]。

在这种情况下，整个临床实验室以及微生物学实验室，尤其需要采取适当的生物安全和（或）生物安保措施，以确保实验室工作人员和工作环境的安全，这些工作人员和工作环境可能直接或间接接触或暴露于危险材料或生物体环境中。因此，实验室工作人员的教育和培训是必不可少的。应在实验室工作人员中组织讲习班，让他们了解 LAI 的致病性、易感性等流行病学特点（表 1.1）。通过这种方式，有助于正确实施国家和国际认证的协议来减少或最小化控制由生物危害材料引起的一些与健康相关的威胁。

表 1.1 世界卫生组织病原体风险组分类

风险级别	个人风险	社区风险	描述
1	低	低	一种不太可能引起人类或动物疾病的微生物
2	温和	低	一种可以引起人类或动物疾病但不太可能对实验室工作人员、社区、牲畜或环境造成严重危害的微生物。实验室暴露可能导致感染，但有有效的治疗和预防措施，并且感染传播的风险是有限的
3	高	低/中	一种通常会导致严重的人类或动物疾病，比较容易直接或间接地在人与人、动物与人、人与动物、动物与动物之间传播。具备有效的治疗和预防措施
4	高	高	一种通常引起严重的人类或动物疾病的病原体，可以很容易直接或间接地在人与人、动物与人、人与动物、动物与动物之间传播。通常没有有效的治疗和预防措施

生物安全分级(biosafety level,BSL)是为了确保实验室操作的安全性,防止实验室内操作的微生物对实验人员、环境及公共健康造成危害。根据实验室所处理的生物因子的危害等级和所需的防护水平,生物安全实验室分为以下四个等级。

一级生物安全(BSL－1)实验室:处理通常不会引起人类或动物疾病的微生物。BSL－1实验室适用于基础的教学和研究,如对非致病性或低致病性微生物的操作。

二级生物安全(BSL－2)实验室:处理能够引起人类或动物疾病,但一般情况下对人、动物或环境不构成严重危害,传播风险有限,实验室获得性感染后很少引起严重疾病,并且具备有效治疗和预防措施的微生物。BSL－2 实验室适用于初级卫生服务、诊断和研究等。

三级生物安全(BSL－3)实验室:处理能够引起人类或动物严重疾病,比较容易直接或间接在人与人、动物与人、动物与动物间传播的微生物。BSL－3 实验室适用于进行病原体研究。

四级生物安全(BSL－4)实验室:处理能够引起人类或动物非常严重疾病的微生物,以及我国尚未发现或者已经宣布消灭的微生物。BSL－4 实验室是最高级别的生物安全实验室,适用于进行高风险病原体(如埃博拉病毒和天花病毒)的研究。

每个级别的实验室都有相应的防护水平要求,包括实验室的设计、安全设备、实验操作技术和管理措施。

1.3 生物安全相关证据技术

生物安全证据技术是指在生物安全领域,为了预防和应对生物安全风险,采用的一系列技术手段和方法,用于收集、分析和评估与生物安全相关的证据。这些技术包括生物安全智能实验室技术、检测技术、监测技术、评估技术、数据分析和人工智能技术。这些技术可以帮助科学家和研究人员更好地了解病原体、评估生物安全风险,并为政策的制定提供科学依据。

1.3.1 生物安全智能实验室技术

生物安全智能实验室技术是指在生物安全实验室中应用的一系列更加先进和集成的智能化技术,这些技术能够提高实验室的运营效率、增强生物安全风险的防控能力,并确保实验室人员的安全,为公共卫生安全提供强有力的支持。以下是生物安全智能实验室技术的几个关键方面。

1. 自动化技术

自动化技术在生物安全智能实验室中扮演着重要角色,它包括自动化样本处理、自动化仪器操作、自动化数据处理等。自动化机器人可以执行重复性任务,减少人为错误,提高工作效率。

2. 信息化技术

信息化技术包括数据库管理、电子实验室笔记本(electronic lab notebook,ELN)、实验室信息管理系统(laboratory information management system,LIMS)等。这些技术能够帮助科学家和管理人员存储、检索、分析和共享数据,提高实验室的信息管理水平。

3. 物联网技术

物联网技术通过将各种设备和传感器连接起来,实现设备的远程监控和控制。在生物安全智能实验室中,物联网技术可以用于监控实验室环境(如温度、湿度、压力等),以及样本存储和管理。

4. 人工智能和机器学习

人工智能(artificial intelligence,AI)和机器学习技术能够分析大量的数据,识别模式和趋势,提供决策支持。在生物安全智能实验室中,这些技术可以用于病原体检测、风险评估和疫情预测。

5. 生物传感技术

生物传感技术能够快速、灵敏地检测生物分子和病原体。这些技术包括生物传感器、表面等离子共振、质谱分析等。

6. 数据分析和可视化

数据分析和可视化技术帮助实验室人员理解和解释复杂的数据。通过将数据转换为易于理解的图表和图形,可视化技术有助于更快地做出决策。

7. 安全控制系统

安全控制系统包括生物安全柜、气密性门户、个人防护装备等。这些系统能确保实验室操作的安全性,防止病原体释放和实验室人员暴露。

1.3.2 检测技术

检测技术是用于识别和确认生物安全威胁的工具。这些技术包括病原体检测技术、生物标志物技术、生物芯片技术,以及超快速高灵敏检验检测技术等,它们可以快速、准确地检测病原体和有害生物物质。

(1)病原体检测技术:通过PCR、实时荧光定量PCR、宏基因组测序等手段来检测和识别病原体,为疾病诊断、疫情监测和溯源提供证据。

(2)生物标志物技术:利用基因组学、蛋白质组学、代谢组学、免疫学等技术研究和应用生物标志物,为生物安全评估提供科学依据。

(3)生物芯片技术:通过高通量筛选和分析,实现对微生物、细胞、蛋白质、核酸等多类型生物分子的快速检测和分析。

(4)超快速高灵敏检验检测技术:能够快速、准确地检测生物安全威胁,其通常具备以下特点。①超快速：能够在短时间内完成检测，提供快速响应，满足紧急情况下的快速诊断和监控需求。②高灵敏度：能够检测极低浓度的病原体或生物标志物，提高检测的准确性和可靠性。③便携性：设备便于携带，可以在现场或移动环境中使用，不受实验室条件的限制。④自动化：实现样品处理、检测、结果读取等步骤的自动化，减少人为误差，提高检测效率。

1.3.3 监测技术

监测技术是指对生物安全风险进行持续观察和评估的技术。这些技术包括生物传感器、遥感技术、网络监测等，可以实时监测生物安全风险，并提供及时的预警信息。

1.3.4 评估技术

评估技术是指对生物安全风险进行评估和分析的技术。这些技术包括风险评估模型、流行病学模型等，可以帮助决策者更好地理解生物安全风险，并制定相应的政策和措施。

1.3.5 数据分析和人工智能技术

随着生物数据数量的快速增长，数据分析和人工智能技术在生物安全证据技术中扮演越来越重要的角色。这些技术可以帮助科学家和研究人员从大量的生物数据中提取有价值的信息，并助其更深入地洞察和预测。

传染性病原体的快速诊断对于控制区域和全球疫情、阻止大流行、指导治疗和预测临床结果至关重要。随着科技的不断进步，生物安全证据技术的发展也将更加完善，为全球生物安全提供更坚实的保障。这些技术的应用，极大地提高了生物安全的防控能力，为公共卫生安全提供了有力支持，在应对突发公共卫生事件、生物恐怖主义威胁以及保障食品安全和环境安全等方面有不可替代的作用。

1.4 全球生物安全治理

全球生物安全治理是指国际社会通过建立和实施一系列规则、协议和措施来共同管理和减少生物风险，保护人类、动物、植物和生态系统的健康和安全。这是一个跨学科、跨部门、跨国家的复杂过程，涉及公共卫生、环境保护、国家安全等多个领域。

1.4.1 全球生物安全治理面临的挑战

全球生物安全治理面临的主要挑战有：①生物武器扩散。虽然《禁止细菌（生物）及毒素武器的发展、生产及储存以及销毁这类武器的公约》（以下简称《禁止生物武器公约》）禁止生物武器的生产、储存和使用，但仍存在违反公约的风险。②病原体意外释放。

实验室事故、生物供应链中断等都可能导致病原体的意外释放。③微生物耐药性。抗生素和其他药物的过度使用导致微生物产生耐药性，威胁公共卫生。④生物安全风险评估和管理不足。在全球化背景下，生物安全风险评估和管理不足可能导致风险的跨境传播。

1.4.2 全球生物安全治理机构与协议

全球生物安全治理通过多个国际机构和协议来进行协调和管理，国际机构主要包括：①世界卫生组织（World Health Organization，WHO），在全球公共卫生领域发挥领导作用，推动疾病防控和国际卫生条例的制定；②联合国粮食及农业组织（Food and Agriculture Organization of the United Nations，FAO），关注农业生物安全，致力于防止植物和动物疾病疫情的国际传播；③联合国环境规划署（United Nations Environment Programme，UNEP），致力于环境保护，包括生物多样性和生物安全。主要协议有《禁止生物武器公约》和《国际卫生条例》，《禁止生物武器公约》通过监督和审查会议，促进生物武器不扩散；《国际卫生条例》规定了国家在公共卫生事件中的义务和国际合作的基本原则。

1.4.3 全球生物安全治理的行动与措施

全球生物安全治理的行动和措施包括：①加强国际合作。通过信息共享、技术交流和联合研究来增强全球生物安全能力。②建立透明度。通过定期报告和审查机制，提高生物安全相关的透明度。③提升能力建设。发展中国家尤其需要注重提升实验室和公共卫生体系的能力。建立有效的应急响应系统，其中疫情监测、快速反应和疫苗接种尤为重要。

1.4.4 全球生物安全治理的未来方向

全球生物安全治理的未来方向可能包括：①适应新挑战。随着科技发展和新出现的生物风险，全球生物安全治理体系需要不断适应和更新。②强化多边主义。在多变的国际关系中，需要强化多边合作机制，共同应对生物安全挑战。③公众参与和教育。提高公众对生物安全的认识，鼓励公众参与和监督生物安全管理。

全球生物安全治理是一个持续发展和完善的过程，需要国际社会共同努力，以确保人类社会的健康、安全和可持续发展。

1.5 我国在生物安全治理方面的实践

1.5.1 生物安全能力建设

生物安全能力建设是我国生物安全工作中的一个重要方面，涉及提升个人、组织和社会应对生物风险的能力。以下是我国在生物安全能力建设方面的几个关键实践。

1. 基础设施建设

我国投资建设了符合国际标准的生物安全实验室和研究中心，这些设施能够进行高级别的病原体研究和高风险实验操作。如研究 SARS 病毒要求的三级生物安全实验室，研究埃博拉病毒要求的四级生物安全实验室。同时，加强了各级疾控中心检疫设施的建设。加大基础设施建设有助于提高在疾病监测、防控和应急响应方面的能力。

2. 人才培养

通过教育和培训，我国致力于培养一支专业的生物安全人才队伍，包括法医学专家、公共卫生专家、微生物学专家、生态学专家、法学专家和危机管理专家等。此外，我国还鼓励科研人员参与国际交流和合作研究，以提升其科研能力和国际视野。

3. 技术研发

在生物安全技术研发方面，国家进行了大量投资，如研制新型疫苗、诊断工具、治疗方法和生物防护技术等。同时，我国还致力于推动生物技术创新，如基因编辑技术、生物信息学和合成生物学技术等，以应对新兴的生物安全挑战。

4. 法律和政策制定

我国正在不断完善生物安全相关的法律法规，确保法律体系与时俱进，包括制定和修订《中华人民共和国生物安全法》《中华人民共和国传染病防治法》等，以及相关的政策和指南，为生物安全能力建设提供法律和政策支持。

5. 应急响应和处置

我国建立了国家生物安全应急响应机制，包括疫情监测、预警、快速反应和处置等。通过模拟演练和实际应对，提高了对生物安全事件的应急响应能力。

6. 公众参与和意识提升

通过媒体、教育和社区活动，我国政府做了大量提高公众对生物安全认识和参与意识的工作，并鼓励公众报告潜在的生物安全风险，参与生物安全事件的预防和应对。

7. 国际交流与合作

我国积极参与国际生物安全合作，不断加强与世界卫生组织、联合国粮农组织、国际原子能机构等国际组织的合作，分享经验和技术，参与全球生物安全治理。

通过以上这些措施，国家正在不断提升生物安全能力，以应对国内外的生物风险和挑战，保护人民健康和国家安全。

1.5.2 生物安全教育

我国在生物安全学历教育、普及教育和公共宣传方面采取了一系列措施，以提升全社会的生物安全意识和对生物安全风险的防控能力。国家正在努力构建一个全方位、多层次、立体化的生物安全教育体系，提高全社会对生物安全风险的识别、应对和处置能力，以保障国家生物安全。

1. 生物安全学历教育

我国在高等教育和职业教育中设置了生物安全相关专业，如法医学、公共卫生、微生物学、生态学、生物科技等，培养具有专业知识和技能的生物安全人才。一些综合性大学和科研机构设置了生物安全方向的研究生项目和博士后工作站，以促进生物安全领域的高端人才成长。

2. 生物安全普及教育

我国将生物安全知识纳入中小学课程，通过学校教育培养学生的生物安全意识。同时，通过编写生物安全普及读物、开发在线教育课程等形式，向公众普及生物安全知识，提高公众的生物安全素养。

3. 生物安全公共宣传

我国政府和相关部门通过新闻媒体、互联网、社交媒体等多种渠道，开展了多种生物安全公共宣传活动。这些活动包括发布生物安全宣传资料、举办生物安全知识讲座、开展生物安全应急演练等，旨在提高公众对生物安全风险的认识，增强公众的自我防护能力。

4. 生物安全培训和演练

国家针对不同群体，如医疗卫生人员、研究人员、实验室工作人员、应急响应人员等，开展了生物安全知识和技能培训。同时，组织生物安全演练，模拟生物安全事故的发生和应对过程，检验应急预案的合理性和可行性，提高应急队伍的快速反应和处置能力。

5. 国际合作与交流

国家鼓励相关人员积极参与国际生物安全教育和培训项目，与国际社会分享生物安全经验和最佳实践，同时借鉴国际先进经验，不断提升自身生物安全教育水平。

1.5.3 生物安全法律责任

生物安全法律责任是指在生物安全领域，相关主体因违法行为而应当承担的法律后果。在我国，生物安全法律责任主要包括违法行为的法律责任、违反生物安全规定的法律责任、事故灾难的法律责任等。

我国建立了较为完善的生物安全法律框架，明确规定了生物安全的基本要求、监管体制、违法行为的法律责任等。同时建立了生物安全监管体制，监管部门包括国家司法部、卫生健康委员会、生态环境部、农业农村部等。

1. 违法行为的法律责任

对于违反生物安全法律法规的行为，我国法律规定了相应的法律责任，包括行政责任、刑事责任和民事责任。行政责任处罚主要包括罚款、没收违法所得、责令停产、停业等。刑事责任则针对严重违法行为，如生物恐怖主义、严重生物安全事故等，处罚包括罚款、拘役、有期徒刑、无期徒刑，甚至死刑。民事责任则涉及损害赔偿，处罚包括赔偿受害者损失、消除危害、恢复生态等。

2. 事故灾难的法律责任

在发生生物安全事故或灾难时，我国建立了应急处理机制，包括事故报告、应急响应、损害评估等。对于事故的责任主体，依法进行责任追究，对于故意隐瞒、谎报、迟报或者不报事故的，依法从重处理。我国也积极参与国际合作与交流，借鉴国际经验，提升国内生物安全法律制度的完善程度。通过这些措施，我国在生物安全法律责任方面不断健全制度，提高法律执行效能，确保生物安全法律法规得到有效实施，维护国家生物安全和社会公共安全。

总体来说，我国在生物安全方面的实践是全方位、多层次、立体化的，通过法律、政策、管理、科技和国际化等多方面的努力，构建了生物安全的坚固防线，保障了人民群众的生命安全和国家的生态安全。

1.6 筑构生物安全国家战略科技力量

生物安全国家战略科技力量是指国家在生物安全领域所依赖的一系列科技创新体系、科技人才队伍和生物安全国家标准和国际标准，这是国家安全和发展的关键支撑。

1.6.1 生物安全科技创新体系

生物安全科技创新体系是指在国家生物安全战略的指导下，通过科技创新手段，构建一套涵盖预防、监测、应对和恢复等环节的生物安全技术和管理体系。这个体系以法医学、生命科学、生物技术、医药卫生和医疗设备等领域的科研力量为基础，通过跨学科、跨领域合作，实现生物安全领域的技术突破和应用。生物安全科技创新体系建设包括以下内容。

(1)加强生命科学领域的基础研究，如法医基因组学、病原生物学、免疫学、分子生物学、生物信息、人工智能、生物安全数据库等，为生物安全技术的发展提供理论支持。

(2)针对生物安全的实际需求开展应用研究，如生物检测技术、疫苗研发、生物防护材料等，以提升我国在生物安全领域的技术水平。

(3)鼓励企业、高校和科研机构开展生物安全领域的技术创新，推动技术成果转化和产业化，提高生物安全技术的实用性和可靠性。

(4)加强生物安全领域的人才培养，通过设立相关课程、培训和学术交流等方式，培养一支高素质、专业化的生物安全人才队伍。

(5)加速建设先进实验室和研发设施，如生物安全等级实验室，以及必要的生物安全防护设备。

(6)建立和完善生物安全的法规和标准体系，确保科研活动的合规性和安全性。

(7)积极参与国际合作,与其他国家分享生物安全技术和管理经验,提升我国在国际生物安全领域的地位和影响力。

生物安全科技创新体系的提升需要政府、企业、高校和科研机构等多方面的共同努力,通过加大投入、优化政策环境和加强人才培养等措施,构建一个高效、有序的研发体系,以应对不断变化的生物安全挑战。

1.6.2 生物安全科技人才队伍

生物安全科技人才队伍是指在生物安全领域具备专业知识和技能,能够进行科学研究、技术开发、风险评估、应急响应和宣传教育等方面工作的人才群体。生物安全科技人才队伍是国家生物安全体系建设的重要组成部分,对于保障国家安全、人民健康和社会稳定具有重要意义。

具体措施包括通过设立相关专业课程、培训班和学术交流活动,加强对生物安全科技人才的培训和教育,提高其专业素质和技能水平;吸引和引进国内外优秀人才,充实生物安全科技人才队伍;加强生物安全相关学科建设,提高学术研究和人才培养的质量,为生物安全科技人才提供更多的发展机会和平台;鼓励生物安全科技人才参与实际工作,如疫情调查、应急处置等,积累实践经验和提升应对能力;制定和完善相关政策,为生物安全科技人才提供良好的工作环境和条件,激发其积极性和创造性;注重团队协作和跨学科合作,培养生物安全科技人才的团队精神和协作能力,构建高效的团队。通过上述措施,我们可以构建一支高素质、专业化的生物安全科技人才队伍,为我国生物安全事业提供有力的人才支持。

1.6.3 生物安全国家标准和国际标准

生物安全国家标准和国际标准是确保生物安全领域活动质量、减少生物安全风险和预防生物安全事故的重要工具。这些标准涉及多个方面,包括实验室生物安全、病原体管理、生物制品质量控制、食品安全、环境保护等。

1. 生物安全国家标准

生物安全国家标准是由我国政府相关部门制定和发布的,包括《实验室生物安全通用要求》(GB 19489－2008)、《病原微生物实验室生物安全通用准则》(GB 19493－2008)、《信息技术 生物特征识别数据交换格式 第14部分:DNA数据》(GB/T 26237.14－2019)[4]等。这些标准为各类生物安全实验室以及生产和研究领域提供了操作规程和安全指南。

2. 生物安全国际标准

生物安全国际标准是由国际标准化组织(International Standards Organization,ISO)、国际电工委员会(International Electrotechnical Commission,IEC)和国际认可论坛(International Accreditation Forum，IAF）等国际组织制定的。标准包括《医学实验室质量和能力认可通用要求》（ISO 15189）、《检测和校准实验室能力通用要求》（ISO/IEC 17025）等。国际标准通常被广泛接受，有助于实验室和企业的研究成果在国内外获得认可。

3. 标准制定和实施的重要性

标准确保了生物研究、生产和应用过程中的安全性，减少了事故发生的风险。有助于规范生物实验操作，提高实验数据的可信度和可比性。标准的国际一致性有助于促进国际贸易和科技交流。随着科学研究的进展和新风险的出现，标准和规范需要不断更新和修订。保持国际标准和国家标准之间的协调和一致性是一项重要工作，以确保国内外标准的衔接和互认。

（李生斌　刘少文　张　磊）

参考文献

[1] BAYOT ML，LIMAIEM F. Biosafety Guidelines [M]. StatPearls Publishing，2023.

[2] JANSEN H J，BREEVELD F J，STIJNIS C，GROBUSCH M P. Biological warfare，bioterrorism，and biocrime [J]. Clin Microbiol Infect，2014，20(6)：488－496.

[3] SIENGSANAN-LAMONT J，BLACKSELL S D. A review of laboratory-acquired infections in the asia-pacific：understanding risk and the need for improved biosafety for veterinary and zoonotic diseases [J]. Trop Med Infect Dis，2018，3(2)：36.

[4] 李生斌，王文生，张喆，等. 信息技术 生物特征识别数据交换格式 第 14 部分：DNA 数据[S]. GB/T26237.14－2019.

第 2 章 生物安全战略

生物安全需要跨学科的生物安全政策和研究方法，建立在人类、动物、植物和环境健康的相互联系之上，以有效预防和减轻入侵物种的影响。尽管对人类、动物、植物和环境健康进行了大量研究，但这些门类之间的科学联系仍然相当有限。生物安全旨在突破全球、国家和地方等规模的限制，提供一个综合视角来解决许多超越健康、环境等传统界限的生物安全风险。为了维护国家安全问题，防范和应对生物安全风险，保障人民生命健康，保护生物资源和生态环境，促进生物技术健康发展，推动构建人类命运共同体，实现人与自然和谐共生，我国颁布了《中华人民共和国生物安全法》（以下简称《生物安全法》），并于 2021 年 4 月 15 日起施行。作为国家安全的重要组成部分，该法旨在维护国家生物安全，防范和应对生物安全风险，保障人民生命健康，保护生物资源和生态环境，促进生物技术健康发展。

2.1　生物安全范围

在过去 100 年中，世界各地的植物、动物、微生物、病原体显著变化[1]，按每十年进行分类的新出现病原体及疾病见图 2.1。

· 嗜肺军团菌
· 诺沃克病毒
· 耐甲氧西林金黄色葡萄球菌

· 幽门螺杆菌
· 大肠杆菌O157
· 朊病毒
· 耐万古霉素肠球菌
· 隐孢子虫
· 汉坦病毒

· 基孔肯亚热
· 中东呼吸综合征
· D68型肠道病毒
· 埃博拉病毒
· 麻疹
· 寨卡病毒
· 耳道假丝酵母菌

1970 1980 1990 2000 2010 2020

· 艾滋病毒
· 弯曲杆菌
· 中毒性休克综合征

· 西尼罗河病毒
· 严重急性呼吸综合征
· 尼帕病毒
· 新型H1N1流感病毒
· 腮腺炎
· 埃立克体

· 新型冠状病毒感染
· 腺病毒41型
· 猴痘
· 高致病性禽流感

图 2.1　按每十年分类的新出现病原体及疾病

新型冠状病毒感染的暴发促使人们重新评估因生物入侵产生的人类疾病[2]，致病物种无疑是寄生虫和病原体[3]。《生物安全法》涵盖了相关内容，包括：①防控重大新发突发传染病、动植物疫情。②生物技术研究、开发与应用。③病原微生物实验室生物安全管理。④人类遗传资源和生物资源安全管理。⑤防范外来物种入侵与保护生物多样性。⑥应对微生物耐药。⑦防范生物恐怖袭击与防御生物武器威胁。⑧其他与生物安全相关的活动。

以上生物安全领域存在着密切的联系，它们在保障人民健康和生态环境安全的目标上存在共同点，而且都与防范生物安全风险相关。然而，从技术范畴来看，这些领域也存在一定差异。例如，防控传染病主要侧重于疾病监测、流行病学调查、疫苗和药物研发等技术；生物技术管理则涉及基因编辑、合成生物学、纳米技术等新兴技术；病原微生物实验室管理涉及实验室生物安全体系建设、菌种管理、实验操作规程等；人类遗传资源和生物资源保护则涉及样本采集、保存、鉴定、利用等技术。

未来，生物安全范围可能不断拓展，将涉及基因编辑生物技术安全管理、合成生物学安全管理、人工智能辅助生物安全研究、基因治疗安全管理、脑科学安全管理、遗传资源跨境转移管理、纳米生物技术安全管理、环境微生物组安全管理、细胞治疗安全管理，以及生物安全标准国际化等。这些新领域将积极拓展生物安全范围，但具体内容还需要进一步研究。

2.2 生物安全风险防控体制

生物安全在全球卫生和安全能力建设中受到越来越多的关注,在生物安全风险防控领域,各国采取了不同的策略和做法。发达国家强调国家战略部署,形成了系统的生物安全国家战略规划。同时,他们也重视生物安全法律体系建设,例如,美国曾出台《2002年公共卫生安全和生物恐怖防范应对法》;2004 年又出台《21 世纪生物防御》,确立了生物防御领域的四大支柱——威胁感知、预防和保护、监测和检测以及响应和恢复。奥巴马政府于 2009 年发布《应对生物威胁国家战略》,确定了促进全球卫生安全等七大目标和应对措施。特朗普政府对生物安全领域做出详细和具有针对性的战略布局,相继提出了《国家生物防御战略》《国家卫生安全战略》《全球卫生安全战略》等,为强调并支持上述重要战略又提出了《国家卫生安全行动计划》[4]。澳大利亚出台生物安全法,该体系在立法上形成了联邦和州(领地)两个立法体系,在管理上采取基于风险的生物安全管理路径,现已构建起比较完善的行政管理框架。此外,这些国家注重多部门联动,建立了政府部门、军事部门的沟通协调机制和生物安全响应机制。在科技创新方面,这些国家进行了大量的生物安全科学研究,建立了完整的生物安全研究基础设施网络。

我国强调加强国家生物安全风险防控和治理体系建设,提高国家生物安全治理能力,包括完善国家生物安全治理体系,加强战略性、前瞻性研究谋划,完善国家生物安全战略等。此外,我国也注重生物技术安全管理,如颁布实施了《农业转基因生物安全管理条例》等法律法规,规范生物技术及其产品的安全管理,并强调在生物安全领域与国际社会的合作。这些做法和策略反映了各国在生物安全风险防控方面的不同路径和重点,但都强调了国家战略部署、法律体系建设、部门间协调和国际合作的重要性。

2.2.1 开发生物安全管理系统

为了识别、评估、控制和监测组织活动中固有的生物安全和生物安保风险,采用基于管理系统的方法行之有效。这包括制定国家生物安全准则、开发和应用生物安全和生物安保评估工具、执行生物安全和生物安保评估、制定国家生物安全法规,以及为评估员提供培训课程。然而,现有的挑战和差距依然存在,如生物安全政策不完善、缺乏生物安全认证计划、缺少实验室生物安全职前培训课程、缺乏生物安全培训资源和级联培训体系,以及在国际航空运输协会认证的传染性材料国际运输能力方面的不足。为了应对这些挑战,应采取全面和系统的方法,专注于建立可持续的国家生物安全管理系统(biosafety management system,BMS),以此来加强生物安全和生物安保能力,确保这些能力能够持续发展并得到国家层面的支持。

生物安全管理系统没有放之四海而皆准的战略。建立 BMS 将有利于提升国家在生物安全和生物安保方面的能力，笔者梳理出了建立生物安全管理系统的关键要素（表2.1）。

表2.1 生物安全管理系统的关键要素

管理系统	关键要素
生物安全战略委员会	生物安全法已将生物安全纳入国家安全的组成部分
	制定国家生物安全战略和指导政策
	制定生物安全委员会工作原则
	制定生物安全实验室指南
	制定国家生物安全跨领域、跨学科研究计划
	制定培养国家生物安全专门人才计划
生物安全检验检测体系	制定生物安全检验检测行业标准、国家标准、国际标准
	设立生物安全检验检测机构，制定准入和退出机制
	建立生物安全定期评估指标体系
生物安全培训	依据生物安全法，制定生物安全培训主题
	培训对象包括生物安全管理者、涉及生物安全活动的机构及人员
	生物安全活动普及教育
	培训的组织必须通过生物安全战略委员会认证及认可
生物安全实验室等级评估	按照研究对象不同将实验室生物安全水平分为四个等级。参数应符合《实验动物 环境及设施》GB14925－2001的有关要求
	一级生物安全实验室：为研究型实验室，用于生物安全基础教学。实验室操作遵循微生物学操作技术规范（GMT）
	二级生物安全实验室：用于初级公共卫生服务、诊断和研究。实验室操作遵循GMT，并增加防护服，增设生物危害标识
	三级生物安全实验室：用于专门特色诊断、研究。实验室操作在二级生物安全防护水平上增加特殊防护服，增设进入制度、定向气流
	四级生物安全实验室：用于危险病原体的研究。实验室操作在三级生物安全防护水平上增加气锁入口、出口淋浴、污染物品的特殊处理
生物安全国家标准	制定生物安全国家标准主题
	制定国家标准操作规程
	审查国家标准操作规程
	验证国家标准操作规程
	传播国家标准操作规程
病原体风险（人类、动物和环境病原体）分组分类研讨会	组织关于人类、动物和环境病原体的病原体风险分组分类的讲习班
	根据危险群体（针对人类、动物和环境）发布病原体舆情、研究报告

续表 2.1

管理系统	关键要素
生物安全实验室基础设施指南	制定实验室基础设施标准和规范
	实验室等级评定和认证认可
	从事生物安全活动人员资质规定
	验证基础设施指南
生物安全样本库规范	制订生物安全样本库的入库标准
	评估生物安全样本库的安全性
	制订生物安全样本库保存、利用和共享制度
	确保生物安全样本库设备正常运行
	定期培训生物安全样本库管理人员

2.2.2 增强国家在生物安全和相关技能方面的能力

在全球化背景下,生物安全风险已成为各国面临的重要挑战。为确保国家安全和人民健康,世界各国政府采取了多种措施以增强国家在生物安全和相关技能方面的能力。

我国政府将生物安全纳入国家安全体系,通过强化国家生物安全战略能力顶层设计、构建国家生物安全战略体系、法律法规体系和协同创新体系,以及完善国家生物安全治理体系和治理能力,全面提升国家生物安全能力。我国还积极参与国际合作,推动全球生物安全治理,并为确保国家安全和人民健康采取了多种措施,以增强国家在生物安全和相关技能方面的能力。

在全球生物安全风险形势日益严峻的背景下,各国政府应继续加强生物安全能力建设,共同应对生物安全风险,为维护国家安全和人民健康做出积极贡献。

2.3 生物安全战略实施

为确保国家安全和人民健康,世界各国政府积极采取措施,实施生物安全战略,以增强国家的生物安全能力和防御机制。

美国高度重视生物安全战略在国家安全战略中的地位,先后发布了《国家生物防御战略》[5]《国家卫生安全战略 2019—2022》[6]《美国国家卫生安全行动计划:加强国际卫生条例的实施》和《全球卫生安全战略》等文件,明确了生物安全战略的目标、任务和措施。2018 年,美国政府发布的《国家生物防御战略》提出通过建立分层的风险管理方法来应对生物威胁和事件。此外,美国还部署了一系列长期稳定的科技计划和项目,如减少生物威胁计划、生物监测计划、新发流行病威胁计划等。

英国同样长期关注生物安全问题,2015 年,英国将人类健康危机列为一级风险,并在 2018 年发布了《国家生物安全战略》。该战略概述了四个方面的行动方案,要求战略实施要融入现有政府机制,并建立一个跨部门的委员会,统筹生物风险防控工作。

澳大利亚早在 1908 年就制定了检疫法,2015 年,以其生物安全法为核心的生物安全体系取代了早期的检疫法。在生物安全立法的基础上,澳大利亚形成了包括联邦和州两个层面的较为完善的生物安全体系,涵盖了法律法规及规范性文件。

此外,日本、加拿大、法国等国家也在战略规划层面高度关注国家生物安全问题。例如,日本将生物技术视为对国家经济社会发展影响重大的战略新兴技术,2019 年 6 月,日本出台《生物战略 2019——面向国际共鸣的生物社区的形成》,确认生物技术的战略地位,重点发展高性能生物材料、生物塑料、生物药物、生物制造系统等 9 个领域。加拿大政府将生物安全纳入国家安全战略,建立了生物安全内阁委员会,负责统筹国家生物安全风险防控工作。法国政府则通过制定公共卫生法,强化生物安全风险防控。

我国政府实施了一系列生物安全战略,以确保国家生物安全。这些战略包括风险防控和治理体系建设、国家生物安全治理体系完善、系统治理和全链条防控、生物安全重点风险领域监管、生物科技创新和产业化应用、参与全球生物安全治理,以及实施生物安全法。首先,我国政府强调加强国家生物安全风险防控和治理体系建设,提高国家生物安全治理能力。包括对传统生物安全问题和新型生物安全风险的相互叠加、境外生物威胁和内部生物风险的交织并存进行科学分析和管理。同时,政府加强了战略性、前瞻性研究谋划,并不断完善国家生物安全战略,从立法、执法、司法、普法、守法各环节全面发力,不断健全国家生物安全法律法规体系和制度保障体系。其次,强化全链条治理,通过织牢生物安全风险监测预警网络,建立健全重大生物安全突发事件的应急预案,并加强应急物资和能力储备,实行积极防御、主动治理的策略。此外,我国加强了生物资源安全监管,制定了生物资源和人类遗传资源目录,加强了入境检疫,强化潜在风险分析和违规违法行为处罚。加快推进生物科技创新和产业化应用,推进生物安全领域科技自立自强,打造国家生物安全战略科技力量。加强生物实验室管理,严格科研项目伦理审查和科学家道德教育。同时,积极参与全球生物安全治理,加强生物安全政策制定、风险评估、应急响应、信息共享、能力建设等方面的双多边合作交流。最后,《生物安全法》的实施为生物安全风险防控提供了法律支撑。另外,我国还建立了生物安全风险监测预警制度、风险调查评估制度、信息共享制度等 11 项基本制度。这些战略的实施体现了国家在生物安全方面的综合决策和前瞻性规划,确保了长期安全和可持续发展。未来,我国还需继续加强生物安全治理,推动生物科技创新,积极参与全球生物安全治理,共同应对全球生物安全挑战。

2.3.1 建设国家生物安全科学体系

在全球生物安全挑战日益严峻的背景下，建立一个强大而全面的生物安全科学体系至关重要。为了实现这一目标，需加大科研投入并强化顶层设计和战略规划。

第一，应重视监测技术的研发，包括高通量、高灵敏度的生物监测技术，以便快速识别，对生物威胁做出响应。同时，提升病原体的快速诊断（包括分子诊断、免疫诊断和临床诊断等）技术，以实现对疫情的早期发现和控制。第二，疫苗和药物研发技术是生物安全科学体系的重要组成部分。应加大对新疫苗、抗病毒药物和抗生素的研发投入，包括基于基因编辑技术的疫苗研发和抗微生物药物的创新。第三，生物信息学和大数据技术在生物安全科学体系中发挥着关键作用。利用生物信息学和大数据分析技术，对生物安全相关的海量数据进行整合、分析和模拟，以支持决策制定和风险评估。第四，加强基因编辑技术研究，为生物安全科学体系提供强大的工具。使用基因编辑技术研究开发新的治疗方法、生物制品和改良作物，同时也要研究其伦理和安全问题。第五，生物防护和个体防护技术是保护人员和环境不受生物威胁的重要手段。第六，生物样本库和生物资源库的建设对于生物安全研究至关重要。因此，需建立和维护高质量的生物样本库和生物资源库，为生物安全研究提供重要的物质基础。第七，生物制造和合成生物学技术具有广泛的应用前景。应对合成生物学和生物制造技术加大投资，用于生产药物、化学品和生物燃料，同时应确保这些技术的安全性。第八，生物安全实验室技术是生物安全研究的基础。提升生物安全实验室的设计、建设和管理技术，确保实验室操作的生物安全和环境安全。第九，环境生物修复技术对于应对生物污染和环境灾害具有重要意义。应研究和开发用于环境生物修复的技术，以应对生物污染和环境灾害。

综上所述，加大科研投入并强化顶层设计和战略规划，从监测技术、疫苗和药物研发技术、生物信息学和大数据技术、基因编辑技术、生物防护和个体防护技术、生物样本库和生物资源库建设、生物制造和合成生物学技术、生物安全实验室技术，以及环境生物修复技术等多个方面，共同构建一个强大而全面的生物安全科学体系，以应对全球生物安全挑战，保护国家的生物安全和社会稳定。

2.3.2 攻关生物安全关键技术装备

攻关生物安全关键技术装备已成为保护国家生物安全的重要举措。要实现此目标，须从多个方面进行系统性的规划和协同努力。首先，国家层面的支持和规划至关重要，制定中长期发展规划，确保政策和资金的支持。同时，鼓励不同学科（如生物学、工程学、计算机科学和医学等）之间的合作，以促进技术创新和装备研发。其次，企业和科研机构的合作也极为关键。可以利用企业的资源和市场需求导向，结合科研机构的研究能力，共同推进技术装备的研发。再次，积极参与国际生物安全技术装备的研发合作，学习、借鉴国际先进经验，同时在国际市场中寻求合作机会。在攻关过程中，需注重基础研究和应用研究的结合。加强基础研究以探索新的科学知识，同时注重应用研究，将基础研究的成果转化为实际的技术装备。最后，加强生物安全领域的人才培养和引进，为专业人才提供专业培训和教育，吸引国内外优秀人才参与技术装备的研发。

为实现应用基础研究、共性关键技术研究、核心关键技术与重大产品研发的突破，需在智能实验室设施研发、新发突发传染病防控、防范入侵生物等领域开展多学科的科技攻关。同时，提供一个统一的生物安全的科学框架，以解决超越动物健康、植物健康、人类健康和环境等传统界限的生物安全风险问题。

通过以上这些措施，可以有效地推动生物安全关键技术装备的研发，提升国家的生物安全能力，应对生物安全挑战。

2.3.3　生物安全战略科技能力建设

《生物安全法》的实施促进了我国生物安全证据技术与识别系统的建设，增强了国家生物安全防控和预警能力。为了加强国家生物安全能力，我国政府制定了生物安全事业发展规划，并确保监测网络的构建和运行、应急处置和防控物资的储备、关键基础设施的建设和运行、关键技术和产品的研究开发、人类遗传资源和生物资源的调查和保藏等关键领域的支出得到充分保障。同时，采取措施支持生物安全科技研究，加强生物安全风险防御与管控技术研究，整合优势力量和资源，建立多学科、多部门协同创新的联合攻关机制。这些努力旨在推动生物安全核心关键技术和重大防御产品的成果产出与转化应用，提高生物安全的科技保障能力。

我国政府正在推进统筹布局全国生物安全基础设施建设，加强生物基础科学研究人才和生物领域专业技术人才培养，推动生物基础科学学科建设和科学研究。生物安全基础设施重要岗位的从业人员应当具备符合要求的资格，相关信息应当向国务院有关部门备案，并接受岗位培训，以确保生物安全领域的专业性和高效性。此外，国家正在加快建设生物信息、人类遗传资源保藏、菌(毒)种保藏、动植物遗传资源保藏、高等级病原微生物实验室等方面的生物安全国家战略资源平台，并建立共享利用机制，为生物安全科技创新提供战略保障和支撑。

通过以上措施，我国致力于构建一个全面、高效的生物安全战略科技能力体系，以应对日益复杂的生物安全风险，保障国家的生物安全和社会稳定。

2.4　生物安全风险评估

生物安全风险评估体系是一个复杂而全面的框架，旨在系统地识别、分析、评价和管理生物安全风险。这一体系包括多个关键组成部分，如风险识别、风险分析、风险评价、风险管理和风险沟通等。其中,风险识别涉及确定可能对人类、动物及植物健康以及环境造成威胁的因素,包括传染病、生物恐怖主义、实验室事故、生物技术的不当使用等。风险分析则是对已识别的风险因素进行深入分析,评估它们可能产生的影响、发生概率及潜在的后果。在风险评价阶段,基于风险分析的结果,对风险的严重性和紧迫性进行排序,确定需优先管理的生物安全风险。风险管理则涉及制定和实施一系列策略、政策和程序,以减轻或消除已评价的生物安全风险。最后,风险沟通确保生物安全风险信息在政府、企业、公众和其他利益相关者之间有效地流通,以促进理解和合作。

要在生物安全风险评估方面取得领先地位,首先,应完善法律法规,建立和完善生物安全相关的法律法规体系,确保生物安全风险评估和管理有法可依;加强基础设施建设,如建设高质量的生物实验室、数据中心和生物样本库等,为生物安全研究提供必要的物质和技术支持;提升科技能力,加大科研投入,特别是在生物信息学、大数据分析、基因编辑和生物制造等领域,以提升生物安全风险评估的科技水平。

其次,推动国际合作,积极参与国际生物安全科学研究和技术合作,学习、借鉴国际先进经验,在国际市场中寻求合作机会。建立多元化的风险评估机制,结合国内外的生物安全风险评估方法,建立符合我国国情的多元化评估机制。

再次,提高公众意识,加强对公众的生物安全教育和科普宣传,提高公众对生物安全风险的认识和自我防护能力。

总之,生物安全风险评估体系的建立和优化需要综合考虑法律法规、技术、政策和国际合作等多个方面。需根据实际情况和能力,采取不同的策略和措施来应对生物安全风险,为全球的生物安全贡献中国智慧和力量。

2.4.1 生物安全早期预警

生物安全早期预警在防范和应对生物安全风险中扮演着至关重要的角色。这一系统能够及时发现潜在的生物安全风险,包括新发突发传染病、生物恐怖主义、实验室事故等,为采取应对措施赢得宝贵时间。同时,通过早期监测和预警,可以及时发现并采取措施防止疾病的跨区域传播,有效减少疫情对公共卫生、经济和社会的影响,以及因生物安全风险导致的生命财产损失。生物安全早期预警对于提升应急响应能力也具有重要意义。它能够帮助政府和相关部门制定和实施更加有效的应急响应计划,提高应对生物安全事件的能力。在国际层面,生物安全问题往往跨越国界,有效的早期预警系统能够促进国际社会之间的信息共享和合作,共同应对全球性的生物安全风险。这对于维护国家安全和社会稳定具有重要作用。

此外,早期预警系统积累的大量数据对于生物安全相关的科学研究具有重要的价值。这些数据有助于揭示生物安全风险的规律和机制,促进生物安全科学的发展。因此,建立和优化生物安全早期预警系统是各国政府和国际社会共同承担的重要任务。

在国际上，生物安全早期预警系统的例子有很多，例如美国的生物监测预警体系，该体系包括多种生物战剂监测装备，如联合生物战剂识别与诊断系统、M31 生物综合监测系统、M93 核生化侦察系统等。此外，美国还建立了多层次、多部门、多功能、全国性高度网络化的生物威胁实验室应对网络以及美国战斗伤亡预警监测系统等。在联合国大会上，有专家呼吁建立全球疫情预警系统。这个系统将搜集不同来源的数据，包括传统公共卫生流行病学的数据和其他相关数据，如气候影响下土地和水资源利用情况变化的数据。该系统旨在通过开源数据科学平台，量化、建模并解决各种规模的气候和健康问题。

这些例子展示了国际社会在生物安全早期预警方面的努力和成就。这些系统和方法在提高生物威胁的检测、监测和预警能力方面发挥了重要作用，并为世界各国提供了宝贵的经验和启示。

总的来说，生物安全早期预警系统在防范和应对生物安全风险中具有重要作用，能够及时发现潜在威胁，预防疾病传播，减少生命财产损失，提升应急响应能力，促进国际合作，维护国家安全和社会稳定，推动科学研究。因此，各国政府和国际社会应共同努力，加强生物安全早期预警系统的建设，共同构建一个更加安全、稳定和繁荣的世界。

2.4.2 全球预警系统

全球预警系统（global early warning system，GLEWS）是一个由联合国粮农组织、世界动物卫生组织和世界卫生组织共同合作研发的预警系统，旨在应对人类 - 动物 - 生态系统交界面的卫生威胁和新兴风险。该系统通过对潜在的健康威胁和可能关注的事件进行快速检测和风险评估，提供预防和控制措施信息。GLEWS 事件是根据首次发生或再次发生的不寻常事件、重大死亡或疾病发生率、可能跨界传播以及可能对国际旅行或贸易产生影响等因素确定的。此外，GLEWS 还会监控病原体在人群和野生动物种群中的趋势和变化，以评估对人类和动物健康的风险。

在人类 - 动物生态中，预警系统将为人类健康、动物健康、野生动植物和食品安全提供及时的信息。例如，2019 年暴发的新型冠状病毒病感染（COVID - 19），已经影响全球超过 200 个国家并被宣布为大流行[7-8]。COVID - 19 主要影响呼吸系统，引起流感样疾病，症状包括咳嗽、发热，严重时可导致呼吸困难[9]。根据现有统计数据，老年人（ >60 岁）和患有其他基础疾病的人群死亡率较高。随着 COVID - 19 病例数量的增加，世界卫生组织（WHO）宣布其为全球卫生紧急事件和大流行[10]。这一宣布强调了早期预警和风险评估在应对全球性传染病暴发中的关键作用，同时也突显了跨部门和国际合作在控制和减轻健康威胁方面的重要性。

2.4.3 环境损害与生物安全

我国《环境损害司法鉴定执业分类规定》中与生物安全有关的部分主要是对环境污染或生态破坏诉讼涉及的专门性问题进行鉴别和判断，并提供鉴定意见。具体内容包括:①含传染病病原体的废物(不包括医疗废物)鉴定,如认定待鉴定物质是否含有细菌、衣原体、支原体、立克次体、螺旋体、放线菌、真菌、病毒、寄生虫等传染病病原体;②污染物筛查及理化性质鉴定,如通过现场勘察、生产工艺分析、实验室检测等方法综合分析,确定废水、废气、固体废物中的污染物,鉴定污染物的理化性质参数等;③有毒物质、放射性废物致植物损害鉴定,如确定植物损害的时间、类型、程度和范围等,判定危险废物、有毒物质、放射性废物接触与植物损害之间的因果关系;④有毒物质、放射性废物致动物损害鉴定,如确定动物损害的时间、类型、程度和范围等,判定危险废物、有毒物质、放射性废物接触和动物损害之间的因果关系;⑤污染环境行为致地表水与沉积物环境损害鉴定,如确定地表水和沉积物环境质量是否受到损害,确定地表水和沉积物环境损害的时空范围和程度等;⑥污染环境行为致水生态系统损害鉴定,如确认水生态系统功能是否受到损害,确定水生态系统损害的时空范围和程度等;⑦环境空气污染致植物损害鉴定,如确定植物损害的时间、类型、范围和程度,判定环境空气污染与植物损害之间的因果关系;⑧环境空气污染致动物损害鉴定,如确定动物损害的时间、类型、范围和程度,判定环境空气污染与动物损害之间的因果关系。

《环境损害司法鉴定执业分类规定》明确了与生物安全相关的环境损害鉴定范围,为生物安全风险的识别和评估提供了依据。规定有助于加强生物安全风险的管理和控制,确保及时发现和处理生物安全风险,防止其进一步扩大和传播。此外,规定强调了环境损害司法鉴定机构及其鉴定人的职责,促使相关企业和机构遵守生物安全相关的法律法规,减少违法行为。同时,在环境污染和生态破坏的司法诉讼中,这些规定为提供科学、客观、准确的鉴定意见提供了标准,有助于提高司法判决的公正性和准确性。随着全球生物安全风险的增加,这些规定有助于加强与国际生物安全标准的对接,促进生物安全领域的合作与交流。通过对《环境损害司法鉴定执业分类规定》的宣传和实施,可以提高公众对生物安全问题的认识,增强公众的生物安全防范意识和能力。因此,该规定的实施,对于加强生物安全防范、维护国家生态安全和公共卫生、促进可持续发展具有重要意义。

2.4.4 生物安全检测与司法鉴定

生物安全检测与司法鉴定就是把重大生物安全突发事件,回归到证据层面上,在司法鉴定的框架下,依据我国《生物安全法》处理此类违法事件和纠纷,并提供生物安全关键证据。

2.4.4.1 生物安全检测与司法鉴定概况

生物安全检测与司法鉴定在生物安全领域中扮演着重要的角色,它们之间存在着密切的关系。生物安全检测是指使用科学方法和技术来识别、分析和评估生物安全风险的过程。这包括对病原体、毒素、转基因生物、生物恐怖主义威胁因素等进行检测。生物安全检测的目的是为了确保人类、动植物和环境的安全,防止生物危害的发生和传播。司法鉴定是指对与诉讼相关的科学证据(scientific evidence)进行分析和解释的过程,包括对犯罪现场、生物样本、法医证据等进行分析和鉴定,以帮助法庭确定案件的事实和真相。两者相互依赖,生物安全检测为司法鉴定提供科学依据。通过对生物样本的检测和分析,司法鉴定可以获得有关案件的重要信息,如犯罪嫌疑人的身份、犯罪手段等。同时,司法鉴定结果也可以为生物安全检测提供法律依据。例如,在处理生物安全事故或犯罪时,司法鉴定结果可以帮助确定责任并制定应对措施。生物安全检测有助于识别和评估生物安全风险,而司法鉴定则有助于确保法律的公正执行。两者都是为了维护社会的安全和稳定。生物安全检测和司法鉴定相互促进,共同推动生物安全领域的发展。生物安全检测技术和方法可以为司法鉴定提供新的工具和方法,而司法鉴定的发展也可以为生物安全检测提供新的应用场景和需求。

《环境损害司法鉴定执业分类规定》清晰准确地界定了生物安全司法鉴定机构、鉴定人执业类别和范围,用以解决某些超越传统界限的生物安全风险和司法纠纷(表 2.2)。

表 2.2 环境损害司法鉴定的主要领域和具体内容

领域	具体内容
病原体疾病威胁	细菌鉴定、溯源、分类
	病毒鉴定、溯源、分类
	生物毒素、溯源、分类
	真菌鉴定、溯源、分类
	含传染病病原体的废物鉴定
入侵生物鉴定	微生物鉴定
	昆虫鉴定
	动物鉴定
	植物鉴定
生物工程损害鉴定	基因诊断鉴定
	基因药物鉴定
	基因植物鉴定
	基因动物鉴定
	基因昆虫鉴定
生物资源损害鉴定	人类遗传资源鉴定
	动物资源鉴定
	微生物资源鉴定
	植物资源鉴定

续表 2.2

领域	具体内容
生物风险死亡鉴定	感染死亡鉴定
	生物毒素死亡鉴定
	有害气体死亡鉴定
	环境污染致死鉴定
生物安全信息鉴定	电子数据存在性鉴定
	电子数据真实性鉴定
	电子数据功能性鉴定
	电子数据相似性鉴定
生物实验风险鉴定	生物制剂因素鉴定
	实验室/测试环境因素鉴定
	人为因素鉴定
	管理控制鉴定

2.4.4.2 生物安全鉴定的共性关键技术

1. 高通量测序技术

高通量测序(high - throughput sequencing)技术能够快速读取和分析生物样本中的遗传物质,对于病原体的鉴定和分类非常关键。在生物安全中的应用包括对病毒、细菌、真菌等微生物的基因组进行测序,以确定其种类和变异情况,从而为疫情的监控和预防提供科学依据。

2. 生物信息学分析技术

生物信息学是一门交叉学科,结合了计算机科学、统计学、生物学等领域的知识。在生物安全领域,生物信息学分析技术能对大量的生物数据进行处理和分析,揭示病原体的生物学特性、传播途径和潜在风险。

3. 实验室检测技术

实验室检测是生物安全监测的基础。通过实验室检测技术,可以对生物样本进行定性和定量分析,如病原体培养、鉴定、血清学检测等,这些技术在生物安全监测中发挥着关键作用,确保对生物安全威胁的准确识别。

4. 分子生物学技术

分子生物学技术在生物安全领域中被广泛应用,如 PCR、实时定量 PCR(qPCR)等。特异性地检测和鉴定病原体的遗传物质,对于生物安全监测和预警具有重要意义。

5. 生物成像技术

生物成像技术能使我们更直观地观察生物样本的形态和结构,对于病原体的鉴定和监测非常有用。例如,电子显微镜可以用来观察病毒颗粒结构,而荧光显微镜可以用于追踪病原体在细胞内的动态过程。

6. 大数据分析技术

大数据分析技术在生物安全监测中发挥着重要作用。通过对大量的生物数据进行分析和建模,预测疫情的发展趋势、传播路径和影响范围,为生物安全决策提供科学依据,并有助于制定有效的防控措施。

7. 样品采集和处理技术

生物样品的采集和处理是生物安全监测的起点。有效的样品采集和处理技术可以确保生物样本的质量和完整性,从而提高检测结果的准确性。样品采集和处理技术在生物安全监测中具有重要意义,为实验室检测和分析奠定了基础。

8. 生物传感技术

生物传感器可以实时监测环境中的生物威胁,提供及时的警报。生物传感技术在生物安全监测中的应用包括对病原体的检测、空气质量的监测等。这项技术对于快速响应生物安全事件和防止疫情的扩散具有重要作用。

9. 生物样本库

生物样本库的建立和管理为生物安全研究提供了宝贵的资源。生物样本库收集了各种生物样本,包括病原体、细胞株、血清等。这些样本为生物安全研究提供了丰富的实验材料,有助于揭示病原体的生物学特性和传播途径。

10. 生物安全实验室

生物安全实验室是进行生物安全研究和监测的重要场所。实验室的设计和操作规程对于确保实验室的安全性和防止产生生物安全风险至关重要。生物安全实验室的设计需要考虑到生物安全级别的划分、通风系统的配置、废物的处理等因素。此外,实验室操作人员需要接受专业培训,严格遵守实验室安全规程。

综上所述,生物安全鉴定的共性关键技术在生物安全领域中发挥着重要作用。它们为生物安全的监测、预警和应对提供了科学依据和技术支持,有助于预防和控制生物安全风险,保护人类、动植物和环境的安全。

2.5 生物安全风险现场证据链

界定有生物安全风险的现场并收集相关证据需要跨学科的知识和专业技能,涉及多个学科,如生物学、流行病学、法医学、环境科学等。构建完整的证据链对于法律、政策制定和生物安全风险管理至关重要。

2.5.1 生物安全风险现场的界定

1. 现场风险评估

现场风险评估的内容:①要对历史数据进行调查,收集现场及相关区域的历史数据,包括疾病发生、疫情暴发、生物事故等信息。②评估现场的地理位置、气候条件、生态环境等,以确定是否存在有利于生物安全风险传播的环境因素。③识别现场是否存在已知的生物安全风险因素,如病原体、有害生物、污染物质等。

2. 现场调查

现场调查具体包括:①人员调查。了解现场工作人员的健康状况、暴露史、免疫状况等。②动物调查。评估现场及周边区域的动物健康状况,识别是否存在动物疫情。③植物调查。检查现场及周边区域的植物是否存在异常症状,如病斑、枯萎等。④环境样本采集。采集空气、水、土壤等环境样本,用于后续实验室分析。

3. 收集相关证据

收集相关证据,包括:①物理证据。如现场照片、视频、物品等,以证明存在生物安全风险。②生物样本。对采集的生物样本进行实验室分析,以确定是否存在病原体、毒素或其他有害物质。③环境数据。收集现场的环境数据,如温度、湿度、风向等,这些数据有助于了解生物安全风险的传播条件。④流行病学数据。收集有关人员、动物和植物健康状况的数据,以评估生物安全风险的影响。

4. 实验室检测

实验室检测包括:①病原体检测。对采集的生物样本进行 PCR、血清学检测等,以确定是否存在病原体。②有害物质检测。对环境样本进行有害物质的检测,如重金属、毒素等。③数据分析。对检测结果进行分析,评估生物安全风险的严重程度和潜在影响。

5. 专家咨询及综合分析

邀请生物学、流行病学、环境科学等领域的专家进行现场评估,提供专业意见。结合现场调查、实验室检测和专家咨询的结果,进行综合分析,评估生物安全风险的类型、严重程度、传播途径和潜在影响。

6. 制定生物安全计划

根据综合分析结果,制定有针对性的生物安全计划和措施。

通过以上步骤,可以系统地界定有生物安全风险的现场,以确保生物安全风险被有效识别和控制。

2.5.2 构建证据链

在界定有生物安全风险现场的过程中,证据链至关重要。通过收集、分析和关联现场的各种证据,为生物安全风险的界定提供科学依据。这有助于制定有针对性的防控措施和应对策略，从而有效应对生物安全风险。

证据链在生物安全风险界定中的作用体现在以下三个方面。

(1)证据链支持生物安全风险的科学评估。通过对现场的各种证据，如物理证据（生物样本、环境数据和流行病学数据）进行收集和分析，可以客观地评估现场是否存在生物安全风险，以及风险的性质和程度。这有助于确保生物安全风险的界定基于可靠的科学数据。

(2)证据链为生物安全风险的法律依据提供支持。在涉及生物安全风险的法律诉讼中，证据链的完整性、可靠性和关联性有助于法庭对生物安全风险进行准确判断。这有助于确保法律判决的公正性和准确性。

(3)证据链有助于生物安全风险管理。通过对证据链的分析，可以发现生物安全风险的传播途径、影响范围等关键信息，从而制定有效的风险管理措施。这有助于减少生物安全风险对人类、动植物和环境的影响，以及制定生物安全风险的预防措施，保护公共健康和安全。通过对证据链的分析，可以识别生物安全风险的源头，为预防类似事件的发生提供指导。

构建证据链时要注意以下问题：①证据的可靠性和完整性。确保收集的证据是可靠和完整的，避免污染和篡改。②证据的关联性。确保证据之间存在关联性，证明生物安全风险与现场情况之间的因果关系。③证据的序列。将所有证据按照时间顺序排列，形成完整的证据链，以支持最终的结论。④遵守法律法规。在收集和处理证据时，必须遵守相关的法律法规，确保程序的合法性。⑤伦理审查。当涉及人体或动物样本时，需要进行伦理审查，确保符合伦理标准。

2.6 生物安全技术的教育和培训

生物安全技术的教育和培训对于保障国家的生物安全具有重要意义。通过提高国家在生物安全领域的整体能力，可以有效地应对和防范各种生物安全风险，以保障国家的生物安全和社会稳定。随着科学技术的快速发展，新的生物安全风险不断出现。通过教育和培训，可以提高人们对新挑战的认识和应对能力，从而提高应对生物安全风险的灵活性和适应性。生物安全风险的多样化和复杂性日益增加，只有加强生物安全技术的教育和培训，才能提高生物安全意识、增强防范意识，并采取适当的预防措施。在生物安全领域，规范的操作和行为是防止发生生物安全风险的关键，通过教育和培训掌握生物安全相关的技术和方法，能够确保生物安全措施得到有效执行，防止生物安全风险的发生和传播。生物安全是一个涉及多个学科的领域，教育和培训能促进不同学科之间的交流和合作，提高整体应对生物安全风险的能力。

2.6.1 生物安全技术教育和培训内容

生物安全技术教育的专业内容涵盖了生物安全领域的各个方面,具体如下。

(1)生物安全基本概念和原理:包括生物安全风险的类型和特点、生物安全的重要性、生物安全法律法规和伦理标准等。

(2)生物安全技术:包括实验室安全操作、生物样本的采集和处理、生物安全风险的识别和评估方法等。

(3)生物安全管理和应急响应:包括生物安全管理体系、生物安全事件应急预案、生物安全事件应急响应和处置。

(4)跨学科知识:教育和培训内容涉及生物学、环境科学、公共卫生、法学等领域的基本知识,有助于提高在跨学科合作中的工作能力和效率。

(5)新出现的生物安全挑战:关注最新生物安全风险的研究进展和应对新挑战的策略和方法,有助于提高应对生物安全风险的灵活性和适应性。

(6)实际操作和案例分析:通过实际操作和案例分析,加深对生物安全知识和技能的理解和掌握,提高在实际工作中的应用能力。

生物安全技术教育和培训的专业内容全面而深入,旨在提供系统的生物安全知识和技能培训,提高学员在生物安全领域的专业素养和应对能力,为我国在生物安全领域的发展做出贡献。

2.6.2 教育方式

可以通过以下教育方式,培养具备生物安全知识和技能的专业人才,提高我国在生物安全领域的整体能力。

(1)课堂教学:采用讲授、案例分析、小组讨论等方式,系统地传授生物安全相关知识和技能,相关课程见表2.3。

(2)实验室实践:通过实际操作,熟悉生物安全技术,提高动手能力。

(3)现场实习:安排学员到生物安全实验室、生物安全企业等实地学习,了解生物安全实际应用。

(4)网络课程:利用网络平台,提供在线学习资源,方便随时学习。

(5)交流与研讨:组织生物安全领域的专家、学者和从业人员进行交流和研讨,分享经验和最新研究成果。

(6)实际能力应用:通过现场实习、案例分析等方式,培养在实际工作中运用生物安全技术的能力。

(7)持续跟踪:对学员进行持续跟踪,了解其在生物安全领域的职业发展,评估教育效果。

表 2.3 生物安全相关课程

分类	具体课程
生物安全基础课程	基础课程:公共卫生学,基因组学,人类遗传学,动物学,微生物学,生理学,生物多样性和生态学,计算机,以上均包含实验室课程 学科尖端课程:细胞与基因技术,生物合成,生物信息学,生物计算,人工智能,微纳制造,生物传感,经济学,社会学,法学,以及高级研讨会、独立研究项目、社会实践等
生物安全专业课程	生物安全法,国家安全法,生物安全证据技术研究,生物安全信息学,法医微生物与生物安全,动物、植物与生物安全,人类遗传资源保护与应用,生物入侵与生态安全,生物安全相关死亡的处理与应对,生物安全威胁防控实践与进展,生物安全多元数据与智能预警,实验室生物安全及规范管理
生物安全选修课	免疫学,病原微生物学,食品和乳制品微生物学,环境微生物学,海洋微生物学,工业和应用微生物学,生物技术,生物信息学,病毒学和其他脱细胞因子,寄生虫学/原生动物学,真菌学,流行病学,公共卫生学,生物伦理学

2.6.3 典型案例及其证据

案例研究的指导意义在于可以揭示实际问题的复杂性,利于研究者针对特定群体及各种事件进行深入研究。如环境污染问题,可以通过微生物源跟踪来检测人类污水或畜牧(家禽养殖)业以及工业对水体的污染。最常见的案例涉及自然事件和人为因素,并与新兴感染有关,如甲型 H1N1 流感、严重急性呼吸系统综合征(SARS)、猴痘,以及特定 HIV 感染的暴发。

典型案例中的生物安全证据并不总是能在法庭上发挥作用,有些证据也会用于情报,以此评估其在攻击中是否使用或可能造成生物安全风险的概率。收集证据的主要目的是尽早干预并阻止生物安全风险的发生。

(高树辉 张效礼 李生斌)

参考文献

[1] SUTHERLAND W J, ARMSTRONG-BROWN S, ARMSWRTHP R, et al. The Identification of 100 ecological questions of high policy relevance in the UK[J]. J Appl Ecol, 2006,43(4):617 -627.

[2] MEDEIROS E, RAMIREZ M G, OCSKAY G,et al. Covidfencing effects on cross-border deterritorialism: the case of Europe[J]. Eur Plan Stud,2020,21(10):1080.

[3] MALIK Y S, SIRCAR S, BHAT S,et al. Emerging novel coronavirus(2019 - nCoV):

current scenario, evolutionary perspective based on genome analysis and recent developments[J]. Vet Q,2020,40:68 -76.

[4] 丁陈君,陈方,张志强. 美国生物安全战略与计划体系及其启示与建议[J]. 世界科技研究与发展,2020,42(3):253 -264.

[5] White House. National Biodefense Strategy[EB/OL]. (2018 -08 -09). https://www.whitehouse.gov/wp-content/uploads/2018/09/National-Bio-defense-Strategy.pdf.

[6] Department of Health and Human Services. National Health Security Strategy 2019 -2022 [EB/OL]. (2019 -01 -15). https://www.phe.gov/Prepared-ness/planning/authority/nhss/Documents/NHSS-Strategy-508.pdf.

[7] MEDEIROS E, RAMIREZ M G, OCSKAY G, et al. Covidfencing effects on cross-border deterritorialism: the case of Europe[J]. Eur Plan Stud, 2020, 29(5): 962 -982.

[8] NUNEZ M A, PAUCHARD A, RICCIARDI A. Invasion science and the global spread of SARS-CoV -2[J]. Trends Ecol Evol,2020,35: 642 -645.

[9] RICHARD V. England's new COVID -19 monitoring outfit: the Joint Biosecurity Centre [J]. BMJ,2020,370:m2604.

[10] YEH K B,TABYNOV K,PAREKH F K,et al. Significance of high-containment biological laboratories performing work during the COVID -19 pandemic:biosafety level -3 and -4 labs[J]. Front Bioeng Biotechnol,2021, 9:720315.

第3章 关于生物安全的100个问题

3.1 概述

科学问题的提出对于科学研究、社会发展和人类文明进步具有重要的价值和意义。它是科学探索和知识进步的基石，是科学研究的起点，能推动科学领域的进步。生物安全研究的未来广度要求我们制定一个有针对性的框架，并明确生物安全领域不同学科的关键问题。根据《中华人民共和国生物安全法》中生物安全涵盖的几个主要方面，我们希望通过提出科学问题，指导生物安全研究，解决新出现的问题，并确保生物安全领域的持续进步。

3.2 提出问题

基于对相关政策的研究和科学问题的梳理，经“国家生物安全工程丛书”编委会专家分析，认为以下100个问题对国家生物安全影响最大。

(1)生物合成技术的广泛可用性是否构成生物安全威胁？如何减轻或预防这些威胁？

(2)新合成生物带来了哪些新的生物安全挑战和机遇？

(3)生物工程的产品和技术风险进入我国的主要途径是什么？

(4)如何改进国际进出口制度，以更好地应对合成生物学和其他新兴生物技术的复杂性？

(5)需要进行哪些科学手段来确定网络生物安全挑战并提出应对措施？

(6)生物安全专家如何引导公众对生物安全风险的看法?

(7)国家生物安全法如何规范个人和群体的生物安全活动或者行为?

(8)为提高民众对生物安全风险的认识,改变其生物安全行为,最有效办法是什么?

(9)预防疾病传播风险的最有效方法是什么?

(10)如何更好地理解生物安全的概念、生物安全风险的传播?如何评估生物安全风险的危害程度?

(11)需要采取哪些措施提高对生物安全风险的认识、推进监督和专业教育培训,以促进我国的生物安全文化?

(12)生物安全活动如何影响人类行为?如何加强生物安全跨领域、跨学科的研究、教育及实践?

(13)如何系统地利用生物安全法和生物安全证据来为生物安全政策提供信息和决策?

(14)如何更好地将生物安全主题纳入自然和社会科学家及民众的培训体系?

(15)如何感知、预防和控制生物风险?

(16)如何对生物实验室进行安全管理和等级规范?

(17)如何对病原微生物危险性等级进行分类、分型和溯源?

(18)如何建立病原微生物传播、扩散的风险预警系统?

(19)如何依法快速检验检测与司法鉴定食源性病原体和生物源毒素?

(20)如何进行环境微生物的生物安全评价?

(21)如何研究肠道移植微生物菌群的有效性和安全性?

(22)如何防控和防范病原微生物威胁和生物恐怖事件?

(23)如何建立生物安全参考数据库,打造生物安全的信息学平台,并实现生物安全大数据共享和和平应用?

(24)如何研究生物安全数据的安全性和保护个人隐私?

(25)如何将基于人工智能的生物安全大数据应用于人类健康与疾病诊断?

(26)为何需要严格控制合成、改造微生物的实验,并制定生物安全防控流程?

(27)如何研发涉及生物安全相关的生物安全快检技术 ?

(28)动物与植物生物安全的基本概念是什么?涉及哪些重要的生物安全问题?

(29)我国《生物安全法》出台的历史背景、内涵及重要意义是什么?

(30)动物疫病有哪些?动物疫病与生物安全有什么重要的内在联系?

(31)如何进行动物疫病的生物安全防范?目前国内外有哪些相关的法律法规?

(32)常见的有毒动植物有哪些?关于有毒动植物生物安全问题,我国有哪些相关的规定?

(33)目前我国入侵动植物生物安全面临哪些危急问题？如何做好入侵动植物及微生物的生物安全防范工作？

(34)实验动物生物安全的基本内涵是什么？其重要目的和意义是什么？

(35)关于防范实验动物生物安全问题有哪些重要的举措？国内外有哪些相关的法律法规？

(36)常见的致幻植物有哪些？我国对致幻植物所涉及的生物安全问题有哪些评价？

(37)预防和防止致幻植物风险的举措有哪些？

(38)常见的动物与植物毒素有哪些？如何对它们进行分类？

(39)对于动物与植物毒素的生物安全防范有什么重要的意义？我国目前对此有哪些举措和方法？

(40)什么是毒品？如何对其进行分类？毒品与生物安全有何重要的联系？

(41)如何理解新型毒品生物安全？如何做好全方位的毒品安全防范？

(42)如何对蕈类进行分类？常见的有毒蕈种有哪些？

(43)有毒蕈种对人体有哪些损害？如何进行蕈类的生物安全防范工作？

(44)是否需要加强生物安全实验室人员的“准入制度”，包括资格要求、培训和考核等？

(45)是否需要建设和维护符合规范的实验动物饲养及实验场所？

(46)是否需要进一步完善生物安全实验室的功能分区及有效隔离措施？是否需要加强实验室环境管理，以保持良好的安全环境？

(47)是否需要进一步建立和完善生物安全实验室的标准操作规范？

(48)是否需要加强实验室中各类具有生物危险因子的实验材料（如微生物、动物、植物以及经过基因改造的生物等）的管理？

(49)是否需要加强实验室各类危险废弃物（如有潜在生物危险、可燃、易燃、腐蚀、有毒、放射和有破坏作用的，对人和环境有害的一切废弃物）的管理？

(50)是否需要在各类生物安全实验室中普及安全标识和危害警示标识？

(51)目前的病原微生物管理是否存在可能导致高危致病菌泄漏、危害人类安全的漏洞？

(52)如何研究转基因食品和生物合成产品是否会对人体健康产生不利影响？

(53)目前转基因食品和生物合成产品的风险是否在加大？

(54)在生物遗传资源的开发和使用过程中，如何科学规划，以形成养用结合的长久发展模式？

(55)环境要素变率上升是否会加速生物遗传资源的变化？

(56)如何控制生物遗传资源的流失？

(57)转基因产品和生物合成产品与环境质量、生态系统或生态平衡之间有何关系？

(58)对遗传资源原地和迁地的保护是否缺乏支撑维持机制?

(59)在生物遗传资源研究中,如何避免被动研究及泄密风险?

(60)如何宣传保护我国庞大而丰富的人类遗传资源?

(61)在生物安全样本采样与接受检验的过程中,是否能够充分行使知情权和同意权,保障生物安全样本提供者的权益?

(62)发展生物安全尖端技术、装备、研究等方面,需要什么措施和政策?

(63)如何对入侵物种传入至成灾的发生过程与机制展开研究?外来物种入侵后,遗传多样性是否发生了改变?

(64)如何对入侵物种的快速高效防控技术体系展开研究?

(65)如何系统地研究重大入侵物种的分布范围、扩散原因和途径、生活习性、危害及防治措施,以实现入侵生物系统预警预报和防范?

(66)如何全面了解我国陆地、内陆水域和海洋生态系统中的入侵物种及危害情况?

(67)入侵物种是否严重破坏了多种生态系统以及生物多样性?

(68)对入侵物种的寄主范围、繁殖能力、迁飞能力等生物学特性是否已展开研究?

(69)对入侵生物的入侵来源、途径、种群遗传分化等是否已展开研究?

(70)对通过调整寄主种植期、选择抗性作物、合理水肥管理等手段防治入侵物种的措施是否已展开研究?

(71)在入侵物种的防治中,生物天敌、病原微生物等的开发与应用是否已经得到重视?

(72)全球气候变化是否会影响外来物种的传入、定殖和扩散?

(73)是否已经制定了地区之间入侵昆虫传入与扩散的早期预警与风险分析的统一方法?

(74)如何快速识别及鉴定新发突发传染病病原体的类型及核酸序列?

(75)如何建立综合性、独立性的殡葬场所,以供传染病尸源的集中处理?

(76)如何建立健全生物安全相关死亡尸体检验规范总体原则,以及针对新发高传播传染病的尸体检验规范?

(77)如何建立生物安全检验检测国家标准体系、生物安全事件司法鉴定技术体系?

(78)如何快速进行各种病原体的病原学精准鉴定,推进制定生物安全相关死亡处理的法医学行业标准?

(79)对于可能涉及传染性病原体感染死亡的病例,是否需要与疾控部门形成高效的对接机制,以便及时获得准确的病原体鉴定结果?

(80)针对涉及或怀疑传染性病原体感染死亡的病例,是否应该建立公用的、符合疾病预防控制要求的尸检场所,并对这些场所实施规范化管理,以保障生物安全?

(81)生物安全相关死亡的死亡机制有哪些特点,如何将新技术及多学科交叉方法应用于这一研究领域?

(82)研究生物安全相关死亡的死亡机制,如何有助于促进死因鉴定及生物安全防控?

(83)面对生物安全威胁,社会应对体系是否足够健全?

(84)生物安全威胁的相关知识是否已经在全社会得到普及和意识提升?

(85)是否应该构建生物安全教育学科体系?

(86)是否已建立生物安全证据司法鉴定体系和程序化运行模式?

(87)生物安全领域是否缺乏数据计算体系、数据共享标准? 是否存在数据源的碎片化和系统孤岛化问题?

(88)生物安全数据监控网络建设是否存在孤岛化问题?

(89)在整合多源异构的生物安全监控数据时,是否遇到了归一化的困难?

(90)微生物传播风险相关特征和高风险微生物识别算法是否已经得到充分研究?

(91)是否已建立生物安全风险扩散与预警模型、生物安全大数据系统评估方法,以及生物安全大数据系统的应用模式?

(92)如何建立微生物的信息化档案和追踪方法?

(93)如何建立微生物参考数据库和微生物来源的信息学模型算法?

(94)如何分享微生物毒力和耐药判定的信息学模型、微生物鉴定和区分的信息学模型、微生物预警和分级模型、微生物跨种群传播的信息学模型、生物种群与生态系统安全模型、生物行为与生态安全信息学建模与预测?

(95)如何构建传染病预警的信息学系统和平台? 如何研究传染病传播的动力学、传染病传播的地理健康信息学?

(96)微生物的生物安全特征与疾病分级,以及微生物演化模型与人类健康之间的关系是否已经得到研究?

(97)对抗传染病药物设计、抗传染病疫苗设计和免疫信息学的研究是否已经取得进展?

(98)群体和个体生物数据安全问题是否已经得到足够的关注?

(99)如何搭建生物安全大数据库的可信计算环境?

(100)在生物安全大数据共享使用中,如何用密码学方法确保数据的安全性和不可篡改性?

3.3 分析说明

上述 100 个问题构成了对生物安全战略强的有力回应。现从以下九个方面进行分析说明。

3.3.1 生物安全威胁与风险识别

解决这些问题有助于识别潜在的生物安全威胁和风险，为制定有效的防范措施奠定基础。

相关研究表明，在病原微生物的识别与鉴定方面，通过对病原微生物的快速鉴定和核酸序列分析，可以及时了解新发传染病病原体类型，从而采取有效的防控措施；在转基因生物潜在风险识别方面有助于采取针对性措施[1]；在基因武器攻击风险评估方面，对基因武器攻击的风险进行评估，有助于提高对新型威胁的认识，从而制定防范策略；在入侵物种风险评估方面，对入侵物种进行风险评估，可以为防控措施的制定提供依据[2]；在生物安全事件风险评估方面，对实验室、运输、生产等生物安全事件进行风险评估，可以识别高风险环节，并采取针对性措施；在传染病传播风险评估方面，可以通过建立传染病传播模型，评估病原体的传播风险，为制定防控策略提供依据。

3.3.2 促进科技与法规发展

解决这些问题能推动相关科技和法律法规的发展，以应对新出现的生物安全挑战。

面对不断涌现的生物安全挑战，相关科技和法律法规也随之快速发展，为防范和应对生物安全风险提供了重要支持。这需要各国政府、科研机构、企业和公众的共同努力，持续加强科技研发和国际合作，不断完善相关法律法规和监管体系。例如，在应对合成生物学和基因编辑技术带来的生物安全风险方面，科学家正在研究开发相应的监测和评估系统，为监管决策提供支持[3]。实验室生物安全规范正在不断更新和完善，以防范病原体泄漏。同时，病原微生物检测技术的快速发展为应对新发传染病提供了支持[4]。利用大数据和人工智能等生物信息学技术进行病原体基因组分析、传播风险建模和预测，有助于提升传染病监测和预警能力[5]。各国也制定了入侵物种管理规范，防止外来入侵物种的传入和扩散，维护生物多样性[6]。国际合作机制也在加强，以建立信息共享和协调应对机制，共同应对跨国生物安全挑战[7]。此外，生物安全教育也在逐步加强，以提高公众和科研人员的生物安全意识，规范其行为，防止人为因素导致的生物安全事件[8]。

3.3.3 国际合作与协调

解决这些问题需要不同国家和地区的合作与协调，推动全球生物安全治理体系构建。

国际合作与协调是应对生物安全挑战的重要途径，建立多边和双边的交流平台与机制，促进各国在生物安全领域的对话与交流。国际合作有利于加强在疫情信息、生物安全事件、病原体信息等方面的信息共享；加强联合研究与开发，共同开展病原体研究、疫苗研发、药物研发等工作；制定统一的生物安全标准规范与指南，以便各国在防控措施、实验室建设、应急处置等方面采取一致行动；建立有效的应急响应与协调机制，以便各国在生物安全事件发生时能够快速响应、协调应对，避免疫情扩散。因此，国际合作与协调是构建全球生物安全治理体系的关键，需要各国在交流平台、信息共享、联合研究、标准规范、能力建设和应急响应等方面加强合作与协调。

3.3.4 学科交叉与融合

解决这些问题需要多学科交叉合作，推动生命科学、计算机科学、法学、工程学、社会学等不同学科之间的融合。

面对复杂的生物安全挑战，单一学科难以单独应对。因此，多学科之间的交叉合作成为应对生物安全挑战的重要途径。生命科学为生物安全研究提供了病原微生物学、传染病学、免疫学、生态学等理论基础，有助于研究病原体特征、传播机制和防控方法。计算机科学为生物安全研究提供了强大的技术手段（如生物信息学、数据科学和人工智能），用于病原体基因组分析、传播风险建模和预测，提高监测和预警能力。法学为生物安全研究提供了法律依据和规范，包括制定生物安全法规、建立监管体系，规范相关科学研究和管理活动，以防范生物安全风险。工程学为生物安全研究提供了技术支持，如生物安全设备研发、检测技术研发等，为生物安全防范提供工程化解决方案。社会学为生物安全研究提供了社会科学视角，研究公众认知、行为影响、风险沟通等问题，为制定生物安全政策提供支持。多学科交叉合作有助于从不同角度更全面地理解生物安全挑战，找到更有效地应对方法。这需要不同学科背景的研究人员建立合作机制，共享资源和信息，共同开展创新性研究[9]。合成生物学技术的生物安全风险评估方法及研究进展等实例，展现了多学科交叉合作在生物安全研究中的应用。因此，建立多学科交叉融合的研究团队，开展跨学科合作，对应对生物安全挑战具有重要意义。

3.3.5 技术创新与产业应用

解决这些问题有助于促进技术创新，推动生物安全技术和产品的研发，为产业应用提供支撑。

生物安全问题的解决需要依赖技术创新。技术创新对于应对生物安全挑战具有重要意义，为生物安全技术和产品的研发提供支撑。生物安全挑战催生了疫苗研发技术的创新，如新近出现的基因工程疫苗、mRNA 疫苗、DNA 疫苗等新型疫苗技术[10]，为防控新发突发传染病提供了有力支持。生物安全问题的紧迫性促进了检测技术的快速发展，如基因测序、荧光定量 PCR、等温扩增等核酸检测技术的出现，以及抗原抗体检测、血清学检测等免疫学检测技术的创新。生物安全研究促进了病原体分离鉴定技术的进步，如利用宏基因组学、单细胞基因组学等技术进行病原体的快速鉴定。生物安全需求催生了设备的创新，如生物安全柜、高效过滤器、消毒设备等防护设备的研发，为防控生物安全风险提供了技术支持。生物安全问题的复杂性促进了大数据和人工智能技术在生物安全领域的应用，如建立生物安全风险预测模型、构建传染病预警系统等。技术创新不仅推动了生物安全技术和产品的研发，也为产业应用提供了支撑。生物安全技术和产品在疫苗生产、检测、设备制造等领域形成了产业链,促进了相关产业的快速发展。因此,技术创新对于应对生物安全挑战至关重要。

3.3.6 社会意识提升

解决这些问题有助于提高公众对生物安全问题的认知,促进社会意识的提升。

社会意识提升在防范生物安全风险中扮演着重要角色。全面提高公众对生物安全问题的认知,需要通过多种途径来实现,包括科普教育、专业培训、新媒体传播、风险沟通、公众参与、学校教育及社会监督。这些措施有助于培养公众的生物安全意识,以增强防范意识,形成群防群控的局面。全面提升公众对生物安全问题的认知,对构建人类命运共同体具有重要价值。

3.3.7 国家生物安全体系建设

这些问题关系到国家生物安全体系建设,对维护国家安全具有重要价值。

生物安全是国家安全的有机组成部分,关系到人民健康、经济发展和社会稳定。生物安全立法是体系建设的基石,2020 年,我国出台了《中华人民共和国生物安全法》,明确了生物安全的法律地位。建立健全生物安全监管体系,包括对生物安全相关研发活动的规范管理、对生物安全设备生产企业的监管、对进出口生物样品和生物制品的检验检疫等。生物安全能力建设是提升生物安全水平的基础,如提高实验室生物安全能力、培养生物安全人才、加强生物安全科学研究等。生物安全风险评估与预警是体系建设的重要组成部分,通过建立生物安全风险评估模型,构建传染病预警系统,对潜在的生物安全风险进行早期预警。生物安全宣传教育是提高公众生物安全意识的重要手段,通过加强生物安全宣传教育,使公众了解生物安全风险,增强防范意识。生物安全国际合作是提升国家生物安全水平的重要途径,加强生物安全国际合作,可以引进先进技术,共享信息资源,共同应对跨国界的生物安全挑战。因此,构建完善的生物安全体系,需要多方面的共同努力,这对于维护国家安全具有重要价值。

3.3.8 应对生物安全挑战

就当前和未来生物安全面临的挑战而言,这 100 个问题具有前瞻性和指导意义。

当前和未来,生物安全所面临的挑战包括病原微生物的持续威胁,如新发突发传染病、耐药菌和生物恐怖主义;实验室生物安全挑战,如生物样本和废弃物管理不规范及实验操作不规范;入侵物种对生态系统平衡和生物多样性的威胁;生物技术滥用,如合成生物学和基因编辑技术滥用风险;生物安全法律与监管体系不完善及监管力度不足;生物安全数据共享与协作的挑战,如数据孤岛化和信息不对称等。因此,全面应对生物安全挑战,需要针对这些领域开展深入研究、加强监管。

3.3.9 全球生物安全治理

这些问题关系到全球生物安全治理，对构建人类命运共同体具有重要价值。

多边合作机制是推进全球生物安全治理的基础，通过建立和完善多边合作机制，为各国提供交流与合作的平台。信息共享与协作是全球生物安全治理的重要手段，各国应加强信息共享与协作，共同应对跨国界的生物安全挑战。生物安全规范与标准是全球生物安全治理的重要保障，通过制定生物安全规范与标准，为各国提供技术指南。全球生物安全能力建设是提升全球生物安全水平的关键，通过加强全球生物安全能力建设，包括培训生物安全人才、支持发展中国家生物安全基础设施建设等，共同提高全球生物安全能力。综上所述，推进全球生物安全治理，需要多边合作、信息共享、规范标准、能力建设、风险评估预警和宣传教育等多方面的共同努力。这对于构建人类命运共同体具有重要价值。

（高树辉　朱德芹　李　晶）

参考文献

[1] LACKEY B. Assessing the potential risks of genetically modified organisms[J]. Journal of Biotechnology, 2019,306: 55 -62.

[2] PIMENTEL D. The biological invasion of Europe[J]. Invasive Species,2022,17(2): 225 -231.

[3] 郝振宇,何雨芯,王军,等. 合成生物学技术生物安全风险评估方法研究进展[J]. 生物工程学报,2021,37(4):555 -565.

[4] 刘翔宇,赵宇,李健,等. 新型冠状病毒检测技术研究进展[J]. 生物工程学报,2020,36(6):797 -809.

[5] 赵凯,张建辉,李宏伟,等. 基于深度学习的传染病传播风险预测模型研究[J]. 生物工程学报,2021,37(3):445 -456.

[6] 王丹,李翠,王振宇,等. 外来入侵物种生物安全风险评价方法研究进展[J]. 生物工程学报,2021,37(6):1343 -1355.

[7] 李红,赵宇,王军,等. 国际生物安全合作机制研究[J]. 生物工程学报,2021,37(3): 545 -556.

[8] 陈曦,赵宇,张建辉,等. 生物安全教育研究进展[J]. 生物工程学报,2021,37(6): 1329 -1338.

[9] 陈宇飞,赵宇,李军,等. 多学科交叉视角下的生物安全研究[J]. 生物工程学报, 2021,37(5):1095 -1106.

[10] KIM J, CORBETT K S, GRALINSKI L, et al. Infection with SARS-CoV-2 causes pervasive inflammation in multiple organs of the human body[J]. J Exp Med, 2020,217(9):e20201944.

第 4 章 基因组多样性与遗传标记

基因组(genome)多样性指的是不同个体或种群之间基因组水平上的差异,这些差异是生物演化的基础,也对物种适应生态环境、抵御疾病侵袭和提高育种效率等起着关键作用。遗传标记是在生物个体的遗传物质中具有特定遗传信息的序列,可以用于追踪遗传物质的传递和变异。它们分为核苷酸序列标记[如简单重复序列(simple sequence repeat,SSR)、单核苷酸多态性(single nucleotide polymorphism,SNP)]和表型标记(如毛色、体型、生理特征)两大类。在基因组研究中,遗传标记可以用于研究基因定位、遗传图谱、群体结构、物种起源和演化等。通过基因组测序、遗传图谱构建、数量性状位点定位等研究方法,可以揭示物种基因组的变异模式和结构,进而更好地理解物种的演化历史和生物学特性。这些研究方法也使得我们能够深入了解基因组的多样性。

遗传标记包含了基因组 DNA 或 RNA 的特定碱基序列,这些序列能够帮助我们在所需的分辨率下识别出致病靶标,并通过特定的化学检测方法在特定平台上进行实例化。遗传标记可用于整个生物有机体的分类学鉴定、识别毒素调控机制的关键基因,以及分类物种或菌株。通过物种的核酸序列特征,从科到属、再到种或株进行分类,可以便捷地检测多种微生物共有的毒力或抗药性基因,从而在生物安全防控等实践中发挥重要作用。

基因标记是通过核酸检测、分离及扩增特征靶标区域,检测和(或)表征已知生物。传统的生化分型方法需要进行多项测试。例如革兰氏染色法和培养基分离检测,虽然这些方法可以粗略地表征主要已知病原体,但无法培养的病原体会导致检测耗时,并且并非总能准确鉴定物种和菌株。再如,基于抗体或高亲和力配体的蛋白质识别标记,虽然能快速提供结果,但需要大量靶标,且假阳性率相对较高。因此,基因标记技术在生物安全领域具有重要意义，其能够有效地进行生物检测和鉴定，具有高精确度和灵敏度，同时能够快速获得结果。这些特点使基因标记成为生物安全研究中不可或缺的工具之一，为疾病防控、病原体识别和环境监测等方面提供了可靠支持。

基因组多样性和遗传标记为农业、医学和生物科技领域提供了重要的信息和应用。在农业领域，研究作物基因组的多样性可以帮助育种员开发新的育种材料，提高作物的产量和抗病性。通过了解作物品种之间的基因组差异，可以确定哪些基因与有益的农艺性状相关，进而选择适应性更好的品种进行进一步繁育，实现农作物的优化改良。

在医学领域，基因组标记可以用于研究人类疾病的发病机制，例如基因组关联研究可以揭示特定基因或基因变异与疾病的关联。这为诊断和治疗疾病提供了新的思路和方法。通过分析个体的遗传标记，可以评估患者对特定药物的反应并预测疾病的风险。此外，基因组标记还可以用于研究人类群体的遗传结构，揭示人类起源和演化历史。

在生物安全防控领域，遗传标记可以用于追踪病原体的来源，帮助分析和控制疫情传播。通过分析病原体的遗传标记，如细菌的基因组序列，可以确定它们之间的关系和传播途径，从而采取相应的预防和控制措施。此外，遗传标记还可以用于评估食品、水源和环境中潜在的病原体风险，为保障公共卫生和生物安全提供重要支持。

4.1　人类基因组特征与遗传标记

4.1.1　人类基因组特征

人类基因组是由包括 22 对常染色体和 1 对性染色体（X 和 Y 染色体）在内的 23 对染色体组成。性染色体上的基因差异导致了男性和女性之间的遗传差异。人类基因组中的基因是由 DNA 碱基对组成的，这些碱基对以 A－T 和 C－G 的形式配对，构成了遗传信息的基础。

人类基因组中大约包含了 2 万到 2.5 万个编码蛋白的基因。相比一些其他生物（如水蚤），人类基因组的基因数量要少得多。人类与黑猩猩的基因组序列相似性约为 98%。这种高度的相似性反映了人类与其他灵长类动物之间的亲缘关系，

基因组中的基因经过转录和翻译过程生成蛋白质，并且蛋白质在细胞功能中起着重要的执行者的作用。基因表达的调节是生物体适应环境变化和执行复杂生物学功能的基础。尽管人类基因组中的基因数量并不是最多的，但是基于基因组的重组和基因重排的结果，人类的遗传多样性非常丰富。个体之间以及种群之间仍然存在巨大的遗传差异，这种多样性受到基因重组变异和自然选择等多种因素的影响。同时也是物种演化适应的结果。

遗传多样性赋予了人类适应环境变化的能力，并展现了多样化的生物学特征。遗传

多样性在许多方面都起到了重要的作用,包括个体差异、疾病易感性、药物反应等。通过对人类遗传多样性的研究,我们可以更好地理解人类的起源、演化和环境适应性,并为医学研究和个性化治疗提供重要的生物学基础。

人类基因组是经漫长演化的产物,一些基因保留了古老的特征,这些特征可能对人类的生存和适应起着重要的作用。另一些基因则经历了新的突变,这些突变可能与人类的一些独特性状特征和疾病有关。

人类基因组中存在一些与遗传疾病相关的基因变异。通过研究疾病与基因的关联,可以更好地理解疾病的遗传机制和发病机理。这种理解有助于开发更准确的疾病诊断方法以及更有效的治疗方法。通过基因标记和基因组分析技术,可以检测人类基因组中的特定变异,并将其与遗传疾病的发病风险相关联。这为个体化医疗和精准治疗提供了新的机会,使我们能够更好地预防、诊断和治疗遗传性疾病。此外,对人类基因组的研究也为新药开发和治疗方法创新提供了重要的依据(表 4.1)。2022 年,国际某科研团队公布了首个完整的人类基因组序列(图 4.1)。

表 4.1 已完成的人类基因组测序

测序应用	描述
全基因组基因分型	人白细胞抗原分型(human leucocyte antigen,HLA):用长程 PCR 扩增 HLA - A、HLA - B、HLA - C、HLA - DRB1 和 HLA - DQB1;使用平台对扩增子进行测序,并用软件分析测序数据
	产前诊断:用于产前遗传病、罕见疾病的诊断,产前母血父权鉴定
	胎儿疾病筛查:采用非侵入性下一代母体血液测序进行全基因组胎儿基因分型
表观遗传学	DNA 甲基化检测:用重亚硫酸氢盐转化测序法在 NGS 平台上对全甲基化组进行测序
	表观基因组学:在微阵列和测序平台中应用甲基化检测试剂,对甲基化组平台进行标准化,创建完整的甲基化组图谱库
	基因组甲基化模式:检测真核生物中 DNA 甲基化修饰的保守和变异,对基因表达的调控提供了新的见解
	单胞嘧啶分辨率的全基因组甲基化图谱数据库:已建立人、小鼠和拟南芥基因组的 NGS 甲基化数据库
	基因表达调控:通过 DNA 测序鉴定了 *PPARG* 基因新核苷酸变异和与人类疾病相关的单倍型的编码和调控区域,通过染色质免疫共沉淀法定义了 *PPARγ* 结合图谱,并通过 RNA 测序揭示了 *PPARG* 调控的广泛而复杂的基因通路

续表 4.1

应用	描述
人群全基因组结构变异检测	千人基因组计划:于2008年1月22日启动,测序的总任务为1200人(故称为千人基因组计划),旨在绘制迄今为止最详尽、最有医学应用价值的人类基因组遗传多态性图谱
	检测单基因遗传性疾病患者的致病突变:研究表明,二代测序是检测导致异质性单基因疾病(如视网膜色素变性)的新型罕见突变的有效方法
复杂疾病研究	复杂疾病性状应用:全面回顾实验设计考虑因素、数据处理问题以及使用NGS绘制遗传性状图谱所需的分析开发工具
	全基因组关联研究:采用HT-NGS系统识别导致或易患复杂疾病的遗传风险
	临床诊断应用:测序文库制备原理、测序化学和NGS数据分析常用于肥厚型心肌病相关基因的靶向重测序
	在识别人类疾病的致病变异中的应用:对识别致病变异的综合评价通常涉及疾病相关SNP位点的两翼,包括蛋白质编码、调控和结构序列
癌症研究	癌症基因组学数据分析:建立多种癌症和肿瘤基因组的综合数据库,以了解癌症遗传基础
	对外科肿瘤学的影响:有助于识别导致癌症发生和转移的因果突变
	了解癌症基因组:包括通过全基因组、全外显子组和全转录组的方法检测体细胞基因组改变
RNA测序	miRNA表达谱分析:采用基因组分析仪生成高质量的miRNA测序文库
	RNA-seq:确定特定基因的表达水平、差异剪接、转录的等位基因特异性表达,解决RNA-Seq实验中的许多生物学相关问题
	复杂miRNA库的构建:已对人类和小鼠样本的miRNA序列变异进行全面检测
	miRNA谱分析:已制备用于测序的小RNA文库,并分析用于测量miRNA丰度的序列数据
线粒体基因组测序	线粒体基因组注释:线粒体基因组学的高通量测序和生物信息学分析,对其他细胞器(如质体或顶质体)基因组和病毒基因组以及核基因组中长而连续的区域的注释和分析具有重要意义
个人基因组	准确检测个人基因组变异:如SNP、短插入/缺失和结构变异
藏彝走廊地理格局和人口迁移	对来自16个藏彝走廊和3个外群群体的248个单独的全基因组进行分析,发现青藏高原是基因流动的重要屏障,北方人群的祖先更像藏族,南方人群的东亚南部血统更像藏族走廊,孤立种群阿昌族表现出长期的隔离和遗传漂移;以前关于语言学推断的藏彝走廊种群历史和结构的说法与遗传证据不相容

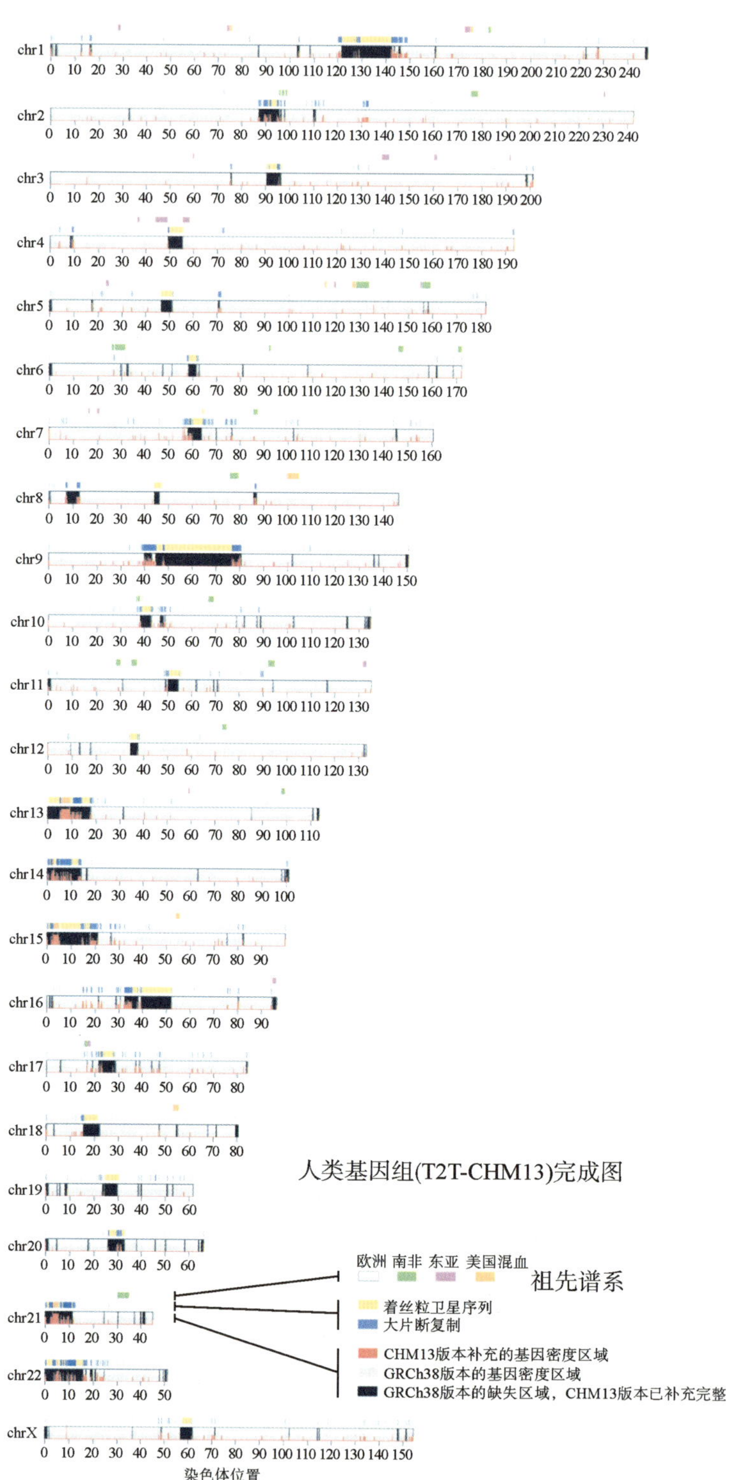

图 4.1　首个完整的人类基因组图谱[1]

4.1.2 人类遗传标记

人类遗传标记是用于识别和追踪遗传信息的特定 DNA 序列，其具有稳定的遗传性和独特的多态性。遗传标记包括形态学标记、细胞学标记、生物化学标记、免疫学标记和分子标记等多种类型。DNA 分子标记是其中最重要的一类，包括短串联重复序列、单核苷酸多态性、可变数目重复序列、插入/缺失多态性等。

在人类基因组的重测序中，结构变异(structural variation，SV)是一种重要的变异形式，其中以染色体重排倒置和拷贝数变异(copy number variant，CNV)最为重要。相较于单个 SNP，CNV 可能更能解释个体之间的可变碱基对。这种结构复杂性可能导致基因组的不稳定性和对疾病的易感性，从而影响个体的健康状况，导致一类基因组突变相关疾病的产生。对于不同类型的遗传标记的识别和理解，有助于我们更深入地探究个体间的基因差异。在疾病遗传学以及人类演化等重要领域，通过分析和解读遗传标记所提供的信息，我们可以更好地认识遗传变异对人类健康和疾病发生的影响，为疾病的预防、诊断和治疗提供更为精准和个体化的手段。

二代测序(next - generation sequencing，NGS)开启了人类基因组学的新时代。全基因组测序(whole genome sequencing， WGS)和个人基因组测序在揭示人类基因组 DNA 小片段范围(<5 kb)内的 CNV 数量方面超出了预期，这些 CNV 的长度平均约 2 kb。人类基因组中 CNV 的等位基因频谱显示，较小 DNA 片段(<1 kb)的 CNV 频率要高得多。随着大规模的人群基因组测序和其他以疾病为重点的测序项目的进行，基因组数据库中将会有越来越多的变异数据。接下来的挑战将是分析这些信息，并从中获取更多基因组生物学的知识。

对个体进行个人基因组测序非常重要，这是因为个人基因组的变异信息的比较分析、注释和潜在功能可以为患者提供更科学的健康管理。个人基因组测序可以帮助我们了解个体的遗传特征和易感性，为人们提供个性化的医疗和健康管理建议。通过了解个人基因组信息，我们能够更准确地预测疾病风险、早期诊断疾病，并制订更有效的治疗方案。个人基因组测序为精准医学的实现奠定了重要基础，有助于推动医学的进步并改善人类健康。

4.1.2.1 人类短串联重复序列

人类短串联重复序列(STR)是基因组中一种特殊类型的 DNA 序列，它由几个碱基对组成的小片段多次重复而构成。这些重复序列通常以串状排列，因此被称为“短串联重复”(图 4.2)。STR 在基因组中约占 1%，在群体遗传结构分析中扮演着重要角色。作为第二代遗传标记，STR 在分析中华民族遗传结构方面起着重要作用。与蛋白编码基因一样,STR 在染色体间和染色体内部的分布是不均匀的。常染色体中,1 号染色体上的 STR 座位最多,约有 84000 多个,21 号染色体上的 STR 座位最少,仅有 12000 个。性染色体中,Y 染色体上的 STR 座位也相对较少,约有 8000 多个。在同一染色体的不同区域,串联重复序列的分布也是不均匀的。了解 STR 在人类基因组中的分布情况和变异特征对于遗传学研究和种群遗传学的发展具有重要意义,有助于揭示个体间的遗传差异和族群间的遗传关系[2]。

短串联重复序列(STR)

---- $(AATGAATG)_8$ (AATGAATG)----
---- $(AATG)_4$ (AATG) ----
---- $(AAT)_3$ (AAT) ----
---- $(AT)_2$ (AT) --------

图 4.2 短串联重复序列(STR)结构示意图

STR 标记在人类基因组中普遍存在,并且在不同个体之间表现出高度的多态性。STR 标记的结构通常由一个核心重复序列和两侧的非重复序列组成。核心重复序列是指那些重复的碱基对,而非重复序列则是指连接核心重复序列两端的 DNA 序列。STR 标记的长度(重复次数)和序列在人群中可以表现出很大的变异,这些变异是遗传多样性的基础。掌握 STR 标记的不同变异形式对于种群遗传学研究和个体间遗传差异的分析至关重要,有助于深入了解人类遗传多样性及其在遗传疾病和个体特征上的作用。

STR 标记利用基因组中特定区域内短序列(通常由 2 到 7 个碱基对组成)重复次数的差异实现遗传多态性的检测。不同个体之间的这些重复序列的重复次数差异造成了 STR 标记的多态性。根据重复单位的大小,STR 标记可以分为不同类型,包括二核苷酸重复(dinucleotide repeats)、三核苷酸重复(trinucleotide repeats)、四核苷酸重复(tetranucleotide repeats)、五核苷酸重复(pentanucleotide repeats)和六核苷酸重复(hexanucleotide repeats)。二核苷酸重复的重复序列由 2 个碱基对组成,如(GA)n 或(CT)n;三核苷酸重复的重复序列由 3 个碱基对组成,如(GAG)n 或(CTT)n;四核苷酸重复的重复序列由 4 个碱基对组成,如(GATC)n;五核苷酸重复的重复序列由 5 个碱基对组成,如(GATCA)n;六核苷酸重复的重复序列由 6 个碱基对组成,如(GATCAG)n。在这些类型的 STR 标记中,四核苷酸重复是最常用的(表 4.2)。

常用联合 DNA 检索系统的 13 个 STR 等位基因位点也存在一些限制,如遗传标记数量有限、不适用于疑难检材、算法数据不兼容,难以完成生物溯源、复杂判定和精准识别等任务。

表4.2　常用联合DNA检索系统的13个STR等位基因位点

基因座	染色体定位	等位基因核心重复序列
CSFlPO	5q33.3 - 34	TAGA
FGA	4q28	CTTT
TH01	11p15.5	TCAT
TPOX	2p23 - pter	GAAT
vWA	12p12 - pter	[TCTG][TCTA]
D3S1358	3p	[TCTG][TCTA]
D5S818	5q21 - 31	AGAT
D7S820	7q11.21 - 22	GATA
D8S1179	8	[TCTA][TCTG]
D13S317	13q22 - 31	TATC
D16S539	16q24 - qter	GATA
D18S51	18q21.3	AGAA
D21S11	21q21	[TCTA][TCTG]

我们首次提出了法医基因组学的新思想，旨在阐明基因组的个体特征和遗传规律机理，研制了基因组特征识别的国家标准和技术体系（图4.3），并合成了一系列基因组高度多态性遗传标记检测试剂，发现了基因组的个体特征和在多个层面上产生的遗传规律。该思想进一步应用于描述中华民族不同亚群的历史地位和身份，我们开发了基因组STR识别系统，主要解决精准识别、三大人种兼容问题，以及与美标、欧标和公安标准的兼容性问题。该系统为打击跨国犯罪提供了有效的解决方案。该基因组STR识别系统通过使用更多的遗传标记位点和更精确的分析方法，可以提供更准确和可靠的个体识别和遗传分析结果。

基因组特征识别的国家标准和技术体系在法医学以及犯罪现场证据的识别和刑侦工作中得到了广泛应用。在遗传学研究领域，STR标记被广泛用于构建遗传图谱、进行基因定位以及分析种群的遗传结构。STR标记的等位基因频率数据库已经建立，这些数据库可以用于比对和识别个体，同时也可以用于分析种群的遗传多样性。国际上知名的STR数据库包括美国的American Type Culture Collection（ATCC）、德国的German Collection of Microorganisms and Cell Cultures、日本的Japanese Collection of Research Bioresources（JCRB）等人源细胞库。这些数据库提供了各种细胞株的STR分型数据，为科研人员提供了比对和研究使用的资源。通过这些数据库，研究人员可以查找特定的STR分型数据，进行个体识别、遗传关系分析、犯罪嫌疑人追踪等工作，这为科研和司法领域提供了重要的支撑。

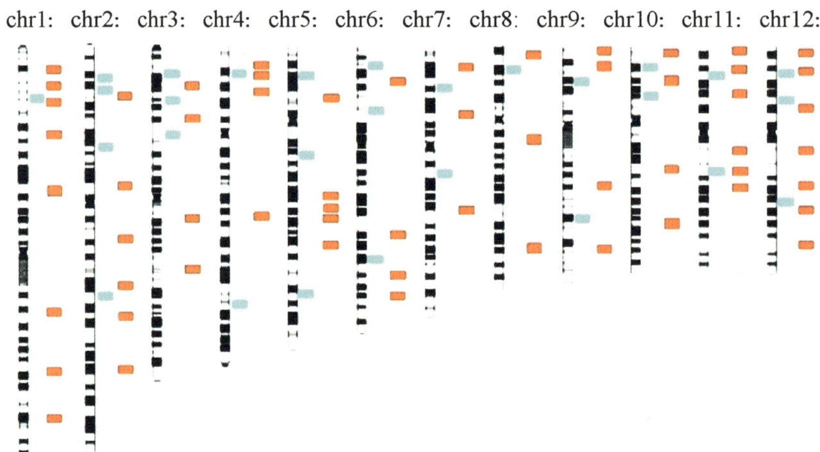

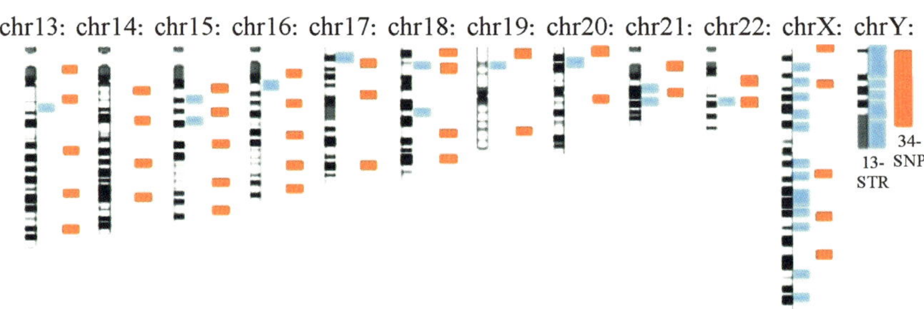

图 4.3　基因组特征识别的国家标准和技术体系

4.1.2.2　单核苷酸多态性

单核苷酸多态性(SNP)是指基因组中单个碱基的变异(图 4.4)。SNP 在基因组中分布广泛,是研究遗传多样性和复杂疾病遗传因素的重要工具。由于 SNP 在基因组中的普遍性和多样性,可以用于个体间遗传变异分析、种群遗传结构研究以及相关复杂疾病的遗传因素探究[3-4]。

单核苷酸多态性(SNP)

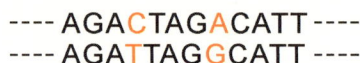

---- AGACTAGACATT ----
---- AGATTAGGCATT ----

图 4.4　单核苷酸多态性(SNP)结构示意图

SNP 识别系统是针对生物溯源,鉴定复杂、微量、污染、混合、降解的生物样本而设计的系统,其中包含了 5500 个遗传标记。这些遗传标记覆盖整个基因组,使得系统具有非常高的个体识别力。累计个体识别力 $>(1\sim3.53)\times10^{-29}$,同时累计非父排除率超过 0.99999999999。该 SNP 识别系统实现了穰级(10^{28})人口的精准个体识别能力,远超过世界总人口数。因此,这个系统可以在全球范围内解决个体的精准识别问题,是一种非常强大和高效的系统。基因组 SNP 等位基因的染色体定位见图 4.5。SNP 识别系统染色体分布见表 4.3。

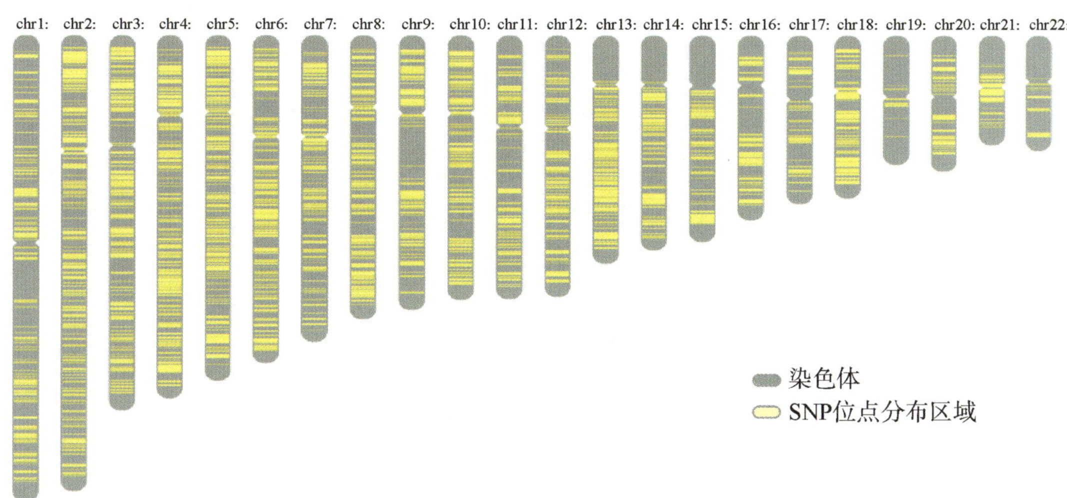

图 4.5 基因组 SNP 等位基因的染色体定位

表 4.3 SNP 识别系统染色体分布

染色体	SNP(个)	染色体	SNP(个)
chr1	341	chr13	307
chr2	454	chr14	197
chr3	379	chr15	166
chr4	441	chr16	174
chr5	432	chr17	99
chr6	356	chr18	233
chr7	270	chr19	24
chr8	282	chr20	127
chr9	237	chr21	112
chr10	275	chr22	61
chr11	222	chrX	51
chr12	234	chrY	64

注:基因组 SNP 等位基因的染色体定位总计 5538 个。

4.1.2.3 长度多态性

长度多态性(length polymorphism)是基因组中特定 DNA 片段由于核苷酸序列的差异,在不同个体之间存在长度变异的现象。这种变异可能是由于限制性内切酶识别位点的改变,也可能与插入、缺失、易位或倒位等变异有关。长度多态性是遗传多样性的重要组成部分,在基因组学、分子遗传学、生态学和医学等领域有广泛的应用。

在分子遗传学中,长度多态性常作为遗传标记用于构建遗传图谱、进行基因定位和关联分析。在生态学中,长度多态性被用于研究种群间的遗传流动、遗传分化,以及适应性的变化。而在医学领域,长度多态性可以用于遗传疾病的诊断和筛查,以及药物反应性研究。总而言之,长度多态性是遗传多样性的重要指标,对于理解个体间的遗传变异、种群遗传结构和疾病的遗传基础具有重要意义。

在基因组中,长度多态性主要分为两类,其中之一是可变数目重复序列(variable number of repeats,VNTR)。这种多态性是由于相同的重复序列在不同个体之间的重复次数不同所导致的。这些重复序列通常由 15 ~65 个碱基对组成,形成了小卫星 DNA 结构。小卫星 DNA 的长度多态性在人群中表现出高度的变异性(图 4.6)。这种变异是基因组中较大的缺失、插入或重排等导致的结果。与其他遗传标记相比,VNTR 具有较高的突变率和高度变异性,因此在人群中具有较高的多态性。

图 4.6 可变数目重复序列(VNTR)等位基因结构示意图

另一类是限制性片段长度多态性(restriction fragment length polymorphism, RFLP),RFLP 是由于基因组 DNA 中的限制性内切酶酶切位点的核苷酸序列发生变异,这种变异会导致酶切位点的丢失或移位,进而使得不同个体之间的酶切片段长度出现差异(图 4.7)。RFLP 技术在基因定位、遗传图谱构建和生物进化研究等领域中具有重要的应用价值。通过分析不同个体间产生的 RFLP 差异,可以进行遗传图谱的构建,同时也可用于确定特定基因位点的位置和进行基因定位研究,有助于揭示基因与表型之间的关系。除了 RFLP 技术以外,还有其他基于长度多态性的技术,如扩增片段长度多态性(amplified fragment length polymorphism, AFLP)和末端限制性片段长度多态性(terminal - restriction fragment length polymorphism, T - RFLP)。这些技术同样利用 PCR 来检测和分析 DNA 片段长度的多态性，在遗传研究和种群遗传学研究中应用广泛。

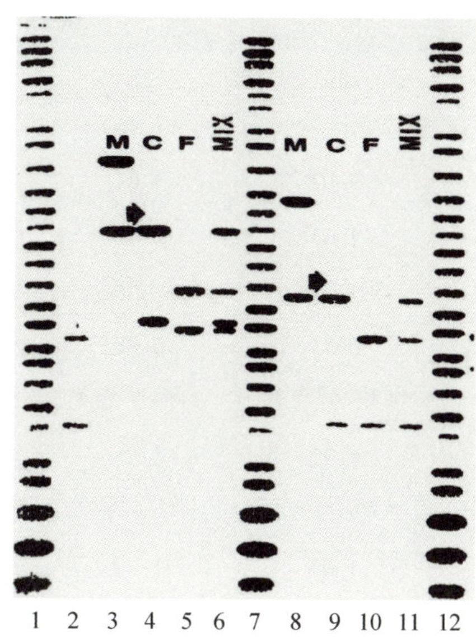

图 4.7　两个家系中限制性片段长度多态性分型

1、7、12 为基因大小标记，2 为已知等位基因对照，3 为母亲样本，4 为子代样本，5 为嫌疑人样本，6、11 为子代样本与嫌疑人混合样本，8 为母亲样本，9 为子代样本，10 为嫌疑人样本。

4.1.2.4　拷贝数变异

拷贝数变异（copy number variant, CNV）是一种基因组中 DNA 片段拷贝数发生变化的遗传变异形式。这种变异可以涉及单个基因的增加或减少，也可以涉及多个基因或整个染色体片段的复制或缺失。在哺乳动物基因组中，拷贝数变异是一种常见的结构变异形式，对生物的演化和适应具有重要意义。拷贝数变异的形成机制主要包括以下几种情况。

（1）非同源重组：两条不同染色体的 DNA 片段发生交换，导致染色体上的拷贝数发生改变。

（2）复制错误：在 DNA 复制过程中出现插入或删除错误，引起特定 DNA 片段的拷贝数变化。

（3）染色体重排：染色体上的 DNA 片段发生移位或重新排列。

（4）染色体非整倍体：染色体数目发生改变，如三倍体或四倍体等情况。

研究拷贝数变异对于揭示遗传病的发病机制、疾病的诊断和治疗以及农业育种等领域具有重要意义。通过了解拷贝数变异如何影响基因组结构的多样性，科学家们可以更好地理解这些变异是如何影响生物的表型和适应性的。拷贝数变异的研究也为个性化医疗和精准治疗奠定了重要的基础，有助于利用个体基因组信息进行健康管理和疾病治疗。

通过比较个人基因组特征与遗传标记，可以帮助我们深入理解基因组生物学，解释和优化人类基因组变异（表 4.4）。

表 4.4 人类基因组测序的 SNP 比较

项目	美国人	中国人	非洲人	韩国人	科伊桑人
染色体倍数	2n	2n	2n	2n	2n
深度	7.5 倍	36.0 倍	40.6 倍	28.9 倍	10.2 倍
总 SNP(Mb)	3.21	3.07	3.61	3.43	4.05
已知 SNP (Mb)(%)	2.80 (87.22%)	2.65 (87.13%)	2.72 (75.50%)	3.01 (87.79%)	3.31 (81.65%)
新型 SNP (Mb)(%)	0.41 (12.77%)	0.41 (12.87%)	0.88 (24.50%)	0.42 (12.21%)	0.74 (18.35%)
杂合子 SNP (Mb)(%)	1.76 (54.85%)	1.72 (56.03%)	2.28 (63.21%)	2.00 (58.21%)	2.39 (59.00%)
纯合子 SNP (Mb)(%)	1.45 (45.15%)	1.35 (43.97%)	1.32 (36.79%)	1.43 (41.79%)	1.66 (41.00%)
编码 SNP(个)	21152	15759	26140	27118	22119
非同义 SNP(个)	6114	7062	5361	9334	数据不可用
插入/缺失(个)	214691	135262	404416	342965	463788
拷贝数变异 ≥100 bp	6485	2682	8470	3303	数据不可用

4.1.3 人类基因组特征与遗传标记的应用

4.1.3.1 医学应用

人类基因组特征与遗传标记在医学中的应用为疾病的诊断、治疗和预防提供了新的方法和手段[5],具体体现在以下几方面。①遗传性疾病诊断:通过分析个体基因中的遗传标记,可以诊断遗传性疾病,为患者提供早期干预和治疗的机会。②遗传疾病风险评估:遗传标记技术可以帮助评估个体未来患某种疾病的风险,为疾病的早期预防和干预提供可能。③个性化治疗:根据个体的遗传信息,可以为患者提供个性化的治疗方案,包括药物选择、剂量调整和治疗策略的优化。④药物反应预测:遗传标记可以用来预测个体对特定药物的反应,避免副作用,提高治疗效果,为药物研发提供指导。⑤遗传咨询:遗传标记研究可以为家族提供遗传咨询,评估遗传性疾病的风险,制订筛查计划,提供相应的预防和治疗建议。⑥生物标志物研究:遗传标记研究有助于发现新的生物标志物,以用于疾病的诊断、预后和治疗监测。⑦肿瘤治疗:遗传标记在肿瘤的诊断、预后评估和个性化治疗中发挥着重要作用,有助于为患者选择合适的治疗方案和药物。⑧器官移植:遗传标记技术在器官移植中可用于评估移植物与宿主之间的遗传兼容性,提高移植成功率。⑨新生儿筛查:遗传标记技术常用于遗传性疾病的早期诊断,以便及时进行干预和治疗。⑩传染病诊断和监测:遗传标记技术在传染病的诊断和监测中发挥作用,有助于快速、准确地识别病原体和评估感染风险。这些应用有助于提高医疗效果和患者的生活质量。同时,运用遗传标记技术时,也需要关注其带来的伦理和安全问题,确保其合理和规范的使用[6]。

4.1.3.2 人类学应用

基因组特征与遗传标记用于研究人类群体的遗传多样性,有助于深入了解人类的遗传多样性和进化历史,具体体现在以下几方面。①人类迁移历史和进化历程研究:通过比较不同人群的基因组,可以揭示人类进化的轨迹,了解人类的迁移历史和进化历程。这有助于揭示不同人群之间的遗传差异,以及这些差异如何随着时间推移而累积,进而解释人类适应环境变化的机制。②古人类基因组研究:利用化石或其他古代样本中提取的 DNA,可以对古人类的基因组进行分析,从而揭示人类起源、迁徙和演化的历史。这为研究早期人类种群动态和物种分化提供了重要线索。③人类进化树构建:利用遗传标记数据构建人类进化树,展示不同人种和物种之间的进化关系。这有助于理解人类与其他灵长类动物的演化关系,揭示人类在进化树上的位置和演化历史。④人类遗传多样性与疾病:研究人类遗传多样性有助于了解不同人群在基因水平上的多样性,以及这些多样性如何影响人类疾病的分布和生物学特性。这可以为理解人类疾病的遗传基础提供重要线索,并有助于个性化医疗和疾病预防的发展。

4.1.3.3 生物技术与基因工程应用

人类基因组特征与遗传标记在基因工程领域的应用对于理解基因功能、开发新的生物技术产品等起着至关重要的作用,具体体现在以下几方面。①追踪和操纵特定基因:基因组特征与遗传标记可以被用于追踪和操纵特定基因,帮助科学家理解基因功能的机制,并加速新基因的发现与研究。②基因治疗监测:在基因治疗和生物技术领域,遗传标记有助于监测基因转移和表达,确保治疗效果可靠、安全。③基因编辑技术:该技术使科学家能够精确编辑 DNA 序列,为基因治疗和生物制品开发提供了新的可能性,也为开发新的基因治疗方法提供了有力支持。④基因治疗方法开发:基因工程技术为开发新的基因治疗方法提供了重要支持,如体外基因治疗和体内基因治疗,已被广泛用于治疗遗传病和某些癌症。⑤疫苗开发:通过理解病原体的基因组特征,科学家可以开发新的疫苗候选物,用于预防传染病。⑥重组蛋白质和抗体生产:基因工程技术被用于生产重组蛋白质和抗体等生物药物,这些药物用于治疗癌症和自身免疫疾病,为患者提供了新的治疗选择和希望。

4.1.3.4 生物安全应用

人类基因组特征与遗传标记在生物安全领域的应用体现在以下几方面。①预防和应对生物威胁:基因组特征与遗传标记的应用可以帮助科学家预测和应对不同生物威胁(如病原体的变异与传播),有助于及时采取相应的应对措施,保护公共健康与安全。②生物资源保护:通过监测和保护生物多样性,能避免遗传资源的非法利用,有助于维护生态平衡和生物资源的可持续利用,保护生态环境和生物多样性。③遗传工程生物安全:在评估遗传修饰生物体(genetically modified organism,GMO)的安全性时,基因组特征与遗传标记技术可以帮助追踪和评估 GMO 的风险水平,确保它们在环境和人类健康方面的安全性,从而减少可能的负面影响。④生物防御:遗传标记技术可以帮助研究人员开发新药物和疫苗,或改进现有治疗手段,以应对新传染病和病原体的挑战,提高对抗生物威胁的能力,促进人类健康与公共安全。⑤疫情控制:在流感、禽流感等疫情监测和控制中,遗传标记可以用于分析病毒株的变异和溯源,预测疫情的发展趋势,并制定有效的防控策略,有助于及早发现疫情并采取相应措施,减少疫情传播风险。这些技术的应用有助于提高社会对生物威胁的应对能力和风险管理水平,保护公众健康与安全。

4.1.3.5 法医学应用

法医学是遗传标记在实践中具有广泛应用的领域之一。①确认犯罪现场遗留 DNA:遗传标记被广泛用于确认犯罪现场遗留的 DNA 样本,通过分析 DNA 序列上的遗传标记以及其变异情况,可以确定个体之间的关系,如嫌疑人与受害者之间的联系,从而在刑事案件中起到确证身份的重要作用。②亲子关系鉴定:遗传标记可用于确定个体之间的亲子关系。通过分析 DNA 中的特定区域(如 DNA 指纹),可以确认父母与子女之间的亲缘关系,为解决亲缘关系认定等法律纠纷问题提供科学依据。③刑事案件中的嫌疑人确认:利用遗传标记进行分析,可以对犯罪现场的 DNA 样本进行比对,从而确定嫌疑人。这在法医学中起到了关键作用,有助于解决刑事案件中的嫌疑人确认问题。④性别鉴定:通过分析 DNA 中与性别相关的基因,可以确定胎儿的性别。这对于法医学中的性别鉴定和相关领域(如遗传疾病的诊断)具有重要意义。⑤解决遗产纠纷:遗传标记技术在解决遗产纠纷中发挥着重要作用。通过遗传标记的分析,可以确定逝者与相关个体之间的亲缘关系,从而帮助解决遗产分配、遗嘱执行等问题。⑥生物武器与生物恐怖主义防范:遗传标记技术可以用于检测和追踪生物剂的使用。通过分析病原体的基因组特征,可以追踪其源头,并提供有关威胁的关键信息,为防范生物武器和生物恐怖主义行为提供有效手段。

4.2 微生物基因组特征与遗传标记

微生物是地球上最早出现的生物之一。作为生物圈的基础,微生物在生态系统中发挥着至关重要的作用。据估计,微生物物种约占地球生物总量的60%,其遗传、代谢和生理多样性远超过植物和动物。尽管微生物在地球生物多样性中扮演着重要的角色,其多样性和功能仍然有很大一部分仍处于未知状态。在估计的数十亿种微生物物种中,仅有不到1%曾被研究,使得大部分微生物世界仍然隐藏在人们的视线之外。即使拥有最先进的显微镜和实验技术,也很难全面了解微生物之间的生态相互作用。近年来,随着高通量测序技术和数据分析方法的不断发展,我们逐渐能够更清晰地认识微生物组在人类和环境中的作用。这种进展彻底改变了我们对微生物基因组特征和遗传标记的认识。通过对微生物基因组和微生物演化的研究,我们可以解释和测试新的种群模型,澄清基因型与表型之间的关联,进一步鉴定与宿主特异性和抗生素耐药性相关的变异。同时,开发新的和更精细的微生物基因组数据集有助于提高我们对微生物种群之间边界的基本理解,促进我们对微生物世界的更深入研究。

4.2.1 微生物基因组特征

微生物基因组是指微生物细胞内所有遗传信息的总和,这些信息包含在微生物的DNA分子中。不同类型的微生物有着不同的基因组大小。

微生物生态系统中的基因组多样性非常丰富,不同微生物物种和菌株的基因组存在着显著差异。有的微生物具有单个环状染色体,称为单环基因组;而其他一些微生物具有线性染色体,还有一些微生物的基因组则包含多个环状染色体。此外,微生物基因组具有较高的突变率和重组率,这使得微生物能够快速适应环境的变化。例如,细菌通过水平基因转移和突变,可以迅速获得新的生物功能(如耐药性)。这种基因组多样性使得微生物可以在不同的环境中生存和繁殖。

微生物基因组中包含与代谢、生长、繁殖、适应环境等相关的基因,这些基因通过编码酶、蛋白质和其他功能性生物大分子,使微生物能够进行复杂的生物学过程。微生物的基因组特征不仅对其个体生存和繁殖至关重要,同时也对整个微生物群落的生态功能和稳定性起着重要作用。微生物基因组由编码蛋白质的基因组成,这些基因决定了微生物的生物学功能[7]。人体中的微生物极具多样性,微生物组的差异可能对免疫调节、代谢功能和其他影响人类健康的疾病起到关键作用(图4.8)。

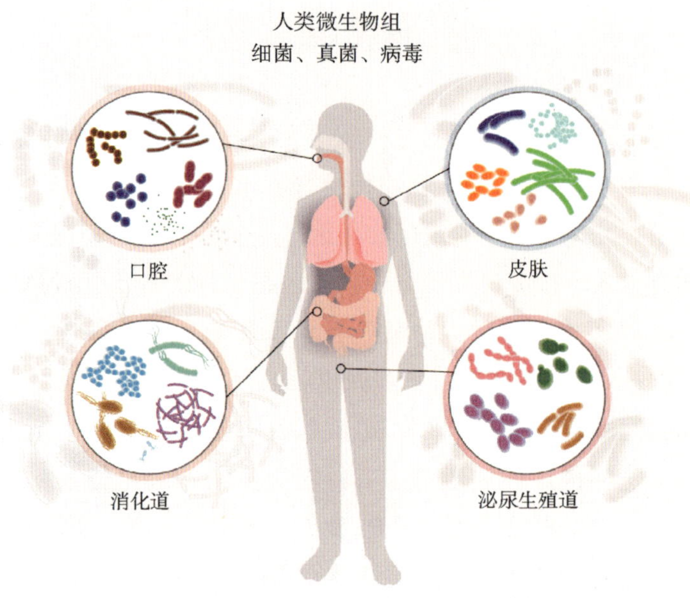

图 4.8 人体微生物多样性

4.2.1.1 细菌基因组特征

细菌基因组是细菌细胞内的遗传物质，承载着细菌生长、繁殖和适应环境所需的所有遗传信息。不同细菌的基因组大小存在差异，通常由数百万到几千万个碱基对组成。细菌基因组结构相对简单，大多数细菌具有单个环状的 DNA 分子，称为质粒。质粒携带的基因通常与细菌的特定性状相关，如抗生素抗性等。

细菌基因密度较高，基因通常密集排列且常成簇出现，形成操纵子结构。操纵子内的基因通常在功能上相关，并受单一调节系统的控制。细菌基因组含有重复序列，这些序列在基因表达调控、DNA 修复或细胞分化等生物学过程中发挥作用。细菌之间的遗传交换现象称为水平基因转移，是细菌基因组多样性的重要来源，这种交换可以通过转化和接合等方式进行。

细菌基因组中包含的基因决定了细菌的代谢途径，包括其能量来源、碳源利用以及合成细胞物质的能力。这些特性使得细菌能够适应各种环境条件，在特定环境中生存和繁殖。细菌的系统发育多样性体现在其基因组序列的差异上，这些差异反映了细菌在不同环境中的适应性演化过程。

通过深入研究细菌基因组特征，可以更好地理解细菌的生物学特性和生态适应性，DNA 微阵列技术和基因组测序技术在鉴定致病菌等方面具有重要作用。采用这些方法，可以快速、准确地分析致病菌的基因组特征，进而为疾病的预防、控制和治疗提供重要信息。此外，这些方法还可以通过检测在不同疾病和环境条件下的基因表达来发现新的基因功能，从而深入了解病原菌的生物学特性。

DNA 微阵列技术在纯细菌和混合细菌样本的处理方面已经取得了显著进展，该技术能够高效地识别基因组变异，如突变、结构重排或样本的多态性。二代测序技术的广泛应用有助于建立更可靠的细菌系统发育分析工具，它可以识别未知微生物基因组，是生物安全 DNA 调查的重要工具之一。该技术具有快速测序整个微生物基因组的能力，因此在对生物进行分类和进行系统发育分析时被广泛采用。前沿的基因组测序技术为致病菌的鉴定、研究和监测提供了强大的工具。它们在物种鉴定、流行病学调查、生物安全和其他领域的应用中发挥着关键作用，为科学研究和医学实践提供了重要支持和指导。

举例来说，大肠杆菌是研究中常用的模式微生物。由于其生物学重要性、生态多样性以及具有高质量基因组和丰富的注释信息，大肠杆菌成为研究基因型－表型关系和分子调控机制的理想模型之一。泛基因组学研究揭示了大肠杆菌存在着过度基因组变异和密集重组的现象（图 4.9），这种现象成了各种直系同源基因系统发育不一致的原因之一。通过泛基因组学的研究，我们可以更加深入地了解大肠杆菌基因组的变异情况，以及这种变异对其进化和生物学特性的影响。这有助于揭示大肠杆菌的适应性进化机制，以及其在不同环境条件下的表型变异和演化过程。

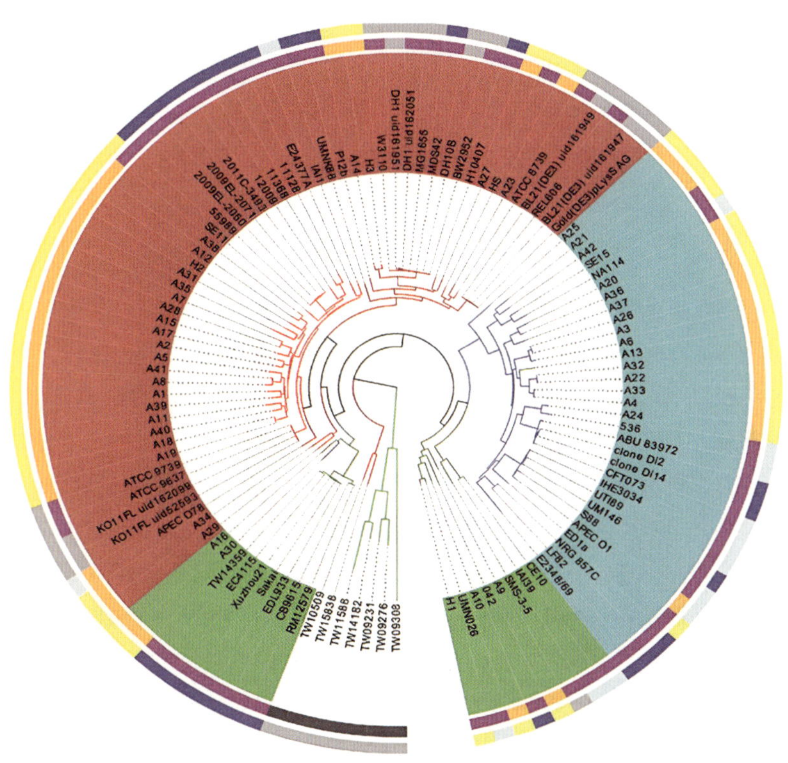

图 4.9　大肠杆菌的过度基因组变异和密集重组

基于核心基因组多态性和最大似然法构建系统发育树，将宿主特异性菌株与环境菌株和宿主特异性菌株分为两个主要分支和几个次要分支。每个菌株的名称如图所示。每个菌株都描绘了进化枝（彩色叶子）、系型（彩色分支）、起源（彩色内条纹）和病理型（彩色外条纹）[8]。

4.2.1.2 病毒基因组特征

病毒基因组是病毒(virus)的遗传物质,由 DNA 或 RNA 组成。病毒基因组的大小、结构和复杂性因病毒种类而异。相对于细菌和真核生物的基因组,病毒基因组通常较小,大小可以从几千到几十万个碱基对不等。例如,新型冠状病毒的基因组长度为 27 ~ 32 kb,其中包括 6 ~ 11 个开放阅读框(open reading frame,ORF)(图 4.10)。

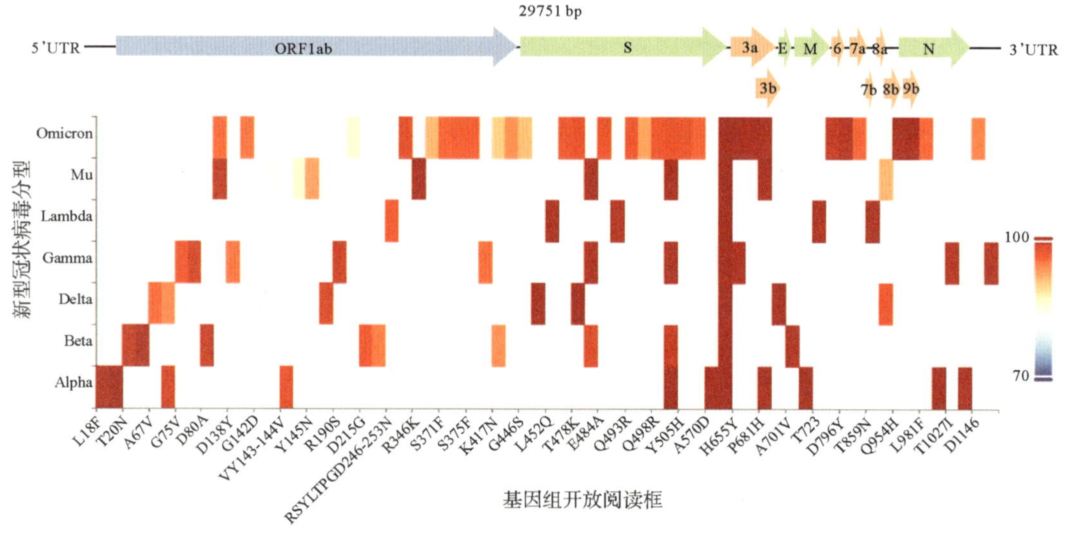

图 4.10 新型冠状病毒的基因组开放阅读框

病毒基因组通常只包含一种类型的核酸,可以是 DNA 或 RNA。虽然病毒基因组结构相对简单,但它们具有高度的遗传多样性。病毒基因组的编码区通常是连续的,没有内含子,这意味着编码序列直接编码蛋白质,无须经过剪接等复杂的转录后修饰过程。病毒基因组通常没有帽状结构,也没有典型的翻译起始序列,但病毒基因组编码的蛋白质可以通过病毒或宿主细胞的机制进行翻译。

病毒基因组的多样性是病毒在适应宿主和环境变化方面的关键。病毒基因组的编码区之间可能存在重叠,这意味着一个基因可能跨越另一个基因,从而增加了基因组的编码能力和遗传信息的储存效率。概括来说,病毒基因组的特点包括其相对较小的大小、简单的结构、无内含子、无剪接过程,以及通过病毒或宿主细胞的机制进行翻译。这些特点使得病毒基因组具有高度的遗传多样性和适应性,有助于病毒在宿主和环境中的生存和复制。

RNA 病毒的基因组通常是单链的,但有些 RNA 病毒(如流感病毒)的基因组则是线性的。在病毒感染宿主细胞时,病毒基因组与宿主基因组可能会发生相互作用,这可能将影响宿主基因的表达和调控。病毒基因组会利用宿主细胞内的生物合成机制在宿主细胞中复制和转录,从而制造出新的病毒颗粒。这一系列过程构成了病毒感染和复制的重要机制。

以新型冠状病毒变异株为例,通过对其组学特征进行比较发现,其原靶点选择区域出现了高度的变异。基于这些新冠病毒变异株的组学特征，国家卫生健康委员会相关指南确定了核酸检测的位点，包括3段保守基因序列，如ORF1ab、N、E基因。

相比于RNA病毒，DNA病毒的基因组具有更多的多样性。DNA病毒的基因组可能是单链或双链的，而且DNA病毒基因组通常呈现闭环结构。逆转录病毒是一种特殊类型的病毒（如HIV），它们具有逆转录酶，这种酶可以将病毒的RNA基因组转录成DNA。逆转录后，病毒的DNA可以被插入宿主细胞的基因组中，并在细胞内进行复制和生命周期的进一步发展。

4.2.1.3 真菌基因组特征

真菌在地球生物圈中扮演着重要角色，与人类生活息息相关，具有重要的经济和医学价值。真菌的基因组大小范围为2.5 Mb～150 Mb。尽管越来越多的真菌基因组被研究，但多数基因组仍然不完整，缺乏连续的长片段。相较于细菌，真菌的基因组结构更为复杂，具有更多的调控机制和基因组结构。真菌基因组中的基因通常组织成操纵子结构，并受单一调节系统的调控，基因排列紧凑，间隔序列较少。真菌基因含有内含子和外显子。内含子为非编码区域，外显子则为编码蛋白质的区域。内含子在转录时被剪接掉，仅保留外显子用于蛋白质合成。此外，真菌基因组中还含有大量的重复序列，这些序列可能在基因表达调控、DNA修复或细胞分化等生物学过程中发挥作用。

真菌基因组中的基因编码各种代谢途径和生物合成过程，决定了真菌的代谢特性和生物合成能力，包括对碳源和氮源的利用，以及次生代谢产物的合成。遗传变异和适应性演化是真菌在不同环境中生存和繁衍的基础，真菌可以通过基因重组、基因突变和水平基因转移等机制产生遗传多样性。

基因组测序计划公开发布了大量真菌基因组序列，代表了真核生物中最广泛的基因组样本（表4.5）。这些数据为研究人员提供了关于真菌基因组多样性的丰富信息，加强了对医学、农业科学、生态学、生物修复、生物能源和生物技术领域的研究。这些数据的公开对于人类健康、环境健康和地球资源的可持续利用产生了积极影响。随着真菌基因组测序数量显著增加，已知编码有机酸、抗生素、酶及其代谢途径的基因的多样性也呈指数级增长，为研究人员提供了更多的研究素材和潜在的生物资源。已测序的真菌物种系统发育拓扑结构见图4.11。

表4.5 已公开的真菌基因组序列

真菌种类	基因组大小(Mb)	致病特点
烟曲霉AF293型	30.0	在免疫功能低下的患者中引起侵袭性曲霉病；产生前列腺素，其中螺旋前列腺素B是特别重要的抗癌药物
皮炎芽生菌	73.0	能引起免疫功能正常人群的疾病，是芽生菌病的病原体
白假丝酵母菌	14.0	引起免疫功能低下、手术后或服用广谱抗生素患者的严重全身性疾病

续表 4.5

真菌种类	基因组大小(Mb)	致病特点
热带梭菌	15.0	在中性粒细胞减少宿主中具有毒力
新型隐球菌变种 JEC21 型	19.05	能引起免疫功能低下个体的致命性脑膜炎
球孢子菌 H538.4 型	28.0	能引起球孢子菌病,也称为“山谷热”
产黄青霉	34.1	人类过敏原
地霉菌	35.0	引起皮肤真菌感染
荚膜组织胞浆菌 G186AR 系列	30.0	引起真菌性呼吸道感染(组织胞浆菌病)
巴西副球孢子菌	29.0	引起副球孢子菌病
红毛癣菌	22.5	是一种皮肤癣菌,能引起人类真菌感染
外瓶霉菌	30.0	能使免疫功能低下患者出现新的人类真菌病(嗜丝菌病)
毛癣菌	23.0	引起皮肤、指甲和头皮的炎症性或慢性非炎症性细鳞屑病变(如头癣)
石膏样小孢子	23.2	引起单个炎症性皮肤或头皮病变
分节癣菌	22.2	能感染角化组织(即皮肤、指甲),极少数感染头发
疣毛癣菌	22.5	引起高度炎症性病变,累及头皮、胡须或身体暴露部位

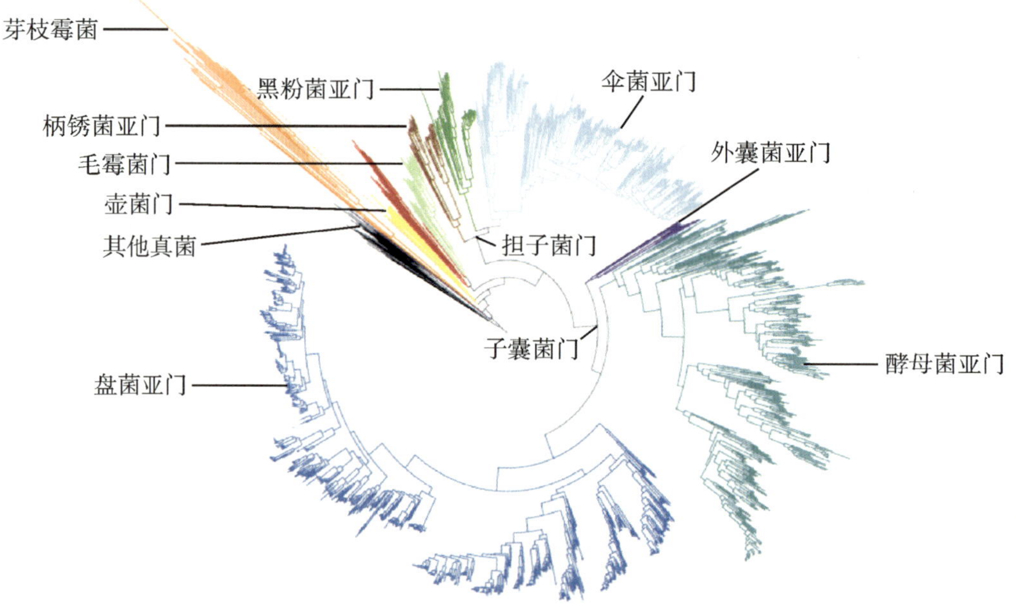

图 4.11　已测序的真菌物种系统发育拓扑结构图

4.2.2 微生物遗传标记

4.2.2.1 细菌遗传标记

细菌遗传标记是一种用于追踪和识别细菌特定遗传特征的标记。这些标记可以具有有害、无害,或者赋予细菌特定功能的性质。其中,抗性标记常常与对特定抗生素的抗性相关。通过基因突变或水平基因转移,细菌可以获得对某些抗生素的抗性。这种抗性可以通过抗生素敏感性测试来识别。颜色标记是通过细菌在特定培养基中产生颜色变化的代谢产物来实现的。例如,某些细菌的 β-半乳糖苷酶活性可以使培养基变为蓝色。这种颜色变化可以用来快速识别细菌。营养缺陷标记是指细菌缺乏合成某些营养物质的能力。例如,某些细菌可能无法在某种特定的培养基上生长,除非提供其所需的特定营养物质。形态标记是指利用细菌的形态特征作为遗传标记,如菌落的大小、形状、边缘和质地。某些细菌菌落可能具有特定的纹理或颜色,这些特征可以用来识别细菌。细菌的生理特性也可以被用作遗传标记。例如,某些细菌可能对某些化学消毒剂或溶菌酶具有耐受性或代谢能力。分子标记是通过分子生物学技术(如 PCR 或基因测序),来检测细菌特定的 DNA 序列或基因。这些分子标记可以用来识别特定的遗传型或表型。

4.2.2.2 病毒遗传标记

病毒遗传标记是一种用于追踪和识别病毒遗传特征的工具,它能够帮助科学家研究病毒的传播途径、变异情况、致病性以及免疫逃逸机制。在病毒载体研究中,遗传标记会被插入到病毒基因组中,以便追踪病毒在宿主细胞中的复制和表达情况,这些标记可以采用荧光蛋白、酶活性或报告基因等形式。借助遗传标记技术,我们可以鉴定病毒对某些抗病毒药物的抗性,例如,通过检测病毒蛋白酶的突变来确定 HIV 的抗药性。此外,特定的标记可以用来识别病毒发生的基因突变,这些突变可能会影响病毒的致病性、传播速度或免疫逃逸能力。在疫苗研发中,病毒载体通常会被标记,以跟踪疫苗在体内的分布和表达情况。

在探究病毒的免疫原性时,可以在病毒的表面或其他部位引入免疫原性标记,以跟踪病毒在诱导免疫应答中的作用。最后,通过在病毒组装过程中引入标记,我们可以研究病毒颗粒的组装机制以及病毒基因组与蛋白质之间的相互作用。例如,在新型冠状病毒基因组中发现了多个多态性的 SNP 位点(表 4.6),其中 17 个位点位于编码区,4 个位点位于非编码区。通过 SNP 区分出常见的单倍型(图 4.12)。这些位点的基因组坐标、基因组碱基、突变碱基命名以及突变频率都可以用来描述病毒的遗传特征。常见的 SNP

位点，如 C8782T、T28144C 和 C29095T 分布在编码区，而罕见的 SNP 位点，如 T490W、T15607C 和 A21137G 则分布在非编码区。

表 4.6 在新型冠状病毒基因组中发现的 21 个 SNP 位点

单倍型	MN 988713	MN 994467	MN 997409	MN 985325	CNA 0007335	NMDC 60013002 - 07	MT 007544
SNP1	W	T	T	T	T	T	T
SNP2	G	A	G	G	G	G	G
SNP3	Y	C	C	C	C	C	C
SNP4	Y	T	T	T	T	C	C
SNP5	G	G	T	G	G	G	G
SNP6	C	C	C	C	C	C	C
SNP7	C	C	C	T	C	C	C
SNP8	T	T	T	T	T	T	C
SNP9	T	T	T	T	T	T	G
SNP10	Y	T	C	C	C	C	C
SNP11	G	G	G	G	G	G	T
SNP12	Y	C	T	T	T	T	T
SNP13	S	C	G	G	G	G	G
SNP14	Y	C	C	C	C	T	T
SNP15	A	T	A	A	A	A	A
SNP16	Y	C	C	C	C	C	C
SNP17	C	C	T	C	C	C	C
SNP18	A	A	A	A	A	N	A
SNP19	G	G	G	G	G	N	G
SNP20	A	A	A	A	A	C	A
SNP21	C	C	C	C	C	A	C

注：A 为腺嘌呤，T 为胸腺嘧啶，G 为鸟嘌呤，C 为胞嘧啶，W 为腺嘌呤 + 胸腺嘧啶，N 为腺嘌呤 + 胸腺嘧啶 + 鸟嘌呤 + 胞嘧啶。

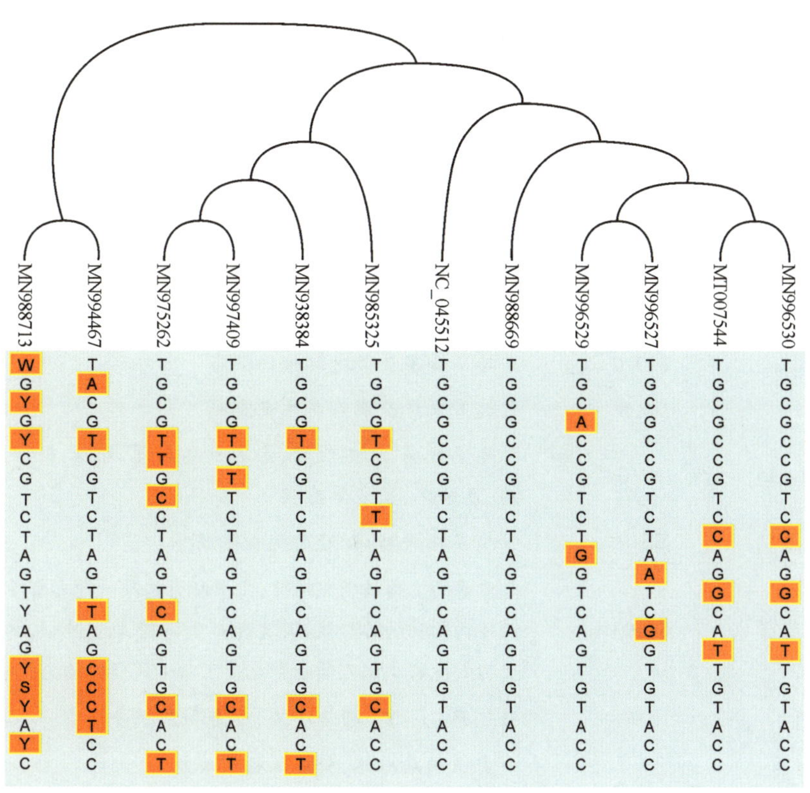

图 4.12 常见新型冠状病毒基因组的单倍型聚类分析结果

左起分别是个体样本编号 MN988713,MN994467,MN975262,MN997409,MN938384,MN985325,NC_045512,MN988669,MN996529, MN996527,MT007544,MN996530。

4.2.2.3 真菌遗传标记

真菌遗传标记是一种用于追踪和识别真菌遗传特征的重要工具,对于研究真菌的分类、进化、生物学特性以及开发真菌病的诊断与治疗方法至关重要。在这方面,形态学标记可通过记录真菌的形态特征(如菌丝的颜色、形状、大小和分支模式)进行初步分类和识别。生理学特性标记体现了真菌的生长温度、酸碱耐受性和代谢能力等特性。分子标记技术,如 RAPD、PCR 和 DNA 测序则能够检测真菌特定的 DNA 序列,用于研究真菌的遗传多样性和亲缘关系。内含子标记可通过研究内含子长度和序列变异来探索真菌的进化历史和基因组结构。病原性标记常用于检测与致病性相关的基因或蛋白,有助于识别病原真菌和研发诊断方法。耐药性标记是通过遗传标记来监测真菌的耐药性发展情况,促进抗真菌治疗策略的更新。转座子标记则是通过研究基因组中转座子的活动来探究真菌的基因组结构和进化。

在植物病害方面,每年由真菌感染导致的作物损失巨大,生物安全风险极高,因此对植物病害的控制至关重要。然而,由于目前对真菌致病性的遗传和生化基础了解有限,且宿主感染及耐药机制等问题仍然难以解决,疾病防控工作受到了阻碍。根据经济重要性,最为关键的植物病原真菌如表 4.7 所示。这些真菌的研究对于确保粮食的可持续生产,减少农业对土地、水、肥料和燃料的使用具有重要意义。

表 4.7　已测序的引起植物病害的真菌基因组

真菌种类	基因组大小(Mb)	致病特点
小麦不孕病菌	32.5	为坏死性、真菌性种子病原体;在禾本科中具有广泛的寄主范围
致病疫霉	240.0	是对马铃薯最具破坏性的病害
黄曲霉	36.8	引起玉米穗腐病和花生黄霉病
稻瘟病菌 70 - 15	40.0	引起稻瘟病、水稻烂颈、水稻秧苗枯萎病、禾本科椭圆形叶斑病、点蚀病、黑麦草瘟病
禾谷镰刀菌	35.9	引起谷物头枯病、冠腐病和根腐病
尖孢镰刀菌	54.03	是重要的真菌植物病原体,几乎能引起每一种具有重要经济意义的植物物种的各种疾病,其能产生霉菌毒素,对人类和牲畜的健康构成危害。镰刀菌物种也是生物进化研究的关键模式生物
小麦锈菌	380	引起面包小麦、硬质小麦、大麦和黑小麦病害
禾谷分枝杆菌	39.7	小麦植物病原体,引起隔膜叶斑病
链格孢属	29.6	能引起几乎所有重要的栽培芸薹属植物的黑斑病

4.2.3　微生物基因组特征与遗传标记应用

微生物基因组特征与遗传标记在生物安全方面具有广泛的应用前景,为人类社会的健康和可持续发展,以及农业和环境保护等领域提供了重要支持。

(1)微生物鉴定:微生物基因组特有的 16S rRNA 基因、核糖体 RNA 和转移 RNA 等,是微生物鉴定的重要工具。这些特征具有高度的特异性和保守性,使得基于基因组的方法在微生物鉴定中具有极高的准确性。相较于传统的培养和形态学鉴定方法,基于基因组的鉴定方法更为快速、高效,能够在短时间内对微生物进行准确分类。

(2)疾病诊断和治疗:微生物基因组特征在疾病诊断和治疗中具有巨大潜力。通过对病原微生物基因组的测序和分析,可以快速识别病原体,为诊断和治疗提供依据。此外,基因组数据还可以用于监测病原体的变异和耐药性,从而为临床治疗提供指导。例如,实时监测流感病毒基因组可以预测流感病毒的流行趋势,及早采取预防和控制措施。

(3)农业:微生物基因组特征的应用有助于培育抗病、抗逆境的作物品种。通过分析土壤中微生物的基因组,可以了解微生物的生态功能以及对作物的潜在影响。此外,基因组特征还可以用于开发生物肥料和生物农药,减少化学肥料和农药的使用,有利于农业生产的可持续发展。

(4)环境保护:微生物在环境保护中起着重要作用,例如在生物降解和生物修复过程中,微生物基因组特征可以帮助识别和筛选具有特定降解能力的微生物,加速环境污染的修复工作。此外,基因组特征还可用于监测环境中微生物群落的变化,评估环境污染的程度和生态系统的健康状况。

微生物基因组特征在生物安全方面的应用潜力广泛。通过提高鉴定的准确性、效率,并在疾病诊断和治疗、农业和环境保护等方面发挥潜在价值,微生物基因组特征为人类社会的健康和可持续发展提供了重要支持。

4.3 动物基因组特征与遗传标记

动物基因组特征和遗传标记作为生物学研究的关键领域,涵盖了动物遗传学、基因组学、进化生物学和功能基因组学等多个方面。深入研究动物基因组可以帮助我们更全面地理解动物的遗传特征、疾病机制、进化历程和生物适应性,这些知识对于推动农业、医学的发展以及生物多样性的保护具有重要价值。通过分析动物基因组中的遗传标记和基因表达,能够揭示不同物种间的遗传差异和相似性,为改良养殖品种、疾病诊断和治疗,以及物种保护提供科学依据。

4.3.1 动物基因组特征

动物基因组的大小和结构具有显著的差异。基因组的结构包括染色体数量、形态、基因排列和重复序列等。在动物基因组中,基因通常组织成基因簇或操纵子,这些基因在功能上相关,并可能受到相似调控机制的控制。大量的非编码 RNA 也存在于动物基因组中,它们在基因表达调控中担任重要角色。基因的结构由内含子和外显子组成。内含子是基因的非编码区域,而外显子则编码蛋白质,在转录过程中,内含子通常会被剪接掉,只有外显子被保留下来用于蛋白质合成。动物基因组中还存在大量的重复序列,这些序列可能源自基因复制事件,它们在基因组进化、基因家族扩张和基因组结构变异中起重要作用。已测序的动物基因组及其描述见表4.8。

表4.8 已测序的动物基因组及其描述

动物种类	基因组测序描述
奶牛(Bos Taurus)	弗莱维赫品种奶牛的全基因组测序:测序共生成24亿碱基的序列,主要使用36 bp的双端读长,平均序列深度为7.4倍,并鉴定了244万个SNP,其中82%在过去未知,以及11.5万个小插入缺失
	遗传疾病鉴定:采用基于阵列的序列捕获和大规模平行测序相结合的方法,在牛亚硫酸盐氧化酶基因中鉴定出牛蛛形虫的致病突变
水牛(Bubalus bubalis)	水牛基因组应用:该研究为进一步表征SNP进化过程提供了坚实的基础,提高了对物种内和物种间生物多样性、系统发育学和对环境变化的适应的理解

续表 4.8

动物种类	基因组测序描述
野牛(Bos primigenius)	古代 DNA 的基因组测序:对野牛基因组和线粒体测序进行了研究。与普通牛基因组的比较基因组分析显示,高置信度没有差异
猪(Sus scrofa domesticus)	猪 SNP 相关研究:研究收集了大约 500 万个序列 reads 并将其组装到重叠群中,总体观察到的覆盖深度为 7.65 倍,猪 SNP 覆盖率为 12.6 倍。研究在 47830 个重叠群中发现了大量 SNP(115572 个),具有更高的置信度和相对较高的次要等位基因频率
	基因组分析仪发现猪 SNP:通过创建严格的序列选择规则来鉴定大量猪 SNP(17489 个),同时降低序列模糊性,即更高的序列质量阈值,可以更可靠地鉴定 SNP
	产前转录组学分析:对猪胚胎的滋养外胚层和胎盘进行 RNA 测序。研究证实,在 HT - NGS 生成的数据中存在丰度的滋养外胚层和胎盘特异性基因
	经典猪瘟病毒的基因组测序:NGS 方案对经典猪瘟病毒亚组 2.3 的 5 种不同毒株进行了完全测序
家禽(Gallus gallus)	鸡基因组的重测序鉴定 SNP:对 60 kbSNP 芯片上的混合 DNA 进行重测序,每 kb 长度序列上平均检测到 3.7 个 SNP,微染色体上 SNP 的密度比大染色体上低约 5%。
	家养火鸡的基因组组装和分析:生成了大约 5 倍和 25 倍的家养火鸡基因组覆盖率
马(Equus ferus caballus)	马 mRNA 测序:测序生成了 293758105 个序列标签,每个标签含 35 个碱基,相当于 10.28 Gb 的总序列。预测了大约 90% 的蛋白质编码基因结构的转录活性
绵羊(Ovis aries)	利用 NGS 数据和 Sanger 测序数据构建了绵羊参考基因组草图
大熊猫(Ailuropoda melanoleuca)	大熊猫基因组从头测序:仅使用 HT - NGS 技术,研究成功生成并组装了大熊猫基因组的草图序列,其中组装的 2.25 Gb 重叠群覆盖了整个基因组约 94%
朱鹮(Nipponia nippon)	朱鹮基因组测序:研究多个朱鹮个体、其繁衍生息的同居者、小白鹭,以及其他 41 种处于不同程度生存威胁的鸟类(包括秃鹰)的基因组序列,发现了濒危鸟类种群数量下降的共同基因组特征,并为进一步努力拯救濒危物种和加强保护基因组工作铺平了道路(图 4.13)[9]
山羊(Capra)	家养山羊基因组测序:使用 2400 万个高质量 SNP、190 万个插入/缺失和 2317 个拷贝数变异,定义了乳制品、羊绒和肉类生产相关基因

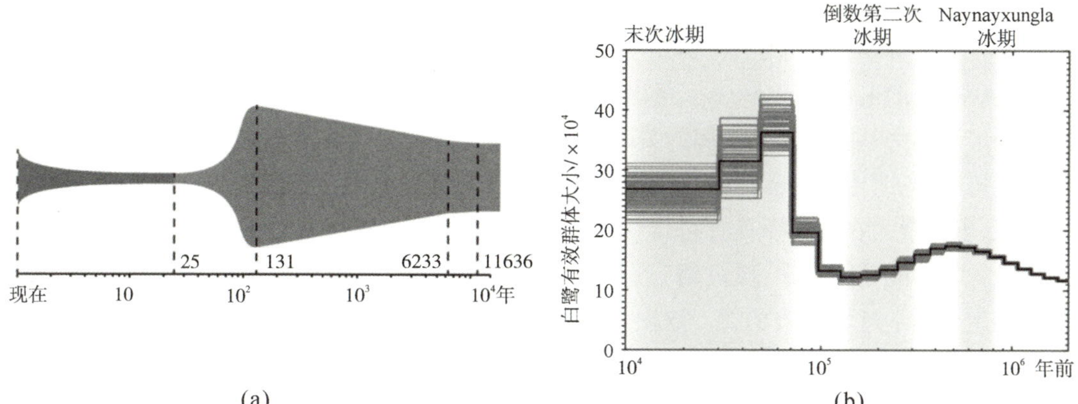

图 4.13　通过基因组遗传数据构建朱鹮群体数量在历史中的演变过程

(a)基于∂a∂i 模型的朱鹮群体演变的推算。横坐标为历史时间,纵坐标为估计的有效群体大小变化。(b)基于成对序列马可夫共祖分析的朱鹮群体演变的推算。黑线表示估计的有效种群大小,深灰色曲线代表多次抽样估计。浅灰色背景分别表示不同的历史时期。

4.3.2　动物遗传标记

动物遗传标记是一种重要的工具,用于追踪和识别遗传特征,广泛应用于动物遗传学、基因组学、进化和功能基因组等多个领域[7]。其中,SNP 是基因组中最常见的遗传变异形式,它们虽然通常位于基因的非编码区域,但有时也会影响编码序列。SNP 在研究遗传多样性、疾病易感性、适应性和进化过程中扮演着关键角色。另一方面,CNV 是基因组中特定区域拷贝数的增加或减少,对于不同物种和个体之间的基因组差异具有重要作用。结构变异包括大片段的插入、缺失、倒置和易位等,这些变异在基因组进化和疾病发生中发挥着重要作用,也可能导致表型的变异。除了遗传变异的标记外,还有基因表达标记,它是通过检测基因的表达水平来了解其在特定生物过程中的功能,常用的方法包括定量 PCR 和微阵列分析;蛋白质标记,用来研究基因的功能和蛋白质相互作用;表型标记,它反映了基因型和环境之间的相互作用,有助于研究遗传变异与表型特征之间的关系。此外,还有其他分子标记,如酶标记、免疫标记和代谢标记等,它们在研究动物的遗传特征和生物学功能方面也发挥着重要作用。综上所述,遗传标记在动物学研究中扮演着重要角色,它为我们深入了解动物的遗传特征、生物功能和进化提供了有力工具,促进了动物遗传学领域的发展和应用。

4.3.3　动物基因组特征与遗传标记应用

动物基因组特征与遗传标记的应用涵盖了多个领域,主要体现在以下几方面。①遗传多样性研究:通过分析动物基因组的遗传标记,科学家可以评估不同物种和种群之间的遗传差异,这对于生物保护和进化研究至关重要,如比较人类基因组和其他真兽亚纲动物基因组,通过基因组比较,能够寻找出人类特有的基因组区域(图 4.14)。遗传多样性研究可以帮助我们了解物种的起源、种群历史以及濒危物种的保护策略。②疾病遗传学:通过识别与疾病相关的遗传标记,科学家可以开发更好的疾病预测和预防策略。遗传标记可以帮助我们了解某些基因变异与疾病的关联性,从而为疾病的治疗和管理提供指导。③农业育种和遗传改良:遗传标记在育种和遗传改良中发挥着重要作用。通过分析动物基因组的遗传标记,可以帮助农民选择具有特定性状的动物进行繁殖,以提高作物和畜牧产品的产量和质量。④功能基因组学:通过研究遗传标记与基因表达之间的关系,科学家可以了解基因在特定生物学过程中的功能。这对于理解动物的生理学和发育过程非常重要。⑤生物制药和治疗方法:遗传标记的研究有助于研发新的生物制药和治疗方法。通过识别与疾病相关的遗传标记,科学家可以开发针对特定基因突变的药物,从而实现个体化治疗。⑥生态和进化基因组学:通过研究动物基因组的遗传标记,科学家可以了解物种在生态系统中的角色和演化历史,这对于生态保护和物种管理非常重要。生态和进化基因组学的研究可以帮助我们了解物种的适应性和演化过程。

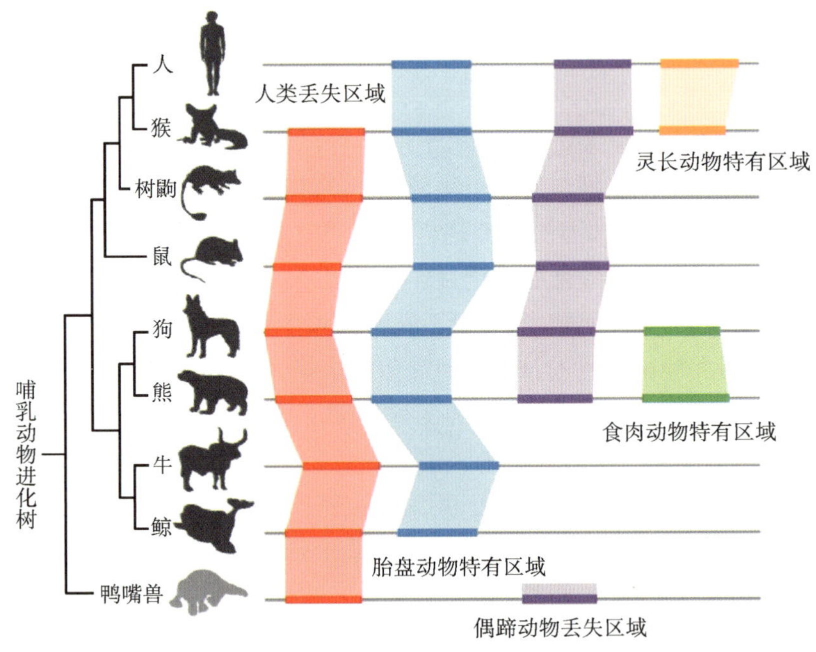

图 4.14　人类基因组和其他真兽亚纲动物基因组的比较

（李生斌　成　诚　熊子军）

参考文献

[1] GREEN E D, WATSON J D, Collins F S. Human genome project: twenty-five years of big

biology[J]. Nature, 2015, 526(7571):29 -31.

[2] ZHANG Z, ZHANG Y, WANG Y, et al. The Tibetan-Yi region is both a corridor and a barrier for human gene flow[J]. Cell Rep, 2022, 39(4):110720.

[3] CHANG L, YU H Y, MIAO X Y, et al. Development and comprehensive evaluation of a noninvasive prenatal paternity testing method through a scaled trial[J]. Forensic Sci Int Genet, 2019, 43:102158.

[4] MIAO X, SHEN Y, GONG X, et al. A novel forensic panel of 186 - plex SNPs and 123 - plex STR loci based on massively parallel sequencing[J]. Int J Legal Med, 2021, 135(3):709 -718.

[5] TANGO T, KAWAI Y, TOKUNAGA K, OGASAWARA O, et al. Practical guide for managing large-scale human genome data in research[J]. J Hum Genet, 2021, 66(1):39 -52.

[6] COOK D J, NIELSEN J. Genome-scale metabolic models applied to human health and disease[J]. Wiley Interdiscip Rev Syst Biol Med, 2017, 9(6).

[7] SHAPIRO B J. Signatures of natural selection and ecological differentiation in microbial genomes[J]. Adv Exp Med Biol, 2014, 781:339 -359.

[8] KANG Y, YUAN L N, SHI X, et al. A fine-scale map of genome-wide recombination in divergent Escherichia coli population[J] Briefings in Bioinformatics, 2021, 22(4), 335.

[9] LI S, LI B, CHENG C, et al. Genomic signatures of near-extinction and rebirth of the crested ibis and other endangered bird species[J]. Genome Biol, 2014, 15(12):557.

第 5 章 芯片式荧光定量 PCR 仪器的研发

聚合酶链式反应(polymerase chain reaction,PCR)技术是凯利·穆利斯(Kary Mullis)于 1983 年公开提出的,自问世以来作为脱氧核糖核酸(deoxyribonucleic acid,DNA)的体外扩增技术被广泛应用于生命与健康领域,Mullis 也因此荣获 1993 年的诺贝尔化学奖。在此基础上发展起来的荧光定量 PCR(fluorescence quantitative PCR)技术,更是成为核酸检测(nucleic acid test)的金标准,是分子诊断的重要技术之一,在基因疾病检测、病毒检测、癌症诊断等方面起到了至关重要的作用。随着微流控芯片技术的发展,集成化芯片式 PCR 系统因其样品少、速度快、成本低等优势,引起了国际高度关注。芯片式核酸检测系统可实现病毒的快速核酸检测,特别是在流行病爆发期间为其提供了一种便捷的检测工具,仪器体积小,检测速度快,样品用量少,适用于小范围急需检测结果的环境,其性能已经通过埃博拉、H_1N_1、登革热等病毒的核酸序列完成验证。

5.1 芯片式 PCR 核酸检测系统的构成

5.1.1 虚拟反应腔

大部分的芯片 PCR 反应腔是直接在硅基、聚合物基底的芯片封闭腔室中完成的,具有良好的密封性。然而微流控芯片的制作,特别是以硅基材料的芯片的加工,无法满足一次性使用和即用即弃的要求,因此芯片与样品反应腔不宜直接接触,应当在两者之间使用成本极低、不影响热传导的材料作为隔离芯片与样品的一次性使用部件。这里我们采用“油包水”的方式构成虚拟反应腔,即在样品四周覆盖一层矿物油,起到良好的隔离和封装的作用，以防止样品液滴的挥发和样品之间的交叉污染。同时，矿物油与芯片之间也应避免直接接触，用以简化芯片的清理工作，因此芯片与样品反应腔之间的一次性使用部件在这里同样需要起到至关重要的隔离作用。

我们采用的是成本较低的普通显微镜盖玻片作为隔离芯片与样品反应腔的一次性载体，将样品液滴加载到盖玻片上，每次检测只需要更换新的盖玻片即可，盖玻片厚度仅有 170 μm，在起到样品隔离作用的同时也不会影响芯片向样品的热传导。用于装载样品反应腔的盖玻片在使用前只需要对其表面进行简单的疏水、疏油工艺处理，以增加液滴与玻璃片之间的接触。如图 5.1(a)所示，接触面的疏水和疏油特性确保了样品反应腔的独立性，有效避免了生物样品之间的交叉污染。该方法允许的样品体积在 0.1 ~ 5 μL，0.1 μL 是手动移液器可以操作的最小体积，也是避免产生较大加载误差的最小体积。样品的体积大小与系统的热容呈正相关的关系，由于较大的样品体积会导致系统传热速率降低，从而减缓系统的反应速率，因此不适宜该系统检测。当矿物油和样品两种液体的表面张力比为 1∶3时，样品会在油滴中心形成自对准系统，因此包裹样品的矿物油的体积通常约是样品体积的 3 倍。图 5.1(b)所示为利用计算机辅助设计(computer aided design，CAD)软件绘制的样品虚拟反应腔结构示意图。

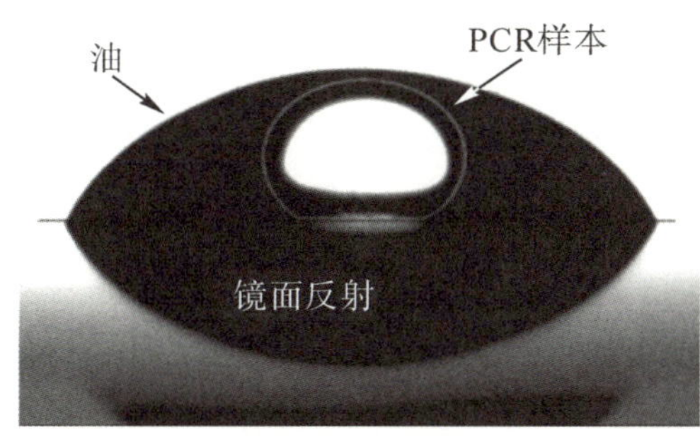

(a)虚拟反应腔样品

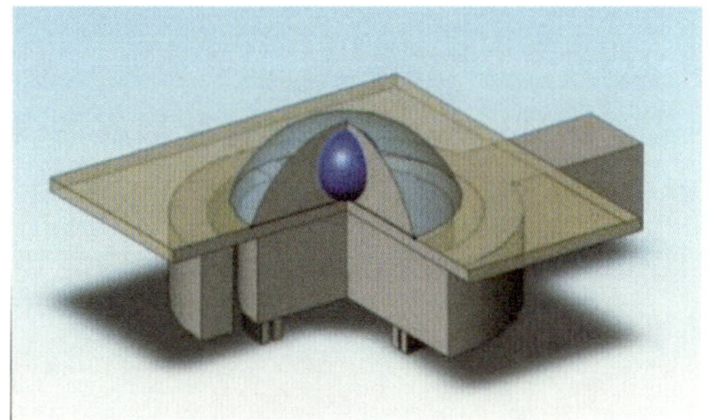

(b)油截面示意图

图 5.1　样品虚拟反应腔结构示意图

5.1.2　PCR 芯片设计

芯片基底材料采用的是热导率较高的硅，在其背面利用微加工技术沉积一层具有加热和温度传感功能的金属薄膜。在芯片温度传感方面，部分金属材料经常被用来作为电阻式温度探测器(resistance temperature detector，RTD)，金属薄膜的电阻值与温度的变化呈正相关，从而实现对温度的传感作用。电阻温度系数(temperature coefficient of resistance，TCR)是温度传感作用中最关键的数据，表征材料电阻对温度的敏感性。在芯片加热方面，采用较低的电压来驱动加热器，因此金属加热器应具有较小的电阻值才能满足较快升温/降温速率的所需功率。最后，将加工的芯片通过焊接的方式固定连接到与之配套的印刷电路板(printed circuit board，PCB)。经过筛选，只有铂和金两种材料满足这些要求，而金的薄膜加工技术比铂简单，因此选择金作为加热器和传感器的材料。

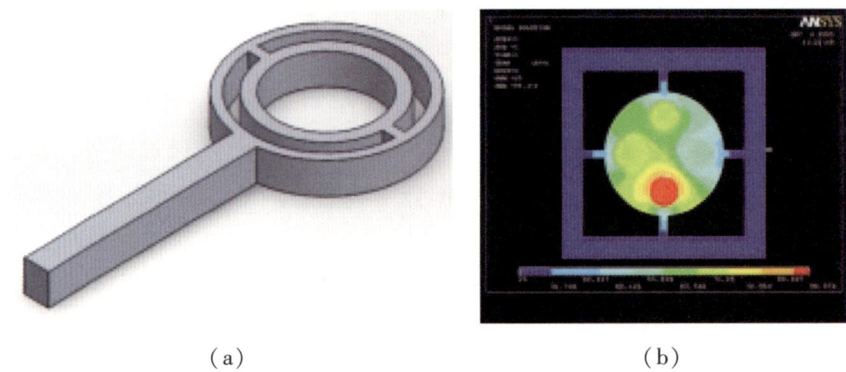

(a)　　　　　　　　　　(b)

图 5.2　ANSYS 建模的硅基芯片表面温度分布仿真

(a)为 PCR 芯片模型图，悬臂梁支撑的双圆环结构，在降低芯片热容的同时，也很好地起到了圆环间的热隔离。(b)为硅芯片四个样品位置的独立性仿真，四个圆环温度分别设置为 93 ℃、72 ℃、72 ℃和 56 ℃。加热器和传感器放置在硅的背面，这种包括气隙在内的硅形状可确保沿内部圆环的最小温度梯度，以实现高 PCR 性能。

为了实现对虚拟反应腔内液滴的均匀受热，我们在芯片的加热和温度传感区域采用双圆环结构，如图 5.2(a)所示，样品加热区的圆环结构仅通过悬臂梁结构与硅基底连接，以减少热量损失和降低芯片总体热容。使用有限元分析软件 ANSYS 对该形状的热传导特性进行建模分析，经过几次优化后发现，稳定状态下加热区内环的温度实际上是相同的，并且每个加热区都是独立的，温度变化不会相互串扰，仿真结果如图 5.2(b)所示。我们还进行了瞬态分析，发现这个结构能够实现 40 ℃/s 的超快加热/冷却速度。芯片的加热可以通过焦耳定律(P)计算：

$$P = \frac{V^2}{R} \tag{5-1}$$

式中：V 是施加给加热器的电压，R 是芯片加热器电阻。求解热平衡方程可以得到一个加热速率：

$$\Delta T = \frac{P}{H} \tag{5-2}$$

式中：H 是系统的热容。通过对 H 值的计算，我们认为可能不需要主动冷却，只需要被动冷却就足以满足冷却速率的要求。硅是一种高导热材料，其热导率 λ_{si} 为 148 W/(m · K)，在这种情况下，系统冷却将遵循由系统热时间常数(τ)控制的一阶指数方程：

$$\tau = \frac{H}{G} \tag{5-3}$$

式中：G 为硅悬臂梁的热导率，可以通过以下公式推导出：

$$G = \frac{wt}{L}\lambda_{si} \tag{5-4}$$

式中：w、t 和 L 分别是微臂梁的宽度、厚度和长度，热响应时间小的快速系统必须具有较小的热容和(或)较高的 G 值，而具有高 G 值的系统对功率要求很高，G 值的增加会使得系统的功耗变大：

$$P = G\Delta T \tag{5-5}$$

因此，具有较高 G 值的解决方案不适用于即时检测(point - of - care，POC)系统，拥有较小的 H 值则是更好的选择，在保持芯片热导率的情况下，尽量减少样品的体积，以实现最终较高的加热/冷却速率。

加热器的双环形结构，除了能够降低芯片热容和实现均匀加热以外，其中心的通孔还为光学检测提供了通道。最后，从生物检测的角度来说，一个芯片至少需要承载 3 或 4 个反应样品，分别为 1 个阴性对照、1 个阳性对照、1 或 2 个临床样品。因此我们设计了一次性可容纳 4 个样品的芯片，建模分析了 4 个加热器的温度分布，并发现这 4 个加热器几乎没有明显的热串扰，表明通过悬臂梁实现热隔离是一个很好的解决方案。

芯片的加工采用微机电系统(micro - electromechanical systems，MEMS)加工技术，基底材料为直径 10.16 cm、厚度 450 μm 的双面抛光硅片，加工工艺流程为：①在硅片表面沉积一层 1 μm 厚的低应力 SiO_2层作为绝缘层，该步骤通过等离子体增强化学气相沉积技术(plasma enhanced chemical vapor deposition，PECVD)实现；②沉积一层 200 nm 厚的金层，用约 20 nm 厚的铬薄层作为黏附层，铬层的厚度要尽量薄一些，以此来确保得到的 TCR 几乎全部来自于传感器材料金；③利用光刻技术将设计好的芯片结构转移到光刻胶上，以图形化的光刻胶为掩膜，利用干法刻蚀技术实现金属层的图形化；④去除光刻胶，进行第二次 SiO_2层的沉积，以保护作为加热器和传感器的金属层；⑤进行第二次光刻，使用比例为 1∶6的 HF/NH_4F 溶液腐蚀掉焊盘区域的 SiO_2保护层；⑥去除光刻胶，进行第三次光刻，以完成加热区的双圆环结构以及硅基悬臂梁的加工，同时硅片也会被刻蚀成独立的芯片；⑦去除光刻胶，清洗芯片；⑧将加工好的芯片焊接到定制的印制电路板(PCB)上。

5.1.3　PCR 芯片的温度控制

PCR 芯片上集成了加热器和温度传感器，需要搭建满足 PCR 要求的温度循环控制系统。我们在闭环系统中采用脉冲宽度调制(pulse width modulation，PWM)技术来控制加热器的加热功率，通过调节电压脉冲的宽度和占空比来调节加热器上的加热时间；采用比例积分微分(proportional integral derivative，PID)控制技术对耗散功率进行控制，耗散功率通过控制晶体管 Q1 的导通或截止来控制。我们选择 PWM 技术是因为它的电源效率，当晶体管 Q1 被导通时，加热器在全功率的状态下实现升温，当晶体管 Q1 截止时，加热器中则没有耗散功率。导通和截止的切换必须比系统的时间常数 τ 快得多，我们采用的是一个导频为 10 kHz 的方波信号，远比芯片的时间常数要小。

芯片上的温度传感功能是通过将芯片上的热电阻接入直流供电的惠斯通电桥来实

现的，其输出信号与直流偏置电压成正比。我们使用 5 V 电源为其供电，发现传感器中的自热使加热区温度升高了 3 ℃左右，消除该误差的唯一解决方案是降低惠斯通电桥的偏置电压，且不影响温度测量灵敏度。惠斯通电桥的输出端连接有为其供电的交流电压、解调器和低通滤波器，这个系统可以看作一个通频带非常窄的带通放大器，即锁相放大器，用于选择给电桥供电的交流信号频率。制造的芯片的尺寸约为 24 mm×24 mm，我们在硅片上放置了尺寸约为 22 mm×22 mm、厚度约为 170 μm 的盖玻片，如图 5.3(a)所示，在玻璃片与硅芯片接触的边缘加 1～2 μL 的矿物油，在毛细力的作用下，矿物油被吸进了芯片和玻璃片之间，使得玻璃片黏附在芯片上，这层薄薄的油也可以在两种材料之间起到热传递的作用。我们使用工作波长范围为 8～14 μm 的红外热像仪检查了盖玻片的温度均匀性，温度分布图如图 5.3(b)所示。

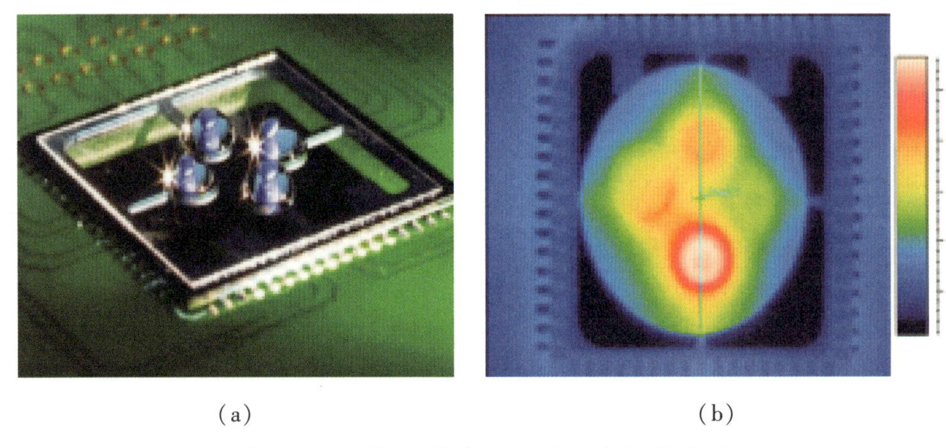

(a)　　　　(b)

图 5.3　矿物油对盖玻片的温度扩散效应

(a)为带有 4 个样品的 PCR 芯片示意图，此处样品用蓝色墨水模拟，芯片安装在印制电路板上，样品通过厚度约为 170 μm 的玻璃盖玻片与芯片分离；(b)为带加热器的 PCR 芯片的红外图像，温度分别设定为 93 ℃、72 ℃、72 ℃和 56 ℃。

5.1.4　微升 PCR 系统

我们首先使用名为甘油醛-3-磷酸脱氢酶(glyceraldehyde-3-phosphate dehydrogenase，GAPDH)的人类基因组片段测试基于 PCR 芯片的荧光定量 PCR 系统。GAPDH 是糖酵解反应中的一种酶，广泛分布于各种组织中的细胞，用于测试的基因片段长度为 208 个碱基对(base pair，bp)，预混液中拷贝数为 940 个，所用引物序列如表 5.1 所示。PCR 试剂的配比按照供应商的推荐方案配制，PCR 预混液制备的体积约为 50 μL，PCR 预混液适用于标准非定量 PCR，加入比例为 1∶10000 的荧光染料 SYBR Green Ⅰ溶液和终浓度约为 1% 的牛血清白蛋白(bovine serum albumin，BSA)，SYBR Green Ⅰ溶液的存在使我们能够实时检测 PCR 的扩增产物，BSA 减少了 DNA 模板在玻璃表面的吸附。

表5.1 用于验证PCR芯片系统的GAPDH基因片段

基因名称	甘油醛-3-磷酸脱氢酶
正向引物	5′-CTCATTTCCTGGTATGACAACGA-3′
反向引物	5′-GTCTACATGGCAACTG-AGGAG-3′

为了对PCR芯片的扩增性能进行测试,荧光信号的检测部分我们将连接好的芯片置于一台荧光显微镜之下,显微镜的光源装配了波长为470 nm的发光二极管(LED)和异硫氰酸荧光素滤光片组(fluorescein isothiocyanate,FITC),分别作为荧光激发光源和荧光滤光模组。由于PCR预混液中荧光染料发出的荧光信号微弱,因此采用光电倍增管(photomultiplier tube,PMT)对信号进行放大。PMT是一种灵敏度高、时间响应快的真空电子器件,可将弱光信号转化为电信号,具备低噪声、快速率响应、大面积接收等优点,可以将微弱的生物荧光信号进行放大。在荧光信号放大的同时,噪声信号也会进一步放大,因此采用锁相放大器对输出的电信号进行滤波。锁相放大器是一种用于测量动态信号的电子仪器,主要由振荡器、混频器和低通滤波器等部分组成。其最基本、最常用的功能就是可以从背景噪声中提取放大特定频率信号的相位和幅值。通过一定频率的脉冲信号驱动LED光源,样品的荧光信号通过锁相放大器对PMT采集的生物荧光信号进行滤波。输出信号温度(temperature,T)和荧光强度(fluorescence amplitude,F)均由示波器以20 Hz采样频率连续监测,连续荧光监测的扩增曲线如图5.4(a)所示[1]。PCR温度循环包括三个步骤:变性、退火和延伸,其温度分别约为94 ℃、55 ℃和72 ℃,每步持续时间为60 s,以确保PCR能够成功,温度从72 ℃上升到94 ℃的时间约为0.5 s,从94 ℃冷却到55 ℃的时间约为2 s,对应的加热速率约为40 K/s,冷却速率约为-20 K/s。PCR完成后,为了验证扩增产物的特异性,进行了测序,并将PCR扩增产物取出进行毛细管电泳(capillary electrophoresis,CE),以分析扩增产物的组成,分析结果如图5.4(b)所示,结果表明在硅基芯片表面的虚拟反应腔可以很好地完成PCR。同时,芯片与样品是相互分离的,芯片没有被污染,可以一直使用,每次只需要更换新的玻璃片即可。

5.1.5 纳升PCR系统

为了充分发挥硅基芯片在超快速PCR检测方面的价值,我们又进一步改进了芯片设计,新的芯片如图5.5所示。芯片加热器由双圆环结构改成了单圆环结构,降低了芯片加热区的热容,同时增大了加热器的加热功率,经过测试,芯片的响应时间缩短至0.27 s、加热速率约为175 K/s、冷却速率约为-125 K/s,芯片的性能参数如表5.2所示。改进后的系统,能够将单个PCR周期缩短到约8.5 s,相当于在约340 s内完成40个PCR循环,实现了6 min内的荧光定量PCR检测。

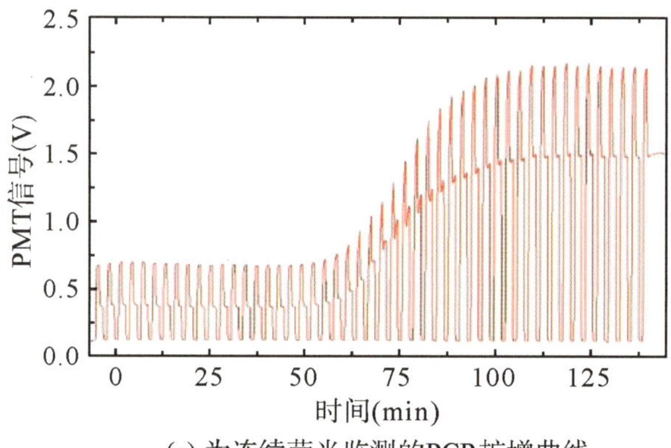

(a) 为连续荧光监测的PCR扩增曲线

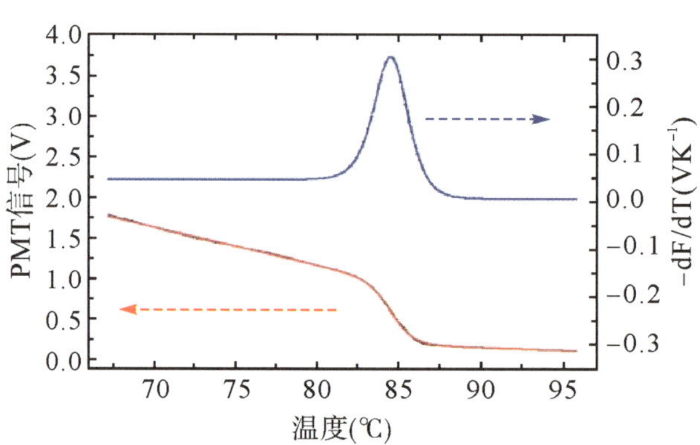

(b) 为PCR产物的熔解曲线分析(MCA)

图 5.4　连续荧火监测的扩增曲线及 PCR 扩增产物分析

图 5.5　微型 PCR 系统的小型化版本

（带有虚拟反应腔的纳升 PCR，样品体积为 100 nL）

表5.2 微升PCR和纳升PCR的电学与热学参数

参数	微升 PCR	纳升 PCR
温度传感器电阻(25 ℃)	320 Ω	427 Ω
加热器电阻(25 ℃)	110 Ω	141 Ω
传感系统的温度响应	11 mV/K(DC)	30 mV/K(AC)
芯片热导	4.4 mW/K	0.42 mW/K
芯片热容	6.6 mJ/K	1.5 mJ/K
热时间常数	1.74 s	0.28 s
从60 ℃到95 ℃的加热速率	50 K/s	175 K/s
从95 ℃到60 ℃的冷却速度	-30 K/s	-125 K/s

与大型PCR系统相同,将样品移液到玻璃片表面并用油覆盖,使用体积约100 nL的样品和约600 nL的油,我们发现,PCR的最终速度受到加热器与样品之间的玻璃片和矿物油的热传递的限制,传热时间约为1.5 s,当变性时间缩短到1.5 s以下时,PCR扩增效率显著降低。在这里使用的是TaqMan化学试剂6-羧基荧光素(FAM)探针,而不是SYBR Green Ⅰ,使用只有两个温度循环步骤的扩增参数。

我们使用PCR扩增试剂、探针及绿色荧光蛋白(green fluorescent protein,GFP)的cDNA相匹配的寡核苷酸和FAM探针来配置反应溶液:正向引物5′-CACATGAAGCAGCACGACTT-3′;反向引物5′-CGTCGTCCTTGAAGAAGATGGT-3′;探针5′-FAM-CATGCCCGAAGGCTAC-BHQ-1-3′和约2 μL通过转基因GFAP-GFP的逆转录制备的cDNA,PCR扩增子的长度为82 bp。该系统性能非常好,并且由于PCR扩增方案被简化为只有变性和退火/延伸两个温度步骤,系统的检测速度也非常快,扩增过程的荧光信号如图5.6所示。我们凭经验发现,完全变性所需的最短时间约为1.5 s,这是在那个时间点的限制因素。尽管如此,这种PCR在当时

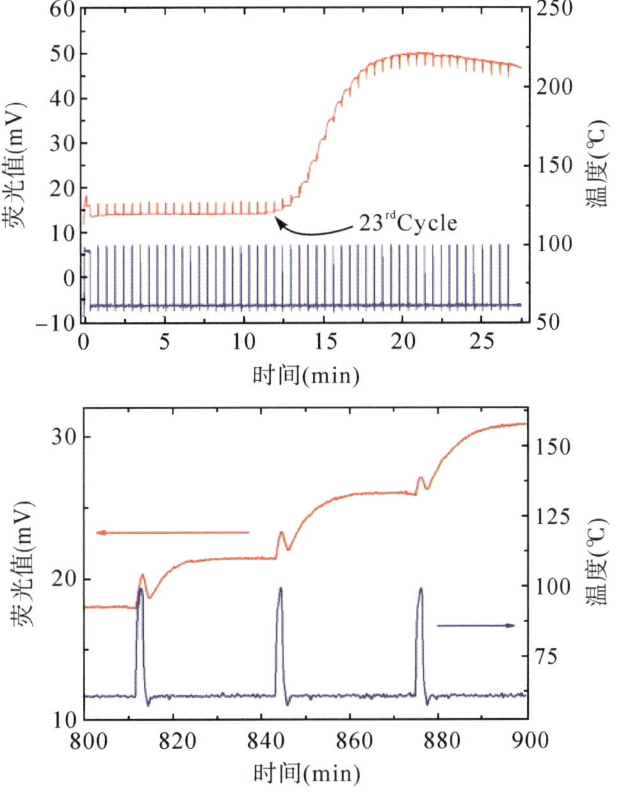

图5.6 纳升PCR系统进行连续荧光监测

也被认为是世界上最快的 PCR 之一，至少从加热和冷却速度的角度来看是这样的[2]。

下一个步骤是进行 VRC 形式下的 RT－PCR。使用的是由一家商业公司提供的一步法 RT－PCR 试剂盒制备了 PCR 预混液，并且玻璃片表面具有最佳浓度的 BSA，我们选择人工合成的甲型 H_5N_1 禽流感 RNA 病毒，后来是另一种类型的流感，如 H_1N_3 猪流感、H_7N_9 禽流感和埃博拉病毒。我们测试了 RT－PCR 的极限速度（图 5.7）。逆转录在 61 ℃下进行 2 min，然后在 95 ℃下热启动 30 s。热启动步骤有两个功能，首先它破坏了逆转录酶，其次激活了聚合酶。随后，我们进行了 40 个 PCR 循环，每个步骤包括变性、退火和延伸，温度分别为 93 ℃、56 ℃和 72 ℃，单个 PCR 步骤在 14.5 s 内完成。PCR 完成后，我们还进行了 MCA，覆盖在 600 nL 矿物油中的 200 nL 样品能够在 14.5 s 内完成单个 PCR 循环，整个 RT－PCR 预完成时间不到 12 min。

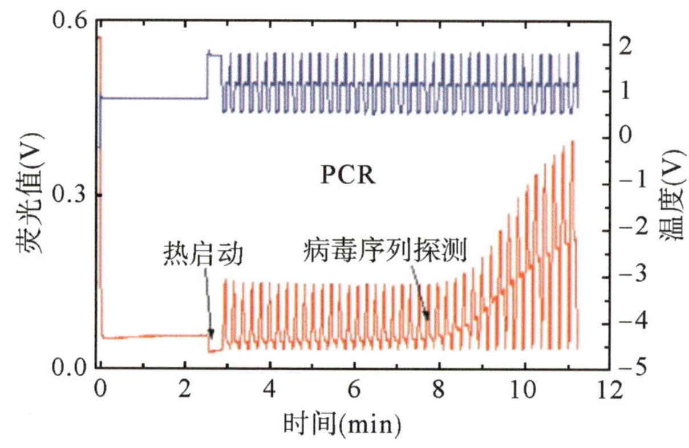

(a) 为H_5N_1型禽流感病毒RT-PCR RNA的荧光和温度随时间的变化

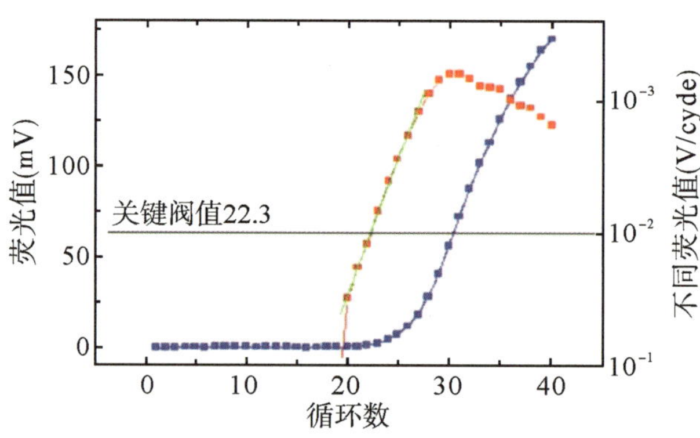

(b) 为其荧光强度随循环数变化的扩增曲线

图 5.7　H_5N_1 型禽流感病毒 RT－PCR 扩增荧光信号变化

5.1.6 集成荧光检测模块

前面描述的两种 PCR 芯片系统都需要借助外部荧光显微镜来搭建检测系统以记录荧光信号,有荧光显微镜、470 nm 的激发光源、滤光片组(激发光滤光片、荧光滤光片和二色向分束镜)、光电倍增管和其他电学检测记录仪器。开发的 PCR 芯片系统只占据了很小的体积,重量为 30 ~ 50 g,因此需要与芯片匹配且功能完全的荧光检测系统,并将其集成到可用于即时检测应用的 PCR 系统中。

根据荧光检测的光路原理,选用合适的元件,设计光学元件的安装位置,并将其组装在一起[3],整个系统除了外壳,其余部分都基于现成的元件制成,其中聚焦透镜直径为 6.35 mm,数值孔径为 0.68,其他组件也有类似的尺寸。使用波长约为 490 nm 的蓝绿色 LED 作为激发光源,这一光源的主要发射波长有利于激发 FITC 型系统的荧光,滤光片组是多层干扰型的,大约有 150 层,具有一个异常清晰的截止波长、约为 0.98 的透射率和超过 10^6 倍的透射区外的光抑制。荧光信号的检测采用光检测面积约为 7.4 mm^2 的传统硅光电二极管,并且还内置了跨导运算放大器,以最大限度地降低环境光噪声,它是基于超低噪声介质隔离场效应晶体管(dielectrically isolated field effect transistor,diFET)的运算放大器,整个荧光检测模块的尺寸约为20 mm × 20 mm × 10 mm,如图 5.8 所示,该模块具备与基于荧光显微镜搭建的荧光检测系统相同的功能。但是该系统对环境光也非常敏感,必须在完全黑暗的环境中或在黑匣子内操作,让环境光不影响荧光信号的采集,给系统的使用带来了很多的不便。

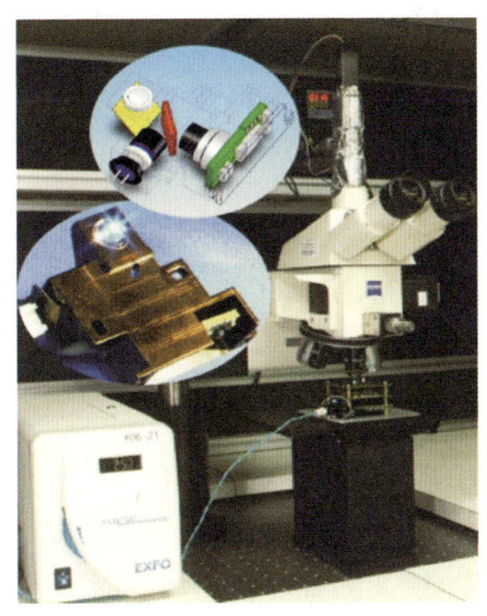

(a)为基于荧光显微镜搭建的荧光检测系统,其下方有 PCR 温度控制系统

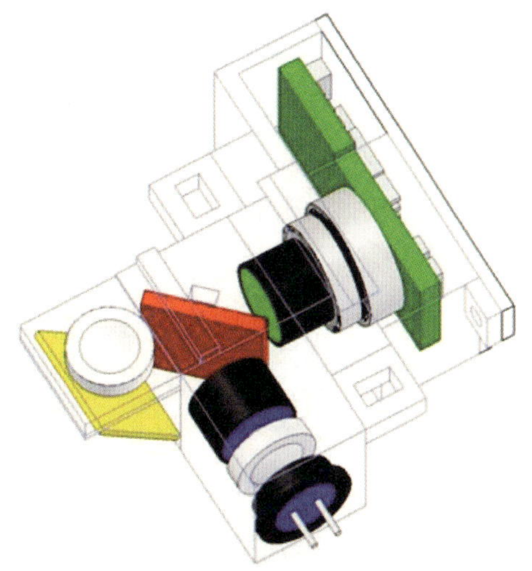

(b)为小型化荧光系统的 CAD 视图

图 5.8 小型化荧光检测系统

为了解决这一问题,我们在光学电路中引入了锁相放大功能,为 LED 添加了一个电子调制器、一个解调器及一个低通滤波器用于处理光电二极管输出信号,电路原理如图 5.9 所示,它可以作为极窄的带通放大器/滤波器,只有频率与光源的激发频率相同的信号才能通过。锁相放大器通常可将信噪比提高到 10^3 和 10^7 倍。我们将锁相放大器的频率设定为某一略高于 1 kHz 的频率,然后校准了光学系统,并确定能检测到的荧光素的最低浓度为 1.96 nM。在该系统上验证了 PCR 扩增产物的 MCA,这表明该系统的灵敏度足以检测到 PCR 过程中的荧光强度变化。

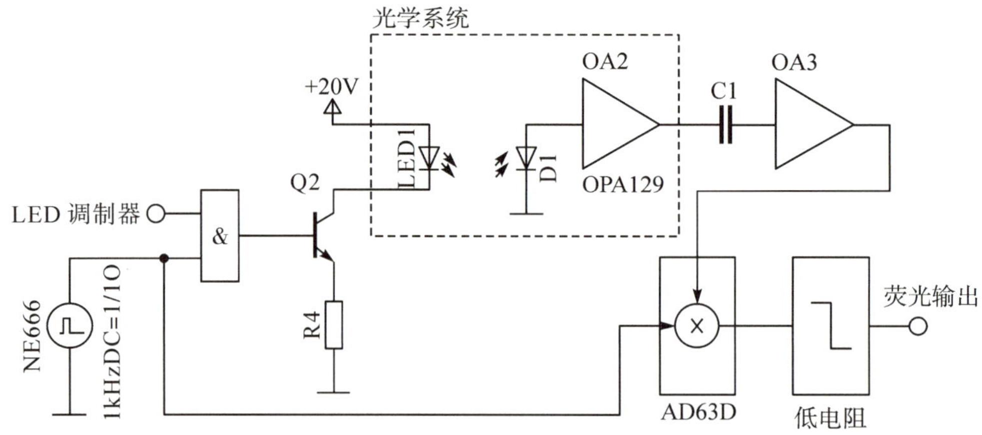

图 5.9　带锁相放大器的光学检测系统电路图

5.2　芯片式荧光定量 PCR 核酸检测仪

5.2.1　第一代荧光定量 PCR 核酸检测仪

前面的章节已经介绍了虚拟反应腔、硅基 PCR 芯片及集成化荧光检测模块,基于此,将各部分结合在一起,包括了温度控制和荧光检测电路,完成了第一代微型实时荧光定量 PCR 系统[4],如图 5.10 所示。该系统具有内置温度控制系统、荧光检测系统、液晶显示器面板(liquid crystal display,LCD)和为整个系统供电的 12 V 单电压电源供电系统,这四个系统分别集成在自己独立的 PCB 上。温度控制系统的加热器由 PWM 调制技术和 PID 控制技术来实现升温和降温的功能,测温模块由芯片上的 RTD、交流偏置惠斯通电桥、电压放大倍数为 500 倍的差分运算放大器、AD630 解调器和低通滤波器构成,该模块提供了一个 30 mV/℃的整体测温灵敏度。荧光检测系统由一个 LED、激发光滤光片、二向色镜、发射光滤光片、BPW21 光电二极管和前置运算放大器构成,检测到的光电流信号通过一个跨阻运算放大器和一个锁相放大器来获得较高的放大倍数和信噪比;锁相放大器由一个高通滤波器、AD630 解调器和低通滤波器构成，具有极窄的通频带，可以消除环境光对系统荧光信号的影响。电源供电系统可以由电压稳定的直流适配器或锂离子电池为整个系统供电，整个系统的工作功率只有 3 W。整个系统由一个 MC56F8013 微控制器控制系统的整体运作，并且可通过 Labview 程序由电脑端进行外部连接和控制。

(a) 中拆除外壳后，可以看到带有电子设备的单个PCB

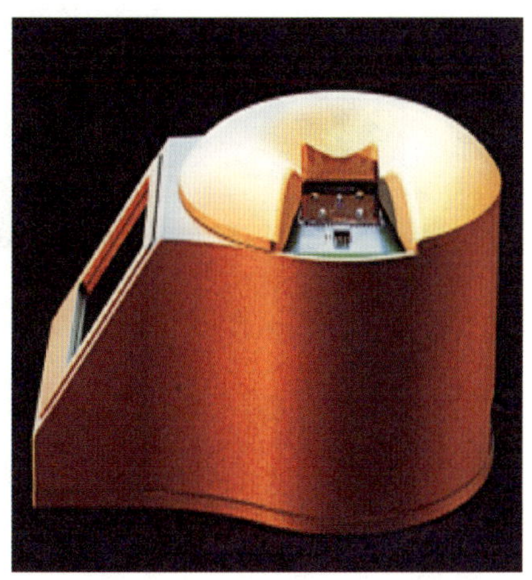

(b) 为整个系统在阳极氧化处理后的保护外壳中

图 5.10　第一代实时荧光定量 PCR 系统示意图

5.2.2　第二代荧光定量 PCR 核酸检测仪

集成化的实时荧光定量 PCR 和其他芯片实验室(lab - on - a - chip，LOC)系统有许多相似之处，比如温度调节，PCR 芯片要求 50 ~ 95℃ 的温度循环，细胞培养芯片要求 37℃ 的恒定温度，还有其他类似荧光检测、反射度测试、吸收度测试的光学检测和电化学或电导传感器的电学检测。基于此类广泛的要求，在第一代实时荧光定量 PCR 的基础上，开发了一整套基于便携式微流控芯片平台的单一通用平台 LOC 系统，该系统可兼容多种生物芯片，通过同一个接口将不同功能的芯片安装到集成化平台上，通过 USB 接口导入对应的控制程序就可以控制该开放式平台实现某一芯片的完整功能。如图 5.11 所示，顶端的 PCB 可以替换为其他类型的芯片 PCB。

该系统的核心是用于产物检测的四通道锁相放大模块，包含 4 个可编程脉冲发生器，每个脉冲发生器都以不同的频率独立运行。通过控制双极性结型晶体管的导通和截止来产生的脉冲电流，该电流可直接为 LED 供电，也可以通过电流/电压转换器和衰减器来激发纳米线或电化学电池(伪参比电极)的工作状态，在去除直流偏置后，跨导运算放大器的复合电压进一步放大，并由 4 个解调器分离为单个基于调制频率的信号。每个通

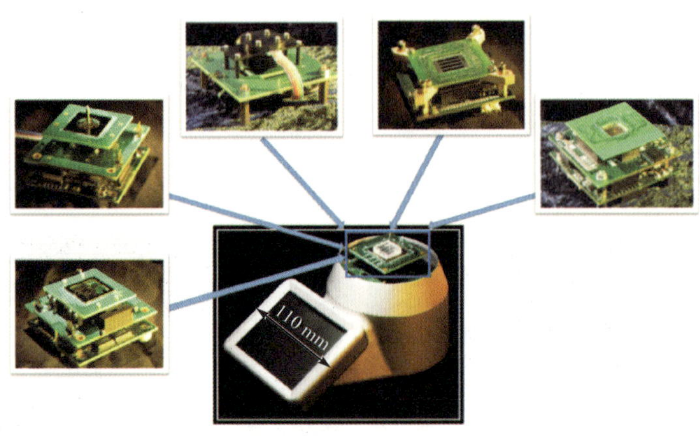

图 5.11　第二代模块化 LOC 系统

道实际上有两个信号发生器(基于微控制器),第一个用于激发 LED(纳米线检测、电化学检测等),第二个用于解调,两者都以相同的频率和占空比工作,但它们之间存在可控的相移。我们发现,通过 LED、荧光、光电二极管处理的信号与从信号发生器直接输入解调器的信号相比延迟了大约 28 μs,于是采用第二个信号发生器对延时进行补偿,使信号效率提高了 30% 。频率、占空比和第二个信号发生器的延迟这三个参数都是由外部电脑通过 RS232 通信协议来控制的。处理后的信号可以在开发阶段由示波器输出并显示,或通过嵌入式软件处理后在 LCD 上显示。

我们通过时域双通道实时 PCR 和空间域单通道实时 PCR 检测证明了该 LOC 的光学传感特性,并且还使用改进的光学装置来检测局部表面等离子体共振的影响,该系统基于电参数变化监测生物传感器的能力,也通过纳米线阵列和电化学传感器进行了测试。在这里,我们在每个通道中添加了一个 1 × 16 的模拟多路复用器(开关),从而将其功能从 4 个传感器扩展到 64 个传感器。

5.2.3　第三代荧光定量 PCR 核酸检测仪

相比于第二代开放式的检测平台,我们将专注于开发更高性能的芯片式 PCR 系统,这就促成了第三代实时荧光定量 PCR 仪的诞生。根据之前所述的适用于 LOC 的平台要求,我们研究开发的第三代实时荧光定量 PCR 仪在继承了之前研究的系统特性的同时,还具有如下特点:①能同时进行 4 个样本的测试(1 个阴性对照、1 个阳性对照和 2 个临床样本);②尺寸仅有一个手掌大小;③能够检测 RNA,即进行 RT – PCR。

在之前的工作基础上,开发了新的实时荧光定量 PCR 系统如图 5.12 所示,它的尺寸约为 100 mm × 60 mm × 33 mm,重量约为 75 g,是目前“世界上最小的实时 PCR 系统”。我们再次将 VRC 的研究成果应用到 PCR 仪上,将其放置在微加工制作的硅基芯片上方的一次性盖玻片上,并在之前研究的系统的基础上简化了光学系统和电路系统。之前开发的系统中每个 VRC 都有自己独立的光学检测模块,因此整个系统使用了 12 个滤光片,而新 PCR 系统的每个芯片可以承载 4 个 VRC 系统,每 2 个 LED 光源共享相同的激发光滤光片和二向色镜,所有的 4 个 VRC 系统都使用同一片发射光滤光片,因此整个光学系统只需要 5 个滤光片。我们使用串、并联组合的方式将 4 个加热器和传感器结合在一起,这样保证了 4 个加热器的温度设定一致,检测荧光的电路系统也只有 1 个,这 4 个光电二极管都被连接到同一个锁相放大器上,只有当某一个 LED 处于工作状态时与之对应的光电二极管才会工作,而且每次只有一个 LED 被激发。荧光信号只在每个循环的延长阶段最后时刻测量一次,反转录阶段不会测量荧光信号,整个系统只有一个锁相放大器用来完成测量温度和放大处理荧光信号两个功能,除了只在延长阶段最后 2 s 的荧光信号检测时间内控制温度的闭环反馈回路会断开,其余时间都用于温度监测控制。我们首先用含有 H_7N_9 禽流感病毒的 cDNA 样品的 4 个 VRC 测试了该系统的性能,每个样品的体积约为 200 nL,其中一个 VRC 用于阴性对照,一个用于阳性对照,其余两个用于加载待测样品。然后用测试的结果进行了 PCR 标准曲线的拟合,结果显示该系统能够检测单个 cDNA,扩增效率为(0.91 ±0.05)(平均值 ± 标准误差)。

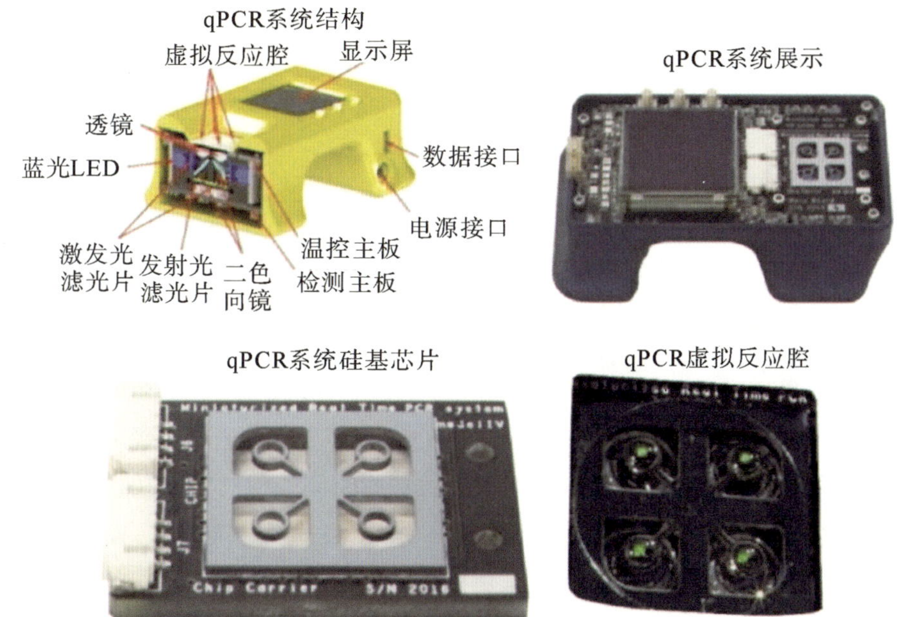

图 5.12　第三代实时荧光定量 PCR

在传染病暴发期间,疾病控制中心需要监测有病毒爆发的特定区域,因此这里我们在该 PCR 仪的基础上开发了基于小型化的快速性、操作简便和经济实惠的物联网(Internet of Things,IoT)系统,并使用登革热病毒的 cDNA 或 RNA 对该物联网系统进行了测试,为全球网络、医疗保健创造了一个 IoT,可以用于监测利用该系统检测出病毒的区域。检测的数据结果可通过蓝牙接口自动上传到基于安卓系统的智能手机上，并通过无线的方式进一步发送至全球网络，使世界上任何地方都能立即获得检测结果。这里介绍的物联网系统可以成为医疗中心应对传染病暴发的一个重要工具，具有与其他传感方法兼容的能力，可以通过优化改进的方式实现其他检测方式的物联网监测。

5.2.4 核酸检测试验验证——埃博拉病毒的 RNA 检测

对于第三代实时荧光定量 PCR 仪，我们使用了埃博拉病毒和 GAPDH 的 RNA 检测了其性能，为了保证实验人员的安全性，我们同样需要在生物安全危害等级为三级或四级标准的实验室中进行。在进行 RT－PCR 之前，我们通过先在 50 μL 反应溶液中加入 1 μL 热敏双链 DNA 特异性核酸酶(heat labile ds－DNA－specific nuclease，HL-dsDNase)和 10 μL 缓冲液来降解溶液中的 cDNA，以达到纯化 RNA 的目的，然后将混合液分别在 37 ℃和 58 ℃的温度条件下孵化 10 min 和 5 min，来使溶液中的 HL-dsDnase 灭活，最后通过无逆转录的 qPCR 反应来检验纯化后的 RNA 样品。

该系统可同时装载 4 个 VRC，其中一个是含有埃博拉病毒和 GAPDH 的 RNA 样品的阳性对照，一个是无 RNA 模板的阴性对照，另外两个分别只含有埃博拉病毒和 GAPDH 的 RNA，两者的引物序列如表 5.3 所示，最后通过 PCR 扩增曲线和 MCA 确定其扩增效率与特异性，完成了对两个病毒的相对定量，整个 RT－PCR 反应过程仅耗时不到 37 min。

表 5.3 埃博拉病毒和 GAPDH 的引物序列

检测靶标	埃博拉病毒	GAPDH
正向引物	5′－GGTCAGTTTCTATCCTTTGC－3′	5′－AGCCCACATCGCTCAGACAC－3′
反向引物	5′－CATGTGTCCAACTGATTGCC－3′	5′－CGAGCAAGACGTTCAGTCCT－3′

实时荧光定量 PCR 技术是当前核酸检测方法的金标准，在疫情流行时起到了至关重要的作用。现有的大型 PCR 仪器在样本检测通量、检测成本等方面已经取得了长足的进步，然而大型的核酸检测仪价格昂贵、体积庞大、检测时间长，在交通枢纽、医院等一些小通量、需要快速检测结果的场景应用受限，此外，在经济不发达的农村，核酸检测受限于当地检测机构的仪器数量，这些应用场景更适合小体积、快速便捷且成本较低的核酸诊断仪器。基于微流控芯片的核酸检测仪刚好能弥补这一方面的空缺，它具有检测时间快、样品用量少、仪器成本低等优点，能够满足现场快速检测的需求和提供低廉的检测仪器。目前便携式荧光定量 PCR 仪是 PCR 技术研究的一个着重点，可以作为移动检测终端，结合物联网技术，为移动医疗、家用型检测仪提供便捷的工具，同时可以引入样品前处理等其他芯片功能，实现“样品进、结果出”的高效采样－反馈检测系统。

(帕维尔·诺伊茨尔　朱永生)

参考文献

[1] NEUZIL P, PIPPER J, HSIEH T M. Disposable real-time microPCR device: lab-on-a-chip at a low cost[J]. Molecular Biosystems, 2006, 2(6-7): 292-298.

[2] ZHANG C S, XING D. Miniaturized PCR chips for nucleic acid amplification and analysis: latest advances and future trends[J]. Nucleic Acids Research, 2007, 35(13): 4223-4237.

[3] NOVAK L, NEUZIL P, PIPPER J, et al. An integrated fluorescence detection system for lab-on-a-chip applications[J]. Lab on a Chip, 2007, 7(1): 27-29.

[4] NEUZIL P, NOVAK L, PIPPER J, et al. Rapid detection of viral RNA by a pocket-size real-time PCR system[J]. Lab on a Chip, 2010, 10(19): 2632-2634.

第 6 章
芯片式数字 PCR 核酸检测仪

6.1 数字 PCR 技术

为了更加精确地对痕量基因进行定量分析，并简化分析结果，数字 PCR（digital PCR，dPCR）技术应运而生。20 世纪 90 年代初，Sykes 等人[1]首先提出“有限稀释”的概念，并利用泊松分布的统计学方法来分析 PCR 结果，dPCR 的雏形初步建立。Kinzler 于 1999 年正式提出了 dPCR 的概念[2]，将 PCR 预混液平均分配到成千上万个反应腔中，也就是将预混液中的所有靶基因随机分配到这些反应腔中，有的腔室内没有靶基因，有的腔室内含有至少一个靶基因。然后对这些反应腔进行热循环处理，让分配在这些反应腔内部的 PCR 预混液同时进行聚合酶链式反应。

在反应结束后，含有靶基因的反应腔与没有靶基因的反应腔之间的荧光强度会有明显的区别。通过荧光成像系统统计发出荧光的反应腔数量，并利用泊松分布进行分析，就可以得到原始 PCR 预混液中的靶基因含量。这种类似于二进制统计的方法，被称为 dPCR（图 6.1）。

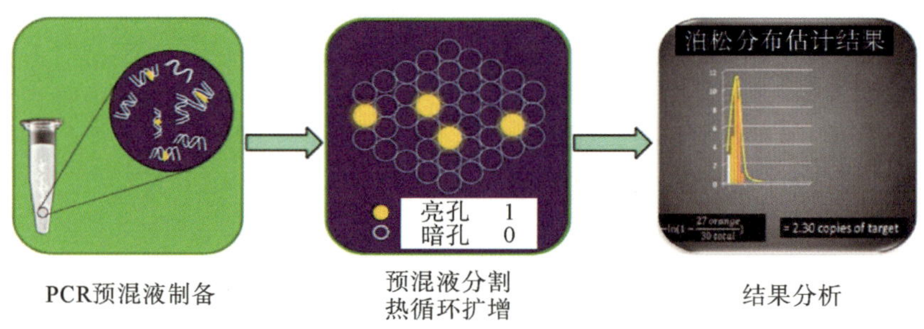

图 6.1 dPCR 技术的基本原理

通过有限稀释和极限划分的方法，将单个反应腔内的靶基因比例最大化，可以避免背景基因的干扰，从而对痕量靶基因进行特异性扩增与检测。此外，dPCR 的结果分析不需要借助标准曲线，可直接通过统计产生荧光信号的微反应腔数目计算出 PCR 预混液中靶基因拷贝数，从而实现 DNA/RNA 拷贝数的绝对定量。

dPCR 技术所需的样品分割方法是基于微流控技术完成的。根据预混液的加样方式，主要分为液滴式 dPCR（droplet - based dPCR，ddPCR）和芯片式 dPCR（chip - based dPCR，cdPCR）（图 6.2）。ddPCR 技术是利用微液滴发生器，将 PCR 预混液均匀地分割并包裹在油滴内，形成油包水液滴的虚拟反应腔。液滴的产生既可以通过控制微通道中样品和矿物油的流速，也可以利用离心力来实现。该方法一次可以产生上万甚至 100 万个虚拟反应腔［图 6.2（a）］。然后，将产生的液滴转移至热循环仪内进行 PCR 反应，反应结束之后对每个液滴的荧光强度通过流式细胞术或者图像处理算法进行统计与分析。cdPCR 技术是通过在硅/聚合物基底上利用微纳米加工技术［图 6.2（b）］，形成微流控通道和微反应腔，然后样品通过芯片流路或者直接移液的方法加载到芯片上，通过微加热器对微反应腔进行热循环处理，利用图像处理算法对各个反应腔的荧光强度进行提取与分析。

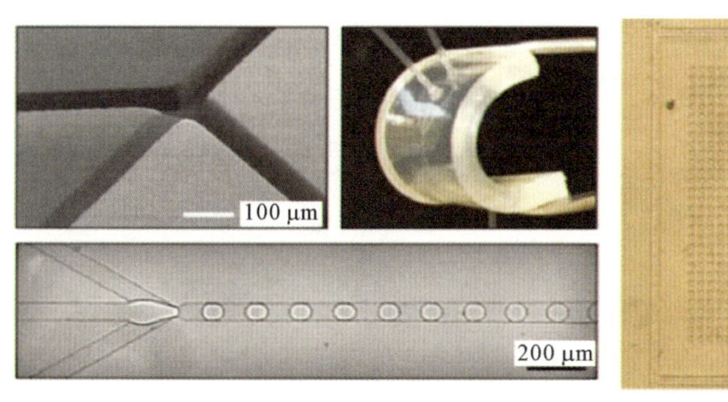

(a) 为ddPCR芯片

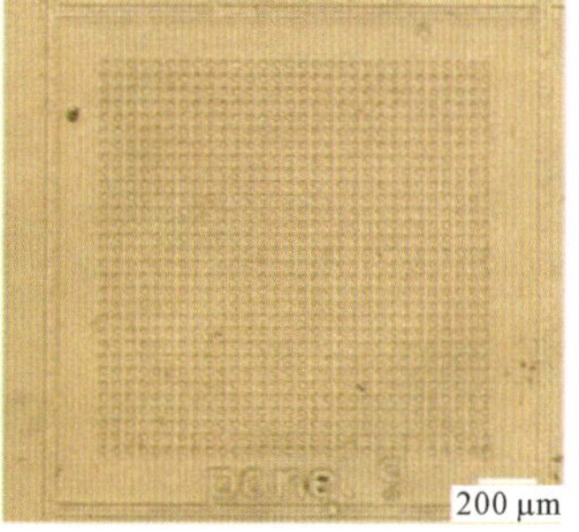

(b) 为cdPCR芯片

图 6.2　dPCR 技术分类

近年来，dPCR 技术凭借其高灵敏度的优势，在靶基因的绝对定量化检测、产前检测、转基因检测、基因缺陷筛查、基因突变检测以及癌症基因的早期检测等生物医学和精准医疗方面有着极为广泛的应用。

6.2　数字 PCR 芯片的设计与制作

数字 PCR 芯片是整个数字式核酸检测系统的核心部分。现有的微孔型 dPCR 芯片加工工艺简单，易于批量生产，但是该类型的 dPCR 芯片由于矿物油的液封，容易引起样品蒸发和交叉污染，从而无法提高检测通量。针对现有技术所存在的问题，介绍 dPCR 的基本原理，然后从检测精度、动态检测范围和检测误差三个方面给出了 dPCR 芯片结构的设计准则，进而设计并加工出硅基高通量微孔型 dPCR 芯片和液滴式 dPCR 芯片。提出了一种基于聚二甲基硅氧烷（PDMS）和 C 型聚对二甲基（Parylene C）多层结构的微孔型 dPCR 芯片柔性封装工艺，解决了微孔型 dPCR 芯片由于矿物油液封引起的样品蒸发和交叉污染等问题。

6.2.1 数字 PCR 技术的基本原理

dPCR 技术利用"有限稀释"的思想将 PCR 预混液分配到芯片内的所有反应腔中，导致有的腔室内包含靶基因，而有的腔室内不含靶基因。将含有靶基因的反应腔定义为阳性反应腔（positive wells，PW），不包含靶基因的反应腔定义为阴性反应腔（negative wells，NW）。理想情况下，每个 PW 内均只有一个靶基因。因此，在反应结束后，PW 的数量就直接代表了预混液中原始靶基因的含量。但在实际情况中，PW 中含有至少一个靶基因，因此需要利用统计学方法对结果进行修正。根据统计学分析，靶基因在反应腔内的分布符合泊松分布。所以，dPCR 的结果通常使用泊松分布来估计待测样品中的靶基因含量。

假设每个靶基因分子分布在任一反应腔内的概率相同，那么根据泊松分布，在每个反应腔内出现 k 个靶基因的概率为：

$$P(k) = \frac{\lambda^k}{k!}e^{-\lambda} \tag{6-1}$$

式中：k 是靶基因个数；λ 是平均每个反应腔内的靶基因数量。

为了简化计算，由式（6－2）可以得出，对于反应腔数量为 N 的 dPCR 芯片来说，热循环结束后反应腔内不含靶基因的概率约等于 NW 的数量与 N 的比值，可由式（6－2）计算：

$$P(0) = e^{-\lambda} = \frac{N - PW}{N} \tag{6-2}$$

因此，在热循环结束后，通过荧光信号提取算法统计并分析 PW 的数量，绘制出反应腔数量和对应荧光强度的函数关系曲线，可以计算得到 PCR 预混液中的原始靶基因含量。如果待测样品为单一靶基因，那么统计结果所示的曲线应由两个荧光强度（fluorescent amplitude，F）不同的峰组成：荧光强度较低的曲线峰位代表了 NW，而荧光强度较高的曲线峰位代表了 PW（图 6.3）。

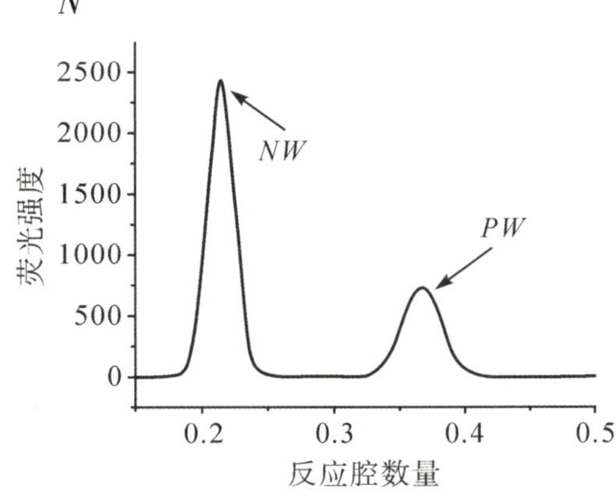

图 6.3 dPCR 结果曲线

通过高斯分布函数对所得曲线进行拟合：

$$f(F) = A_1 e^{-2\frac{(F-F_1)^2}{w_1^2}} + A_2 e^{-2\frac{(F-F_2)^2}{w_2^2}} \tag{6-3}$$

式中:$f(F)$是荧光强度(灰度值)分布;A_1和A_2是拟合峰面积;F_1和F_2是阴性反应腔和阳性反应腔的平均灰度值;w_1和w_2是拟合峰半宽。

根据此式,可以确定 NW 和 PW 的 F 分布函数:

$$f_{NW}(F) = A_1 e^{-2\frac{(F-F_1)^2}{w_1^2}} \tag{6-4}$$

$$f_{PW}(F) = A_2 e^{-2\frac{(F-F_2)^2}{w_2^2}} \tag{6-5}$$

如果荧光强度的频数设定为256,那么对两式进行积分,可以得出 NW 和 PW 的个数分别为:

$$NW(F) = \int \frac{f_{NW} \cdot dF}{256} \tag{6-6}$$

$$PW(F) = \int \frac{f_{PW} \cdot dF}{256} \tag{6-7}$$

将式(6-7)带入式(6-2),计算得到 λ。最后得到原始靶基因的数量(copy number, cn):

$$cn = \lambda \cdot N \tag{6-8}$$

如果已知原始靶基因的 cn,也可以通过泊松分布估计 PW 数量,用来验证测试结果。一般来说,在系统检测限内,每个反应腔内包含靶基因数量大于5的概率极低,可以忽略不计,因此本书在此只计算 $k=1\sim5$ 的范围内的 $P(k)$:

$$N = NW + PW = N\left(e^{-\lambda} + \frac{\lambda}{1!}e^{-\lambda} + \frac{\lambda^2}{2!}e^{-\lambda} + \frac{\lambda^3}{3!}e^{-\lambda} + \frac{\lambda^4}{4!}e^{-\lambda} + \frac{\lambda^5}{5!}e^{-\lambda} ?\right) = N\sum_{k=0}^{k=5} P(k) \tag{6-9}$$

所以,加载到芯片内部靶基因 cn 的值:

$$cn = N\sum_{k=1}^{k=5} k \cdot P(k) \tag{6-10}$$

因此,可以通过式(6-9)和式(6-10)计算得到 λ 的大小,再将其带入式(6-2),估计 PW 的数量,验证实验结果,评估实验误差。

对于多基因检测,本书在此以双基因检测为例,那么灰度值最低的峰位代表了 NW,而其余的灰度峰将由多个靶基因组成。那么,式(6-3)可以修订为:

$$f(F) = A_{NW} e^{-2\frac{(F-F_{cNW})^2}{w_{NW}^2}} + A_{PW1} e^{-2\frac{(F-F_{cPW1})^2}{w_{PW1}^2}} + A_{PW2} e^{-2\frac{(F-F_{cPW2})^2}{w_{PW2}^2}} + A_{PW12} e^{-2\frac{(F-F_{cPW12})^2}{w_{PW12}^2}} \tag{6-11}$$

式中:PW12 是包含两种靶基因的阳性反应腔,因此,两种靶基因的 λ 值,可以分别表示为：

$$\lambda_1 = -\ln\left[\frac{N-(PW1+PW12)}{N}\right] \tag{6-12}$$

$$\lambda_2 = -\ln\left[\frac{N-(PW2+PW12)}{N}\right] \tag{6-13}$$

而两种靶基因的拷贝数比例可以表达为：

$$R = \frac{\sum_1^5 k \cdot P_1(k)}{\sum_1^5 k \cdot P_2(k)} \tag{6-14}$$

综上，当已知靶基因浓度时，可以根据理论推算与实验结果估算建立相应联系，以此评估检测结果的可靠性。

6.2.2 微孔型数字 PCR 芯片的制作

本书所设计的硅基微孔型 dPCR 芯片的加工使用一次光刻工艺，其工艺流程如图 6.4 所示。

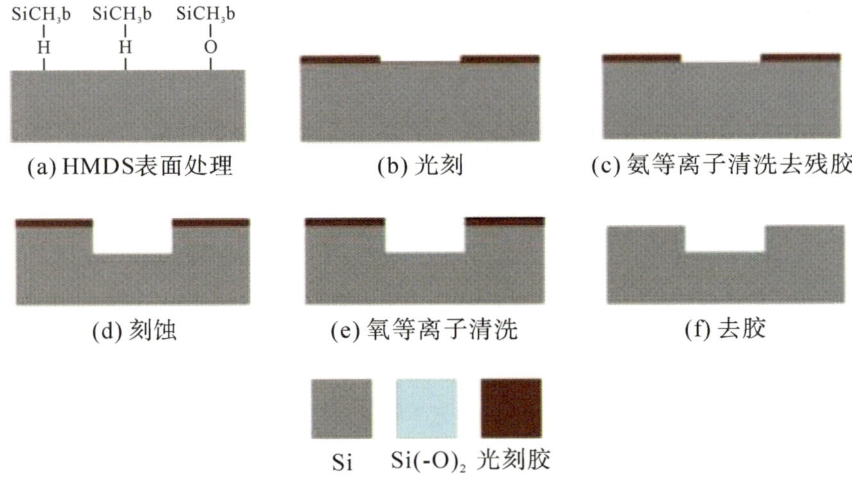

图 6.4 dPCR 芯片加工工艺流程

（1）清洗硅片：首先使用氢氟酸清洗厚度为 500 μm 的 10.16 cm 硅片约 2 min，去除硅片表面原生氧化层；然后用去离子水冲洗约 3 min，去除残余酸液；最后使用氮气吹干。

（2）表面处理：将硅片放入气相沉积炉中，在 150℃ 的温度下沉积六甲基二硅氮烷（hexamethyldisilane，HMDS）单分子层，沉积时间约 5 min，用来增强光刻胶在硅片表面的黏附性。

（3）光刻：利用光刻工艺在正性光刻胶表面形成芯片结构，光刻胶厚度约为 3.5 μm。

（4）氧等离子处理：去除光刻后芯片结构处的残余光刻胶。

（5）刻蚀：利用光刻胶作为掩膜，将芯片结构从光刻胶转移到硅片上，刻蚀深度根据芯片结构要求而定。

（6）氧等离子处理：增加反应腔内壁的亲水性。

（7）去胶剥离：首先使用丙酮去除光刻胶，然后依次使用无水乙醇和去离子水冲洗去除硅片表面的残余丙酮，最后用氮气吹干。

（8）划片：根据设计的划片槽对晶圆进行划片，划片间距为 9 mm，获得独立的微孔型 dPCR 芯片（图 6.5）。

图 6.5　dPCR 芯片实物

加工结束后，利用扫描电子显微镜（scanning electron microscope，SEM）对不同参数的 dPCR 芯片进行横截面观测，确定工艺满足设计要求，dPCR 芯片的微反应腔结构如图 6.6 所示。每次使用芯片之前，将芯片放入 H_2SO_4/H_2O_2（体积比 3∶1）混合物溶液中去除芯片表面的杂质与有机物，防止对预混液产生污染，抑制 PCR 反应。

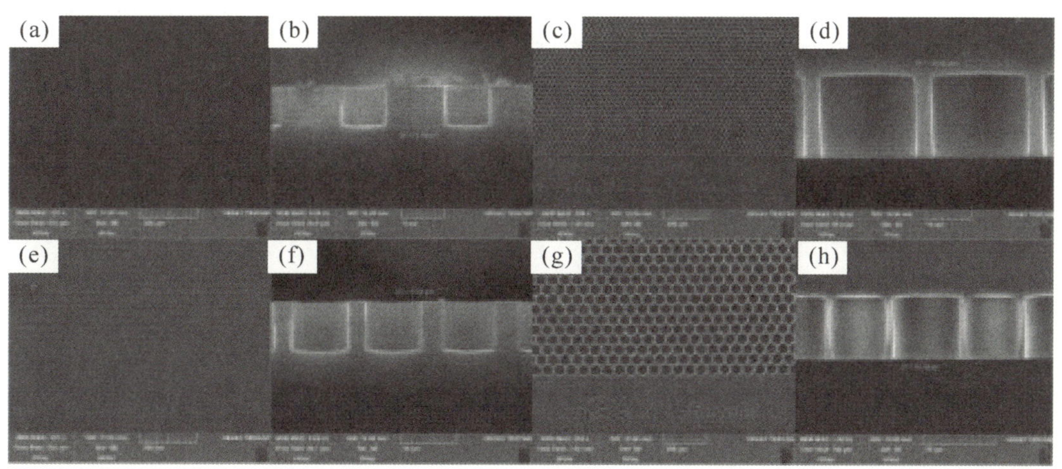

图 6.6　各尺寸 dPCR 芯片 SEM 图

（a）（b）直径为 50 μm；（c）（d）直径为 20 μm；（e）（f）直径为 10 μm；（g）（h）直径为 5 μm。

6.2.3 液滴式数字 PCR 芯片的制作

设计一种液滴式数字 PCR 微流控芯片,芯片底部刻有微流道。微流道前端为用于生成两相流液滴的 T 型流动,后端为用于进行 PCR 扩增的扩增反应流道。其中,扩增反应流道包含若干个循环的蛇形流道,一个循环包括高温变性流道和退火扩增流道。液滴式数字 PCR 微流控芯片结构如图 6.7 所示,其前端为用于生成液滴的两相流 T 型微流道。本设计中,油液作为连续相流体,PCR 反应液作为离散相流体,使用注射泵分别将油液和 PCR 反应液泵入连续相流道和离散相流道中,然后在图中的"T"字交叉处生成油包裹 PCR 反应液的微小液滴。因此,以液滴为单元,PCR 反应液能够流入液滴式数字 PCR 微流控芯片后端的流道。

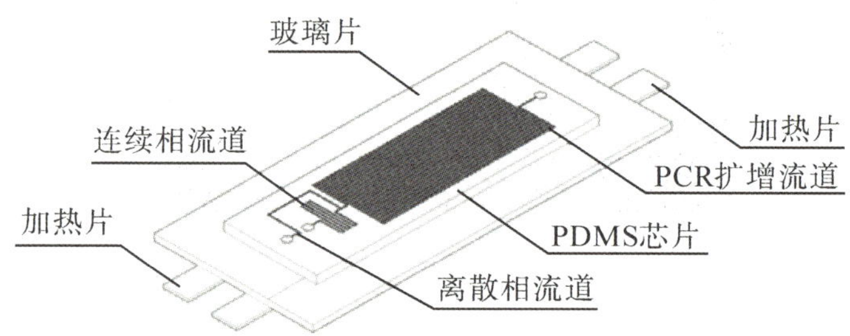

图 6.7 液滴式数字 PCR 微流控芯片

采用两步法进行 PCR 扩增,即 PCR 扩增分两步进行。第一步是变性,通过加热(要求温度 90 ℃)的方式使双链 DNA 彻底变性,解离成单链,然后与引物相结合,接着准备进行下一个反应。第二步是退火,将温度下降至适宜温度(要求温度 65 ℃),根据氨碱基互补配对的原则,引物能够与模板 DNA 单链配对结合,然后热稳定聚合酶使溶液中的游离核苷酸合成 DNA 的第二个互补链。这就完成了一个循环,然后重复进行上述循环,就实现了 DNA 片段的指数扩增。

液滴式数字 PCR 微流控芯片后端为 PCR 扩增反应流道。PCR 扩增反应流道由若干个连续循环的蛇形扩增流道组成。其中,一个循环流道包括高温变性流道和退火扩增流道。在芯片前端 T 型微流道中生成液滴后,PCR 反应液以液滴的形式依次流经若干个连续循环的蛇形扩增流道,并在扩增流道内完成若干次循环扩增反应,生成 PCR 扩增产物,在出口处即可收集 PCR 扩增产物,实现核酸样品的有效扩增。图 6.7 中,石墨烯加热片粘贴于液滴式数字 PCR 微流控芯片底部的玻璃片上。石墨烯加热片平行设置有两个,用于对 PCR 系统进行加热,分别对应 PCR 扩增中高温变性流道和退火扩增流道,实现 PCR 扩增过程中高温变性和退火扩增要求的温度,形成两个温区。石墨烯加热片的宽度由数字 PCR 扩增过程中两温区的长度确定,石墨烯加热片的宽度决定了 PCR 反应液通过两温区的时间比。石墨烯加热片的宽度和 PCR 扩增流道内 PCR 反应液的流速可以确定数字 PCR 扩增一个循环所需的时间，再由 PCR 扩增流道中流道循环的个数可以确定整个数字 PCR 扩增所需的时间。同时，还可以通过改变微流道的宽度和 PCR 扩增流道的长度等尺寸，设计出不同结构形状的液滴式数字 PCR 微流控芯片。

液滴式数字 PCR 微流控芯片是通过软光刻技术加工的，微流控芯片加工的主要流程如图 6.8 所示。设计微流道并打印掩膜，先用热压的方式将一层感光干膜压在一块表面平整的钢板上，再夹上一层光学掩膜，移至紫外线灯下进行曝光。曝光后，移至显影液中进行显影，干燥后将得到阳模。接着，将 PDMS 溶液与黏结剂按照特定比例进行混合，经过充分搅拌后均匀平铺在硅片模具上。固化 PDMS 的过程需要在表面和内部无气泡的前提下进行，将硅片模具放置于真空加热箱中，在 80 ℃恒温条件下加热 60 min。固化后，从模具上揭下 PDMS 结构，先后进行切割和打孔，并与玻璃基底在反应离子刻蚀机器中同时进行等离子体表面处理。最后，将等离子体表面处理后的 PDMS 与玻璃基底快速封合，完成不可逆封接，即可得到特定流道结构的微流控芯片。

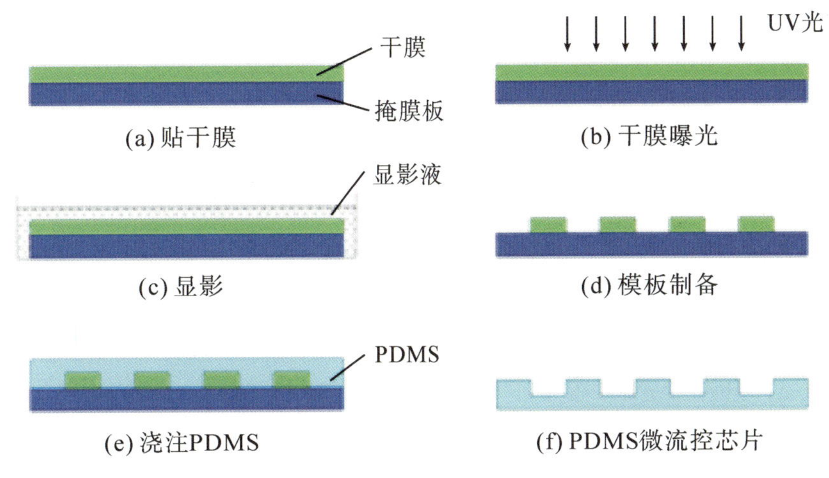

图 6.8　液滴式数字 PCR 微流控芯片光刻加工工艺

6.3　数字 PCR 快速热循环系统

为了缩短检测时间，本章首先根据芯片材料、反应腔容积和待测样品体积，建立热传导模型，分析计算芯片的热响应时间；然后利用大功率半导体制冷器（thermoelectric cooler，TEC），结合比例积分微分（proportional integral derivative，PID）控制算法和脉冲宽度调制（pulse width modulation，PWM）技术，提高升降温速率，搭建闭环反馈温度控制系统，实现温度变化过程中的精准控制。最后，利用连续荧光信号监测的方法分析 DNA 在“高温变性—低温退火—中温延伸”三步热循环过程中的扩增机制,优化热循环时间。在以上三方面的研究基础上,搭建一个快速热循环系统,实现靶基因的快速检测。

6.3.1 快速升降温平台设计

在热循环过程中,低温到高温的变化可以通过加热器来完成;从高温到低温的变化,既可以通过制冷器或风扇实现主动降温,也可以使加热器停止工作,让样品自然冷却,实现被动降温。为了满足快速升降温变化,本书采取主动制冷的方案。如果利用风扇进行主动制冷,那么就需要额外的加热器对芯片进行升温处理,这样就会增加系统的体积和控制的复杂程度。因此本书选择既可以加热又可以制冷的 TEC 作为热循环过程中的主动加热/制冷工具。

TEC 的加热/制冷主要依据珀尔帖效应[3],通过在两个不同材料的导体结点之间传递热量产生温差。如果在其中一种导体的两端施加电压,那么整个回路将会产生电流。当电流流过两种类型的导体结点处时,一个结点处出现吸热现象,形成冷却效应;而另一个结点处出现放热现象,形成加热效应[图 6.9(a)]。TEC 由一组 N 型和 P 型半导体阵列交替组成,不同类型的半导体之间具有互补的珀尔帖系数。这两种类型的半导体阵列焊接在两块陶瓷板之间,实现电串联和热并联。当电流通过一对或多对 N－P 型元件时,一侧陶瓷板就会从环境中吸收热量,实现制冷功能;另一侧向环境中释放热量,实现加热功能。TEC 可以提供良好的热均匀性、重复性、准确性和升降温速率[图 6.9(b)]。本书从芯片尺寸、温度传感器尺寸和 TEC 功率密度等方面考虑,选取的 TEC 器件尺寸大小约为 12 mm × 12 mm,功率为 16.3 W,功率密度为 11.3 W/cm^2。该 TEC 在全功率状态工作下,最高加热、制冷速率分别为 49 K/s 和 －34 K/s。相比于商用系统 2 ~ 3 K/s 的升降温速率,在 40 个三步热循环过程中,理论升降温所需的时间可以从 28 min 缩短至 1.4 min,时间减少了近 20 倍。虽然仍可采用更大功率密度的 TEC 进一步缩短升降温时间,但是对这一指标的改善有限,且需要针对更大功率密度的 TEC 进行散热系统优化,增加了系统设计的复杂程度。因此,本书所选取的 TEC 满足了设计要求。

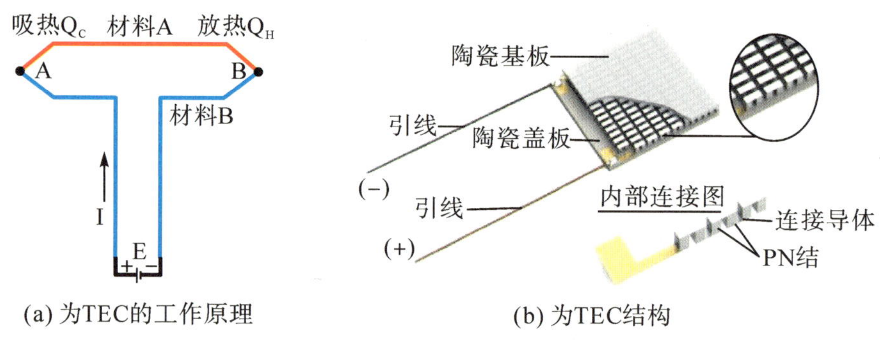

(a) 为TEC的工作原理　　(b) 为TEC结构

图 6.9　TEC 工作原理与结构

TEC 表面的加热/制冷是通过施加到 TEC 两边的电压极性来控制的。当改变施加在 TEC 两端的电压极性，电流流向翻转，TEC 的冷端就会变成热端，热端就会变成冷端。因此，可以通过这种控制电压极性的方法实现温度的升降。H 电桥是一种可以切换施加在负载两端电压极性的电路。H 电桥由 4 个开关构成，当开关 S1 和 S4 闭合、S2 和 S3 断开时，负载两端会施加正电压；当开关 S2 和 S3 闭合、S1 和 S4 断开时，负载两端会施加负电压。因此，本书将采用 H 电桥来实现 TEC 极性控制。由于 N 沟道金属氧化物半导体场效应晶体管（metal oxide semiconductor field effect transistor，MOSFET）导通电阻低，开关速度快，具有良好的高频特性，而且 MOSFET 在导通后，两端的压降几乎为 0，不易发热，所以本书使用 MOSFET 作为 H 电桥的开关器件。

热循环过程对每一阶段的温度精度一般要求在 ±0.5 ℃。电阻式温度传感器（resistor temperature sensor，RTD）的工作原理是温度的变化会改变传感器的阻值，而且温度和电阻阻值之间呈线性变化关系。作为最常用的电阻式温度传感器 Pt100，电阻阻值与温度关系符合国际温度标准 90（ITS－90）：Pt100 在 0 ℃时的阻值为 100 Ω，在 100℃时的阻值为 138.4 Ω。Pt100 A 级传感器在（－200～850）℃的温度范围内，测量精度可达（0.15 ±0.002）℃，满足平台搭建要求，因此本书选取 Pt100 A 级来测量 TEC 的实时温度。Pt100 的阻值与温度的变化关系为：

$$R_x = R_0(1 + \alpha \cdot \Delta T) \tag{6-15}$$

式中：R_x 为特定温度下电阻值；R_0 为初始电阻值；α 为电阻温度系数（temperature coefficient of resistance，TCR）；ΔT 为温度变化。

不仅如此，精确测量 Pt100 的温度也对温控系统的影响至关重要。而惠斯通电桥是一种用于精确测量电阻的平衡电桥电路，因此本书将 Pt100 作为可变电阻 R_3 接入惠斯通电桥电路（图 6.10），测量其阻值变化。

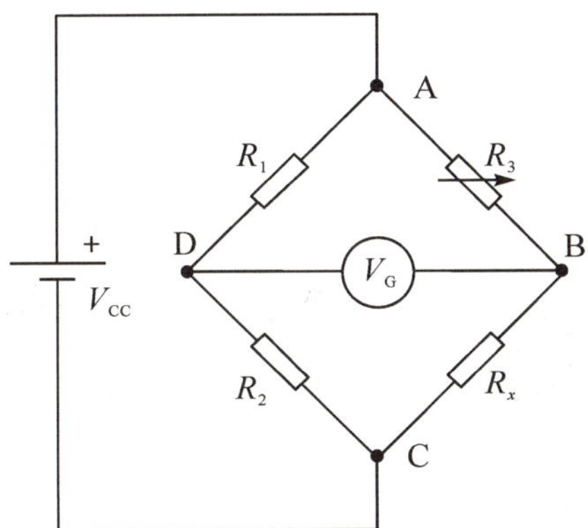

图 6.10　基于惠斯通电桥的实际温度测试原理

节点 B 和 D 处的电压可由公式给出：

$$V_B = \frac{R_x}{(R_3 + R_x)} \cdot V_{cc}, V_D = \frac{R_2}{(R_1 + R_2)} \cdot V_{cc} \tag{6-16}$$

因此，BD 两端电势差可以表达为：

$$\Delta V = V_B - V_D = \left(\frac{R_x}{(R_3 + R_x)} - \frac{R_2}{(R_1 + R_2)}\right) \cdot V_{cc} \tag{6-17}$$

室温下通过调节可变电阻 R_3，调节电桥至平衡状态，BD 两端电势差为 0：

$$\frac{R_x}{(R_3 + R_x)} = \frac{R_2}{(R_1 + R_2)} \tag{6-18}$$

当温度发生变化时，Pt100 的阻值发生变化，BD 两端的电势差为式(6-17)所得的值。

为了优化电路设计和简化计算，令定值电阻 $R_1 = R_2$，可变电阻阻值与 Pt100 的初始阻值 $R_3 = R(T_0) = R_0$，因此式(6-17)可变为：

$$\Delta V = \frac{\alpha \cdot V_{cc}}{4 + 2\alpha \cdot \Delta T} \cdot \Delta T \tag{6-19}$$

由于 Pt100 的 TCR 值约为 0.0038/K，且当 T 的变化范围在 0～80 ℃时，$2\alpha \cdot \Delta T << 4$，因此，式(6-20)可表示为：

$$\Delta V = \frac{\alpha \cdot V_{cc}}{4} \cdot \Delta T \tag{6-20}$$

由此可以得出，基于惠斯通电桥和 Pt100 的温度测量电路，可以将电压的变化与温度的变化建立起线性关系。因此，可以通过测量反应过程中的电压值，来得到所需的温度值。

为了在热循环过程中实现 TEC 的快速加热/制冷，需要控制 TEC 的输出功率，因此订制了基于该热循环平台的 TEC 控制器 TECC-10(图 6.11)。该控制器包含两个独立模块：第一个模块是基于 H 电桥的 TEC 驱动控制模块，电流最高可达 30 A，可以驱动大功率 TEC；第二个模块是基于惠斯通电桥的温度测量模块，将 Pt100 传感器接入该模块，用来精确获取电阻信号，并转换为电压信号，从而实现实时温度的精准测量。

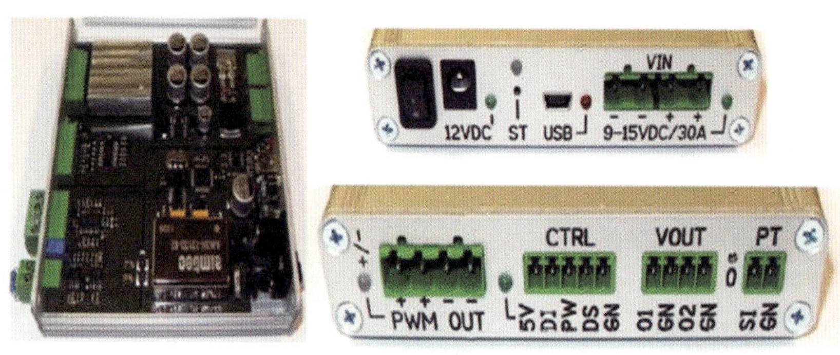

图 6.11　TEC 控制器及接口示意图

订制的 TECC－10 的主要功能接口和连接说明(图 6.12)如下。

VIN:TEC 供电接口。

PWM_{OUT}:PWM 输出端与 TEC 相连,通过 H 电桥驱动 TEC 输出。TEC 的输出逻辑可通过 CTRL 接口中的不同端子进行控制。双色发光二极管(light emitting diode,LED)用于指示 TEC 的输出极性。红色表示加热,而绿色代表制冷。

PT:与 RTD 相连接,获取 TEC 的实时温度。

TEC 控制接口 CTRL:此端子用作连接设备的输入数据采集卡,控制 TEC 的输出逻辑。

DI:与数据采集卡的数字通道相连,通过输出高/低电平来控制 TEC 的输出极性。

PW:与数据采集卡的数字通道相连,通过控制占空比来调节 TEC 的输出功率。

DS:用于激活/停用 H 电桥,该测试中,H 电桥始终处于激活状态。

GN:接地。

V_{OUT}:输出的实时电压信号,代表实时温度。两个并联输出端口,其中一个与数据采集卡的模拟通道相连,用于闭环反馈。另一个端口可接示波器,观察实时温度的电压信号。

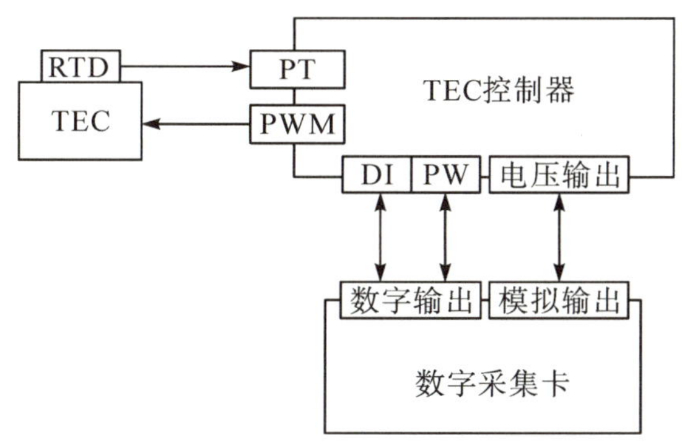

图 6.12　TEC 控制器连接示意图

基于上述硬件设计和选择,本书搭建了一个闭环温度控制反馈系统。该系统的硬件部分主要由驱动电源、TEC、TEC 控制器、Pt100 温度传感器、数据采集卡和个人电脑组成(图 6.13)。系统工作的基本原理:Pt100 温度传感器首先采集 TEC 表面的实际温度,然后将温度以电阻值的形式反馈给 TEC 控制器,引起控制器内部温度测量电路输出电压信号的变化;输出的电压信号通过数据采集卡传输到个人电脑的软件;通过电压与温度的线性关系,将电压转换为对应的实时温度,并与设定温度进行比较;将比较结果再次通过数据采集卡传输至 TEC 控制器,让 TEC 执行加热/制冷的指令。

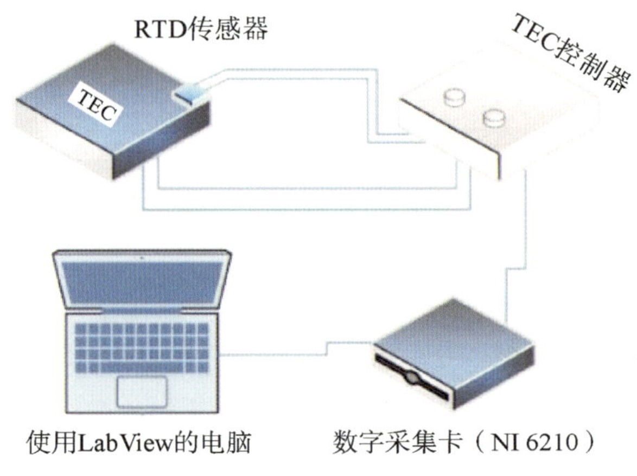

图 6.13　温度控制反馈系统硬件连接示意图

6.3.2　基于 PWM 技术和 PID 算法的软件设计

一般来说，TEC 在全功率状态下运行可以达到最大加热/制冷速率，有效缩短升降温时间。PWM 技术是一种通过快速打开和关闭电源与负载之间的开关来控制施加在负载两端电压（和电流）平均值的技术。与关闭时间相比，开关打开的时间越长，提供给负载的总功率就越高。PWM 是通过数字信号形式来控制负载，相对于模拟信号来说，抗噪声能力强。因此，本书利用 PWM 技术来控制 TEC 的工作，通过调节数字周期信号的占空比来调整 TEC 全功率工作时间的长短。

此外，本书应用 PID 算法使 TEC 用最短的时间达到设定温度。PID 是一种将系统推向目标位置的控制算法。该算法采用闭环控制反馈，使过程的实际输出尽可能接近目标设定值，是一种比较简单、应用最广泛的控制算法。PID 算法的工作原理[图 6.14(a)]是通过单独调整比例项、积分项和微分项的值，实现温度的快速转换与稳定输出。比例项的主要作用是通过短时间内的开通和关断来控制 TEC 的平均输出功率，当实际温度接近设定值时，比例控制器会降低 TEC 的平均功率，减缓升降温速率，让实际温度接近设定值并保持稳定；积分项的作用是用来校正比例项在工作过程中产生的误差，起到校正因子的作用；微分项是用来调整比例项所引起的超调。比例项、积分项和微分项的设定通常根据经验进行单独调整。首先将积分项和微分项设置为零，然后调整比例项的大小，直到环路输出开始振荡，最后微调积分项和微分项的大小，使系统稳定运行。温度控制系统中的 PID 控制器将电阻温度传感器作为输入，并通过将实际温度与设定温度进行比较，结合 PWM 技术来调节 TEC 的实际输出功率[图 6.14(b)]。通过手动调整，其 PID 系数和温度稳定曲线如图 6.14(c)所示。

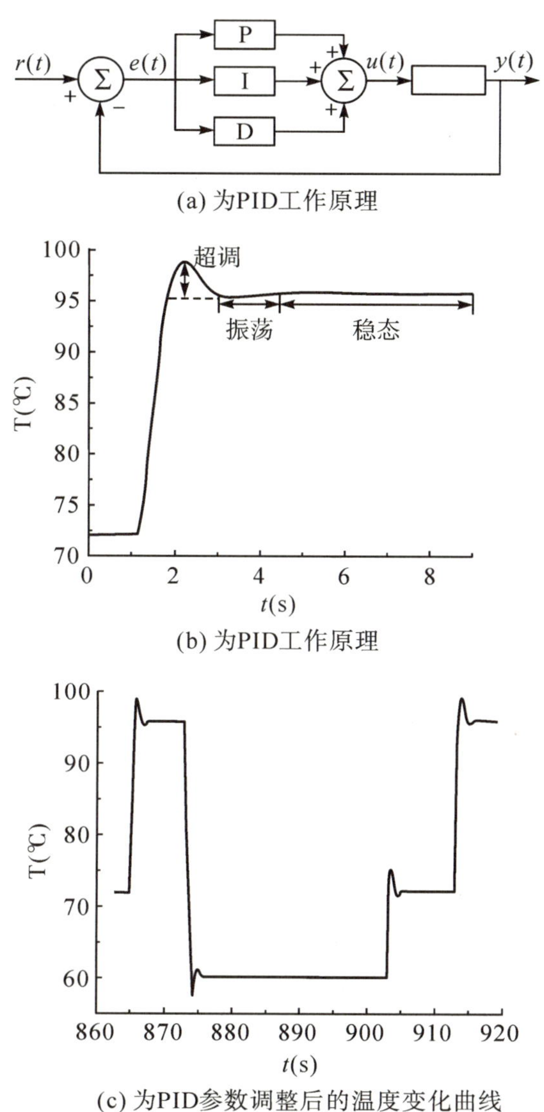

(a) 为PID工作原理

(b) 为PID工作原理

(c) 为PID参数调整后的温度变化曲线

图 6.14 PID 工作原理及参数调整

LabView(Laboratory Virtual instrument engineering workbench)是一种用图标代替文本行创建应用程序的图形化编程语言,可用来方便地创建用户界面。因此,本书基于 LabView 环境来编写闭环温度控制平台的软件程序。程序主要分为 3 个部分:控制面板、数据采集、信号输出。程序运行前,在 LabView 界面内输入设定温度与时间。程序运行过程中,该平台首先通过 Pt100 获取 TEC 的表面温度,获得该温度所对应的电阻阻值和电压信号,并将电压信号的数据传回给电脑终端。通过与设定温度所对应的电压信号进行比较,再通过终端从数据采集卡向 TEC 控制器发出指令,通过 PID 算法和 PWM 技术,调制 TEC 的极性和输出功率,将实际温度稳定在设定温度附近。温度的快速转换与控制通过闭环反馈电路实现(图6.15)。

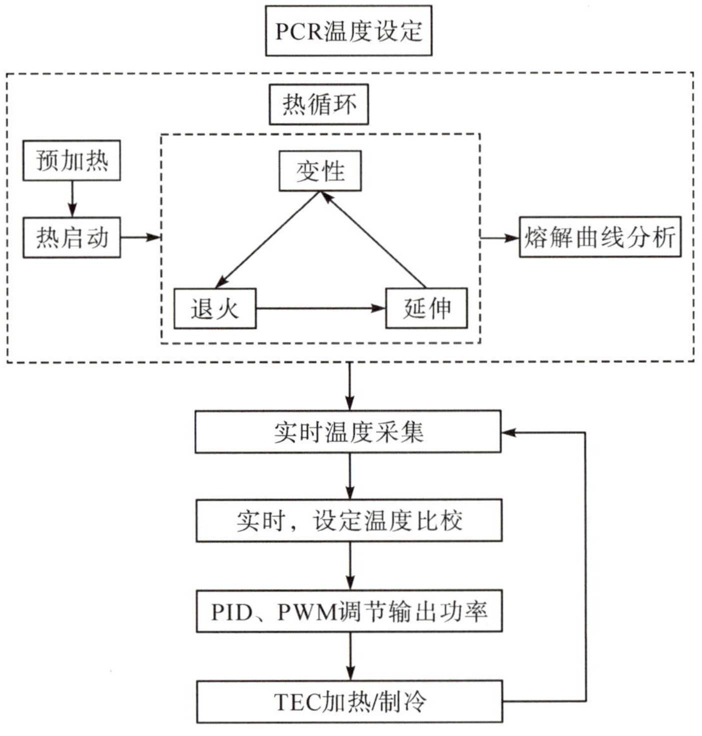

图6.15 LabView程序逻辑

6.3.3 升降温平台搭建

基于上述的软硬件设计,结合大功率TEC、PID算法和PWM技术,搭建了一个加热/制冷速率分别高达约49 K/s和约-34 K/s的快速升降温平台。由于dPCR是一项终点检测技术,无法实时观测DNA的复制过程。因此,本节搭建了一个实时荧光信号监测模块,观察DNA在该热循环平台下的复制过程,验证平台可行性。将热循环平台置于一台荧光显微镜下,显微镜的物镜上方装配了波长为470 nm的LED和异硫氰酸荧光素滤光片组(fluorescein isothiocyanate,FITC),分别作为荧光激发光源和荧光滤光模组。LED由方波电流脉冲供电,方波电流脉冲的设定频率、幅值和占空比分别为1012.1 Hz、40 mA和50%。由于PCR预混液中荧光染料发出的荧光信号微弱,因此采用光电倍增管(photomultiplier tube,PMT)对信号进行放大。PMT是一种灵敏度高、时间响应快的真空电子器件,可将弱光信号转化为电信号,具备低噪声、快速率响应、大面积接收等优点,可以将微弱的生物荧光信号进行放大。在荧光信号放大的同时,噪声信号也会进一步放大,因此采用锁相放大器对输出的电信号进行滤波。锁相放大器是一种用于测量动态信号的电子仪器,主要由振荡器、混频器和低通滤波器等部分组成。其最基本、最常用的功能是可以从背景噪声中提取、放大特定频率信号的相位和幅值。本节利用锁相放大器对 PMT 采集的生物荧光信号进行滤波。输出温度信号和荧光强度信号均由示波器以 20 Hz 采样频率连续监测和记录。

6.4 新冠病毒基因的诊断应用验证

设计数字 PCR 核酸检测系统,并开发核酸检测样机,可应用于新冠病毒核酸检测,为核酸的快速检测提供重要技术与设备支持。使用人工合成的新冠病毒靶基因序列和引物(表 6.1),按表 6.2 配置实验用 PCR 预混液,并对样机进行了验证。

表 6.1 人工合成的新冠病毒靶基因序列和引物

名称	序列(5′-3′)
靶基因	GTGAAATGGTCATGTGTGGCGGTTCACTATATGTTAAACCAGGTGGAACCTC ATCAGGAGATGCCACAACTGCTTATGCTAATAGTGTTTTTAACATTTG
正向引物	5′-GTGAAATGGTCATGTGTGGCGG-3′
反向引物	5′-CAAATGTTAAAAACACTATTAGCATA-3′

表 6.2 新冠病毒基因 PCR 预混液配置

溶液	体积(μL)
聚合酶	0.7
缓冲液	2.8
正向引物	0.4
反向引物	0.4
探针	0.4
靶基因	1
无菌水	4.3

本节采用靶基因数量分别为 4680 和 5680 的新冠病毒基因配置 PCR 预混液。将配置好的预混液分装到两个离心管内,其中一份放在商用仪器中进行热循环测试,验证预混液是否可以正常使用。如果预混液正常,则用移液器从另一份预混液中吸取约 1.56 μL,然后将包含这两种数量的靶基因预混液分别放入反应腔数量为 26448 和 139896 的芯片中进行 3 次重复验证测试,其 λ 的理论值大小分别为 0.18 和 0.04。热循环结束后,拍照参数同前,然后利用荧光信号提取算法,构建反应腔数量与归一化荧光信号强度的曲线(图 6.16),由此可得出系统针对新冠病毒的检测误差分别为 2% 和 1.5%。比较发现,该实验数据与上述计算数据相近,因此可以证明实验结果的准确性和可靠性。

(a) 为50 μm芯片荧光照片

(b) 为20 μm芯片荧光照片

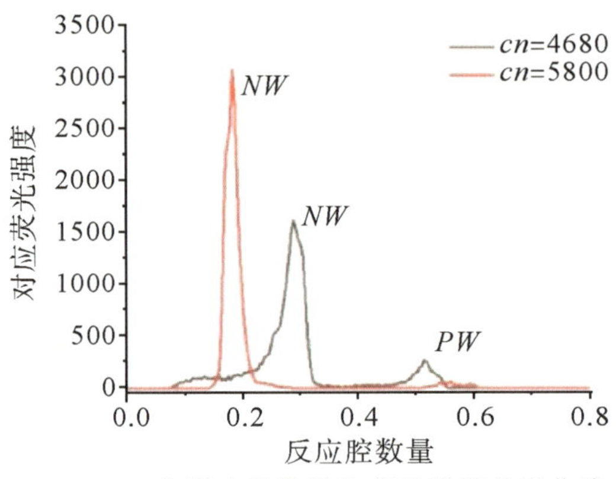

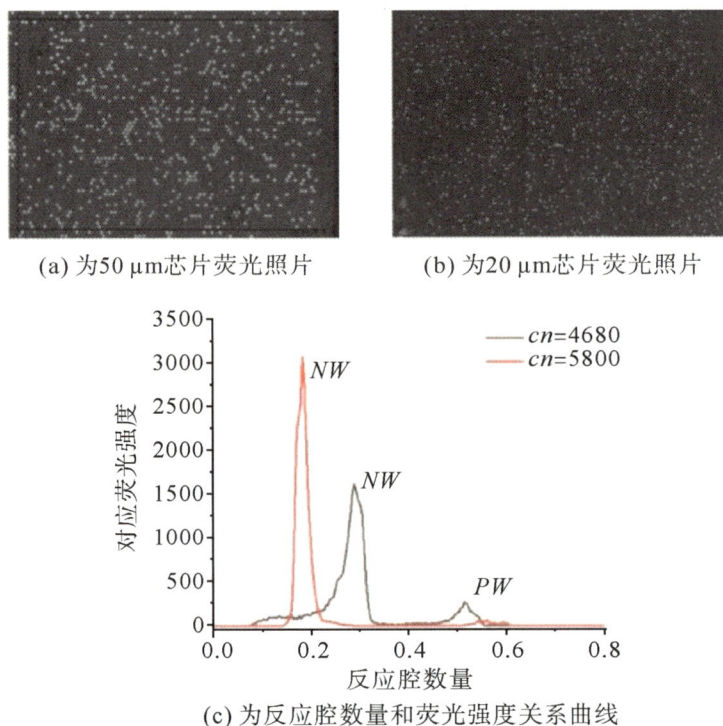

(c) 为反应腔数量和荧光强度关系曲线

图 6.16　新冠病毒检测结果分析

6.5　唐氏综合征的诊断应用验证

在无创产前诊断的临床应用中，使用传统的细胞遗传学或荧光原位杂交方法检测没有基因突变的非整倍体是非常困难的一个过程。最常见的非整倍体是与唐氏综合征密切相关的 21 - 三体(trisomy - 21,T21)。正常人体的体细胞中，21 号染色体与 18 号染色体的比例为 $R=1$。当体细胞中存在 T21 时，这两种染色体的比例则会变为 $R=1.5$，导致新生儿患有唐氏综合征。根据临床统计，唐氏综合征的检测率只有 37.5% [4]。因此，提高检测率对于疑似 T21 体细胞嵌合体个体的家庭计划生育非常重要。本节将采用基于非特异性荧光染料和荧光探针的双基因检测方法，用于 T21 嵌合体的检测，并定量分析 Chr18 和 Chr21 的比例。该方法可以丰富实验室处理常规产前诊断的关键技术。

首先利用这两种靶基因进行单基因 dPCR 实验，其中 Chr18 仅与 EvaGreen 染料相结合，Chr21 靶基因分为两组，一组仅与 EvaGreen 染料相结合，另一组与 EvaGreen 和 FAM 探针相结合，探究荧光强度差在 dPCR 上应用的可行性。热循环结束后，在室温下提取荧光信号[图 6.17(a)]，并绘制反应腔个数和归一化荧光信号强度的关系，然后根据式(6 - 3)进行拟合，绘制出拟合后曲线[图 6.17(b)]。从图 6.18 中可以看出，Chr18 的荧光强度、不含 FAM 探针和含有 FAM 探针的 Chr21 的荧光强度分别为[(0.367 ±6.52)× 10^{-4}]、[(0.347 ±5.45)×10^{-4}]和[(0.539 ±3.31)×10^{-4}](平均值 ± 拟合系数)。只有 EvaGreen 存在时,Chr18 和 Chr21 这两种靶基因的荧光强度差仅为 5%,无法对其进行有效区分;当加入修饰 Chr21 序列的 FAM 探针后,Chr21 靶基因的荧光强度值提升了 36%。此时,Chr18 和 Chr21 的荧光强度差高达 32%,可以对其进行有效区分,满足基于单荧光通道的双基因检测的要求。

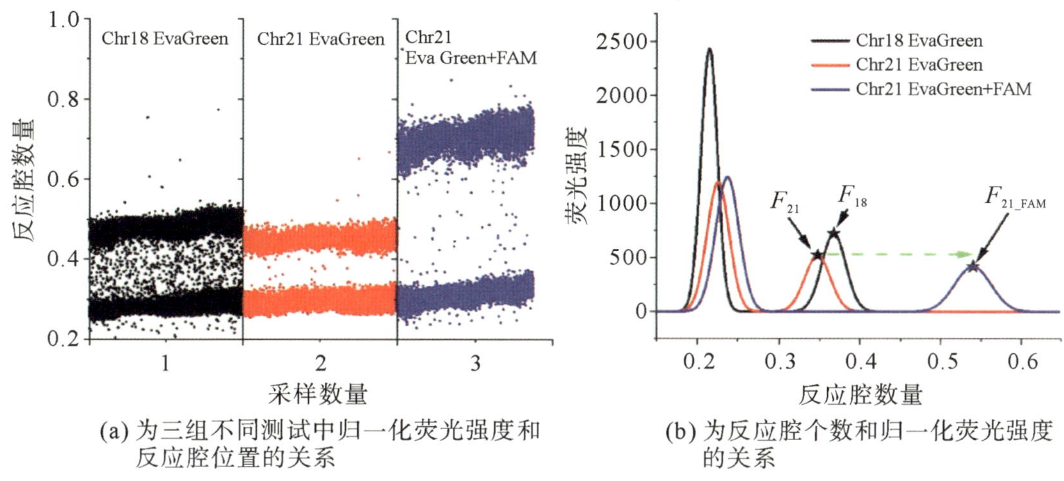

(a) 为三组不同测试中归一化荧光强度和反应腔位置的关系　(b) 为反应腔个数和归一化荧光强度的关系

图 6.17　基于荧光染料和荧光染料与探针相结合的单基因荧光强度测试

然后,配置 Chr21 和 Chr18 的比例 R 分别为 1 和 1.5 的 PCR 预混液,模拟正常人体和唐氏综合征患者这两种情况。PCR 预混液配置体系为 25 μL:约 12.5 μL DNA 聚合酶反应液 PerfeCTa qPCR ToughMix(Quanta Biosciences, Inc.),约 1 μL 0.2 μmol/L 有机荧光染料 Dextran Alexa Fluor 647,约 1.9 μL 20×EvaGreen 嵌入式染料,约 1 μL 靶基因的引物混合物,每个引物浓度约 3.125 μmol/L,约 5 μL 靶基因,约 1 μL 浓度为 6.25 μmol/L 的 Chr21 靶基因标记用 FAM 探针。使用市售的雌性基因组 DNA 作为 R=1 的整倍体样品(表 6.3)。T21 的 DNA 样本来自产前诊断期间使用培养的羊水细胞。反应结束后,对测试结果进行拍照和荧光信号提取。

表 6.3　双基因检测的 PCR 预混液体系

溶液	体积(μL)
聚合酶	12.5
荧光染料	2.9
正向/反向引物	1
靶基因	5

续表 6.3

溶液	体积(μL)
荧光探针	1
无菌水	2.6

本节选取了 $R=1$ 但是两种不同 cn 值的整倍体样品,分别进行 5 次重复实验测试。根据测试结果所示的反应腔数量与荧光强度关系曲线图(图 6.18),利用式(6-11)进行拟合,得到如下结论:对于理论 cn 值为 7500 的样品,实验计算得到 Chr21 和 Chr18 的 cn 值分别为(7496.381 ±58.928)和(7445.604 ±101.099)(平均值 ± 标准偏差)。根据式(6-14)获得两种靶基因的比例 R 为(0.98 ±0.043)(平均值 ± 标准偏差),与理论值 $R=1$ 相比,相对误差为 2%。而对于理论 cn 值为 4150 的样品,实验计算得到 Chr21 和 Chr18 的 cn 值分别为(4148.342 ±27.328)和(4112.132 ±67.664)(平均值 ± 标准偏差);根据式(6-14)获得两种靶基因的比例 R 为(0.97 ±0.026)(平均值 ± 相对误差),与理论值 $R=1$ 相比,相对误差为 3%。最后,本节对 $R=1.5$ 的 T21 样本进行了 12 次重复性测试,根据测试结果,得到 cn_{21} 和 cn_{18} 值分别为 4909 和 3274,比例系数 R 为(1.50 ±0.04)(平均值 ± 相对误差),进一步验证了该方法的可行性。综上,实际结果的两种靶基因比例与理论值相对误差 < 3%,表明该方法具备可行性。

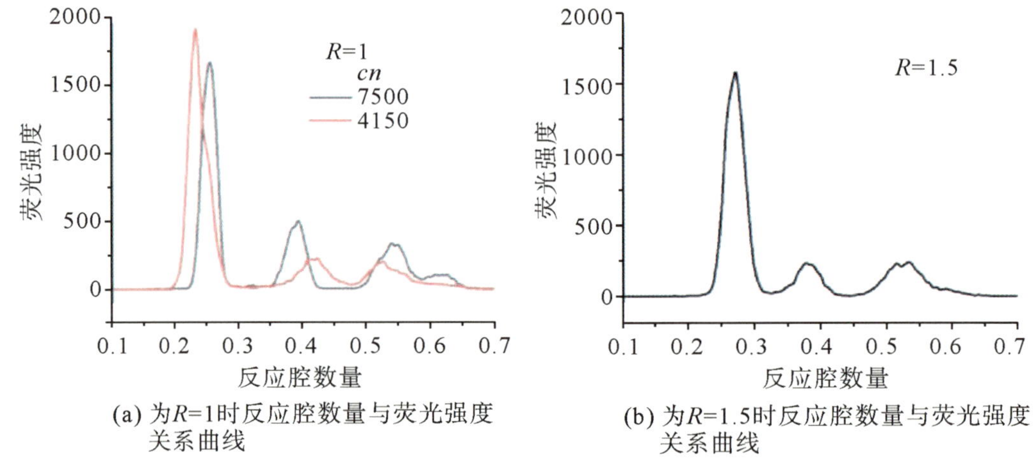

图 6.18 基于单荧光通道的双基因检测结果

此外,对该方法的应用实现了进一步的拓展,并利用仿真验证其可行性。根据热循环结束后的两种靶基因的 MCA 曲线可以看出[图 6.19(a)],如果对芯片施加不同的温度 T_1、T_2 和 T_3,两种靶基因的荧光强度会进一步扩大,可以进一步对两个靶基因进行区分。当温度达到 T_1 时,因为接近两个靶基因的 T_M 值,其荧光强度值差异增加到 88.9%。随着温度的上升,这种差异不断增加;当温度达到 T_2 时,由于其高于 Chr18 的熔解温度,此时 Chr18 的 DNA 双链打开,荧光染料无法与单链 DNA 结合发出荧光,因此 Chr18 对荧光强度的贡献趋近于零,可以视作阴性反应。由此可以计算出 Chr21 的基因含量。当温度进一步升高,升高的温度在数据改进方面没有发挥主要作用。当温度达到 T_3 时,即使两个扩增子都已熔解,也可以测量来自 Chr21 特定 FAM 探针的荧光强度。

Chr18 和 Chr21 的熔解温度分别为 80.9 ℃和 83.6 ℃,因此该仿真程序将芯片温度分别设定在 77 ℃、83 ℃和 87 ℃来观察荧光信号峰的变化。当 $T=77$ ℃时[图 6.19(b)],可以得到 Chr18 和 Chr21 的比例为 1.2。随着温度的升高,Chr18 对荧光强度的贡献越来越小,这两种靶基因的比值会继续升高。当 $T=83$ ℃时,由于已经超过 Chr18 的熔解温度[图 6.19(c)],因此可以通过泊松分布来确定 Chr21 的反应腔个数,从而确定 Chr21 的拷贝数。当 $T=87$℃时[图 6.19(d)],芯片温度超过了两种靶基因的熔解温度,这时曲线就可以明确地确定荧光强度只由 Chr21 提供。

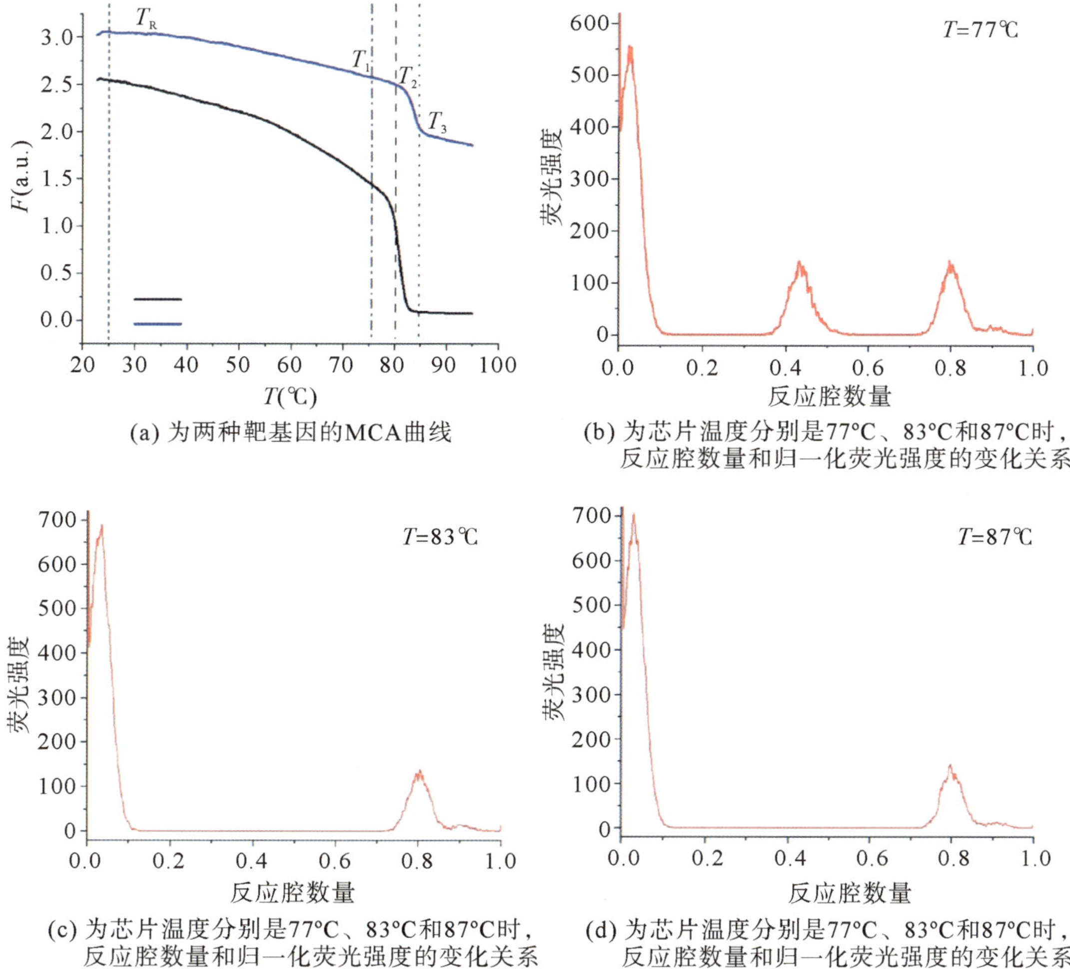

(a) 为两种靶基因的MCA曲线

(b) 为芯片温度分别是77°C、83°C和87°C时,反应腔数量和归一化荧光强度的变化关系

(c) 为芯片温度分别是77°C、83°C和87°C时,反应腔数量和归一化荧光强度的变化关系

(d) 为芯片温度分别是77°C、83°C和87°C时,反应腔数量和归一化荧光强度的变化关系

图 6.19 Chr18 和 Chr21 靶基因荧光信号强度随温度变化曲线

基于非特异性染料和荧光探针的双基因检测方法,实现了与唐氏综合征密切相关的Chr18 和 Chr21 两种染色体的靶基因的定量分析。使用非特异性荧光染料 EvaGreen 和特异性荧光探针 FAM 标记 Chr21,而仅使用 EvaGreen 标记 Chr18。根据分析结果,使用染料和探针标记的 Chr21 靶基因的荧光强度比仅添加 EvaGreen 时的靶基因提高了 36%,从而导致 Chr18 和 Chr21 两种靶基因的荧光强度差从 5% 提高到 32%,使其满足基于单荧光通道的双基因检测的要求。然后利用两种靶基因比例分别为 1 和 1.5 的整倍体样品与 T21 样品进行测试,验证了该方法在唐氏综合征检测方面的应用价值。此外,本节在此方法的基础上,根据荧光强度与温度的变化关系,通过模拟不同的芯片温度来调节两种靶基因的荧光强度差,可以更好地对其进行定量分析。

感谢张浩卿、朱含亮、王映棋、孙安涛等人在书稿撰写中协助整理相关的资料,共同提高了书稿质量。

(曾　文　朱永生)

参考文献

[1] SYKES P, NEOH S, BRISCO M, et al. Quantitation of targets for PCR by use of limiting dilution[J]. Biotechniques, 1992, 13(3): 444 - 449.

[2] VOGELSTEIN B, KINZLER K W. Digital PCR[J]. PNAS, 1999, 96(16): 9236 - 9241.

[3] DREBUSHCHAK V. The peltier effect[J]. Journal of Thermal Analysis and Calorimetry, 2008, 91(1): 311 - 315.

[4] PAPAVASSILIOU P, CHARALSAWADI C, RAFFERTY K, et al. Mosaicism for trisomy 21: a review[J]. Am J Med Genet A, 2015, 167(1): 26 - 39.

第 7 章
新冠病毒即时检测技术

7.1 新冠病毒概述

7.1.1 引言

2019 年岁末出现的不明病毒的基因测序结果显示其与 SARS 病毒(bat - SL - CoV-ZC45,MG772933.1)基因序列相似性超过 85%,因此国际病毒委员会(CSG)将该病毒命名为 SARS - CoV - 2,即新型冠状病毒(简称新冠病毒)。病毒出现的原因尚未确定,可能存在多个中间宿主。

冠状病毒对于人们来说并非罕见。早在 1930 年,人们就发现了第一例禽类冠状病毒(IBV),之后人们又发现了鼠类和猪的冠状病毒(MHV 和 TGEV),在 1960 年发现了感染人类的冠状病毒(B814)。两名美国病毒学家通过肾组织培养又发现了一种人冠状病毒(229E)。2003 年爆发了严重急性呼吸综合征(SARS 病毒),2012 年发现了中东呼吸综合征(Middle East respi - ratory syndrome,MERS)。截至目前为止,人们已经发现了总共 7 种冠状病毒。在可感染人类的 7 种冠状病毒亚型中,α 冠状病毒仅能导致无症状或轻症,而 β 冠状病毒却能导致严重疾病甚至死亡。据世界卫生组织统计显示,截至 2022 年 4 月 21 日北京时间 22 点 59 分,全球累计新冠病毒死亡病例达 620 多万,感染人数超过 5 亿。虽然这种病毒全球致死率仅为 0.6%,死亡率低于严重急性呼吸综合征,但由于该病毒可以通过气溶胶、飞沫及接触传播,使得人们很容易就感染该病毒,故死亡人数远高于严重急性呼吸综合征的死亡人数。此外,该病毒还能跨物种传播,并且即使患者没有明显的症状,也可能是感染者,这种感染者被称为无症状感染者。另外,这种病毒十分容易出现变异,2021 年 11 月 25 日报道的变异毒株奥密克戎,该病毒较 2019 年发现的新冠病毒传染性更强。

7.1.2 新冠病毒的结构

冠状病毒最显著的特征是其球形表面有棒状尖刺状突起,使其看起来很像日晷,故因此得名冠状病毒。它有 4 种类型,即 α 冠状病毒、β 冠状病毒、γ 冠状病毒、δ 冠状病毒。α、β 冠状病毒是从蝙蝠身上发现的,γ、δ 冠状病毒是从猪和鸟类身上发现的。新型冠状病毒属于冠状病毒科冠状病毒目正冠状病毒亚科,基因组长度为 26~32 kb,是阳性单链 RNA 冠状包膜 β 冠状病毒,尺寸为 80~160 nm;拥有 4 种结构蛋白(图 7.1),即刺突蛋白(S protein)、核衣壳蛋白(N protein)、膜蛋白(M protein)、包膜蛋白(E protein)。除了 4 个结构蛋白,新冠病毒还有 15 个非结构蛋白(1—10nsps 和 12—16nsps)、8 个附属蛋白(3a,3b,p6,7a,7b,8b,9b,ORF14)及单链 RNA。

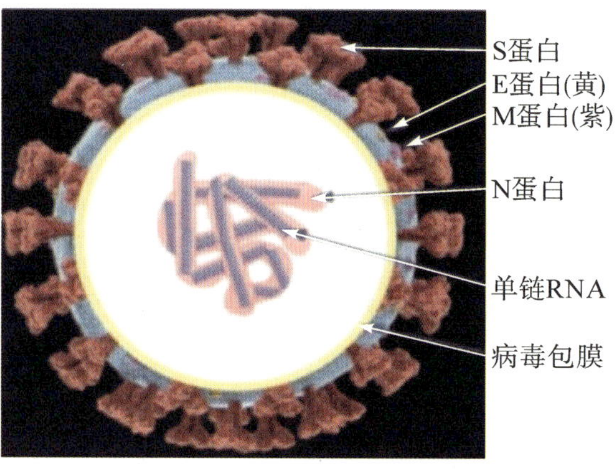

图 7.1 新冠病毒的结构示意图

S 蛋白是病毒表面凸起的蛋白[图 7.2(a)],作为病毒的同源三聚体,它有两个亚基,S_1 负责对宿主细胞受体进行识别,S_2 则促进病毒与宿主细胞融合。其中,SARS-CoV-2 的 S_1 与 SARS 的 S_1 具有 70% 的相似性,而 S_2 与 SARS 的 S_2 则有 99% 的相似性,且 S 蛋白分子量达 141178 kDa,含有 1273 个氨基酸。S 蛋白主要实现致敏细胞和病毒之间的相互作用,并使病毒基因组进入细胞,它是引起免疫应答的重要蛋白。

E 蛋白是一种微小的完整膜蛋白[图 7.2(b)],包含 76~109 个氨基酸,分子量在 8~12 kDa;有 3 个结构域,即 N 端亲水外结构域、疏水跨膜结构域和长亲水 C 端内结构域。最新的 SARS-CoV-2 的 NMR 图显示其结构为一个五聚体的螺旋束围绕着一个狭窄的阳离子中心孔,类似于病毒孔蛋白。缺失 E 蛋白基因会使冠状病毒的毒性减弱,并且病毒的生长速度更缓慢。E 蛋白的最后 4 个氨基酸与宿主连接相关蛋白相互作用,可能促进病毒传播。

核衣壳蛋白即 N 蛋白[图 7.2(c)],是最丰富的结构蛋白。它在感染早期阶段就能在宿主样本中表达,能够激活环氧合酶-2 从而导致肺炎[1]。与 RNA 结合呈串珠式结构,其表面带有高度正电荷。它有 5 个结构域,分别为固有无序 N 端结构域(NTD)、一个预测的无序 C 端结构域(CTD)、一个预测的无序中心连接结构域(LKR)、RNA 结合结构域(RBD)、一个二聚结构域,在一定盐浓度中会出现 RNA 与核衣壳蛋白解离的现象。它能抑制 I 型干扰素(IFN),从而限制病毒引起的免疫反应;能够进入宿主细胞,帮助病毒复制,抗原性强,参与 RNA 包覆和病毒颗粒释放,并形成核糖核蛋白核心,N 蛋白在病毒整个生命周期都发挥着重要作用。

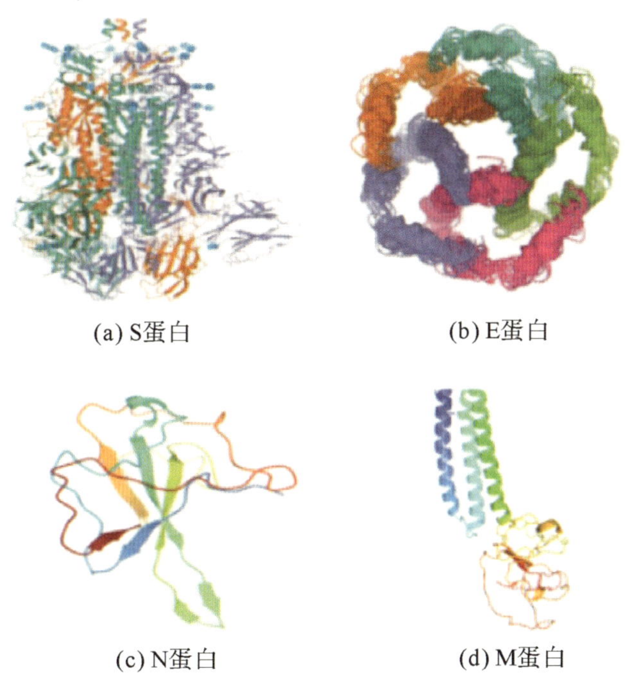

图 7.2　新冠病毒的结构蛋白推测结构

M 蛋白是一种Ⅲ型长跨膜糖蛋白[图 7.2(d)],由 220~260 个氨基酸构成,在病毒粒子中含量也很丰富。结构分析它有两种形式,一种是长型,一种是紧密型。它有 3 个结构域,即 N 端外结构域,然后是 3 个跨膜螺旋(TMH1—TMH3)及 C 端内结构域,主要确定病毒的固定形状,它对病毒组装有着极其重要的作用。但只有 M 蛋白之间相互作用才能维持病毒的特定形态,单独一个 M 蛋白并不起作用。它与核衣壳结合,是病毒组装的组织者。

新冠病毒是一种带正电荷的正义单链(+ssRNA)(图 7.3),长度为 26.4~31.7 kb,有 29891 个核苷酸以及 9860 个氨基酸,拥有 10 个开放阅读框(ORF)。5′端从左至右第一个 ORF 编码多聚蛋白 1a 和 1b 以及 1—16nsp,其他的 ORFs 编码结构蛋白(S、E、M、N)

和 8 个附属蛋白。相比于 SARS,少了一个 8a 蛋白,8b 蛋白更长(84→121 氨基酸),而 3a 蛋白更短(24→22 氨基酸),这些差异也会影响到该病毒粒子的功能和发病机制。目前对这种新的冠状病毒了解还不够深入,不能完全明白氨基酸的变化对其具体的影响。

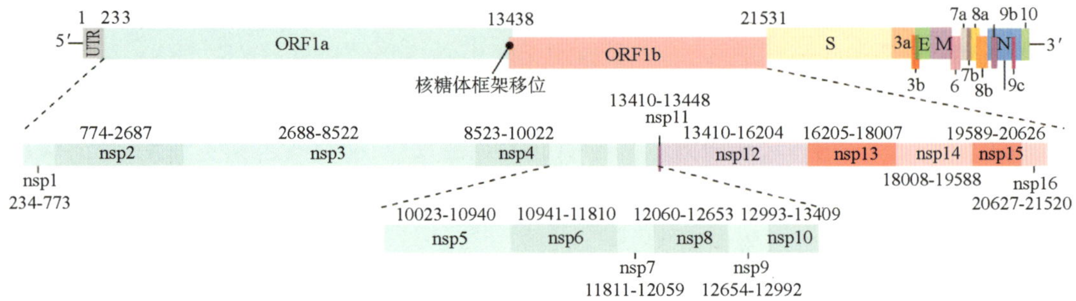

图 7.3　新冠病毒基因组

非结构蛋白(1—10nsps 和 12—16nsps)和附属蛋白(3a,3b,p6,7a,7b,8b,9b 和 ORF14)也是新冠病毒组成的重要部分,它们影响着病毒复制过程。非结构蛋白的作用:nsp1 可促使 mRNA 降解,抑制 IFN 信号转导;nsp3 – PLP 可促进多肽裂解,阻断宿主固有免疫反应,促进细胞因子表达;nsp4 可促进双膜泡(DMV)形成;nsp5 可促进糜蛋白酶样蛋白酶、蛋白酶、多肽裂解,抑制 IFN 信号转导;nsp6 可限制自噬小体形成,DMV 扩张;nsp7 与 nsp8 和 nsp12 有协同作用;nsp8 与 nsp7、nsp12 为协同作用,可促进形成引物酶;nsp9 可二聚以及结合引物酶;nsp10 是 nsp14 和 nsp16 的支架蛋白;nsp12 是 RNA 依赖的 RNA 聚合酶;nsp13 为 RNA 解旋酶、5′三磷酸酶;nsp14 是协同核糖核酸外切酶、N7 – MTase;nsp15 是尿苷酸特异性核糖核酸内切酶;nsp16 可协同 2′ – O – MTase,避免异体 RNA 监测蛋白识别,负向调节先天免疫。nsp2 和 nsp11 作用未知。附属蛋白中,3a 和 3b 可激活,p6 与 q6 是 I 型干扰素拮抗剂,7a 是病毒诱导的细胞凋亡,其他未知。

7.1.3　常见检测方法概述

常见的新冠病毒检测方法可以分为三类:核酸检测、抗原检测、抗体检测。

7.1.3.1　核酸检测

以核酸为检测对象的检测方法目前报道的最多。目前报道的可用的核酸分子检测方法中,90% 是用 PCR 或者 RT – PCR 技术,6% 为等温扩增技术,2% 为分子杂交,还有 2% 为成簇的规律间隔的短回文重复序列(CRISPR)技术。

PCR 是检测 RNA 的最常见的方法,后面又在此基础上发展出实时聚合酶链式反应(RT – PCR)和数字聚合酶链式反应(dPCR)。样本工作流程包括标本采集、标本运输到实验室、标本裂解、病毒 RNA 提取纯化、实时 RT – PCR 扩增、检测和分析。荧光定量实时聚合酶链式反应(荧光定量 RT – PCR)是目前大规模检测的常规方法。它所需样品量少,检测速度快,特异性强,灵敏度高,是新冠病毒检测的金标准。这种方法主要是提取新冠病毒 RNA 的特异性基因片段作为引物,在扩增过程中引入荧光探针,然后再通过 cDNA 文库进行扩增。它可以在感染初期进行诊断,灵敏性较高。首先 PCR 扩增时加入引物 DNA 双链和荧光探针,该荧光探针两端标记有一个荧光基团和一个荧光猝灭基团。开始每一条 DNA 单链上都带上荧光探针,但是并不能检测到荧光(荧光基团的荧光信号被荧光猝灭基团吸收),扩增时 Taq 酶会分离荧光探针上面的荧光基团和荧光猝灭基团,此时扩增的 DNA 链上都有一个荧光分子产生荧光信号,扩增的 DNA 链数与荧光信号成比例关系,可以通过荧光信号大小推断得到 PCR 产物的量,检测时间一般为 0.5 ~1 h。这种方法对实验室和工作人员的要求都比较高,而且由于基因变异会出现假阴性导致结果的不确定性。

后面又发展出环介导等温扩增(LAMP)、逆转录环介导等温扩增(RT - LAMP)等高效等温核酸扩增方法。与 RT - PCR 方法类似,RT - LAMP 首先通过逆转录酶将目标 RNA 反转录为 cDNA,然后用四组引物(每组 6 个)进行扩增(LAMP 反应可以单独反应,也可以在同一管中反应),最后通过浑浊度或 pH 值染料目视颜色确定检测结果,灵敏度可以达到每毫升检测出 80 个 RNA 拷贝数。反应温度一般在 60 ~ 65℃,检测在 20 ~ 60 min 内完成。这种方法灵敏度与 RT - PCR 相似,但是由于样品残留问题也会出现污染导致假阳性。

以分子杂交为原理的检测方式也有很多,微阵列技术就是一种。它是通过逆转录合成新冠病毒 RNA 互补链 cDNA,然后荧光探针修饰 cDNA,将 cDNA 固定在含有固相寡核苷酸的微阵列小孔中,当存在新冠病毒 RNA 与 cDNA 配对时,在洗脱的时候仍旧固定在微阵列小孔中,而没有与新冠病毒 RNA 配对的 cDNA 则被冲掉,最后通过荧光可以判断是否检测到新冠病毒。分子杂交针对新冠病毒变异也有很高的准确性。也有人开发出了使用 SARS - CoV - 2 的下一代基因测序(NGS)杂交,这种方法与微阵列技术相比,它是使用生物素标记的双链 DNA 探针,检测结果与 RT - PCR 进行比对,发现具有很高的一致性。

CRISPR/Cas 是古生物菌和细菌体内一种适应性的免疫系统,它是用来抵御外源基因元件如噬菌体基因的。当有外源基因侵入导致 Cas 蛋白被激活时,局部 DNase 或 RNase 会产生活性,从而局部裂解目标 DNA 或 RNA(顺式裂解),并对邻近 DNA(ssDNA)或 RNA 产生间接损伤(反式裂解)。Cas 蛋白的种类决定局部裂解的目标 DNA 或 RNA 核苷酸序列的不同,也决定邻近 DNA(ssDNA)或 RNA 损伤的程度和位置。针对 Cas 蛋白的这种特异性特点,可以用来检测病毒 RNA 序列。如 Cas12a 和 Cas13 与标记有荧光团猝灭剂的双标记 ssDNA 或 RNA 结合时,Cas 蛋白被激活,切割目标物或探针,用蓝光发生器监测荧光,当产生荧光时显示捕获成功。此外,探针也可以用链霉亲和素 - 生物素标记，采用侧向层析方式检测目标基因。

7.1.3.2 抗原检测

抗原检测是指检测新冠病毒结构蛋白N蛋白或者S蛋白，这两种结构蛋白均为新冠病毒的特异性蛋白。一般的检测原理是基于抗原抗体免疫反应或者是适配体杂交，采用比色、荧光、电化学等方式转换成检测信号。目前检测抗原的方法有荧光标记、侧向层析(LFIA)、适配体标记等。

7.1.3.3 抗体检测

抗体检测一般是用SARS－CoV－2重组抗原针对病毒的同型免疫球蛋白(IgG和IgM)进行检测。新冠病毒侵入人体后，一般在出现症状后的第8天出现新冠病毒抗体。该抗体常见的检测方法有酶联免疫法(ELISA)、化学发光(CLIA)、侧向层析、中和抗体检测、电生物传感和微流控法等。

酶联免疫法是先固定抗原在固相载体上，将抗原吸附在固相载体上，再加入待测抗体，用酶标记抗体，最后加入能与酶反应生成有色物质的底物，测定吸光度，确定待测抗体浓度。

化学发光法类似于酶联免疫法，CLIA的底物(鲁米诺)与ELISA的底物(3，3′，5，5′－四甲基联苯胺)不一样，加入的底物与酶反应的产物会发出荧光，通过荧光的强度确定抗体的量。

侧向层析免疫分析通常是在10～20 min内对血清、血浆或者全血中的特异性抗体(IgG或者IgM)进行层析检测。层析条上一般有2条线，也有3条指示线的，分别检测IgG、IgM以及控制线。它是通过有色或者荧光标记物标记抗原，在层析过程中抗原、抗体特异性结合产生比色或者荧光信号。

抗体中和是机体在免疫过程中产生的部分免疫球蛋白能起到阻碍病毒入侵的作用，这部分免疫球蛋白就是中和抗体，在体外混合孵育标准物，定量病毒和待测抗体，接种到体外细胞，观察细胞病变，进而检测是否有该病毒存在。

7.2 新冠病毒的即时检测方法

7.2.1 即时检测技术概述

现场检测(on－site detection techniques，point of care testing)方法是指操作简便、反应快速、便于携带，能在环境条件简易和装备水平较低的现场条件下实施的检测技术。其适合于基层人员使用，无须运送样本，可缩短采样到报告的周期，但并不降低准确性要求[3]，同样需要具备足够的灵敏度和特异性，若通过配备自动检测模块，还可降低操作的复杂性,提高测试效率。

常见的现场检测方法包括侧流免疫层析技术与核酸等温扩增技术。侧流免疫层析技术检测灵敏度偏低,增加了漏检的风险。核酸等温扩增技术只需简易的设备,操作简便,所需时间短,有望成为适宜的现场检测技术。该方法主要包括环介导等温扩增技术(loop - mediated isothermal amplification, LAMP)、重组酶聚合酶扩增技术(recombinase polymerase amplification, RPA)、链置换扩增技术(strand displacement amplification, SDA)等,其扩增效率高,具有较高的灵敏度,且无须特殊的变温仪器,成本较低,但引物设计较为困难,试剂成本高,单次反应只适宜检测一个靶标,不利于多重检测。引物之间易形成非特异扩增,易出现假阳性,重复性不理想。目前,核酸等温扩增技术尚不能有效满足现场检测需求,未能帮助基层实质性增强首诊能力。理想的现场检测方法,要能够以比较短的时间、比较低的成本、比较简便的方式,获得准确的检测结果,主要表现在以下三个方面。

7.2.1.1 方法的敏感性

敏感性包括检测敏感性(analytical sensitivity, AS)和临床敏感性(clinical sensitivity, CS)。检测敏感性是指检测方法的灵敏度,即检出限(limit of detection, LOD)。以 PCR 反应为例,就是能稳定地检测到单位体积样本中目标基因的最低拷贝数,其决定了样本中待测目标物的检出概率。从临床诊断的角度而言,对于症状相同的病例,病因可能是一种或多种病原微生物,临床敏感性取决于一次实验能检出阳性结果的概率。如果病因是由多种病原微生物引起,那么临床敏感性就比检测敏感性显得更加重要。多重 PCR 的检测敏感性可能不及单靶标 PCR,但其临床敏感性明显优于单靶标 PCR。通过提高临床敏感性,可提高患者治疗、群体防控等工作的卫生经济学价值。通常,人们对于临床敏感性的重视程度不及检测方法的敏感性。

7.2.1.2 检测的及时性

感染指标的窗口期越短,就越有望早诊断,如抗原、核酸比抗体更早出现,优先对其检测,有利于早诊断。免疫检测包括抗原检测和抗体检测[4]。从理论上讲,一旦个体被感染,抗原就可以被检测到。但实际上,抗原检测方法敏感性明显低于核酸扩增方法,并且需在急性期进行。与抗原检测不同,抗体检测只能在机体产生免疫反应后才能开展。从感染到产生抗体的窗口期较长,此期间抗体检测易产生假阴性。窗口期后,抗体浓度升高,临床诊断有效性提高。当病毒侵入人体后,IgM 抗体约在 1 周出现,IgG 抗体约在 3 周以后出现,其浓度要比 IgM 更高,持续时间更长[5]。抗体检测有助于确定感染阶段,是核酸检测的有效补充,但不适用于早期诊断。多重检测可以提高检测效率,缩减检测周期。检测周期是检测活动全过程所需的时间,包括采样、送样、实验检测、报告等时间总和。对于基层医疗机构,在不能开展检测时,需将样本远距离地送至指定实验室,再等待集中检测、结果反馈，最终获得报告，所需时间会明显拖长。当检测方法对人员、设施、设备等要求越低时，相关环节就越少，从采样到报告的周期就会缩短。若只缩减单纯的实验检测时间，往往并不能有效缩短整个周期，对于基层而言并无明显的实际应用价值。

7.2.1.3 现场的适用性

传染病检测包括病原分离培养、抗原抗体检测、核酸扩增、基因测序等。检测方法的适用性涉及灵敏度、特异性、抗干扰能力、重复性，以及设施设备要求、使用成本、操作难度等因素。若将基因扩增技术的敏感性、特异性和免疫检测技术简便性、成本优势结合起来，则更适用于现场检测需求。

7.2.2 基于可编程分子开关的即时检测技术

PCR 或核酸等温扩增技术需要针对不同的目标物质，设计相应的引物和反应体系。此过程耗时且烦琐，需要花费大量的人力和时间成本进行优化。而在面对新冠病毒等突发疫情，或者奥密克戎等突发变异毒株时，PCR 等技术的上述缺点可能造成疫情防控的延误，对国家和人民的生命健康与经济财产造成巨大损失。针对 PCR 等技术的缺点，我们开发了一款基于可编程分子开关的即时检测系统(electrochemical system integrating reconfigurable enzyme - DNA nanostructures, eSIREN)。该系统在面对不同目标物质时，只需简单地更改分子开关中的有关核酸序列，即可完成整个检测方法的重构。下面我们将从系统的整体设计、反应体系的特性测试、微流控芯片的设计、微型泵送系统的设计和临床验证 5 个方面进行介绍。

7.2.2.1 eSIREN 系统的设计

eSIREN 系统是为即时检测环境下直接检测病毒核酸序列而设计的。它利用由响应性酶 - DNA 纳米结构组成的分子电路来直接识别目标核酸序列，并利用自动微流控和嵌入的电化学电极，将目标序列信号转化为电化学信号(图 7.4)。该系统通过一个微型泵送系统提供动力，以实现整个分析流程的自动化。该系统利用分子 DNA 纳米结构实现以下 3 个步骤:病毒 RNA 的识别、电化学信号的增强和信号分析。在病毒 RNA 的识别过程中，含有 SARS - CoV - 2(S 基因)核酸序列的临床裂解物样品与纳米识别结构混合，然后被引入至微流控芯片中。纳米识别结构是一种混合分子复合物，由 Taq DNA 聚合酶和结合至其上的 2 条 DNA 链(即抑制子和反向子序列)构成。反向子序列与多种新冠病毒的基因靶点相互补。为了优化设计，我们使用范特霍夫方程来计算结合能，通过优化反向子 - 抑制子和反向子 - 目标核酸序列的结合能来平衡聚合酶的抑制和激活状态，以实现高特异性检测。当溶液中不存在目标核酸序列时，纳米识别结构将保持组装的状态，由于 DNA 结构(抑制子和反向子)与聚合酶紧密结合，聚合酶的活性将受到抑制；而当溶液中存在目标核酸序列时，目标核酸序列将与反向子杂交，从而分解纳米识别结构并激活聚合酶的活性。在电化学信号增强的步骤中,聚合酶活性的变化将通过额外的酶募集和催化增强来测量。具体来说,当被激活的聚合酶在延长发夹型纳米检测结构时,将会在纳米检测结构上引入生物素修饰的脱氧核苷酸三磷酸(biotin－dNTP),从而招募链霉亲和素(streptavidin)偶联的过氧化物酶(HRP)。由于纳米检测结构被固定于金电极表面,HRP 的加入将会增强金电极表面附近的氧化还原反应,从而产生强烈的电化学信号。最后,在信号分析过程中,产生的电化学信号将与目标核酸序列的浓度呈现相关性,从而识别新冠病毒的感染。

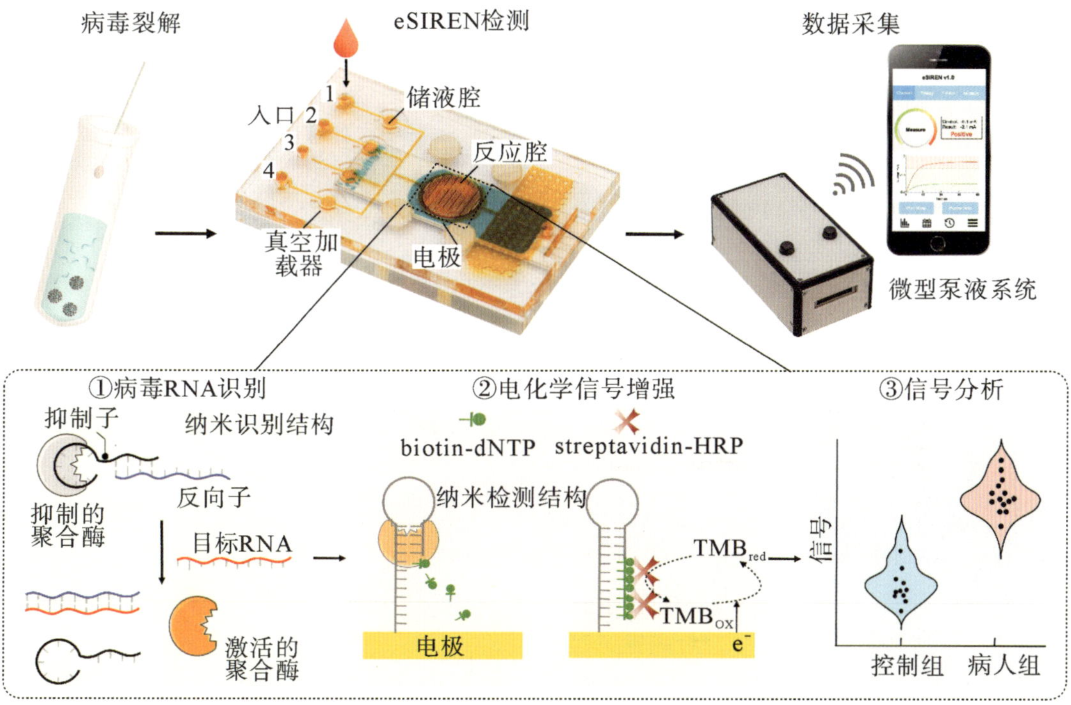

图 7.4　新冠病毒核酸检测系统(eSIREN)

7.2.2.2　eSIREN 反应体系的表征

我们首先评估了反应体系的各个流程,并进行了逐步验证。eSIREN 的反应体系涉及一系列的试剂导入和孵育过程,以实现目标 RNA 序列的检测。图 7.5(a)所示为优化的 eSIREN 工作流程。具体来说,将含有临床样本、纳米识别结构和生物素标记的脱氧核糖核苷三磷酸的混合物引入至功能化的电极表面,并在室温下孵育 10 min。在孵育过程中,当目标 RNA 序列存在时,聚合酶将被激活,并用 biotin－dNTPs 延长了固定化的纳米检测结构。在短暂的冲洗后,引入链霉亲和素偶联的 HRP 并孵育 5 min,使其通过链霉亲和素－生物素的相互作用修饰到纳米检测结构上。再进行一轮短暂冲洗后,将引入氧化还原底物四甲基联苯胺(tetramethylbenzidine, TMB),以启动电化学反应。产生的电化学电流信号将通过恒电位器(potentiostat)来测量。

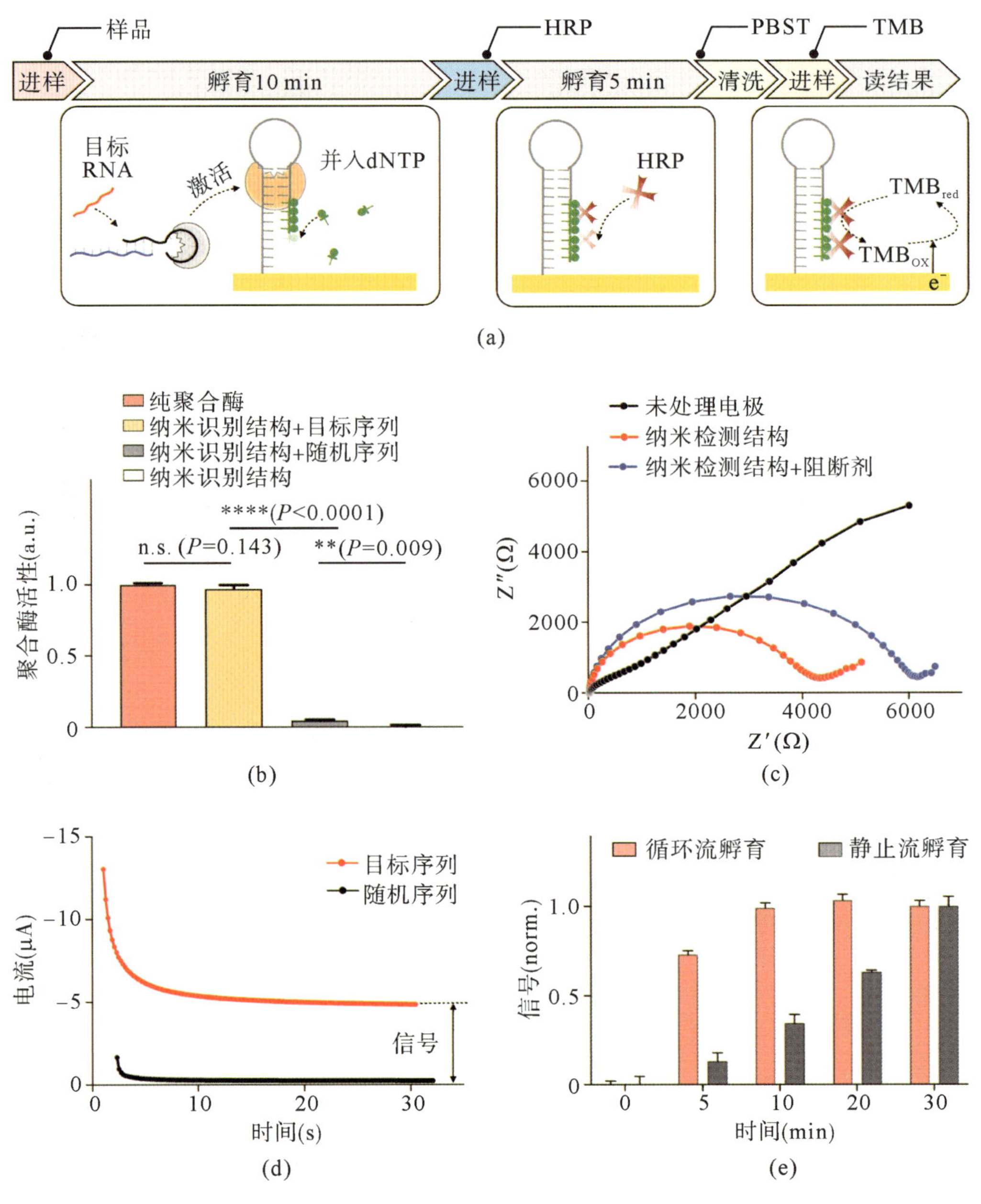

图 7.5　eSIREN 反应体系的表征

为了评估目标孵育的步骤,我们测试了纳米识别结构的性能[图 7.5(b)]。与纯聚合酶相比,纳米识别结构本身表现仅表现出较低的活性。当目标核酸序列存在时,聚合酶的活性基本恢复,达到与纯聚合酶相当的水平;而当引入随机序列时,聚合酶的活性仍然可以忽略不计。这些结果证实了纳米识别结构良好的特异性。接下来,我们评估了金电极上纳米检测结构的功能化效果。所有电极表面在功能化一层纳米检测结构后，都使用蛋白质阻断剂进行了表面处理。我们用电化学阻抗谱表征了电极的制备过程[图 7.5(c)]：不断增加的电极电阻证实了纳米检测结构和蛋白质阻断剂成功地按顺序沉积在电极上。蛋白阻滞剂的加入不仅降低了非特异性结合，而且增强了信噪比。

最后，在验证了纳米识别结构和纳米检测结构之后，我们评估了完整的检测过程[图 7.5(d)]。当与目标核酸序列孵育时，eSIREN 系统产生了 −5 μA 的稳定电流，这显著大于随机序列所产生的电流值。为了优化 eSIREN 的检测时间，我们进一步研究了试剂孵育的条件。不同于静止孵育(即在孵育期间液体静止)，我们在孵育期间连续引入少量试剂来创造循环流动，通过这种循环流动，我们可以在缩短孵育时间 3 倍的同时，获得类似的性能[图 7.5(e)]。

7.2.2.3 微流控芯片的设计

接下来，我们设计了微流控芯片来实现和简化整个操作流程[图 7.6(a)]。微流控芯片由 3 层结构和嵌入其中的电化学电极组成。其中覆盖层(cover layer)和衬底层(substrate layer)由刚性有机玻璃(PMMA)制成，微通道层(microchannel layer)由软性聚二甲基硅氧烷(PDMS)制成。覆盖层、微通道层和电极芯片在硅烷化学处理与螺杆驱动夹持键合后，形成一个封闭的器件。为了提高 eSIREN 平台的鲁棒性，我们特别加入了两个微流控组件：真空加载器和液前引导器。真空加载器的设计目的是自动将检测试剂从入口加载到芯片上的储液池[图 7.6(b)]。它包括一个储液腔和分布在其周围的两个负压室[即真空电池，如图 7.6(b)上]。真空电池将在储液腔中产生负压，可在 12.7 s 内完成试剂的自动加载[图 7.6(b)下]。我们通过实验确认此真空加载器在真空包装中保存 7 d 后，仍然具有完好的自动加载能力[图 7.6(c)]。与将试剂储存在入口处相比，此设计消除了试剂与外部泵送系统之间可能的直接接触，从而可以避免多次新冠病毒检测时可能发生的交叉污染。

液前引导器是特别加入的另一个微流体组件[图 7.6(d)]。其旨在将液前向侧壁扩散，从而减少较大反应腔中经常出现的气泡滞留问题。液前引导器是由一组位于反应腔顶部，通过激光雕刻的柱子阵列构成的。柱子紧密排列，形成垂直于流体流动方向的多层屏障。柱子阵列结构相比 PMMA 表面呈现出更高的疏水性(柱子结构的接触角为 169.3°，PMMA 表面的接触角为 77.4°)。当液体充入没有液前引导器的反应腔时，液体将以较小的发散角向四周自然延展，呈现出凸型的液前形状。液前可能在液体尚未充满反应腔时到达出口[图 7.6(d)上]，将一部分气体滞留在反应腔的侧壁附近，减少试剂与电极表面的接触，从而导致 eSIREN 检测结果的异常。相比之下，当液体充入配备液前引导器的反应腔时，液体的延展方向将被调节，以确保反应腔被完全充满[图 7.6(d)下]。在向前的方向上，液体将受到来自柱子阵列阻碍其向前的毛细阻力，而在相邻两层柱子之间的侧向上，液体将受到较小的阻力。因此，液体在进入下一层柱子空间之前，将优先向两侧移动来填满当前柱子空间中的间隙。为了优化液前引导器的几何尺寸，我们测量了具有不同水平(D_x)和垂直(D_y)占空比条件下的反应腔填充比例。结果显示，当 D_x 和 D_y 分别为 0.2 和 0.8 时，液前引导器具有最佳的性能。

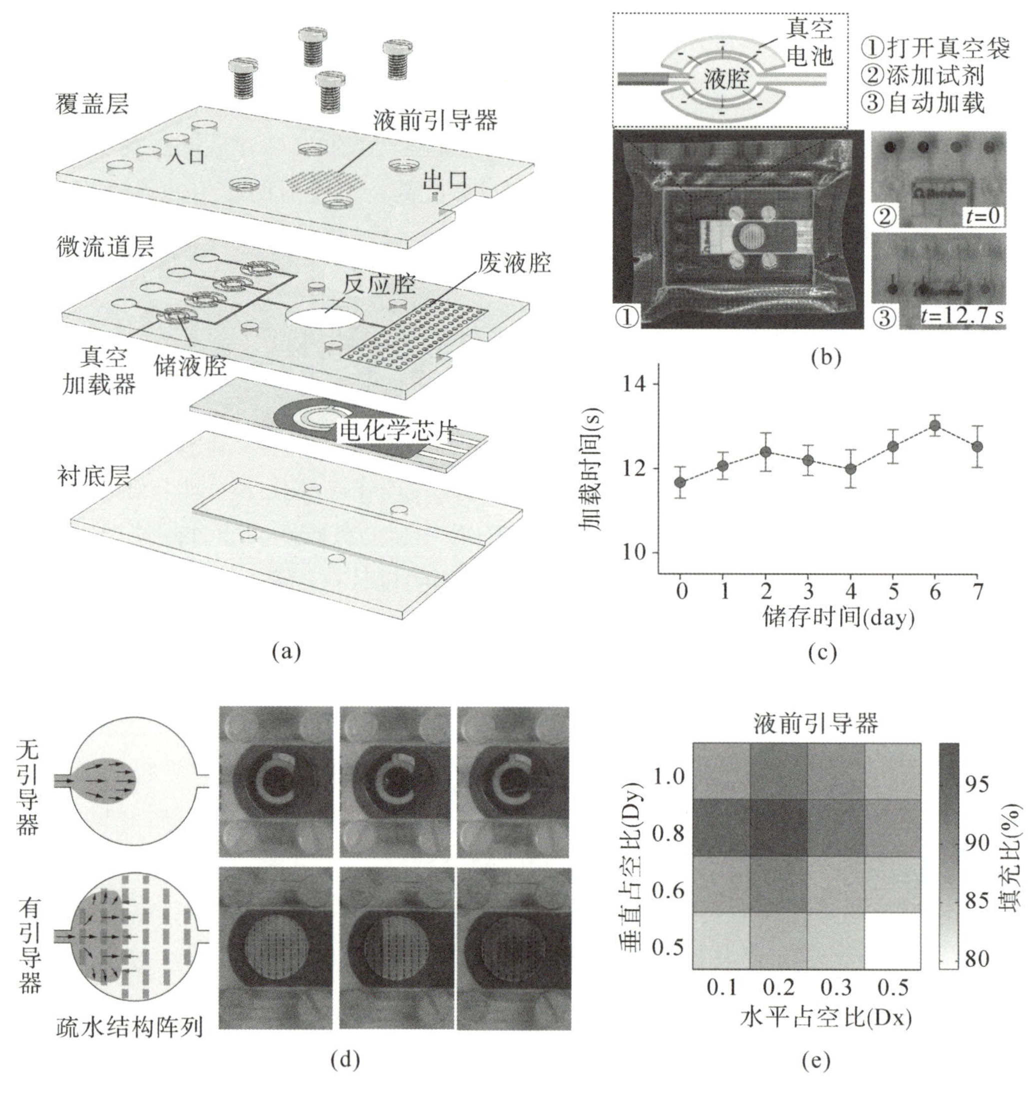

图 7.6　微流控芯片的设计

7.2.2.4　微型泵送系统的设计

接下来，我们开发了微型泵送系统以自动化 eSIREN 的整个操作流程。由于 eSIREN 系统是用于新冠病毒感染一类传染性疾病的诊断，我们将泵送系统设计成无接触的气压驱动方式，以避免泵送系统和检测试剂的直接接触，从而最大限度地减少潜在的交叉污染。具体来说，微型泵送系统包含一个压力泵、一个 5 阀歧管、一个压力传感器、一个继电器控制器和一个定制的芯片支架[图 7.7(a)]。由压力泵产生的正压力，将通过歧管和继电器的控制输送至目标出口，再通过芯片支架耦合至对应的液体入口。单个泵液过程包括 3 个步骤[图 7.7(b)]：在默认状态下[图 7.7(b)上]，所有出口和压力泵通过歧管内的气道 2(AW2)连接。此时，压力泵是关闭的，因此起到连接大气压的作用。在施压状态下[图 7.7(b)中]，压力泵和目标出口通过歧管内的气道 1(AW1)进行连接。此时，压力泵开启，在目标出口产生正压。当泵液完成后[图 7.7(b)下]，压力泵将被关闭，作为排气通道将 AW1 和出口的压力恢复至大气压。压力泵和出口在随后连接至 AW2，从而恢复至默认状态。

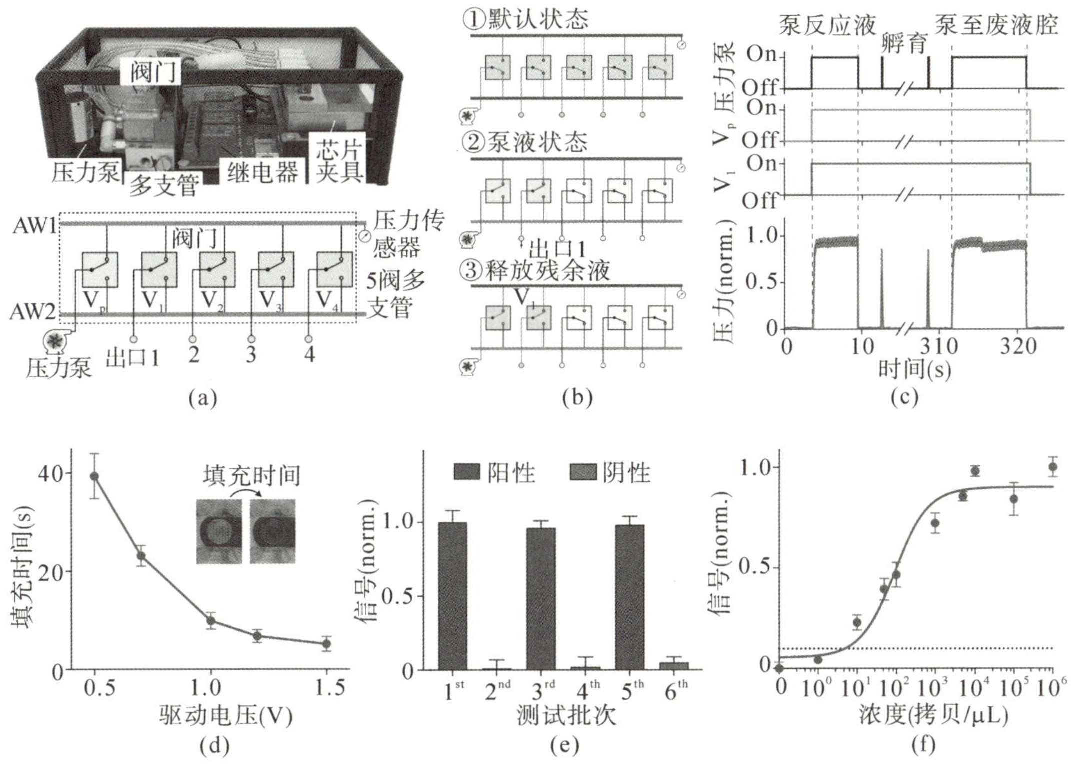

图 7.7　微型泵送系统的设计

为了验证此泵送系统，我们进行了一系列的试剂导入测试[图 7.7(c)]。首先，通过打开压力泵和目标出口对应的阀门(即 V_p 和 V_1)，试剂被送入反应腔进行 10 min 的孵育。在孵育期间，压力泵每分钟开启 2 s 来增加试剂的循环，从而提高孵育效率。最后，压力泵被再次打开，从而将完成反应的试剂引导至废液腔中。我们监测了整个过程中压力的变化情况，并发现在泵送试剂时系统内压力会升高，而当反应腔内液体被清空时，压力会稍微下降。这表明，我们可以通过测量压力信号来监测系统的运行。此外，为了优化分析操作,我们测量了填满反应腔所需的时间(即填充时间)与压力泵驱动电压的关系曲线[图7.7(d)]。填充时间随着驱动电压的增加而迅速下降,并在驱动电压较低时呈现出相当大的变化,这可能是由于泵送力与环境扰动相比较弱所致。综合考虑填充效率和系统的可控性,我们将压力泵的驱动电压设置为1.0 V。

最后,我们通过此微型泵送系统完成了新冠病毒检测的完整流程,以评估eSIREN系统的整体性能。为了评估此系统在降低潜在交叉污染上的表现,我们以顺序的方式交替引入阳性和阴性样品[图7.7(e)]。结果显示,阳性样品获得了较高的信号,阴性样品获得了较低的信号;阴性样品即使在阳性样品运行后的里侧进行测试,依然获得了较低的信号,这表明在此系统中多次测量间的交叉感染可以忽略不计。接下来,为了验证eSIREN系统在复杂环境下的可靠性,我们在一天中的不同时间,在空调和通风的房间中使用合成核酸序列对eSIREN系统进行了测量。结果表明,外界环境温度和湿度波动对eSIREN结果的影响可以忽略不计。最后,我们将目标序列连续稀释,开展了滴定实验来进一步评估eSIREN的检测性能[图7.7(f)]。结果显示,自动化的eSIREN系统具有优异的检测灵敏度,这比我们之前报道的比色法检测平台提升了4倍[6]。

7.2.2.5 eSIREN系统的临床验证

为了评估eSIREN系统用于新冠病毒感染检测的临床效用,我们最后使用临床样本进行了可行性研究。我们的目标是确定:①eSIREN系统是否可以直接检测临床样本(即鼻咽拭子的RNA提取物和灭活裂解物);②eSIREN系统在新冠病毒感染临床诊断中的准确性。我们对提取的RNA样本($n=15$)和热灭活的鼻咽拭子样本[$n=6$,图7.8(a)]分别进行了测量。提取的RNA样本是使用商业试剂盒处理获得的。热灭活的鼻咽拭子样本是在根据已发表的方案,在70 ℃下加热30 min热裂解来获得的[2]。在使用的21个临床样本中,13个样本被RT-qPCR金标准诊断为新冠病毒感染阳性,8个样本为新冠病毒感染阴性。为了进一步评估不同样本类型的检测,我们分别对阳性和阴性样本进行了多重比较分析[图7.8(b)]。在RNA提取样本和热裂解样本中,阳性样本相对于阴性样本均显示出升高的信号,且信号强度相当;而阴性样本则均显示出较低的信号。这些结果表明,eSIREN系统可兼容不同类型的临床样本,适用于新冠病毒感染的即时检测。

为了评估检测性能,我们接下来对eSIREN临床结果进行了受试者工作特征(ROC)分析[图7.8(c)]。结果显示,eSIREN系统表现出优越的性能(曲线下面积AUC = 0.962)。根据约登指数,我们进一步确定了最佳的检测阈值。具体而言,当检测阈值设定在0.14时,eSIREN系统的敏感性为92.3%,特异性为87.5%。与临床RT-qPCR结果相比,使用此优化阈值的eSIREN系统在临床测试中获得了90.5%(19/21)的总体准确率[图7.8(d)]。

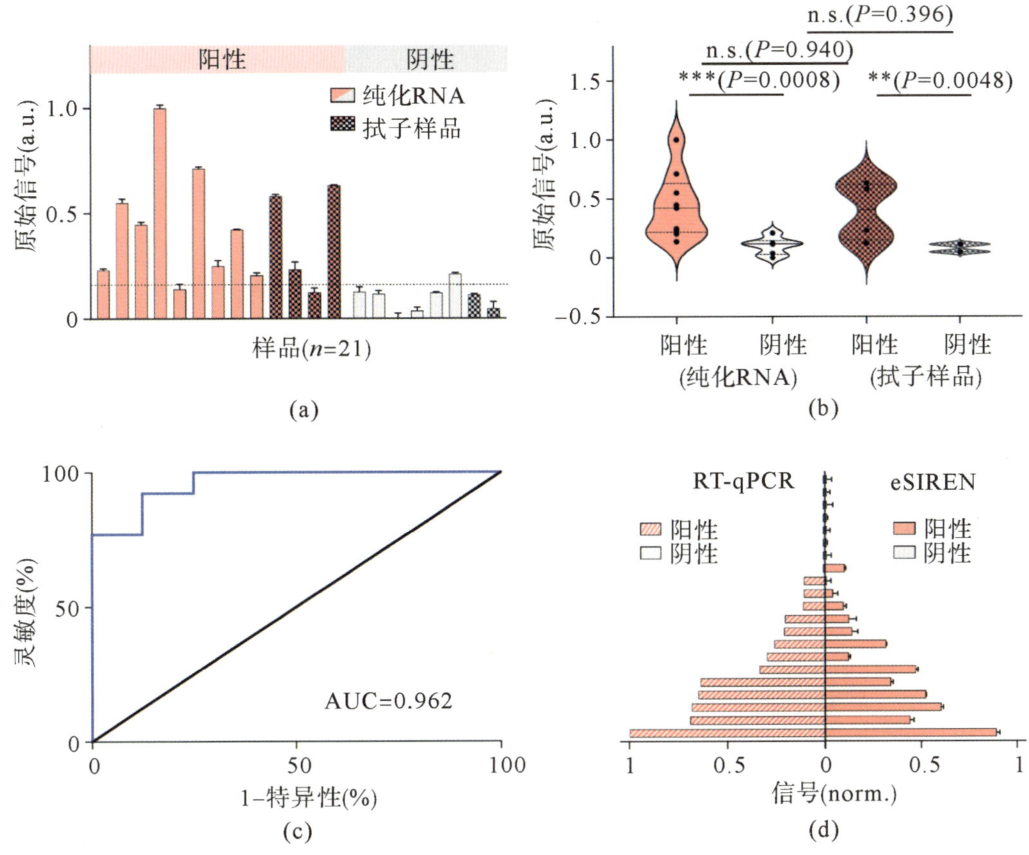

图 7.8 eSIREN 系统用于新冠病毒诊断的临床验证

7.3 总结与展望

积极和大范围的核酸检测是遏制新冠病毒感染等公共安全危机的重要手段。目前普遍采用的 RT - qPCR 检测,需要首先将新冠病毒 RNA 序列转化为 DNA 产物(逆转录),再通过热循环 PCR 扩增来复制产物。此过程较为复杂,一般依赖于集中实验室的专业仪器和训练有素的人员来进行。这种依赖给公共卫生系统带来了巨大的压力,可能导致供应严重短缺、诊断延迟和疾病蔓延失控等一系列问题。为了积极和高效地开展核酸检测,一款新冠病毒的即时检测系统有助于缓解一线实验室的压力,为大规模的事前检测、恢复社会经济活动提供技术条件。eSIREN 系统集成了纳米分子结构和自动微流体技术——响应性酶 - DNA 纳米结构被构建成一个分子开关,与微流体电化学芯片无缝连接,从而在患者附近实现新冠病毒感染的即时诊断。

从反应体系的角度来看,eSIREN 绕过传统核酸检测的步骤,利用多种纳米分子结构形成一个级联电路。它使用酶 - DNA 形成的复合物作为纳米识别结构，使用发夹型 DNA 作为纳米检测结构。只有当目标 RNA 序列存在时，纳米识别结构才会被激活，释放出一种具有活性的聚合酶；然后，活化的聚合酶被用来延长纳米检测结构，并通过招募额外的酶来级联催化，以获得增强的信号。与传统 PCR 相比，eSIREN 绕过 RNA 提取和目标扩增步骤，与基于直接目标杂交的传统电化学传感器相比，它又包含额外的级联信号增强。具体而言，eSIREN 系统可在临床拭子裂解物的复杂生物学背景下，准确检测出目标 RNA，避免了复杂耗时的纯化或提取过程。此外，整个反应过程可在室温下进行，使用的关键试剂（聚合酶和 dNTPs）可在冻干条件下长期保存，并在室温下稳定操作。因此，这些独特的设计将有助于 eSIREN 系统在即时检测中的应用。

从实现的角度来看，eSIREN 系统使用自动化微流体来组织连接纳米分子结构和电化学检测，这种实现不仅将纳米分子结构协调成一个强有力的网络，还将纳米分子技术与放大的电化学连接起来，无缝地将分子的激活状态转化为电信号。在操作方面，自动化微流体简化了分析工作流程，提高了系统的鲁棒性。通过真空加载器和液前引导器的结合，该系统消除了系统与试剂之间的直接接触，从而大大降低了交叉污染的机会。液前引导器使用疏水性柱子阵列拉平液前的形状，这可以有效降低气泡积聚在反应腔侧壁的可能性，从而提高系统的可靠性。微型泵送系统通过压力驱动进行试剂加载，从而实现分析工作流程的自动化。总之，eSIREN 系统可在室温下 20 min 内实现新冠病毒感染的快速检测，检测限低至 7 拷贝/μL。

eSIREN 系统具有进一步开发的潜力。凭借纳米分子技术出色的可编程性，通过纳米识别结构的多路复用，eSIREN 可以很容易地扩展到识别新冠病毒的不同基因位点。这种改进可能会提高检测的覆盖范围，实现病毒突变的识别。同样的，通过集成更多的传感器（如载样传感器），我们可以进一步增强系统的自动化水平，以识别和排除分析过程中可能发生的故障，从而推进居家检测和自检的各种应用。最后，eSIREN 凭借其优异的鲁棒性，还可以进一步扩展至其他传染性疾病的即时诊断中。

（赵海涛　曾　文　朱永生）

参考文献

[1] YAN X, HAO Q, MU Y, et al. Nucleocapsid protein of SARS-CoV activates the expression of cyclooxygenase-2 by binding directly to regulatory elements for nuclear factor-kappa B and CCAAT/enhancer binding protein[J]. Int J Biochem Cell Biol, 2006, 38(8): 1417 - 1428.

[2] SEOW J, GRAHAM C, MERRICK B, et al. Longitudinal observation and decline of neutralizing antibody responses in the three months following SARS-CoV-2 infection in hu-

mans[J]. Nat Microbiol, 2020,5(12): 1598 -1607.

[3] SONG Q, SUN X, DAI Z, et al. Point-of-care testing detection methods for COVID-19 [J]. Lab on a Chip, 2021, 21(9): 1634 -1660.

[4] LAMBERT-NICLOT S, CUFFEL A, LE PAPE S, et al. Evaluation of a Rapid Diagnostic Assay for Detection of SARS-CoV-2 Antigen in Nasopharyngeal Swabs[J]. J Clin Microbiol, 2020, 58(8): e00977 -20.

[5] NI L, YE F, CHENG M L, et al. Detection of SARS-CoV-2-Specific Humoral and Cellular Immunity in COVID-19 Convalescent Individuals[J]. Immunity, 2020, 52(6): 971 -977.

[6] HO N R Y, LIM G S, SUNDAH N R, et al. Visual and modular detection of pathogen nucleic acids with enzyme - DNA molecular complexes[J]. Nat Commun, 2018, 9(1): 1 -11.

第8章 基因组测序技术

8.1 基因组测序技术概述

基因组(genome)在生物学中是指一个生物体所包含的DNA(部分病毒是RNA)里的全部遗传信息。基因组包括基因和非编码DNA。更精确地讲,一个生物体的基因组是指一套染色体中的完整的DNA序列。例如,生物个体体细胞中的二倍体由两套染色体组成,其中一套DNA序列就是一个基因组。基因组一词可以特指整套细胞核DNA,即核基因组,也可以用于细胞器基因组,如线粒体基因组或叶绿体基因组。对相关物种全部基因组性质的研究通常被称为基因组学,该学科与遗传学不同,后者一般研究单个或一组基因的性质。全基因组测序(WGS)是分析整个基因组的全面方法。基因组信息对于鉴定遗传性疾病、表征驱动癌症进展的突变和追踪疾病暴发极为重要。

近年来,基因组测序技术迅猛发展,越来越多物种的基因组通过测序得到了解析。很多演化生物学、物种溯源、微生物来源纠纷等生物安全问题通过基因组学数据找到了很好的解释和答案。基因组测序越来越成为人们研究生物安全问题,尤其是生物安全证据问题的关键技术手段。通过基因组测序技术得到全基因组数据来研究物种特殊性状的演化和生物溯源,从而找到生物安全证据,并且得到了广泛应用。

本章将介绍在生物安全研究领域中必备的最新基因组测序技术,为解决相关问题提供可靠的手段。

8.2　基因组测序技术的基本理论

基因组测序技术是一种能够快速、准确、高效地获取生物基因组全部 DNA 序列信息的技术。它通过不同原理的测序方法,如双脱氧末端终止法、高通量测序、单分子测序和单细胞测序等,对目标基因组进行测序,并利用生物信息学方法对测序数据进行分析。基因组测序技术能够提供生物基因组结构和功能方面的全部信息,已成为生命科学研究中不可或缺的工具。

第一代测序技术是双脱氧核苷酸末端终止法,由英国著名科学家桑格(Sanger)发明,因此又称为 Sanger 测序。它的原理是采用单脱氧核苷酸和双脱氧核苷酸混合物作为底物,利用双脱氧核苷酸缺乏 3′-OH 的特点,在 DNA 复制过程中随着终止链的延伸,生成一系列长度不同的 DNA 片段。然后通过电泳分离这些片段,并读取每条链 3′末端的荧光标记来确定 DNA 序列(图 8.1)。

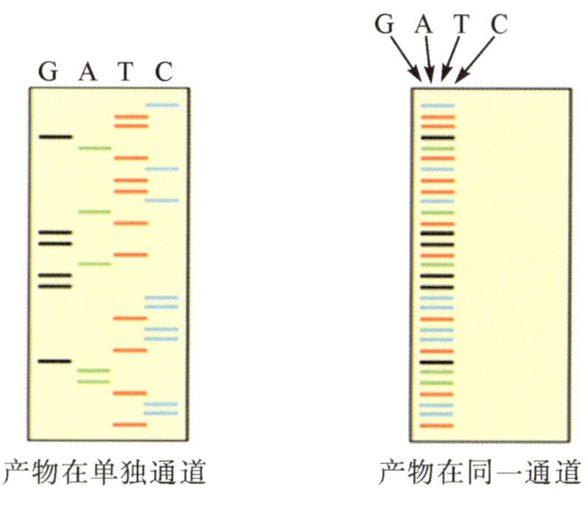

图 8.1　Sanger 测序示意图

同时在四组反应体系中分别加入四种双脱氧碱基 ddNTP(ddTTP、ddATP、ddGTP、ddCTP),由于 ddNTP 不包含 3′-OH,3′-OH 的缺失使磷酸二酯键无法形成,从而导致 DNA 合成反应的终止。DNA 扩增体系中既包含正常的单脱氧碱基 dNTP,又包含少量双脱氧碱基 ddNTP。在 DNA 链的延伸过程中,如果结合在模板上的碱基是 dNTP,那么 DNA 的合成反应继续进行。如果结合的是 ddNTP,那么反应停止。结合碱基 ddNTP 是随机发生的,因此链的中止、延长也是随机发生的。反应终止后,通过四个毛细管泳道进行电泳。在电泳过程中,DNA 扩增的产物会根据片段大小区分开来。长度越短的片段,电泳跑得越快,位置越在下方。长度相邻的片段仅仅相差一个碱基。根据片段 3′端的双脱氧碱基的位置,从下往上依次进行读取,通过放射性标记的碱基,分别读取 ddTTP、ddATP、ddGTP、ddCTP 反应组的 DNA 序列。组合起来就是合成的 DNA 片段的碱基排列顺序(图 8.2)。

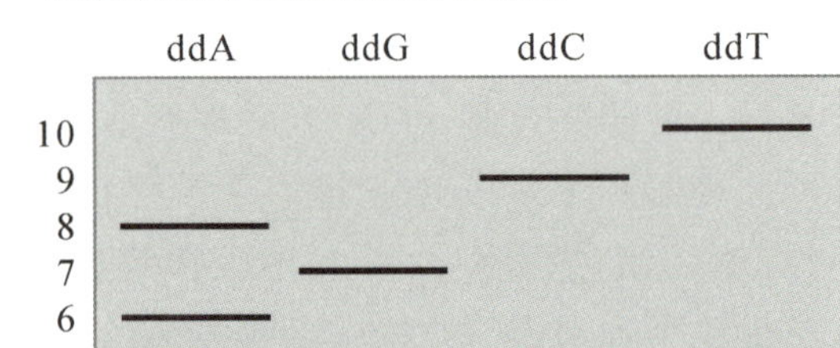

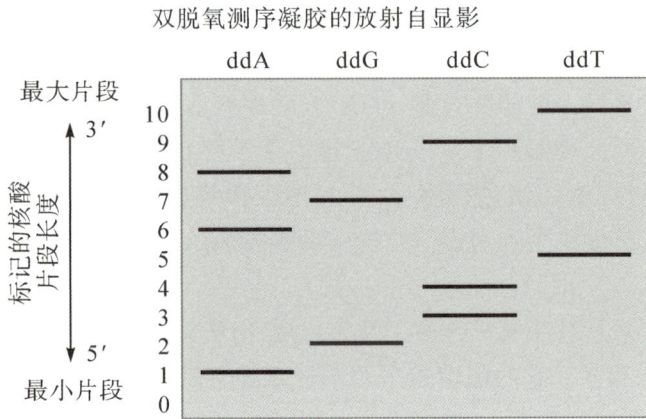

图 8.2　双脱氧测序法示意图

20 世纪末完成的人类基因组计划,即利用第一代测序技术,将人的基因组 DNA 打断成很多短片段,然后进行测序、拼接组装,构建出了人类基因组的草图。

8.3　基因组测序及分析技术

8.3.1　高通量测序

相比于第一代测序技术双脱氧核苷酸末端终止测序法,二代测序(next - generation sequencing,NGS)又称为高通量测序(high - throughput sequencing),它的核心思想是边合成边测序,即通过捕捉新合成的末端标记来确定 DNA 的序列,由于新的可逆阻断技术(图 8.3)可以实现每次只合成单个碱基,并标记荧光基团有着不同荧光标记的碱基可以激发产生不同的荧光信号,统计每一轮反应结束后采集得到的荧光信号,从而读取碱基信息。

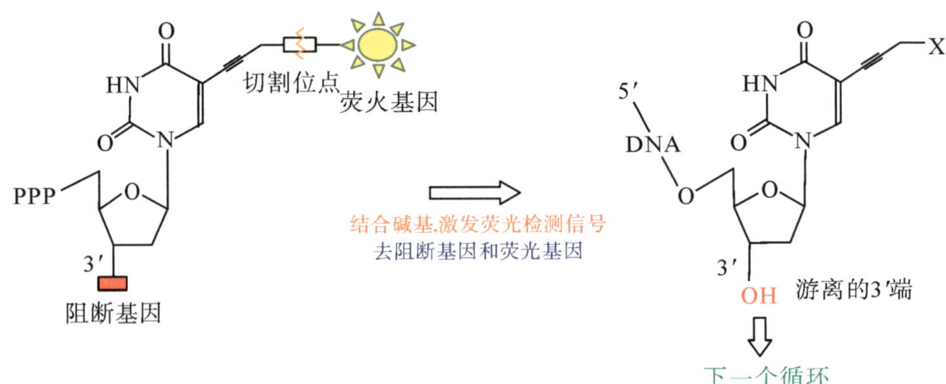

图 8.3　可逆阻断技术

由于其具有高通量、准确率高等优点，在医学检测、动植物全基因组测序、微生物宏基因组测序、群体遗传学和表观遗传学研究等领域有着非常广泛的应用。目前世界上已经发表的物种基因组序列大多数是通过二代测序技术测序完成的。二代测序极大地降低了测序成本，增加了测序的数据产出。目前已有的技术平台包括 ABI 公司的 Solid 测序平台、Illumina 公司的 Roche 454 和 Hiseq 测序平台等[1]。

随着大量二代测序（NGS）平台的出现，基因组学研究领域正在迅速改变，一些较新的测序平台可产生大量的序列数据，或者可提供更长的读取长度，将基因组学领域扩展到新的研究领域，如微生物生态学（元基因组学）和单细胞生物学（单细胞基因组学）。随着测序成本的不断降低，可以预期人们将会开发出更多的应用。如今，存储、处理和分析大型序列数据集的成本已经远远超过了生成它们的成本。

将目标基因组序列随机剪切成多个重叠片段，然后在平行的高通量测序反应中进行测序。在产生序列信息之后，生物信息学软件工具将随机序列片段组装成更大的序列片段，并最终完成基因组。近年来，对于微生物输入而言，创建初始基因组草图的成本下降得如此之低，以至于大多数项目仍停留在该阶段，但完成微生物基因组（缩小所有差距）的人工成本并没有得到类似的降低。

8.3.2 单分子测序技术

单分子测序技术被称为第三代测序技术，在基因组测序领域是一个伟大的革新，对现在正在进行的和未来将要进行的基因组研究产生了巨大的影响[2]。

它很好地解决了目前二代测序基因组组装的两大难题：基因组中含有重复序列、二倍体和多倍体基因组具有杂合性，即同源染色体的一个或多个位点上有不同等位基因，这两个难题困扰着基因组二代测序产生的序列读长（reads）的组装。由于第三代测序技术的 reads 非常长，平均长度可以达到 10 kb，最长的 reads 甚至可以达到几十到几百千碱基对。在组装中，reads 可以很好地跨过重复序列区域和一些复杂区域，使之能够完整地组装出来。同时也能够很好地解决基因组杂合位点的组装，给出比较完整的单倍体分型的结果。单分子测序技术的缺点是测序错误率高（10% 左右），而二代测序平台 Illumina 测序错误率不到 1%。好在单分子测序技术的测序错误是随机发生的，可以通过较高的测序深度进行错误的矫正。一般测序深度覆盖 50 倍以上可以矫正 90% 以上的测序错误。

目前市场上主流的两种技术分别是太平洋生物科技（Pacific Biosciences，PacBio）公司的单分子实时[3]（SMRT，包括 RS Ⅱ 和 Sequel 两个测序平台）测序技术；与牛津纳米孔（Oxford Nanopore Technologies）公司的纳米孔（Nanopore）单分子测序技术（包括 MinION 和 GridION 测序平台）。PacBio 采用了边合成边测序的原理，通过对 dNTP 进行荧光标记，然后随机进入零模波导孔（zero - mode waveguides，ZMW），这个孔的直径很小，约为 100 nm，比检测的激光波长要小，激光不能从孔里穿过进入反应体系。因此，使得检测的信号刚好来自于这个小反应的区域,孔外的游离碱基的荧光信号不易检测到。通过 DNA 聚合酶进行 DNA 的合成,在碱基配对过程中,标记的不同碱基发出不同的荧光信号,通过读取荧光信号获得碱基序列。SMRT 测序技术能够生成长度为几千个核苷酸的长序列读数。相比于二代测序读长更长的原因在于其荧光标记的是磷酸而不是碱基。磷酸标记在 DNA 合成过程中会自动去掉,相当于天然 DNA 链的合成,而二代测序技术的碱基标记则会随着 DNA 链的延伸阻止 DNA 的合成。

另外,Nanopore 测序技术,又称新型纳米孔测序技术,是基于电信号而不是光信号,通过单分子 DNA(RNA)通过生物纳米孔的电流变化来检测合成的碱基[4]。单分子 DNA 从设计的特殊的纳米孔通过,纳米孔内共价结合有分子接头。当合成的 DNA 碱基通过纳米孔时,电荷发生变化,从而短暂地影响到通过纳米孔的电流高低。因为不同碱基所影响的电流变化幅度是不一样的,通过灵敏的电子设备可以检测到这些变化,从而检测合成的碱基。

8.3.3 单细胞测序技术

单细胞测序技术是一种能够对单个细胞进行基因组学和转录组学分析的先进技术。其原理是将分离的单个细胞的微量全基因组 DNA/mRNA 进行扩增,获得高覆盖率的完整基因组/转录组后进行高通量测序。单细胞测序技术的发展,为医学、生物学和生物技术领域带来了革命性的变革。它的应用范围非常广泛,可以用于研究肿瘤细胞的异质性、免疫细胞的功能差异、胚胎发育的动态变化等。通过单细胞测序技术,科学家们可以发现并分析细胞内部的不同亚群,揭示细胞之间的功能和表达差异,为疾病的诊断和治疗提供新的思路和方法[5]。

单细胞基因组测序目前主要有两种扩增方法:多轮扩增结合嵌合聚合酶链反应(MALBAC)方法和多重置换扩增反应(MDA)方法。

MALBAC 方法是利用多轮扩增和嵌合技术,将单个细胞中的基因组 DNA 扩增到可以进行测序的水平。在 MALBAC 方法中,首先将单个细胞包裹在一个微滴中,然后通过多轮扩增,将细胞基因组 DNA 扩增 1000 倍以上。在这个过程中,通过特殊的嵌合引物设计,使得扩增产物中包含了足够的非重复序列,从而保证了测序结果的准确性。其优点在于,它能够在保持基因组完整性的前提下,实现对单个细胞基因组的深度扩增。这使得 MALBAC 方法在单细胞基因组测序中具有较高的准确性和均一性。此外,MALBAC 方法对细胞数量的要求较低,适用于稀有细胞群体的研究。然而,MALBAC 方法也存在一些局限性,如扩增过程中可能产生某些偏差,以及扩增效率可能受到细胞类型和 DNA 质量的影响。

MDA 方法是通过将单个细胞包裹在微滴中,直接对细胞内的基因组 DNA 进行多重置换扩增反应扩增。在 MDA 方法中,通过特殊的引物设计和扩增策略,实现了对单个细胞基因组的全面扩增。MDA 方法的优点在于,它能够在较短的时间内,从单个细胞中获取大量的基因组 DNA,从而提高测序的准确性和覆盖率。此外,MDA 方法对细胞数量和类型的要求较低,适用于对各种细胞群体的研究。然而,MDA 方法也存在一些局限性,如扩增过程中可能产生某些偏差,以及扩增效率可能受到细胞状态和 DNA 质量的影响。

单细胞转录组测序目前主要有三种技术:SMART(small molecule RNA - targeting antisense mediated rescue of transcripts)扩增技术、10 × Genomics 技术及 AndDeplete 技术。

SMART 技术是一种基于分子生物学原理的单细胞转录组测序方法。其原理是利用特定的分子探针,捕获单个细胞中的 RNA 分子,并将其转化为 cDNA。然后,通过 PCR 扩增和测序,获取单个细胞基因表达信息。SMART 技术的优点在于,它能够高效、准确地捕获和分析单个细胞的基因表达。此外,SMART 技术具有较高的均一性和特异性,适用于各种细胞类型的研究。然而,SMART 技术对 RNA 质量的要求较高,且在扩增过程中可能产生某些偏差,影响数据分析的准确性。

10 × Genomics 技术是一种基于微流控技术的单细胞测序方法。其原理是将单个细胞包裹在一个微滴中,然后通过微流控系统将细胞内的 RNA 分子捕获并转化为 cDNA。接下来,对 cDNA 进行扩增和测序,获取单个细胞基因表达信息。10 × Genomics 技术的优点在于,它能够高通量、高分辨率地分析单个细胞的基因表达。此外,10 × Genomics 技术对细胞数量和类型的要求较低,适用于各种细胞群体的研究。然而,该技术在扩增过程中可能产生某些偏差,且设备成本较高。

AndDeplete 技术,即抗体介导的单细胞 RNA 捕获技术,是一种单细胞转录组测序方法。其原理是利用特异性抗体识别和捕获单个细胞中的 RNA 分子,然后将其转化为 cDNA。接着,通过 PCR 扩增和测序,获取单个细胞基因表达信息。AndDeplete 技术的优点在于,它能够实现对特定细胞类型或细胞状态的基因表达分析。此外,该技术具有较高的特异性和准确性,适用于研究复杂的细胞群体。然而,AndDeplete 技术对抗体质量和适用性有较高要求,且实验操作相对复杂。

此外,还有一些新兴的单细胞测序技术,如单细胞甲基组测序(scMethyl - seq)、单细胞蛋白质组测序(scProtein - seq)等,它们都有各自独特的原理和应用。这些新技术的出现丰富了单细胞测序技术的应用领域,为细胞生物学和医学研究提供了强大的工具。

8.3.4 基因芯片技术

基因芯片,又称 DNA 芯片、DNA 微阵列,包括寡核苷酸微阵列和 cDNA 微阵列,是一种高通量的生物技术,通过在固相支持物上固定大量基因探针,产生二维 DNA 探针阵列,在一定的条件下,与样品中待检测的靶基因片段杂交,检测靶基因的存在、含量及变异等信息,实现对生物样品进行大规模、快速、并行分析。由于常用硅芯片作为固相扶持物,且在制备过程中运用了计算机芯片的制备技术,所以称为基因芯片技术。基因芯片技术以其高灵敏度、高特异性、高通量、低成本等优点,广泛应用于基因表达分析、基因突变检测、基因组作图等领域[6]。

基因芯片的制作流程主要包括以下步骤:设计合成基因探针、制备基因探针库、将基因探针合成于固相支持物上、对芯片进行标记和检测。

基因探针的设计与合成是影响芯片性能的关键因素。根据不同的应用需求,基因探针可以是基因的全部序列,也可以是部分序列,或者是特定的核酸片段。设计时需考虑探针的长度、特异性、杂交温度等因素。

基因芯片实验流程:①样本的制备,主要包括提取样本 DNA 或 RNA、扩增、荧光标记等。荧光标记可以增加信号强度,提高检测的灵敏度和特异性。②杂交,是将制备好的基因样品与芯片上的基因探针进行反应的过程。③检测,是杂交后,通过荧光显微镜对芯片进行信号检测,观察荧光标记的基因探针与对应靶序列的结合情况,获得杂交信号。④数据分析,是通过对杂交信号的定量和定性分析,可以得出关于基因表达、突变、拷贝数变异等信息。⑤结果解读,需要结合生物学知识和统计学方法,以揭示生物样本的分子生物学特征。

基因芯片技术可以同时检测多个基因的表达水平或突变情况,提供大量关于生物样本的信息。此外,基因芯片技术操作简便,易于实现自动化。然而,该技术也存在一些缺点,如单次检测成本较高,难以应对基因重组和新突变等未知情况等。此外,对于一些低丰度表达的基因,检测难度较大。

基因芯片技术在多个领域具有广泛的应用价值,如医学诊断、生物医药研究、农业生物技术、环境监测等。基因芯片可用于检测病原微生物的基因表达、诊断遗传性疾病、预测药物疗效等。在农业领域,基因芯片可应用于作物抗性鉴定、转基因作物检测等方面。此外,基因芯片技术还可用于食品和环境监测中对微生物和毒素的检测。

8.3.5 生物信息学序列分析

随着测序技术的飞速发展,产生的数据量呈指数级增长,这使得生物信息学分析变得尤为必要和紧迫。基因组测序数据的生物信息学分析通常包括以下几个步骤,以及所依赖的软件和算法。

(1)数据预处理:对原始测序数据进行质量控制、过滤掉低质量 reads、去除接头序列等,以获得干净的测序数据。使用的软件和算法有 FastQC、MultiQC 等。

(2)参考基因组比对:将去除接头和低质量 reads 后的数据(clean reads)与参考基因组进行比对,识别 reads 在基因组上的位置。使用的软件和算法有 Bowtie、TopHat、STAR 等。

(3)基因注释:对比对到的基因进行功能注释,如使用基因本体(GO)、通路数据库等资源,分析基因的功能和调控网络。使用的软件和算法有 Geneious、GeneMark、

BLAST 等。

(4)表达量分析:统计各个基因在样本中的表达量,采用差异表达分析、主成分分析等方法,挖掘基因表达的规律和差异。使用的软件和算法有 edgeR、DESeq2、limma 等。

(5)结构变异分析:检测基因组中的结构变异,如插入、缺失、倒置和易位等,分析变异类型和频率。使用的软件和算法有 VarScan、SVCaller、Pindel 等。

(6)功能富集分析:对差异表达基因进行功能富集分析,识别在某一生物过程中富集的基因集,揭示生物体的生物学功能。使用的软件和算法有 DAVID、GOrilla、GOsea 等。

(7)网络分析:构建基因之间的调控网络,分析基因之间的相互作用关系,揭示基因调控机制。使用的软件和算法有 network analysis、Cytoscape、GeneMania 等。

8.4 基因组测序技术在生物安全证据中的应用

基因组测序技术在生物安全领域具有广泛的应用,具体表现如下。

(1)法医 DNA 鉴定:利用基因组测序技术进行法医 DNA 鉴定,可以显著提高个体识别的准确性,为法医物证鉴定提供依据。

(2)种质鉴定和溯源:基因组测序可用于鉴定动植物品种的遗传背景,为品种保护和利用提供依据。这对于防止生物入侵和保护生物多样性至关重要,为保护和利用生物资源提供依据。

(3)微生物检测(microbial detecting)和溯源:通过基因组测序可以快速准确检测病原体,并追踪疫情来源,为传染病防控提供依据。解析微生物群落的组成和功能,有助于揭示微生物与宿主和环境的关系。通过对病原体基因组序列进行危险因子评估,可以评估其生物威胁程度,为生物安全管理和决策提供依据。例如,在新冠病毒感染疫情期间,基因组测序技术被广泛应用于病毒溯源和传播链分析,为疾病防控、环境保护等提供支持。基因组测序技术还可以用于检测和分析生物恐怖袭击中可能使用的病原体,为生物反恐提供技术支持。在食品安全中,基因组测序技术可用于检测食品中的病原体,评估食品微生物的安全性。

8.4.1 在法医 DNA 分型中的应用

基因组测序技术与传统的一代测序位点分型相比,在微量样本、降解样本和混合样本的基因组分型中表现出明显优势。使用二代测序技术获得全基因组序列信息,使用算法软件针对短串联重复序列(STR)、单核苷酸多态性(SNP)、插入/缺失(Indel)、基因拷贝数变异(CNV)、染色体结构变异(SV)进行集成式数据收集和数据分型,力图从最少的样本中获取最多的遗传信息。

微量样本一般指 DNA 模板含量低于 100 pg 的生物样本,相当于 20 个以内的人类体细胞。而常规 STR 分型技术要求最低模板量在 125 pg ~ 1 ng，即需要获得 25 个以上的体细胞或 50 个精子细胞才可获得比较理想的分型效果。司法实践中，犯罪现场的环境复杂多变，如爆炸现场对物证的破坏较为严重，加之犯罪分子反侦察意识的提高，使得常规物证获取更加困难。而微量生物物证具有分布范围广、隐蔽性高、肉眼不易察觉的特征，且也不易被毁灭。基因组测序技术可一次对几百万条甚至更多的 DNA 分子进行序列测定，以所检测到的同一基因型的 DNA 分子数目量化分析基因型，在微量样本的法医 DNA 分型中展现出更高的灵敏度和分辨率。然而，更高的灵敏度也带来了较高的错误率，需要更高的测序深度来校正。因此，尽管基因组测序技术提高了微量样本的分型效率，但也增加了数据量和计算负担。发展可靠的错误校正算法和提高数据管理能力是利用这项技术的关键挑战。

法医 DNA 具体检案工作中经常会遇到高度腐败尸体、组织残块、陈旧斑迹、白骨化残骸等，其基因组 DNA 通常已经高度降解，此时 DNA 分子被损坏、发生断裂，分子变小，大片段丢失。基于毛细管电泳技术的 CODIS 系统及其他商品化 STR 试剂盒中的大片段 STR 基因座往往无法进行有效的扩增，通常表现为扩增效率随片段增大而显著降低、等位基因缺失或位点完全丢失等，以导致此类检材成为现阶段法医 DNA 分型难点。法医基因组分型大量短片段的位点设计以及 ILMN 测序方法固有的高灵敏度使得检测微量样本简单易行，使得传统 STR 及毛细管电泳分析无法检测到的微量样本中的低丰度组分也能被检测到。

司法实践中混合斑检材在生物检材中所占比重越来越大，混合斑检验问题正成为法医物证学亟待解决的重点问题。当案发现场的痕迹检材来自两名或更多个体的体液和/或分泌液时，或者人源样本中混入它源 DNA（如动物、植物、微生物）时形成混合检材，最常见的是暴力犯罪现场的混合血斑和性侵案件中的精液与阴道分泌液的混合斑。还有一些强奸案件中，胎儿父权鉴定常需等待胎儿出生，或孕期采用创伤性手段如羊水穿刺等获得胎儿的遗传物质进行遗传物质检测。孕妇血浆 DNA 也是一种混合检材，即母体 DNA 和胎儿 DNA 的混合。基因组测序技术可以有效检测这种混合检材中的胎儿 DNA（仅占 3.4%~6.2%），且有明显优势：只需抽取母体的血，在怀孕 6 ~ 8 周的时候就可以进行，以更早地确认亲权关系，减少受害者的生理和心理伤害，且准确率可达到法律要求的鉴定结果的准确性。

8.4.2 在种质鉴定和溯源中的应用

基因组测序技术具有高通量、高精度、高覆盖度和多维度分析的优势，极大地提高了动植物种质鉴定的效率。通过基因组测序可以了解种质的遗传多样性和基因组成，并建立遗传资源数据库，检测种质的遗传缺陷、变异和杂合性，以评估种质质量。通过比较基因组分析发现与重要性状相关的功能基因，为育种提供理论依据。通过构建进化树研究不同种质之间的亲缘关系,为育种提供遗传资源。通过全基因组 SNP 或 STR 标记构建 DNA 指纹,实现种质的个体化鉴定。利用基因组编辑技术进行定向育种,提高育种效率。

随着我国涉外交流的增多、城市国际化程度的提高,涉外案件时有发生。在我国,不同种族人群的遗传信息数据库的建设工作正在进行。目前,法医 DNA 检案工作中缺乏指向性的遗传信息,不利于涉外案件的侦破。随着基因组测序技术的不断成熟,HapMap 和 HGDP 计划已在亚、非、欧等地区中多个具有代表性的黄色人种、尼格罗人种、欧罗巴人种中取得了一定进展,并绘制完成了数百万个多态性位点的多态性图谱。我们可以针对区分不同种族的先祖基因和标注不同种族表型基因的多态性位点进行高通量、高准确性测序。经实验证明,利用新一代的测序技术可以对个体做到种族的区域性划分。如针对发色、瞳孔颜色这类具有种族特异性的多态性位点,其盲测的评估结果与真实结果高度相关(图 8.4)。

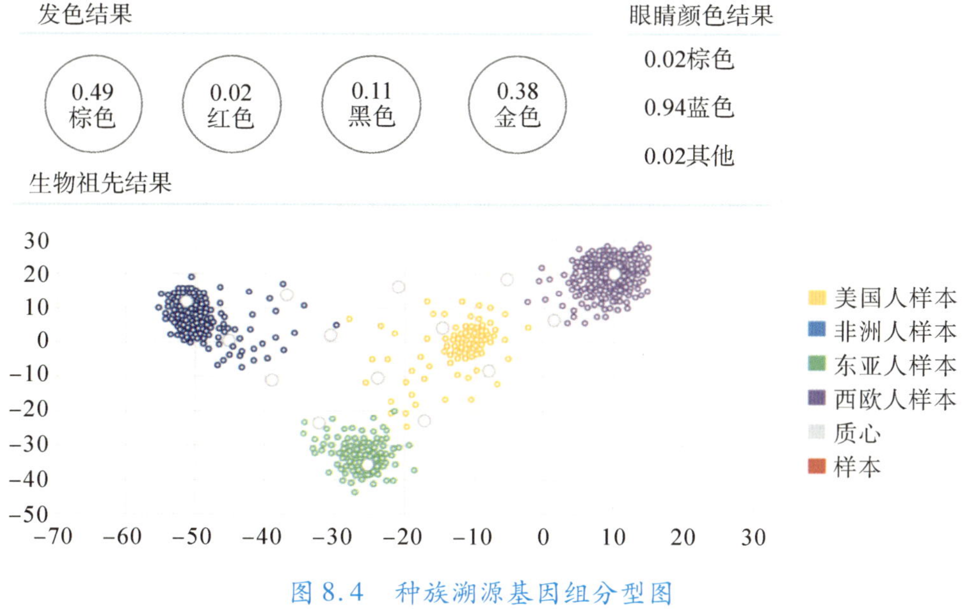

图 8.4 种族溯源基因组分型图

8.4.3 在微生物检测和溯源中的应用

人体不同的组织和部位都蕴含着大量的微生物,在人体新陈代谢中发挥着重要的作用,扮演着重要的角色。仅仅在人体肠道,微生物的数量就超过了人类细胞的一个数量级。栖息在肠道的微生物的基因编码了近 20000 种与生命有关的有生物学功能的蛋白质。1995 年,美国基因组研究所(TIGR)克莱格·文特尔(Craig Venter)等科学家合作完成并公布了嗜血流感杆菌(haemophilus influenzae)的全基因组序列,这是世界上第一个测序完成的细菌。

基因组测序技术在微生物鉴定方面具有广泛的应用。微生物基因组中包含有独特的遗传信息,这些信息可用于对微生物进行鉴定和分类。基因组测序技术能够获取微生物完整的基因组序列信息,并通过对序列进行比较分析,判断不同微生物之间的亲缘关系。例如,通过全基因组测序,可以构建系统发育树,揭示微生物之间的进化关系。另外,基因组测序还能发现微生物的特异性遗传标志物,如 SNP 位点,用于区分不同微生物株。在微生物鉴定中,基因组测序技术已成为重要的工具,有助于准确、快速地鉴定微生物种类,对疾病防控、生物反恐、食品安全等领域具有重要意义。

在肠道的微生物基因组被称为宏基因组。目前国际、国内有很多肠道基因组的研究在实施或正在进行研究。例如,欧盟人类肠道宏基因组计划(Metagenomics of the Human Intestinal Tract, metaHIT)、美国人类微生物基因组计划(Human Microbiome Project, HMP)、美国国家微生物基因组计划(National Microbiome Initiative, NMI)、我国的中国肠道宏基因组计划(Chinese Gut Metagenomics Project,CGMP)[7]。宏基因组的研究揭示了共生微生物与人类疾病和健康的联系,如肠道炎症性疾病、自身免疫疾病(多发性硬化、2 型糖尿病和风湿性关节炎)、肥胖相关的代谢异常、过敏和直肠癌等。肠道菌群多态性较低的个体更倾向于肥胖;长期使用抗生素的人体,容易因为人体内微生物环境的失调引起肥胖和一些炎症疾病。在口腔和肠道中微生物环境紊乱的个体更容易受到类风湿性关节炎的侵袭。这些研究表明,人体内的微生物与人体健康是密切联系的。

通过对基因组测序得到的微生物基因组信息进行比较基因组学分析,可用于鉴定病原体特异性的标记序列,来追踪由特定细菌病原体引起的疾病暴发。多位点序列分型利用有限数目的保守管家基因来表征细菌病原体,如大肠杆菌或肠沙门氏菌。全基因组 SNP 分析现已用于高分辨率基因分型,开发出了用于高效全基因组 SNP 分析的方法,该方法将原始分离株序列读数作为输入,不需要事先拼接。具有共同进化背景的细菌菌株在系统发育树的较高级别中往往具有较高的冗余度(在该级别的所有菌株之间共有数十至数千个 SNP 共享),因此,这些冗余共享 SNP 之一的偶然读取错误可以很容易地被忽略。无对齐分析的规模可处理成千上万的基因组。

元基因组学是一种研究微生物群落中所有微生物基因组的方法。它通过直接对环境、宿主或样本中的微生物群落进行全基因组测序,获取群落中所有微生物的基因序列信息。这种方法突破了传统微生物学只能研究单个纯培养微生物的限制,实现了对复杂微生物群落的整体研究。元基因组学在微生物检测和溯源中发挥了重要作用。它能够检测和鉴定混合微生物样本中的所有微生物,包括难以培养的微生物,从而实现对微生物的高通量检测和准确鉴定。

8.4.4 基因芯片技术的应用

基因芯片的应用已覆盖多个领域。在复杂疾病的病因探索、诊断和个性化治疗中,基因芯片都发挥了重要作用。通过比较患者和健康人的基因表达谱,可以发现与疾病相关的特异表达基因,进而揭示疾病的发病机制。针对中国人的基因组特点和疾病谱,对基因芯片进行优化设计,深入挖掘和分析中国人基因数据,能够更准确地反映中国人群的遗传特征和疾病发生规律,为相关疾病的预防、诊断和治疗提供有力支持。利用高密度的第三代遗传标记 SNP,结合芯片技术的高通量特点,利用一次性扫描全基因组数十万个 SNP 位点的芯片技术,可做到迅速筛查个体 10 万个以上的 SNP 位点。此外,基因芯片也在流行病学研究中发挥作用,帮助研究者理解和追踪疾病的流行趋势与病因。

在动植物鉴定、育种与溯源方面,国内外对于牛、羊等动物育种已经进入基因组选择时代,通过分子生物学和数量遗传学相结合的研究方式增加遗传评定的准确性,减少育种成本,获得更快的遗传进展和育种效益,已在北美、欧洲等多国应用。例如,奶牛中发现的 SNP(单核苷酸多态性)至少有 450 万个,通过高通量的基因芯片技术对牛进行基因分型成为青年种牛选择的重要手段。在我国农业农村部的支持下,由中国农业大学承担利用 Illumina 基因分型芯片对中国荷斯坦牛基因组选择技术平台的研发已通过技术鉴定,研究包含产奶量、乳脂量、乳蛋白量、乳脂率、乳蛋白率和体细胞评分等。使用高密度的基因芯片进行基因组选择研究能够发现更多的影响繁殖力的单倍型,通过基因组选配程序,降低基因组近交程度。

近年来,随着生物技术的不断发展,DNA 甲基化芯片在复杂疾病研究中的应用越来越广泛。DNA 甲基化芯片是一种用于检测基因组 DNA 甲基化状态的高效工具。DNA 甲基化是指在 DNA 分子中,特定位置的碳原子被甲基基团所修饰。这种修饰可以影响基因的表达,与许多疾病的发生和发展密切相关。DNA 甲基化芯片通过检测基因组上数百万个位点的甲基化状态,能够全面了解基因表达和疾病发生机制。通过对癌症、神经退行性疾病、心血管疾病等复杂疾病的基因组甲基化状态进行分析,可以深入了解疾病的发病机制,为疾病的早期诊断和个性化治疗提供有力支持。随着 DNA 甲基化芯片技术的不断成熟,其商业化进程也在加速。多家生物技术公司已开发出成熟的 DNA 甲基化芯片产品,并在市场上得到了广泛应用。

8.5 基因组测序技术的总结与展望

基因组测序技术是生命科学研究中不可或缺的重要工具。该技术通过获取生物基因组的全部 DNA 序列信息,提供了对生物基因组结构和功能的全面了解,为解决生物安全问题提供了重要支持。

本章主要对基因组测序技术做了概述,介绍了基因组的概念、基因组测序的重要性和发展历史，并概述了基因组测序技术的基本原理（包括 Sanger 测序和下一代测序），整理了高通量测序、单分子测序、单细胞测序、DNA 芯片技术等最新测序技术的研究和平台进展。

基因组测序技术在生物安全证据方面具有广泛应用。首先，它显著提高了微量、降解和混合生物样本的 DNA 分型能力，为法医 DNA 鉴定提供了依据。其次，它可用于动植物种质的鉴定和溯源，为品种保护和利用提供依据。此外，基因组测序技术还可用于微生物的检测和溯源，帮助解析微生物群落结构，评估微生物的生物威胁，为传染病防控和食品安全提供支持。

展望未来，基因组测序技术将继续快速发展。在技术上，预计会出现更长的读长和更高的通量，实现单分子水平的基因组测序。在应用上，基因组测序技术将与生物信息学、大数据分析等技术深度融合，实现基因组信息的深度挖掘。此外，该技术还可能与其他新兴技术（如基因编辑、合成生物学）相结合，开拓更广阔的应用前景。

总之，基因组测序技术是生命科学研究的强大工具，为生物安全领域提供了重要支持。随着技术的进步，其在生物安全证据方面的应用将更加广泛和深入。应深化基因组测序技术在法医 DNA 鉴定、动植物品种鉴定、微生物检测和环境保护等生物安全领域的应用，提供更准确、更全面的鉴定依据；加强人才培养，培养更多掌握基因组测序技术的专业人才；加强数据共享和开放，促进基因组测序数据的应用。总之，基因组测序技术将继续快速发展，为生物安全领域提供更广泛和深入的支持。

（成　诚　常　辽　熊子军）

参考文献

[1] HU T, CHITNIS N, MONOS D, et al. Next-generation sequencing technologies: An overview [J]. Hum Immunol, 2021, 82(11): 801 – 811.

[2] AMEUR A, KLOOSTERMAN W P, HESTAND M S. Single-Molecule Sequencing: Towards Clinical Applications [J]. Trends Biotechnol, 2019, 37(1): 72 – 85.

[3] ARDUI S, AMEUR A, VERMEESCH J R, et al. Single molecule real-time(SMRT) sequencing comes of age: applications and utilities for medical diagnostics [J]. Nucleic Acids Res, 2018, 46(5):2159 – 2168.

[4] WANG Y, ZHAO Y, BOLLAS A, et al. Nanopore sequencing technology, bioinformatics and applications [J]. Nat Biotechnol, 2021, 39(11): 1348 – 1365.

[5] JOVIC D, LIANG X, ZENG H, et al. Single-cell RNA sequencing technologies and applications: A brief overview [J]. Clin Transl Med, 2022, 12(3): e694.

[6] MARZANCOLA M G, SEDIGHI A, LI P C. DNA Microarray-Based Diagnostics [J]. Methods Mol Biol, 2016, 1368: 161 - 178.

[7] LIU X M, TANG S M, ZHONG H Z, et al. A genome-wide association study for gut metagenome in Chinese adults illuminates complex diseases [J]. Cell Discovery, 2021, 7(1): 9.

第 9 章
微流控芯片电泳技术

微流控芯片(microfluidic chip)是微全分析系统(miniaturized total analysis system)发展的热点领域,毛细管电泳(capillary electrophoresis,CE)的发展为微流控技术的研究取得突破提供重要条件。20 世纪 90 年代以来,微流控电泳芯片(microfluidic electrophoresis chip)是在常规的毛细管电泳原理和技术的基础上发展起来的一种新的微量分析装置,主要利用微电子机械系统(MEMS)技术在硅、玻璃、有机聚合物等基片上获得预设计好的微管道网络,并在其中进行样品的电泳分离,然后利用光学或者是化学等的方法进行检测。它基于传统的毛细管电泳的基础上,与微电子机械系统、生物化学、分析化学等多学科交叉,已经开始在生命科学、药物化学、医学等领域得到了应用,具有广阔的发展前景。

9.1 微流控芯片电泳技术概述

1993 年《科学》期刊上发表了利用微细加工技术在平板玻璃上刻蚀出微管道,研制出了微流控电泳芯片装置,成功地实现了荧光标记的氨基酸的分离[1];1995 年美国加州大学在微流控电泳芯片上实现了高速 DNA 测序[2],后又将聚合酶链反应扩增与毛细管电泳集成在一起,展示了微全分析系统在试样处理方面的潜力,实现了微流控芯片上的多通道毛细管电泳 DNA 测序,从而为微流控芯片在基因分析中的实际应用提供了重要基础。将现代微加工技术应用于分析化学领域开辟了一个跨学科、快速发展的领域,基于微流控芯片的毛细管电泳分析高效、快速、耗量少的特点,其在分析化学领域占有重要地位。毛细管的内径在 25 ~ 100 μm。利用微加工技术进行微流控电泳芯片的加工,在过去几年中成为一个热点。微流控电泳芯片利用微细加工技术，在硅、玻璃、塑料、橡胶等为材料的基片上形成微细管道，然后用盖片将管道封闭；在电场的作用下，通过不同的管道、反应器、检测单元等的设计和布局，实现样品的进样、反应、分离和检测，整个过程可以在一块几个平方厘米的基片上得以实现。

我国对微流控芯片的研究起步较晚，在毛细管电泳芯片的研制方面取得了一些进展，在玻璃基片上通过湿法刻蚀的方法制造出了毛细管电泳芯片，对于塑料基片的微流控电泳芯片的研究报道很少。

9.2 微流控芯片电泳技术的基本原理

微流控芯片电泳技术是将电泳分离技术与微流控技术相结合的一种分析技术。在这种技术中，微流控芯片的小型化、集成化和自动化特点与电泳的高分辨率分离能力相结合，实现了对生物分子（如DNA、RNA、蛋白质等）的快速、高效分析。利用微细加工技术制造出的微流控电泳芯片的一个巨大优势是其具有快速分离的能力，相对于传统的毛细管电泳，其分离时间通常以10 min作为数量级，微芯片系统通常能够在数秒钟内实现高质量的分离[3]。

微流控芯片采用类似半导体的微机电加工技术在芯片上构建微流路系统，将实验与分析过程转载到由彼此联系的路径和液相小室组成的芯片结构上，加载生物样品和反应液后，采用微机械泵、电水力泵和电渗流等方法驱动芯片中缓冲液的流动，形成微流路，于芯片上进行一种或连续多种的反应；激光诱导荧光、电化学和化学等多种检测系统以及与质谱等分析手段结合的很多检测手段，已经用在微流控芯片中，对样品进行快速、准确和高通量分析。

微流控芯片的最大特点是在一个芯片上，可以形成多功能集成体系和多复合体系的微全分析系统。微型反应器是芯片实验室中常用于生物化学反应的结构，如毛细管电泳、聚合酶链反应、酶反应和DNA杂交反应的微型反应器等，其中电压驱动的毛细管电泳比较容易在微流控芯片上实现，因而成为其中发展最快的技术，在芯片上构建毛细管通道，在电渗流的作用下样品液在通道中泳动，完成对样品的检测分析，如果在芯片上构建毛细管阵列，可在数分钟内完成对数百种样品的平行分析。

9.2.1 微流控芯片的加工技术

微细加工技术是微流控芯片发展的前提条件，微流控芯片的制作技术首先起源于制造半导体及集成电路芯片所广泛采用的光刻（lithography）和蚀刻（etching）技术，目前已经广泛地用于硅片、玻璃和石英等基质材料上微流体网络的制作。微流控芯片最简单的原理图（图9.1）通常设计有进样管道和分离管道，进样管道与分离管道交叉成“十”字，交叉处为样品进样口。在管道的顶端设计了4个储液池,S(Sample)为样品池,B(Buffer)为缓冲液池,W1(Waster 1)为样品废液池,W2(Waster 2)为废液池。微管道一般长度为3~20 cm,宽度为10~100 μm,深度为10~100 μm;检测口设在距离W2 1~2cm处。进行电泳前,微管道内壁经过修饰处理,以减少内壁对样品的吸附,同时也可降低电渗流的影响。将缓冲介质或筛分介质注入微管道,在样品池中加入样品,先在S和W1端加上电压,样品便在电场作用下从S端向W1端迁移;完成进样后,在B和W2端加上电压,进样口处的样品便沿分离管道迁移,在筛分介质的作用下,样品得到分离,在检测口检出分离结果。就工作原理而言,微流控芯片与传统的毛细管的最大区别是进样方法不同,进样可以通过改变进样管道的宽度或交叉口截面的形状,就能够控制进样量,从而达到更好的分离效果。

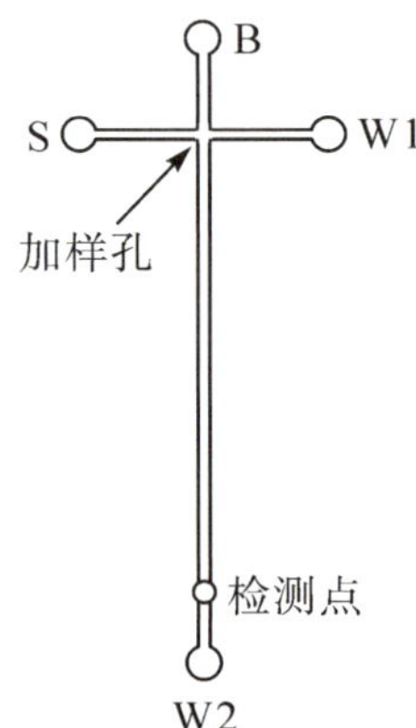

图9.1 微流控芯片最简单的原理图

9.2.2 微流控芯片的检测技术

微流控芯片的结构特征决定了其检测技术的特殊性,与传统检测仪器相比,微流控芯片对其检测系统提出了更高的要求,如要求灵敏度高、响应速度快、具有平行分析功能和便携式特征等,目前基于不同原理的很多检测技术,都已经应用到微流控芯片的研究中,主要有光学检测、电化学检测、质谱等方法[4]。

9.2.3 微流控芯片的微流体操纵技术

微流体操纵技术是微流控芯片技术中最重要的一环,通过各种机械或非机械力实现对流体的驱动和控制。依据微流体驱动体系中有无机械活动部件,可以将其分为机械和非机械驱动系统。机械驱动系统主要包括压电微泵、静电微泵等,它主要是通过静电、压电等不同方法来触发引起机械部件的运动,从而为微流体提供动力源,这种泵的优点是任何流体都可以推动,但其所驱动的流体呈脉冲状而不是连续式的。非机械驱动系统主要包括电渗泵、热毛细管泵等，其中电渗泵是微流控芯片系统中最常用的一种驱动力，相对于微机械压力驱动的泵来说，电渗泵有很多优点：如电渗泵易于制作且没有任何移动部件，电渗泵的样品柱只有少量的扩散，此外，可以采用改变微通道壁 X（电势）的方法来进一步控制电渗流的量和方向。

例如，商用微流控电泳系统（LabChip GX Touch，图 9.2）在小型微流体芯片上进行。分析之前，将试剂装载到芯片的各个孔中。这些孔与蚀刻有微小通道的石英片基相连，每个微通道仅有人的发丝粗细，将芯片装入微流控电泳系统后，芯片孔与铂电极接触，由铂电极提供电压和电流控制，系统机械臂将微孔板上的样品孔直接移动到芯片毛细管“吸管”下方，大约 150 nL 样品被抽吸到芯片上，样品染色和脱色由系统平台自动完成；待分析样品逐一被电泳分离，然后通过激光诱导的荧光检测样品条带；通过大小标记和内标确定各条带的大小与浓度；在各样品分析之间清洗吸管，从而消除了交叉污染或残留。

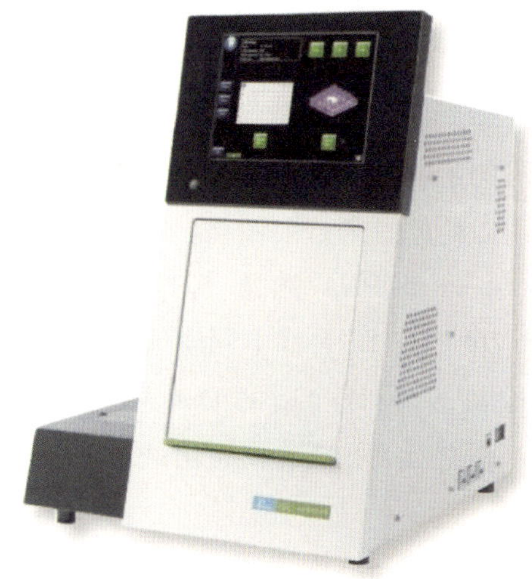

图 9.2　商用微流控电泳系统

9.2.4　微流控电泳系统软件

微流控电泳系统软件能够通过最少量的人工选择运行实验。实验设置参数文件可下载到仪器上，并通过触摸按键执行；自动保留最近一次实验运行的参数，以方便以相同的实验参数继续运行多批样品；数据查看软件模块可帮助科学家从远离实验室的工作区查看已完成的样品；软件的使用许可证使同事之间可共享数据，使得项目合作变得简单而直接，微流控电泳系统和微流控电泳系统软件平台生成的文件类型数据文件是兼容的，可根据用户需要选择功能。

9.3 微流控芯片电泳技术的实验流程

微流控电泳系统具有高质量的数字化数据、强大的分析功能、数十数百倍于传统技术的速度、齐全的配套试剂耗材，可提供4Q认证，并且操作简便、性能安全可靠，这些无疑将使传统一维电泳成为历史。

微流控芯片电泳技术适用于DNA与RNA定性及定量分析；一个平台上可实现对多种样品、多种检测指标、不同灵敏度及分辨率要求的不同检测分析，并有进一步扩展的空间；高质量的数字化实验结果，除实时提供样品的分子量大小、浓度、纯度、糖基化程度等多种指标外，还提供基因组DNA及RNA样品的完整性指数；准确性、重现性、灵敏度、分辨率、定量线性范围均优于传统一维电泳，每个样品28 s，包括进样、分离、检测、分析及管路系统清洗全过程；操作简便，自动化程度高，可实时给出实验结果。

微流控芯片电泳技术实验流程包括样品准备、样本PCR、目的DNA片段引物设计、微流控芯片准备、电泳过程、芯片洗涤和分型检测等关键步骤，实验流程将遵循生物安全标准，确保安全无害。

(1)样品准备：选择适当的生物样本，如DNA或RNA，根据实验需求提取相应的生物分子；使用无菌技术处理样品，避免污染；确保样品符合生物安全标准，如使用个人防护装备(PPE)和避免直接接触；准备DNA样品、标准品(DNA ladder)和缓冲管(Buffer Tube)，准备DNA ladder时应使用和DNA样本同样的缓冲液(buffer)。

(2)样本PCR：根据实验目的，设计合适的PCR引物，用于特定基因或靶序列的扩增；进行PCR反应，包括样品的热循环、扩增和纯化；使用PCR仪器和相应的试剂，确保扩增过程安全无害。

(3)准备胶-染料溶液：染料浓缩液中含有二甲基亚砜(DMSO)，在使用前必须完全解冻；芯片和相关试剂在使用前也必须先平衡至室温，在室温放置20~30 min；已过滤好的胶-染料混合液在4 ℃避光保存，可放置不超过3周。

(4)准备DNA芯片：选取合适的微流控芯片，并确保芯片无损坏和干净，根据芯片的特性，准备相应的样品加载溶液和洗涤溶液，使用无菌技术处理芯片，避免污染。将芯片储存盒静置桌上一段时间使之恢复到室温，将移液枪枪头连接在真空泵上，用枪头吸去试剂孔内的全部液体，将孔(1、3、4、7、8和10)用重蒸水润洗2次，并将水吸掉，同时请勿让这些孔长时间处于干燥状态，如果在润洗过程中水溢到芯片表面(包括上部和下部)，可用真空管将水吸干。吸液时请勿用枪头碰触芯片上圆形检测窗的中心区域。用反向移液法加一定量的胶-染料溶液到孔3、7、8、10，在4中加入50 μL DNA ladder绿色管盖(图9.3)。

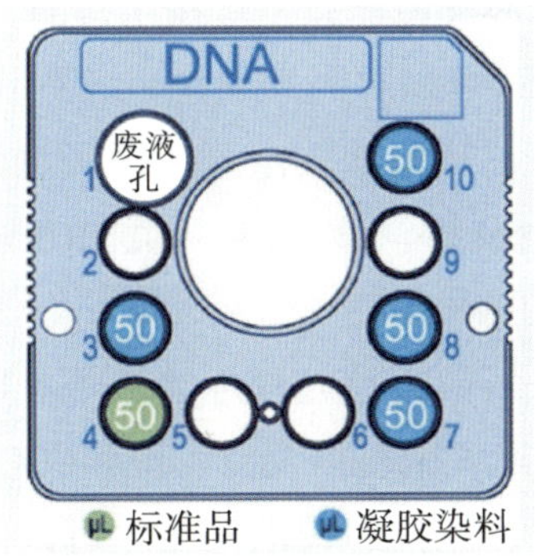

图 9.3 DNA 芯片

(5)将芯片放入微流控电泳系统:将 PCR 产物加载到微流控芯片的入口端,芯片可以对浓度低至 0.5 ~ 2.5 pg/μL 的片段进行准确定量,实现对稀缺和珍贵样品的快速分析。在微流控芯片上施加适当的电场,设定电位和时间等参数;监控 PCR 产物在电场中的迁移,并记录电泳迁移率数据。电泳完成后,使用适当的洗涤溶液清洗微流控芯片,以去除残留的样品和缓冲液。

(6)结果分析与报告:其可在 30 ~ 60 s 内快速分析 25 ~ 12000 bp 的 DNA 样品,对于基因组 DNA 完整性检测上限可达 40000 bp;自动完成 DNA 和 RNA 的片段大小和浓度分析,用于测序文库样品的质控,分析电泳和生物活性检测结果,如峰的识别、大小、形状和相对强度等。撰写实验报告,实验报告包括实验设计、操作步骤、结果和结论等。在整个实验流程中,必须严格遵循生物安全规程,如使用个人防护装备(PPE)、避免交叉污染、正确处理生物废弃物和化学品,以及定期进行实验技能培训。此外,确保实验室通风良好,避免长时间暴露于有害化学物质中。

9.4 微流控芯片电泳技术的应用

目前,微流控芯片电泳技术的重点是在生物医学领域,除此之外,高通量药物合成与筛选、环境监测、食品卫生、刑事科学及国防等方面也会成为重要的应用领域[5]。

9.4.1 在生物安全领域的应用

微流控芯片电泳技术在生物安全领域发挥着重要作用,为病原体检测、监控和控制提供了强大的工具,在生物安全领域的应用将更加广泛。

(1)病原体检测与监控:微流控芯片电泳技术可以用于快速检测和识别病原体,如细菌、病毒、真菌和寄生虫等,这对于生物安全至关重要,因为这些病原体可能引起传染病暴发,威胁公共健康,通过微流控芯片电泳技术,可以有效监控和控制病原体的传播。

(2)食品安全领域:微流控芯片电泳技术可用于检测食品中的病原体和污染物,如对肉类、蔬菜和水源进行核酸检测,可以及时发现食品污染事件,保障食品安全。

(3)环境监测方面:微流控芯片电泳技术可以用于检测环境样本中的微生物和污染物,如通过对水体和土壤样本的分析,可以监测环境中的病原体和有害物质,评估环境污染状况。

(4)生物恐怖主义防范方面:微流控芯片电泳技术可以用于检测和识别潜在的生物武器,如毒素和病原体,可以帮助安全机构及时发现和应对生物威胁。

(5)实验室生物安全方面:微流控芯片电泳技术可以用于检测实验室内的生物安全风险,如意外释放的病原体,可以帮助实验室工作人员及时发现和控制潜在的生物安全风险。

(6)生物材料和产品检测方面:微流控芯片电泳技术可以用于检测生物材料中的病原体和污染物,确保其安全性和可靠性。

9.4.2 毛细管电泳分离

毛细管电泳微芯片是微流控分析芯片中产业化程度最高、也是最先实现商品化的一类芯片。安捷伦公司(Agilent)与卡立普公司(Caliper Life Science)联合研制的第一台微流控芯片商品“2100 生化分析仪”可对 DNA、RNA 片段及蛋白质等进行电泳分离检测,玻璃芯片尺寸为 1.8 cm×1.8cm,有效分离长度约 1.6 cm,30 min 可同时完成 12 个样品的分离检测。与传统的基因和蛋白质电泳相比,芯片毛细管电泳无须样品的走胶、染色、脱色工序,无须干燥和照相等烦琐耗时的步骤,可同时快速测试多个试样,获得基因和蛋白质的电泳图与曲线,整个测试过程简化为了快速、简易的三个步骤,即装载样品、进行分析、观察数据。

9.4.3 基因测序

毛细管电泳的一个重要应用领域是基因测序,正是因为 96 根毛细管电泳阵列仪广泛地应用于人类基因组计划的测序工作之中,才使举世瞩目的人类基因组计划的进程大大加快,使之由原定的 2003 年提前到 2000 年基本完成。事实上,从基因测序的原理来讲,芯片毛细管电泳测序和普通毛细管电泳测序是完全一致的,但前者表现出了更大的优越性:①由于芯片毛细管电泳独特的注样方式和更细的分离通道,所以它能实现 DNA 的快速分离;②微流控芯片采用了半导体工业中成熟的微加工技术进行制造,所以一块芯片上可以集成更多的毛细管,实现高通量测序;③由于它实现了产物处理和分析的集成化,减少了人为干扰,因此更进一步地降低了操作成本。为了进一步提高 DNA 测序能力,刻蚀出了 96 个呈辐射状排布的毛细管电泳通道阵列。由于芯片采用旋转扫描进行检测,所以可实现平行测序,测序可达 500 个碱基。

9.4.4 基因扩增

目前报道的生化反应芯片主要包括聚合酶链反应芯片、药物合成芯片等，其中PCR芯片是生化反应芯片的典型代表。众所周知，常规PCR需要制样、扩增及检测等步骤，既费时又费力，而用微流控芯片进行PCR扩增及相关检测时，则可大大简化操作步骤、显著提高检测效率。连续流动式的PCR芯片有95℃、72℃、60℃三个不同的恒温区间，当样品流经它们时就会实现自动变温，在流动中完成变性、退火和延伸反应，达到PCR扩增的目的[6]。

另外，一旦将PCR芯片与毛细管电泳芯片二者集成起来，其优势就显得更为明显。Lagally等人在玻璃芯片上制作了集阀门、疏水孔、PCR反应池以及毛细管电泳于一体的芯片系统，PCR反应池体积是280 nL，PCR扩增前所需模板浓度为每毫升20拷贝，反应室中平均仅为5或6个DNA模板分子，加热器和热电偶集成在芯片的背面，10 min即可完成20个循环。反应完成后，PCR反应产物在电渗泵的驱动下进入毛细管电泳芯片中，进行在线分离分析。该芯片系统集取样、PCR扩增和毛细管电泳分离于一体(图9.4)，节省了试剂消耗，加快了分析速度，同时也避免了实验操作中的人为污染。

图9.4 PCR扩增和毛细管电泳分离于一体化设计

9.5 微流控芯片电泳技术的展望

从微流控电泳芯片问世到现在，其技术已经得到了突飞猛进的进展，不但技术日趋成熟和完善，而且功能也越来越强大，但是仍然存在着一些问题有待解决。

(1)毛细管布线方式的优化：因为要在短时间内在面积越来越小的芯片上完成进样、反应、分离等一系列过程，因此需要充分利用毛细管的有限长度使每段毛细管的功能多样化，设计合理的毛细管线路就显得尤为重要，如果布线方式不够合理，就很难达到很高的分离效率。

(2)毛细管集成度的大规模提高:目前采用的装置多为一次进一个样品,完成一次实验过程。将毛细管的集成度大幅度提高,使一次可以同时进数十个甚至上百个样品,并充分利用毛细管各接口间的关系完成多样品交叉处理和检测是目前研究的一个重点。

(3)目前检测部分仍然无法集成到芯片上面,并且使用的多为激光诱导荧光检测:这在很大程度上限制了微流控电泳芯片使用的灵活性,研究人员正在寻找更方便的检测手段,但因为检测器技术涉及精密仪器加工制造等诸多问题,也增加了问题的难度。

微流控电泳芯片的广泛应用依赖于多种实验技术的结合,这包括微流控电泳芯片与其他检测仪器的连用以及生物、医学、环境等领域的技术的介入。现在的问题是如何将不同技术有机结合起来,在各技术接口之间完成灵活转换,充分发挥微流控电泳芯片的优势,扩大微流控电泳芯片的应用范围。除此以外,微流控芯片的制作加工还需要超精细仪器加工、微流体控制、机械手等技术的进一步配合,同时还存在着芯片上进行反应、分离的理论问题探讨及辅助系统(如供电系统、数据处理系统)的改进和完善。另外,微流控芯片要想商业化,还需要能够适应大规模生产,芯片的功能也要针对市场作出相应的调节。

微型化、集成化和智能化,是现代科技发展的一个重要趋势。伴随着微机电加工系统(MEMS)技术的发展,电子计算机已由当年的"庞然大物"演变成由一个个微小的电路集成芯片组成的便携系统,甚至是一部微型的智能手机。基于高通量快速分离的需要,多通道阵列并行操作是微流控芯片的发展趋势,芯片通道数量已从最初的12通道、48通道、96通道,发展到384通道。

尽管微流控电泳技术存在着这样那样的一些问题,但是其突出的优点使之得到了广泛的认同,不断地被应用到更多的领域当中。微流控电泳芯片已经给我们展示出一个美好的前景,随着存在问题的解决及其技术的不断发展,微流控电泳芯片必将给分析化学领域带来一场实验室的革命。

(李小明　朱德芹　张生谦)

参考文献

[1] HARRISON D J, FLURI K, SEILER K, et al. Micromachining a Miniaturized Capillary Electrophoresis - Based Chemical Analysis System on a Chip [J]. Science, 1993, 261 (5123): 895 - 897.

[2] WOOLLEY A T, MATHIES R A. Ultra - high - speed DNA sequencing using capillary electrophoresis chips [J]. Anal Chem, 1995, 67(20): 3676 - 3680.

[3] SUN Y L, LU Z X, MILLER M, et al. Application of microfluidic chip electrophoresis for high - throughput nucleic acid fluorescence fragment analysis assays [J]. NAR Genom

Bioinform, 2023, 5(1): lqad011.

[4] DEYANOVA E G, HUANG R Y, MADIA P A, et al. Rapid fingerprinting of a highly glycosylated fusion protein by microfluidic chip - based capillary electrophoresis - mass spectrometry [J]. Electrophoresis, 2021, 42(4): 460 -464.

[5] GHARIB G, BüTüN I, MUGANLI Z, et al. Biomedical Applications of Microfluidic Devices: A Review [J]. Biosensors(Basel), 2022, 12(11):1023.

[6] DONG W W, TAO C X, YANG B, et al. Amplification of Escherichia Coli in a Continuous - Flow - PCR Microfluidic Chip and Its Detection with a Capillary Electrophoresis System [J]. J Vis Exp, 2023(201).

第 10 章
光寻址电化学传感技术

10.1 光寻址电化学传感技术概述

随着分子生物学、细胞生物学、生物信息学、生物化学、遗传学、基因组学、蛋白质组学等学科的蓬勃发展,更多的生物学相关技术被应用到国家生物安全和刑事司法领域。生物学技术与仿生、光电、微纳、传感、智能等未来新兴技术的高度交叉融合,进一步推动了生物安全证据关键技术的发展,使生物证据在生物安全纠纷疑难复杂事件或重大刑事案件鉴定中的应用更加普遍。

传感与检测为生物安全领域的精准识别与预警、衡量检测及溯源等方面的工作提供了重要的技术支撑,近年来受到广泛关注。电化学生物传感器以电极作为转换元件和固定载体,将生物敏感物质(如抗原、抗体、酶、激素等)或者生物本身(如细胞、组织)作为敏感元件固定在电极上,通过生物分子之间的特异性识别作用将目标分子与其反应信号转化成电信号,如电容、电流、电位、电导率等,从而实现对目标分析物的定性或定量检测。电化学生物传感器具有高灵敏、高特异性、响应速度快、结构简单、成本低廉等特点,是一种可靠的定性定量检测与分析工具。

然而,常规电化学传感技术不具备空间分辨能力,测量结果为电极信号的整体平均响应,难以一次性对大批量样本进行实时、灵敏、准确的检测和分析,亦不能如光学甄别方法提供样本的二维高清图像信息。在微加工技术的推动下,研究者设计了阵列型电极芯片,如微电极阵列(microelectrode arrays,MEA)和场效应晶体管(field - effect transistor,FET)阵列,用于各类生物样本包括生物分子、细胞和组织的多通道传感、定量检测与分析。但是,它们的测量位点受限于检测原件的几何特性;密集排列的微电极之间存在电信号干扰,制作成本高,制作工艺复杂;每个电极都需要一个单独的导电回路,并与多通道检测仪器相连,这些连线和必要的绝缘封装占据了芯片绝大部分空间,限制了电极排布密度,使得高通量测量和高分辨成像变得十分困难。探针型技术,如扫描电化学显微镜(scanning electrochemical microscopy,SECM)和扫描离子电导显微镜(scanning ion conductance microscopy,SICM),为具有空间分辨的电化学传感和成像提供了一种很好的替代方法。SECM 和 SICM 借助超微/纳米电极或玻璃微管探针,在机械位移系统驱动下于样本上表面附近进行扫描,通过原位记录探针与样本之间的氧化还原电流或离子电流大小,获得样本电化学信息的图像分布。SECM 和 SICM 成像技术具有高的空间分辨率,但同时也面临着以下几个问题:①电极探针相对于样品的机械移动对样本微环境产生流体扰动;②探针多在微米或纳米尺度,制备和操作均有一定的难度,易在测试过程中发生损耗;③探针定位装置一般由三维机械式位移平台和三维压电式位移平台两部分组成,虽具有较高的定位精度,但成像速度较慢,难以有效用于实时动态生物过程的快速成像。

光寻址电化学传感技术(light - addressable electrochemical sensor,LAES)是半导体电极材料在光照作用下产生的电子空穴对,并在电极与电解质溶液界面处发生电荷转移或重排,形成光电流或光电压响应的过程[1]。基于 LAES 构建的生物传感器不仅继承了传统电化学传感器的优点,并且由于激发源(光)与检测信号(电流或电压)完全分离,可获得极低的背景信号。更重要的是,LAES 相较于传统电化学还具有一个独特性质,即半导体仅在光照区域产生电子空穴对发生电化学过程,这赋予了 LAES 空间分辨的特性。基于不同的工作模式和工作原理,LAES 可分为电位型和电流型传感两大类。电位型包括光寻址电位传感器(light - addressable potentiometric sensors,LAPS)、扫描光诱导阻抗显微成像(scanning photo - induced impedance microscopy,SPIM)、扫描电化学光度传感器(scanning electrochemical photometric sensor,SEPS)和光寻址方波伏安法(light - addressable square wave voltammetry,LASWV)。电流型传感器主要包括光诱导电化学(light - activated electrochemistry,LAE)和光电化学(photoelectrochemical,PEC)传感。

本章主要从基本工作原理、技术特征和系统、生物学应用等方面对 LAES 进行简要介绍,并对其在生物安全传感检测与预警中的应用进行列举与展望。

10.2 光寻址电化学传感技术的基本工作原理

10.2.1 电位型

电位型光寻址电化学传感器一般基于电解质 - 绝缘体 - 半导体(electrolyte - insulator - semiconductor,EIS)场效应结构。绝缘层的存在使其在工作过程中几乎没有直流电流通过固/液界面，即没有法拉第电流的产生，整个体系处于电化学稳态，因此，可对体系的组成进行精确的定量分析。

10.2.1.1 光寻址电位传感器(LAPS)

LAPS 的工作原理是建立在半导体材料的光电效应基础之上的，由 Hafeman 等人 1988 年在《科学》(*Science*)期刊首次提出，其结构示意图如图 10.1(a)所示。首先，在参比电极与半导体(工作电极)之间施加一定偏置电压(Vdc)。由于场效应会在半导体和绝缘层界面处形成空间耗尽层，耗尽层的厚度取决于外部施加的偏置电压和绝缘层/电解质界面处的表面电位之和。因此，当施加偏置电压不变时，由绝缘层和待分析物之间的相互作用引起的表面电位变化将改变耗尽层的厚度，从而影响输出电信号的大小。待分析物可吸附在绝缘层表面，也可分散在电解质溶液中。

除施加偏置电压外，LAPS 还需使用一束能量大于或等于半导体禁带宽度能量($h\nu \geqslant E_g$，其中 h 为普朗克常数，ν 为光的频率，E_g 为半导体禁带宽度能量)的强度调制光照射半导体基底。当光源打开时，半导体吸收光子以产生电子空穴对，这些光生载流子大部分在界面处或半导体中发生复合，以热辐射的形式释放能量。光生载流子一旦产生或扩散至耗尽层，在耗尽层的强电场作用下会发生定向分离，产生瞬态电流。当光生载流子的产生与复合达到平衡时，电流将减小到零。当光源关闭时，则没有电子空穴对的产生，扩散电流在耗尽层中占主导地位，从而导致反向瞬态电流的产生。通过光的连续开关，可在 LAPS 的外电路中检测到交流光电流。

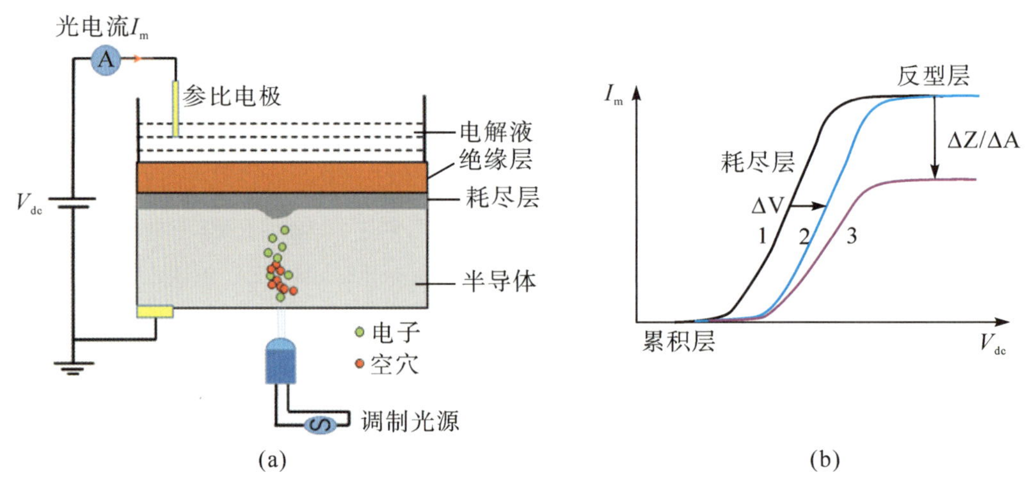

图 10.1 LAPS/SPIM 工作原理图及特异性 I-V 曲线

在实际测量过程中，通常让偏置电压在一定范围内变化，同时测量并记录 LAPS 输出的光电流，绘制光电流-偏置电压(I-V)特性曲线[(图 10.1(b)]。当偏置电压较小时，因为绝缘层/半导体界面处的内建电场较弱，耗尽层较薄，使得光生少数载流子被激发后，通过扩散作用到达耗尽层中的数量较少，因此在检测回路中形成的光电流也小；而当偏置电压较大时，绝缘层/半导体界面处的内建电场较强，耗尽层较厚，使得光生少数载流子扩散至耗尽层的数量较多，可在检测回路中形成较强的光电流。一般 I－V 特性曲线中部的拐点处斜率最大，光电流的变化幅度也最大，传感器对偏置电压的改变最为敏感。通过测量曲线上拐点的偏置电压偏移量可获得相界电势的变化量，如图 10.1(b)中曲线“1”和“2”的变化所示，进而推算出溶液中被测物质的浓度变化。

10.2.1.2　扫描光诱导阻抗显微成像和扫描电化学光度传感器

扫描光诱导阻抗显微成像(SPIM)和扫描电化学光度传感器(SEPS)与 LAPS 的结构和工作原理基本相同，区别在于 SEPS 需要光从溶液接触面照射到半导体上(正面照射)，而 LAPS 和 SPIM 的光从背面或正面照射均可。SPIM 和 SEPS 一般在 I－V 曲线反型层偏置电压下进行测量，此时传感器的表面电势不再影响耗尽层的宽度，因而测得的光电流与表面电势无关，与照射区域体系的阻抗(Z)或吸光度(A)有关。通过测量反型层最大光电流的变化可获得体系阻抗或吸光度的变化量，如图 10.1(b)中曲线“1”和“3”的变化所示。

10.2.1.3　光寻址方波伏安法(LASWV)

方波伏安法(square wave voltammetry，SWV)是在快速扫描的阶梯电压上迭加较大振幅的方波电压，记录方波正半周末期与负半周末期电流的差值，从而很好地消除了充电电流，又能在很短时间内获得电流－电势伏安图。SWV 具有多功能、高灵敏和高效能的特点，被广泛用于物质的定量分析和电化学反应动力学研究中。但是，常规 SWV 电分析法不具备空间分辨率，均以电极测量平均结果反映被测样本整体信息，难以满足高通量、多位点检测及传感需求，也无法对检测样本进行二维成像。

LASWV 基于 SWV 电位扫描方法和半导体 EIS 场效应结构，为电位型光寻址电化学传感技术的另一种变体，由王健等人于 2021 年首次提出[2]。通过采用强度恒定光源($h\nu \geq E_g$)照射 EIS 场效应结构，原位激发产生光生载流子，同时，对半导体施加快速扫描的阶梯电压，通过阶梯电压上迭加的方波脉冲调制光生载流子的定向迁移和扩散过程，从而在外电路检测得到原位光电流。与 LAPS 类似，LASWV 的特异 I－V 曲线亦呈“S”曲线变化趋势，分别对应传统场效应器件的积累层、耗尽层和反型层。

图 10.2(a)和(b)展示了 LASWV 在一个方波周期内产生电流示意图。以 p 型半导体为例，如果施加正向方波脉冲，高的反向偏置电压将在半导体空间电荷区产生较强的内建电场，从而导致少数载流子(电子)的定向移动[图 10.2(c)]，形成漂移电流[$(J_n)_{Drift}$]。在这种情况下，将获得主要由电子漂移和扩散引起的正向电流，总电流密度可表示为：$J_n = (J_n)_{Drift} + (J_n)_{Diffusion} = nq\mu_n + qD_n\dfrac{dn(x)}{dx}$。其中，$n$ 为光注入电子浓度，

q 为元电荷，μ_n是电子迁移率，D_n是扩散系数。另一方面，如果施加反向方波脉冲，界面内建电场突然减小，此时在正向步骤中积累的电子将扩散产生高的反向扩散电流[图10.2(d)]，总电流密度可表示为：$J_n = (J_n)_{Drift} - (J_n)_{Diffusion} = nq\mu_n - qD_n\frac{dn(x)}{dx}$。其等效电路图如图10.2(e)和(f)所示，$I_p$为光感电容电流用电流源，$C_i$为绝缘层的电容，$C_{sc}$和$R_{sc}$分别为半导体耗尽层的电容和电阻，$Z_s$代表外部电路的串联阻抗，包括电解液、界面双电层、半导体层和欧姆接触电阻。

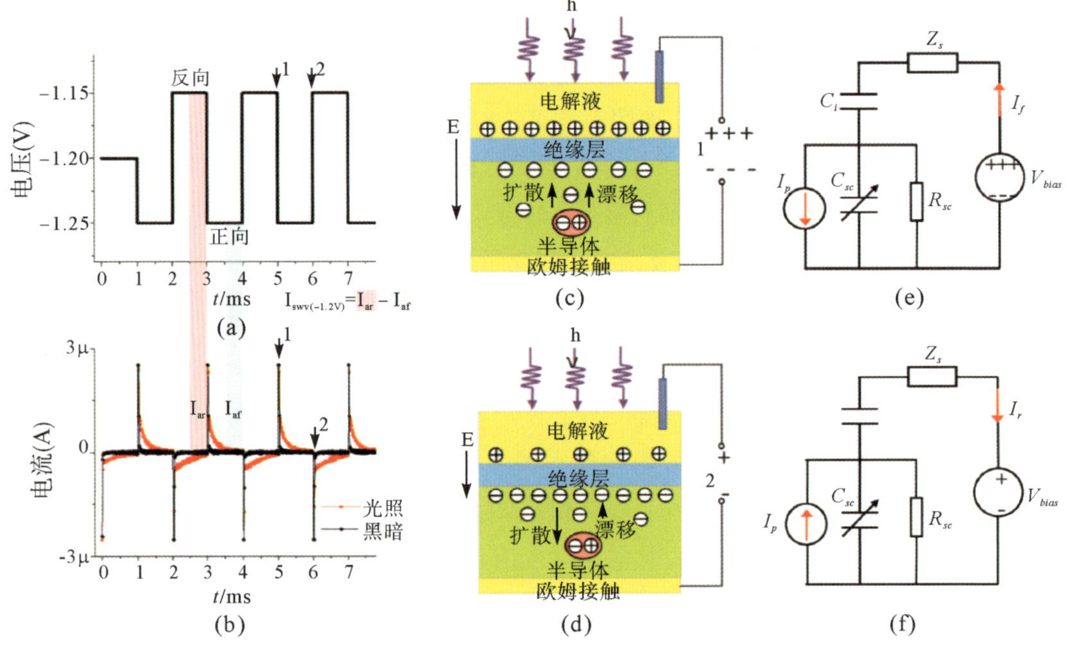

图 10.2 LASWV 工作原理及等效电路图

(a)表示 LASWV 检测中的一个方波周期；(b)为产生的电流示意图；(c)和(d)分别为基于 p 型半导体的 LASWV 在正向和反向脉冲电压下产生光电流示意图；(e)和(f)分别为在正向和反向脉冲电压下对应的等效电路模型。

10.2.2 电流型

与电位型光寻址电化学传感相比，电流型传感体系一般基于电解液－半导体(electrolyte－semiconductor,ES)结构，在电极/电解液界面会发生直接电荷转移，从而导致检测原理的不同。LAE/PEC 传感继承了传统电化学传感器成本低、结构简单、易于小型化等优点，更重要的是，由于激发光源和输出电信号的分离，使其具备低背景、高灵敏度和光寻址的优点。

10.2.2.1 光电化学(PEC)传感

以n型半导体为例,半导体与溶液接触前,半导体的费米能级EF比溶液的费米能级E0redox高[图10.3(a)]。当半导体与含有氧化还原电对Ox/Red溶液接触时,电子从半导体流向溶液,使得界面处溶液中的氧化剂还原,半导体一侧出现正的剩余电荷,而溶液一侧出现负的剩余电荷,从而形成界面双电层阻碍电子的进一步转移。达到静电平衡后,半导体的费米能级EF与溶液中氧化还原电对平衡电势相等。由于半导体表面的界面双电层即空间电荷区的厚度为5~200 nm,而溶液双电层厚度仅为几个埃米,因此界面电场主要分布在空间电荷区域,并向半导体内部呈指数衰减。空间电荷区的带能量与本体半导体不同,在固液界面处位置不变,形成能带弯曲。n型半导体表面多数载流子(电子)部分被消耗,能带向上弯曲[图10.3(b)]。

当一束光($h\nu \geqslant E_g$)照射半导体时,光子被吸收,产生电子空穴对。这些光生载流子,尤其是产生在空间电荷区域之外的,大都会发生复合,以热辐射的形式释放能量。然而,一些光生载流子从半导体内部扩散到半导体表面,在空间电荷层电场的作用下分开,传递到半导体表面的光生空穴可以氧化界面处的还原性物质,而电子则移动到外部电路中,最后产生阳极光电流[图10.3(c)]。

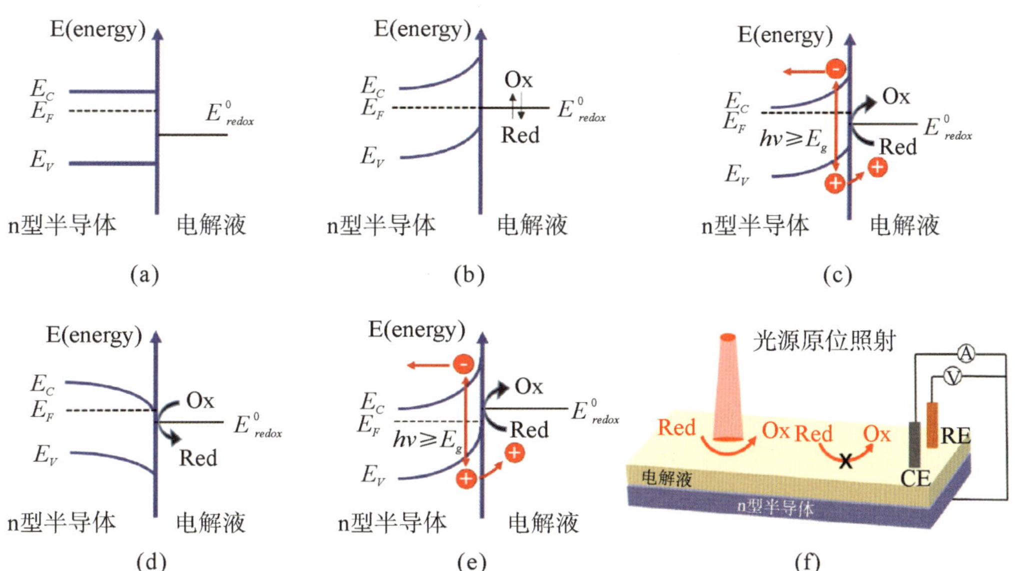

图10.3 在n型半导体和含有氧化还原电对Ox/Red溶液之间形成的界面

(a)是在黑暗中两相接触之前,半导体(左侧)和氧化还原电解质(右侧)的能级;(b)(c)(d)(e)分别是在平衡、光辐照、黑暗正向偏压和光照反向偏压四种情况下的能级;(f)为LAE/PEC传感示意图显示氧化反应仅发生在照明部位。

10.2.2.2 光诱导电化学(LAE)

PEC 传感一般无须外加电压,而当对半导体施加一个偏置电压时,会引起半导体费米能级的改变,从而改变其平衡状态下的能带弯曲。当对 n 型半导体施加负电压时,空间电荷区中的自由电子增多,形成多子堆积的累积层,此时能带向下弯曲,导带中的电子可参与溶液中氧化态粒子的还原反应,此情况类似于金属电极[图 10.3(d)]。而当对半导体施加一个正电压时,外部场的极化使半导体表面多数载流子即电子耗尽,形成耗尽层,此时能带与平衡状态时相比进一步向上弯曲。此时,若同时给予光照($h\nu \geq E_g$),半导体会吸收光子并产生电子空穴对,释放到表面的空穴可引起还原态粒子的氧化反应,产生阳极光电流[图 10.3(e)]。

因此,在 LAE 中,半导体电极的电流 - 电位曲线具有单向电流的整流特性,光照射在界面效果,主要体现在少子的浓度及其能量的显著变化上。使用光照射 n 型半导体电极可促进氧化反应的发生,引起光阳极电流,而在 p 型半导体上引起还原反应的发生,获得光阴极电流。值得一提的是,由于光的驱动作用,光诱导的阳极氧化(阴极还原)反应可在较惰性金属电极进行此过程更负(更正)的电势下发生。

PEC/LAE 传感体系主要由激发光源系统、检测系统(工作电极、对电极、参比电极、电解质溶液)以及信号记录系统组成[图 10.3(f)]。光电活性材料作为光电转换器修饰在工作电极上,在光照下产生光电流信号,该信号由电化学工作站读取。PEC/LAE 生物传感通常包含两个核心要素:生物识别元件和光电活性材料。其中,常用的生物识别元件包括核酸、酶和抗体等。为了实现高性能的 PEC/LAE 生物分析,光电极材料应满足以下条件:具有合适的能带位置以氧化或还原电解液中的物质;具有较高的光吸收系数和光电转换效率;高的稳定性以及易于获得且具有较低的成本。生物识别元件特异性捕获目标物后,可能影响电荷分离和/或迁移过程,光电流信号发生相应的改变。由于目标物浓度和光电流信号变化密切相关,PEC/LAE 生物传感器通过检测光电流信号变化可实现对目标物的精准识别和定量分析。

10.3 光寻址电化学传感技术的技术特征与系统

10.3.1 光寻址性能

光寻址性是 LAES 特有的特征与功能。由于半导体仅在光照区域产生电子空穴对,增加光活性层的局部电导率,因此,借助光诱导虚拟电极可记录传感器表面的局部电化学行为。换言之,半导体光电化学可使用光束定义非结构化传感器表面测量区域的形状、大小和位置。与传统基于金属或其他导电材料的阵列型电极相比,LAES 的结构更灵活多变，检测位点不受电极形状的限制；由于电极的瞬时特性，电极与电极之间不存在信号干扰；仅使用单通道电化学检测装置连接一根导线便可进行连续或随机位点的电化学检测，具有高的电极密度和检测通量等优势；此外，通过光能与电能的有效整合，光诱导电极可更好地促进电极/溶液界面处氧化还原反应的发生。

10.3.1.1　空间分辨率的测量方法

空间分辨率是影响 LAES 电化学检测或成像像素密度的关键因素。LAES 的空间分辨率一般可通过以下两种方式测定：一种是通过在传感器表面制备不同尺寸的测试图案，将传感器可识别的最小图案尺寸认定为空间分辨率；第二种是通过测量载流子的平均有效扩散长度来确定其空间分辨率的大小。由于第二种方法更为常见，以下内容主要对第二种方法进行简要介绍。

在电位型 LAES 中，由于整个传感体系没有法拉第电流流过，一般基于惰性高阻抗聚合物图案，如 SU－8 光刻胶、聚甲基丙烯酸甲酯（PMMA），测量载流子的扩散长度。这些图案一般通过光刻技术、微印章技术或直接滴涂的方法制备于半导体芯片表面。当聚焦光束从无聚合物区域移动到覆盖有聚合物区域时，光电流急剧下降，此时可根据光电流衰减的横线距离来估算 LAPS/SPIM 的空间分辨率大小。

电流型 LAES 一般使用二茂铁或蒽醌等电活性分子图案进行分辨率的测量。由于电活性物质在光照情况施加偏置电压时会发生光电化学反应，因此当光束从半导体表面扫描到电活性图案涂层表面时，可观察到氧化还原光电流的急剧增加，再基于电流－距离曲线中光电流峰值的半峰宽（full width at half maximum，FWHM）估算其空间分辨率大小。除了电活性分子图案策略外，还可将非图案化二茂铁薄膜修饰光电极与 SECM 相结合，测定光电化学传感的空间分辨率。

10.3.1.2　半导体衬底的优化

在光生载流子纵向扩散至半导体空间电荷层的过程中，不可避免地会产生横向扩散，从而在未被光照射区域也能检测到光电流。因此，抑制或降低少数载流子在半导体衬底中的横向扩散，已成为提高 LAES 空间分辨率的关键因素所在。目前关于 LAES 空间分辨率的研究多基于 LAPS/SPIM 电位型传感器，横向扩散长度被定义为载流子从产生到复合的平均运动距离，很大程度上受半导体的厚度及其固有特性的影响。

（1）半导体厚度：早期 LAES 的衬底多使用半导体单晶硅，减薄单晶硅被认为是提高空间分辨率最有效的方法之一。这主要是因为对于较厚的半导体硅，当光从非溶液接触面（背面）照射时，光生载流子需要扩散较长的距离到达空间电荷层产生光电流，在这个过程中会伴随着较为明显的横向扩散，因而获得较低的空间分辨率。例如，将硅的厚度从 600 μm 减薄到 100 μm 和 20 μm，可将 LAPS 的空间分辨率从 500 μm 提高到 100 μm，最后提高到 10 μm。而在 LAE 中，当硅的厚度从 210 μm 减小到 70～80 μm 时，空间分辨率可从 650 μm 提高到 385 μm。但是，我们并不能一味地降低单晶硅的厚度，因为硅片过薄会导致机械强度过低，易碎且难以进行人为操作。使用绝缘衬底上的硅（silicon on insulator，SOI）或蓝宝石衬底上的硅（silicon on sapphire，SOS）可解决上述问题。如通过使用 SOI（7 μm 硅、1 μm 掩埋二氧化硅和 400 μm 硅）或 SOS（0.5 μm 硅）基底，在 LAPS/SPIM 工作模式下可分别获得 13 μm 和 1.6 μm 的空间分辨率。

（2）直接带隙与间接带隙：一般来说，直接带隙半导体具有较短的少数载流子扩散长度，从而可获得较高的空间分辨率。如在 500 μm GaAs 基底中，载流子的有效扩散长度约为 3 μm。在半导体厚度相同的情况下，使用 GaAs（直接带隙）可获得比单晶硅（间接带隙）更好的空间分辨率。

（3）多晶半导体薄膜：除单晶半导体外，近年来研究者发现多晶金属氧化物半导体薄膜，如 $BiVO_4$、氧化铟锡（indium tin oxide，ITO）、ZnO 和 $\alpha-Fe_2O_3$，也可用于高分辨率光电化学检测与成像。使用这些半导体薄膜，大多可获得优于 3 μm 的空间分辨，这可能是由于薄膜纳米级的厚度和晶界处大量缺陷可有效阻碍载流子扩散所致。非晶硅也含有高浓度的缺陷，这些缺陷可捕获少数载流子，使其扩散长度仅为 120 nm，通过使用非晶硅光电极，在 LAE 传感中实现了高达 500 nm 的空间分辨率。

（4）光电活性纳米材料：一些具有光电活性的纳米材料也被用于高分辨 LAES 传感芯片的构建。例如，碳点（Carbon dot，CD）通过共价偶联在 ITO 表面可作为交流光电流成像的潜在光敏材料，具有微米级的空间分辨率。另一种碳材料富勒烯（C60），采用热蒸镀法沉积在 ITO 表面，通过 LAPS I－V 曲线测量，发现具有特殊双极光电流响应，在反向偏置电压下获得了 4 μm 的空间分辨率，在正向偏置电压下获得了 3.8 μm 的良好空间分辨率。

10.3.1.3 光源的优化

（1）光斑大小：除半导体外，激发光源的特性也会影响 LAES 的空间分辨率。从光源角度考虑，提高空间分辨率最为直接的方法是减小照射在半导体的光斑大小。如使用聚焦激光替代发光二极管的照明方式，LAES 的空间分辨率可得到显著提高。当采用扩束器和 50× 物镜将 430 nm 激光聚焦在 SOS 基底（1 μm 硅）上，光斑直径约为 1.3 μm，在 SPIM 测量中实现了 0.57 μm 的少数载流子的有效扩散长度。

（2）光照方向：也会影响 LAES 的空间分辨率。使用单晶硅时，当光从背面（非溶液侧）照射，光生载流子必须从半导体底部扩散到半导体表面的空间电荷层，产生光电流或光电压。在这个相对较长的路径中，载流子不可避免地会同时发生横向扩散，从而导致较差的空间分辨率。相反地，正面照明可显著提高空间分辨率，因为大多数载流子直接产生在空间电荷层，并且可以立即转移到界面处参与电化学过程。如有数据表明，使用同一硅基底，正面照射获得的空间分辨率比背面照射模式高近 20 倍。作者团队近来报道了基于正面照射的 SEPS 系统，实现了 3.2 μm 的分辨率。然而，这项工作也恰好暴露了正面照射策略的缺点，即溶液或电极表面分析物的光吸收可能会对电化学信息造成干扰，导致光学信息和电化学信息的混淆。

(3)激光波长：是另一个需要考虑的重要因素。对于背面照明的较厚半导体而言，波长越长，空间分辨率反而越高。这主要是由于长波长的光在半导体中的穿透深度更深，可在靠近空间电荷层的区域产生光生载流子。反之，对于超薄半导体而言，由于耗尽层宽度与半导体的厚度相当，根据瑞利公式，激光波长越短，获得的分辨率越高。在 LAPS/SPIM 体系中，分别使用 405 nm、633 nm 和 1064 nm 激光从背面照射 SOS 基底，获得了 1.5 μm、2.2 μm 和 3.0 μm 的分辨率。此外，双光子激光照明可将空间分辨率提高到 0.8 μm。这主要是由于在这项工作中使用的飞秒激光器($\lambda = 1250$ nm)光子能量低于硅的带隙能量，要产生光生载流子，就必须几乎同时吸收两个光子，导致电子空穴对的产生被限制在靠近激光焦点的狭小体积内，从而使空间分辨率得到显著提高。

10.3.2 LAES 系统简介

10.3.2.1 传统机械扫描系统

在传统机械扫描系统中，一般使用单光束相对于半导体基底做逐点扫描，同时读取每个像素点的光电流值，获得一副图像的时间等于单像素测量时间与像素数的乘积。目前高精度机械位移器的空间分辨率已达纳米级，因此，使用该系统可获得高分辨的二维图像。但是，受限于逐点扫描模式及三维机械位移器本身的运动速度，基于机械扫描系统的 LAES 成像速度一般较低。例如，当每个像素的采样时间为 10 ms 时，采集一副 128 × 128 像素的图像大约需要 164 s，其时间分辨率难以满足快速电化学过程或瞬态生物活动的研究需求。此外，该系统还存在体积较大、不易便携、不能用于现场检测等问题。

10.3.2.2 多频调制阵列光源

使用阵列光源可改善成像与多通道检测的时间分辨率。在 LAPS 中，以不同调制频率的光源阵列同时照射多个像素位置，并通过快速傅里叶变换，将叠加的光电流分解为相应频率光诱导产生的交流光电流，可获得极高的测量时间分辨率。但是，为了成功地在频域中分离信号，避免谐波的干扰，调制频率的步长 Δf 必须大于或等于采样时间 Ts 的倒数，并且最高频率必须小于最低频率的两倍，即需满足 $Nc \times \Delta f \geq Nc/Ts$ 的频率带宽，其中 Nc 是通道数。这项要求使得多频调制光源系统的检测通道数受到限制。此外，光源的数量、尺寸或位置难以随需求进行调节，测量数据处理过程较为复杂，且多频测量策略仅适用于电位型 LAES 中的交流电流检测，不适用于 LAE/PEC 中的直流电流检测。

10.3.2.3 高速光扫描系统

微机电系统(micro - electro - mechanical systems,MEMS)扫描镜通过静电或磁力作用使可活动的微镜面发生转动或平动,快速改变输入光的传播方向或相位。与传统光学扫描镜相比,它具有尺寸小、成本低、扫描频率高、响应速度快、功耗低和集成度高等优势,被广泛用于高度集成化的光学成像平台构建。在 LAES 中,MEMS 扫描镜有望替代传统的机械位移器,驱动光相对于半导体芯片扫描,其成像速度远高于机械位移器的最大速度。如基于扫描镜的 LAES 成像系统能够在 40 s 内获得 100 × 100 像素的图像,并且还能以 16 帧/秒,每帧 10 × 8 像素的速率记录 KCl 溶液和缓冲溶液 pH 分布在时间和空间上的变化。然而,由于每个像素的光照角度不同,传感器板背面的光斑大小亦不同,这在一定程度上影响了图像的均匀性。

以上是使用单个聚焦激光进行二维扫描,除此以外,各种投影仪或显示器也可进行快速扫描成像。例如,在 LAE 中,使用硅基铁电液晶(ferroelectric liquid crystal on silicon,FLCoS)微镜作为空间光调制器(spatial light modulators,SLM),可将微米尺度的可见光图案投射到半导体光电极表面,用于 2D 电化学信号的“读取和写入”。在 LAPS 系统中,数字微镜器件(digital micromirror device,DMD)、数字光处理(digital light processing,DLP)微镜、有机电激发光二管(organic light - emitting diode,OLED)显示器已被用于可寻址光源。使用这些设备不仅可实现结构紧凑的成像系统,还可在半导体芯片表面获得尺寸、形状和位置可变的测量点。

10.4 LAES 在生物医学传感与成像中的应用

LAES 光寻址特性的应用主要体现在两个方面。一方面,通过改变光照位置即可在单个 LAES 芯片上实现多通道的测量,每个测量通道等效于一组独立的传感器。使用不同的敏感材料或光电活性材料对各个通道进行修饰,便可检测混合样本中的多个目标,或检测含有同一目标的多个样本,即多通道的测量。另一方面,LAES 还可通过对芯片表面进行二维逐点扫描成像,每个测量点对应化学图像中的一个像素,检测到的信号值作为像素值,从而获得溶液中或与传感表面接触的目标物的 2D 分布可视化信息。本节内容列举了 LAES 在多通道传感和生物化学成像方面的具体应用,也是对作者团队近年来主要研究工作的回顾与总结。

10.4.1 多通道 LAES 生物传感器

10.4.1.1 光寻址电化学 DNA 传感器

随着人类对基因诊断认知的不断深入,发展快速、便捷、准确的 DNA 检测方法越来越受到重视。电化学 DNA 生物传感器是以 DNA 为敏感元件或检测对象，基于碱基互补配位原则，探针分子与靶序列选择性杂交形成双链，致使电极表面结构发生变化，通过测定导出的电信号的变化实现对靶序列的测定，从而实现对核酸的定性或定量检测的生物传感系统。与传统测序方法相比，电化学 DNA 生物传感器既避免了放射性标记对人体的伤害，又降低了成本、节省了时间，且在效率、精准度方面具有明显优势。随着技术进步，电化学 DNA 生物传感器有望成为主流 DNA 测定技术应用在环境检测、药物分析、法医鉴定及食品检测等生物安全领域。

然而，传统电化学 DNA 传感器不具备空间分辨率，难以满足大量复杂样本的检测需求。作者团队提出了一种基于金属有机框架物(metal - organic frameworks, MOF)纳米颗粒修饰 ES 结构的调制光诱导电化学(modulated - LAE, MLAE)传感器(图 10.4)，用于多通道 DNA 分子的检测[3]。MOF 是由有机配体和金属离子或团簇通过配位键自组装形成的新型多孔材料，因其高的比表面积、可修饰的孔道表面以及可调节的孔道大小，被广泛用于电化学生物传感器的构建中。我们发现，MOF 纳米颗粒修饰硅电极，不仅可稳定硅表面，还可作为 DNA 探针分子的吸附平台，基于 DNA 碱基互补配对原则，用于目标 DNA 的捕获与检测。该 DNA 分子传感器具有高灵敏、高特异性，并且可在一块电极上实现多位点检测，有望为高通量生物分子检测提供一种经济、便利的技术手段。

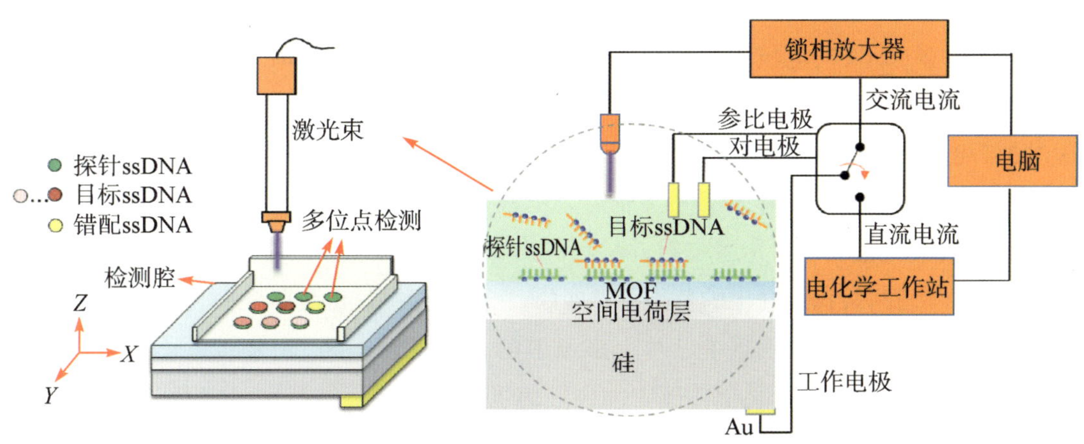

图 10.4　调制光诱导电化学多通道 DNA 传感器

10.4.1.2　光寻址电化学免疫传感器

电化学免疫传感器是一类以亲和作用为基础，将特异性免疫反应与电化学检测技术结合起来，用于监测抗原抗体反应的生物传感器。它的工作原理是将基础电极作为换能元件，将抗体(抗原)与样品介质中的抗原(抗体)反应所产生的特异性生物反应信号转换成可测量的电信号导出，所得电信号随着分析物浓度的变化而变化。由于具有灵敏度高、特异性好、响应速度快、成本低、易于小型化和操作简单等优点，电化学免疫传感器在临床和即时诊断(point of care,POC)、生物制药分析、环境监测、公共安全以及食品安全等方面具有广泛的应用。

随着临床诊断和生物安全相关应用需求的不断提高,靶蛋白的多重同步检测日趋重要。一方面,临床样本的复杂性和高度异质性使得多标志物联合检测与单一标志物筛查相比具有检测方便、诊断准确等优势。另一方面,为满足高通量筛选需求,基于单一界面同时检测多个样品的功能显得尤为重要。电化学免疫分析中的多重检测通常涉及使用多个标记或多个电极。多个标记可以是不同的金属、纳米颗粒或酶标签,因为它们具有不同的电化学响应,可同时区分多个目标物。然而,不同标签与可区分传感器响应的有效组合是非常有限的,因此检测通道的数量受到极大的限制。电极阵列或 FET 通过在同一基底界面上制备多个电极通道,进行局部电化学测量。然而,对于同时进行的电化学测量,每个电极都需要单独的导电回路,并需要使用多通道电化学检测仪器,从而导致高昂的制作成本。

基于 LAE 的空间寻址功能,我们构建了多通道光电化学免疫传感器[4]。选用硅作为光电极,为稳定和功能化硅电极,在硅表面制备了一种由戊二醛(glutaraldehyde,GA)交联胎牛血清蛋白(bovine serum albumin,BSA)基质的防污涂层。选取前列腺特异性抗原(prostate specific antigen,PSA)作为目标检测物模型,采用电化学夹心型免疫传感器,在 PSA 存在的条件下,在电极表面可得到辣根过氧化物酶(horseradish peroxidase,HRP)标记的复合结构,使用对苯二酚(HQ)作为电子媒介体,HRP 酶催化 H_2O_2和 HQ 的反应,导致苯醌(BQ)原位生成,再通过循环伏安法(CV)或计时电流法在外加电压和光照情况下测得 BQ 的光生还原反应电流。电流信号与电极表面 HRP 的量有关,进一步与目标蛋白 PSA 的量相关。通过移动光照位置,测量局部酶促反应的进行,从而获得多通道检测效果。实验结果表明,我们提出的基于 BSA@ GA - Si 的光寻址电化学免疫传感器具有较高的灵敏度和特异性,可实现单个芯片上多通道的目标抗原检测,这为硅基光电化学器件在空间分辨和多通道生物化学传感中的应用提供了一个很好的范例,也为临床诊断或生物防御应用中的高效精准免疫分析开辟了一个新方法。

10.4.1.3 其他典型多通道检测

与同样具有场效应结构的离子选择性场效应晶体管(ion sensitive field effect transistor,ISFET)类似,LAPS 可用于离子的传感与检测。由于具有光寻址能力,通过在传感表面不同位置制备不同的离子选择性薄膜,使用可移动光束或光源阵列分别照射各个位置,测量目标离子结合产生的 I - V 曲线电位偏移,可实现多种离子的同步检测。基于这一策略,有研究者提出了一种笔形便携式多通道离子传感器,可测量 4 种不同的离子(H^+、Li^+、K^+和 Ca^{2+})。还有研究者设计 Pb^{2+}、Cb^{2+}和 Zn^{2+}重金属离子敏感器件,其非敏感区域采用硼掺杂并覆盖了厚氧化物，以减少来自非敏感区域的干扰，从而提高离子检测灵敏度。

与多种离子检测类似，生物化学分子的多通道检测通常是将不同的生物识别元件固定在 LAES 表面的不同区域。如有研究者采用葡萄糖激酶、葡萄糖激酶 - 转化酶和葡萄糖激酶 - α - d - 葡萄糖苷酶修饰在同一传感器的 3 个不同区域，同时测定 3 种糖类（蔗糖、麦芽糖和葡萄糖）混合溶液中各糖的浓度。

光寻址电化学传感技术的另一个生物医学应用是监测单细胞水平的代谢活动和/或动作电位。一般而言，细胞代谢测量是通过使用 pH 敏感的 LAPS 芯片检测细胞代谢产物（如 H^+、CO_2、乳酸）引起的局部培养基 pH 变化，而动作电位测量主要检测可兴奋细胞发放电引起的 LAPS 芯片表面电位的变化。

10.4.2　LAES 生物化学成像

除多通道生物传感与检测外，LAES 另一个重要的应用是对吸附在芯片表面或分散在溶液中的目标物进行电化学成像，提供清晰可视化的二维表征手段。本节重点介绍作者团队在生物化学成像中的研究进展，为 LAES 在生物成像中的应用与探索提供启发。

10.4.2.1　基于 LAPS 的 DNA 分子成像

在 DNA 分子成像研究中，我们首先将硅表面的自然氧化层去除，再在无水无氧环境下热诱导氢化硅烷化，反应得到十一碳烯酸有机单分子膜修饰 SOS 基底。采用微接触印刷技术（micro - contact printing，μCP）将带正电的聚（烯丙胺盐酸盐）[Poly（allylamine hydrochloride），PAH]图案复制在羧基终端硅表面，最后通过与带负电 DNA 的静电吸附作用，获得 DNA 分子图像[5]。

图 10.5（a）和（b）分别显示了十一碳烯酸修饰 SOS 基底的罗丹明 B 异硫氰酸酯（rhodamine B isothiocyanate，RBITC）标记 PAH 图案的荧光显微镜图，以及在 0.488 V 耗尽区测得的 LAPS 图像，荧光图像与 LAPS 图像表现出良好的一致性。在选定的电压下，PAH 图案上的光电流大于有机单分子表面上的光电流，这主要是由于 PAH 带正电，导致 I - V 曲线向左偏移（ - 41 mV），原位光电流增大[图 10.5（e）和（f）]。由于 PAH 带正电，易吸引带负电的 DNA 分子，形成 DNA 分子图案。图 10.5（c）和（d）分别为 dsDNA 阵列的荧光显微镜图和 LAPS 图。与 PAH 图像相比，DNA 图案的光电流明显降低了，更接近有机单分子层的背景光电流。这主要是由于 DNA 带负电，引起 I - V 曲线向右偏移（ + 20 mV）、原位光电流减小[图 10.5（e）和（f）]。这表明 LAPS 对表面电荷敏感，且能对表面电荷效应进行高分辨的二维成像测量。

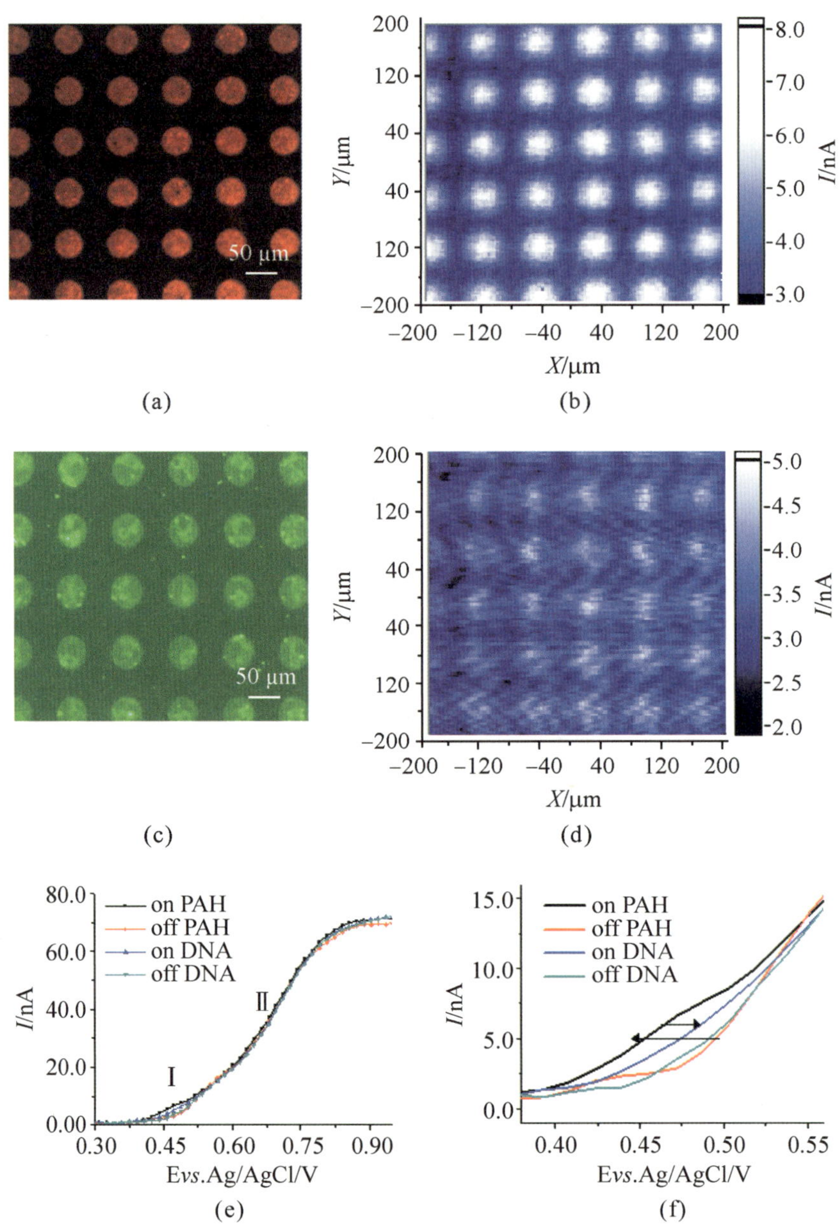

图 10.5 基于 LAPS 的 PAH 与 dsDNA 图案成像结果图及其对应的特异 I－V 曲线图

(a)为 RBITC－PAH 图案的荧光显微照片,(b)为对应的 LAPS 图像;(c)为 dsDNA－PAH 图案的荧光显微照片,(d)为对应的 LAPS 图像,其中 LAPS 图像均在 0.488 V 偏压、pH 值为 7.4 PBS 中测量(扫描范围为 400 μm×400 μm,步长为 2 μm,停留时间为 30 ms);(e)(f)分别为激光聚焦在 PAH 图案、dsDNA－PAH 图案和背景有机单分子上测得的 LAPS 特异 I－V 曲线及其局部放大图。

10.4.2.2 基于 SEPS 的光学定量与成像分析

分光光度法是利用物质所特有的吸收光谱来鉴别物质的存在(定性分析),或利用物质对一定波长光的吸收程度来测定物质含量(定量分析)的方法。它具有灵敏度高、操作简便、快速等优点。我们将分光光度法与光寻址电化学技术相结合,首次提出了扫描电化学光度传感器(SEPS)[6]。首先,将一定大小的偏置电压施加到 SEPS 传感器芯片上,在硅-氧化物或硅-双电层界面处形成反型层电容。同时,将强度调制的 405 nm 激光从电解质溶液一侧聚焦到硅基上以产生电子空穴对。由于仅在照射区域内产生载流子,若使基底相对于激光光束移动,便可获得与传感器芯片上的光学特性相对应的 AC 光电流图。图 10.6(b)展示了培养在硅基底上的 3 个 Hela 细胞的光电流图像,与 CCD 相机拍摄的光学图像显示的状态一致[图 10.6(a)]。在细胞上的光电流比硅基背景上测得的光电流平均降低约 3%,这可能是由于细胞阻抗或附着细胞的吸光效应引起的。

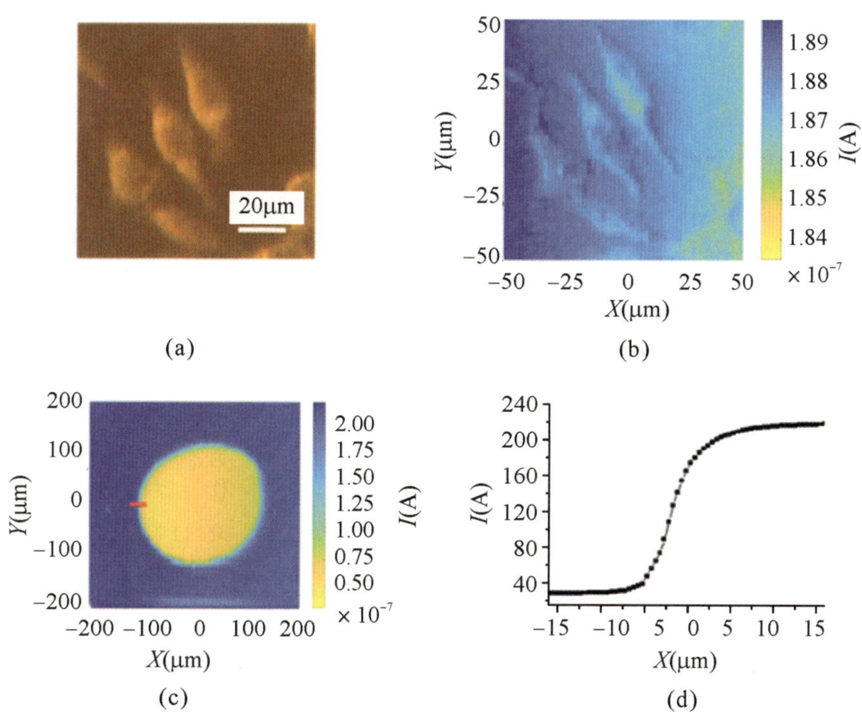

图 10.6 基于 SEPS 的单细胞成像图及其空间分辨率测试

(a)为 Hela 细胞光学显微镜图;(b)为对应的 SEPS 成像图;(c)为黑色墨点的 SEPS 图;(d)为沿图案边缘进行 X 轴光电流扫描的 I-X 曲线(电位为 0.7 V,扫描范围为 30 μm,步长为 0.5 μm,停留时间为 30 ms)。

为证实细胞吸附区域光电流的降低是受细胞吸光效应的影响,我们设置了基于激光背面照射系统的对照实验。结果表明,当激光从 SOS 背面照射时,在相同偏置电压下测量的同一组细胞,未观察到明显的光电流变化。这表明用正面照射测量的细胞的光电流下降主要是由细胞的光吸收造成的。采用具有强吸光性能的黑色墨点对硅基 SEPS 的横向分辨率进行了测量,通过对图案边缘进行光电流线扫描[图 10.6(c)中标记的红线],得到 I - X 曲线[图 10.6(d)],再使用曲线一阶导数的半峰全宽评估横向分辨率,约为 3.2 μm。

作为一种非侵入性、免标记传感器,SEPS 可用于单细胞成像和微区实时定量分析。SEPS 具有与传统的 LAPS 和 SPIM 类似的结构设计,将光从正面扫描硅基传感器基底测量由于分析物的光学特性引起的局部光电流变化。该系统可与 LAPS 和 SPIM 很好地兼容,有望将微区光学分析与电位/阻抗测量集成在一个传感器芯片上。为了实现此配置,将 SEPS 与 SPIM 信号区分开来,可使用其他成本更低的透明基底用于正面和背面照射。此外,采用多波长光源,可扩展其在不同样品中的应用范围。

10.4.2.3 基于 LAES 的单细胞成像

细胞是生物体最基本的结构和功能单位,细胞的大部分生理活动都伴随着特异性氧化还原反应和带电活性粒子的定向有序转移,这些生化反应实质上等效于一系列电化学反应。通过对细胞尤其是肿瘤细胞电化学行为的分析(包括细胞表面荷电、细胞介电行为、细胞黏附特性以及离子通道活动等),可准确地反映细胞生物学行为特性(包括生物学状态、功能及其演化规律),从而为细胞病理生理基础研究以及癌症的辅助诊断与治疗提供重要理论依据。

传统的细胞电化学行为研究主要有电泳、膜片钳技术、细胞钙离子成像等。这些方法只能获取有限的信息,且存在细胞损伤大、需要昂贵的标记、实验条件要求高等缺点,阻碍了肿瘤细胞电化学研究进展。电化学生物传感器的兴起为解决这些问题提供了有效的平台,其中应用较为广泛的是细胞阻抗传感器(electric cell - substrate impedance sensing,ECIS)。它利用细胞膜的电绝缘性,细胞贴壁后改变电极界面阻抗的原理,从宏观上表征细胞尤其是肿瘤细胞的黏附、迁移和凋亡过程。然而,这种大量细胞的整体平均响应会掩盖细胞异质性,对肿瘤的诊断、治疗和预后产生不利影响。细胞异质性是由细胞分化、克隆演化和微环境等因素引起。在研究疾病状态时,从生物体模型和病人中取得的往往是正常细胞和病变细胞的混合物,病变细胞个体间亦存在较大的表型和功能的差异。如近年来提出的肿瘤干细胞,它是肿瘤组织内一小部分具有自我更新及多向分化潜能的细胞,与普通肿瘤细胞具有一定的区别,如何识别并清除肿瘤干细胞是当今抗肿瘤领域的研究热点。又如女性健康杀手的乳腺癌,目前在欧美国家是仅次于肺癌的第二大死因。根据基因组分析,其可分为 5 个亚型(Luminal A、Luminal B、HER - 2、normal - like 与 basal - like),每个亚型细胞的电化学信息表达皆有不同,识别乳腺肿瘤异质性对肿瘤的临床化学治疗具有重要指导意义。因此,从单细胞水平研究不同细胞个体之间电化学行为的区别与联系,避免群细胞的平均效应导致的细节信息丢失,对细胞生物学状态、功能及演化规律的准确表征具有重要意义。

鉴于传统 EIS 场效应结构敏感距离的局限性，我们提出了 ES 结构的调制光扫描 LAES 系统，此系统去除了绝缘层，电极界面允许法拉第电流通过，从而使传感器的敏感距离由德拜常数距离（纳米）扩大到双电层厚度大小（微米）。使用商品化的 ITO 半导体，基于 ITO－溶液界面和聚焦 405 nm 激光构建 LAES 成像系统[7]。

基于改良后的 LAES 系统，我们对培养在 ITO 芯片表面的单个成骨细胞进行了光电流成像，获得了单细胞－基底接触面的电荷分布信息，结果如图 10.7（a）和（b）所示。由图 10.7 可知细胞的光电流图像与 CCD 相机拍摄得到的光学图能很好地吻合。细胞贴附区域光电流降低，这可能是由于细胞表面所带的负电荷以及细胞本身的空间位阻效应阻碍了溶液中 OH^- 离子的靠近，从而降低了其原位氧化光电流。我们发现，细胞上的光电流呈现梯度分布，中心区的光电流最小。这些局部光电流的差异可能是由于细胞表面电荷或细胞膜/基底之间的间隙高度的差异所引起，因为细胞可以物理地阻隔 OH^- 扩散到传感器表面。细胞下方狭窄间隙中 OH^- 的扩散路径在细胞中心最长，导致光电流较低。另外，此系统可对多种不同类型细胞进行成像检测，图 10.7（c）比较了使用 LAES 测试及 Zeta 电位测试法所得到的 MSC、MG63 和 B50 细胞表面电荷大小，可知不同细胞表面所带电荷具有显著差异，LAES 结果与 Zeta 电位测试的结果具有一定的相关性。该方法在光学成像方法之外提供了一种新的无标记电化学成像方法，可对细胞表面电化学信息进行高分辨二维成像。

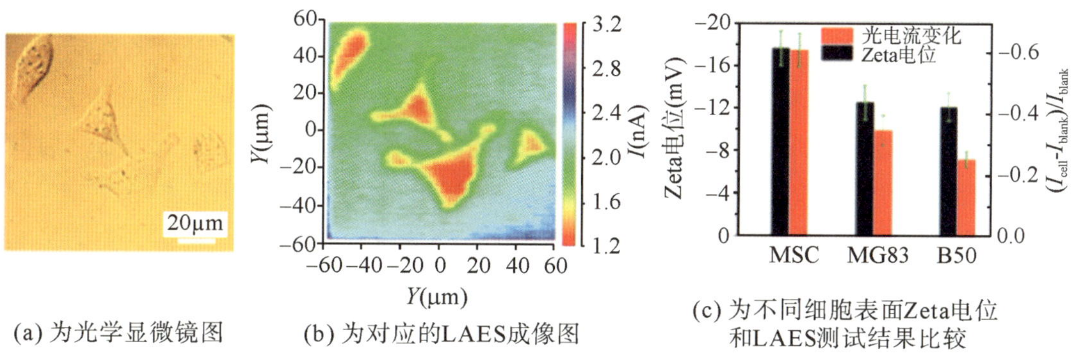

(a) 为光学显微镜图　(b) 为对应的LAES成像图　(c) 为不同细胞表面Zeta电位和LAES测试结果比较

图 10.7　基于 LAES 的成骨细胞成像图及其与细胞 Zeta 电位之间的关系

10.4.2.4　LAES 成像检测抗肿瘤药物诱导细胞凋亡

细胞凋亡或生理性的程序性细胞死亡，在细胞稳态和各种病理过程（包括癌症、卒中和痴呆）中起着关键的作用。细胞凋亡通常呈现明确的形态和生化变化，研究其进展对疾病的早期诊断和疗效评估具有重要意义，特别是目前许多癌症疗法都通过抗癌药物重新启动了细胞凋亡级联反应。迄今为止，已经提出了多种用于细胞凋亡表征的生物学方法，如荧光显微镜成像、流式细胞术、TUNEL 检测及 Caspase 活性测定等。这些方法提供了与细胞凋亡相关的十分重要的生化信息，但无法动态检测细胞凋亡过程，且荧光标记的使用可能会产生光漂白、光毒性等不良影响，不太利于细胞凋亡过程的研究。免标记的生物传感策略，如细胞阻抗传感器、智能等离子体纳米机器人及石英晶体微天平，能够非侵入地实现对细胞凋亡的准确实时检测，但这些方法通常检测大量细胞，所得到的凋亡信息是许多细胞的平均统计结果，因此难以观察细胞凋亡的异质性。

鉴于上述问题，发展可进行实时单细胞分析（single - cell analysis）的免标记检测技术对深入研究细胞活动非常重要。前面已介绍，LAES 已实现单个活细胞表面电荷及细胞裂解动态过程的原位光电化学成像，但对肿瘤细胞凋亡的动态免标记 LAES 可视化研究方面还没有文献报道。在这项工作中，我们基于 $\alpha - Fe_2O_3$ 薄膜半导体材料，利用 LAES 成像技术对药物诱导肿瘤细胞凋亡进行动态免标记可视化研究[8]。以 MCF - 7 细胞作为模式细胞，他莫昔芬抗癌药物作为凋亡诱导剂，通过 LAES 观察了在 MCF - 7 细胞中加入他莫昔芬 1 h 内细胞吸附区的原位交流光电流变化并评估细胞凋亡的异质性。如图 10.8 所示，随着药物刺激的进行，细胞区的光电流呈现明显的动态增加趋势，表明在细胞凋亡过程中细胞附着区与半导体背景区的光电流对比持续减小。LAES 测量后的合并荧光图像证实 MCF - 7 细胞确实发生了凋亡。相比之下，没有药物刺激的对照组细胞区的光电流在 1 h 内没有发生明显的变化，成像结束后也未观察到明显的荧光信号，表明对照组细胞没有发生凋亡。上述结果表明，利用 LAES 成像技术成功观察到了 MCF - 7 细胞的动态凋亡过程，且细胞的凋亡是受到药物诱导而非受到光电流成像的影响的。

另外，为了量化细胞区的交流光电流与空白背景区交流光电流的对比度随时间的变化，我们选取了对照组和药物刺激组每个细胞中心区域的光电流进行研究。我们发现，对于他莫昔芬刺激的细胞，尽管细胞附着区域与空白背景之间的光电流对比度都随时间的增加而下降，但光电流对比度的下降速率和幅度因细胞而异。例如，有的细胞光电流对比度在药物刺激后 30 min 内迅速下降，并在接下来的 30 min 内基本保持不变；有的细胞光电流对比度在整个诱导过程中都呈现下降趋势。而对于无药物诱导的对照组细胞，随着时间的推移，光电流对比度仅有很小的扰动。这一现象反映即使来自同一细胞系的细胞，也可能对相同的凋亡诱导剂产生异质性反应，表明了单细胞分析的意义。

通过文献调研、Zeta 电位测试和电阻抗测试，我们推断细胞凋亡后原位光电流变化可能是由于细胞膜通透性和细胞贴壁状态变化所引起，导致氧化还原物质也可以很容易地穿过细胞膜到达半导体电极表面，半透膜对氧化还原物质的阻碍特性减小，使得光电流增加。与传统电化学阻抗谱测量的较小且为细胞平均信号变化相比，LAES 成像方法具有较高的时空分辨率及细胞凋亡后明显的光电流变化。该技术可在细胞培养基环境中进行细胞凋亡的动态测量，保证了细胞生长所需的正常生理条件以及避免了细胞自然死亡对凋亡信号的干扰，且无须额外的化学探针，为细胞凋亡的可视化研究提供了一种新的非侵入、免标记的成像方法。

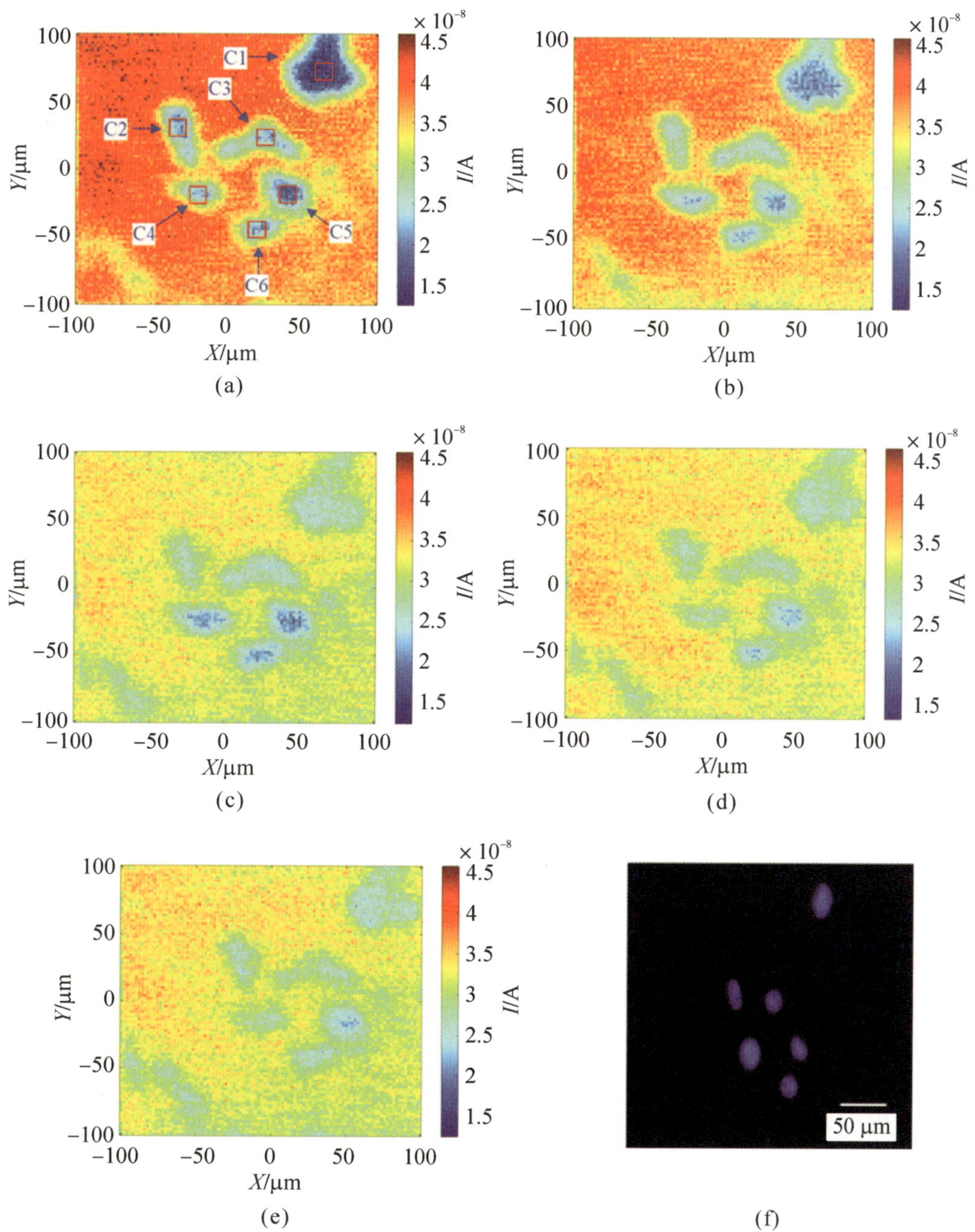

图 10.8　他莫昔芬对 MCF－7 细胞影响的交流光电图及荧光图

他莫昔芬刺激 MCF－7 细胞 0 min(a)、15 min(b)、30 min(c)、45 min(d)和 60 min(e)时的交流光电流图像及相应的 Hoechest 33342/PI 染色荧光图像(f)。

10.5 LAES 在生物安全传感检测中的应用及展望

10.5.1 病毒

困扰人类的病毒不止新冠病毒,不同病毒可引发不同的疾病。已经确定的有伤风、流感、水痘等一般性疾病,以及天花、艾滋病、SARS、禽流感、癌症相关等严重疾病。病毒的快速筛查和诊断是疾病防控的关键环节。

目前最常用的病毒定量检测方法有以下三类:①用于病毒感染力检测的技术,如病毒空斑形成试验,半数组织培养感染剂量 TCID50 测定和免疫荧光等;②病毒核酸和病毒蛋白检测技术,如实时定量聚合酶链反应(real - time quantitative polymerase chain reaction,qPCR)、免疫印迹、免疫沉淀、酶联免疫吸附测定(enzyme linked immunosorbent assay,ELISA)等;③直接对病毒颗粒进行计数的方法,如流式细胞分析或透射电镜技术。以上方法均存在一些局限性,可概括为:①由于干扰而导致的假阳性或假阴性结果;②试剂或设备昂贵;③样品制备过程中的污染风险;④评估时间长;⑤需要专业的工作人员。目前仍需发展新的更为优化的病毒鉴定和定量手段以克服现有检测技术面临的问题,尤其迫于病毒在全球肆虐的严峻现状,使人们愈发意识到研发与储备各种病毒检测手段和仪器设备的紧迫性与重要性。

PEC 具备传统电化学传感器响应快速、灵敏度高、背景信号较低、设备简单、价格低廉等优点,基于 PEC 传感构建的新型生物安全检测技术具有广泛的应用前景。近年来,PEC 传感用于病毒的检测已不断被报道,其主要有 3 种检测形式:病毒颗粒检测、病毒 DNA(RNA)靶序列检测及标志蛋白的检测。

其中,病毒颗粒的检测多基于核酸适体的特异捕获性能。核酸适体是经体外筛选技术筛选出的能特异结合目标物的寡聚核苷酸片段,具有与抗体相似的分子识别功能,同时,还具有合成简单、靶分子范围广、分子量小、易于修饰、化学稳定性好、可常温保存等独特优势,可作为生物样本传感与检测的潜在理想敏感元件。基于核酸适体的病毒颗粒 PEC 检测中,首先将 DNA 捕获探针或核酸适体固定在光电极传感元件上,由于电子供体分子在光电极表面的扩散受阻,PEC 信号减弱。随着待测物病毒的加入,病毒或与核酸适体互补链竞争引起核酸适体在电极表面的脱吸附,或与核酸适体结合引起其构象的变化,前者引起光电流的增加,后者引起 PEC 信号的进一步减弱,最终实现目标病毒的检测。

10.5.2 微 RNA

微 RNA(microRNA,miRNA)作为基因组中一种重要的非编码、进化保守的转录后基因调控因子,因其在生物过程中的重要作用以及与各种疾病的关系受到了各学科的广泛关注。它也是一种新型的肿瘤标志物,具有较高的特异性和敏感性。由于其重要的诊断价值和生物学功能，miRNA 的检测引起了学界的广泛关注。

近十年来，发展了多种高灵敏度、高选择性、高通量检测 miRNA 的方法，如 Northern 印迹分析、qRT – PCR 检测、微阵列、荧光法、电化学法、电化学发光法、PEC 传感等新兴技术。Northern 印迹分析技术被认为是 miRNA 检测的黄金标准方法，但也存在通量低、耗时长、易降解等缺点，并且敏感度较低，无法检测到分子量较低的 miRNA。qRT – PCR 检测技术的灵敏度较高，可实现单个核苷酸差异的检测，但其存在的假阳性和较难的引物设计问题限制了其应用。微阵列技术将已知序列的 DNA 探针固定在尼龙膜或玻璃等固体表面，然后靶 miRNA 分子与互补的 DNA 探针杂交产生特异性信号。作为一种快速、高通量检测 miRNA 的方法，微阵列技术价格高昂，且探针和靶 miRNA 杂交成双链的解链温度较低，增加了错配的概率。荧光法可以应用于细胞的检测，且成本低，适合大规模实验，但其灵敏度提升空间有限。与 Northern 印迹分析、qRT – PCR 检测、微阵列等常规 miRNA 检测技术相比，生物传感器具有仪器便宜、操作简单、响应速度快、灵敏度高等优点。

由于 PEC 生物传感器的明显优势，许多科研工作者致力于 PEC 生物传感器用于 miRNA 检测的研究中。由于 miRNA 样本量少、序列短，并且同家族的 miRNA 序列极相似，为提高检测灵敏度和特异性，高性能光敏材料与光电信号放大策略的结合是目前 miRNA PEC 检测方法发展的主流方向。例如，研究者以 Bi_2WO_6@Bi_2S_3 为光电活性材料，将氧化还原循环与酶催化放大策略相结合，用于 miRNA – 21 的高灵敏检测（图 10.9）[9]。在这项工作中，碱性磷酸酶（ALP）催化抗坏血酸磷酸酯（AAP）水解生成抗坏血酸（AA），从而诱导 FcA^+ 还原为二茂铁甲酸（FcA），启动氧化还原循环放大过程，进而增强 Bi_2WO_6@Bi_2S_3 的光电流响应。在目标 miRNA – 21 存在的情况下，可以触发杂交链式反应来抑制 ALP 活性，从而降低光电流信号。结果表明，该生物测定系统对 microRNA – 21 的检测范围为 1 fM ~ 1 nM，检测限为 0.26 fM，具有潜在的实用价值。

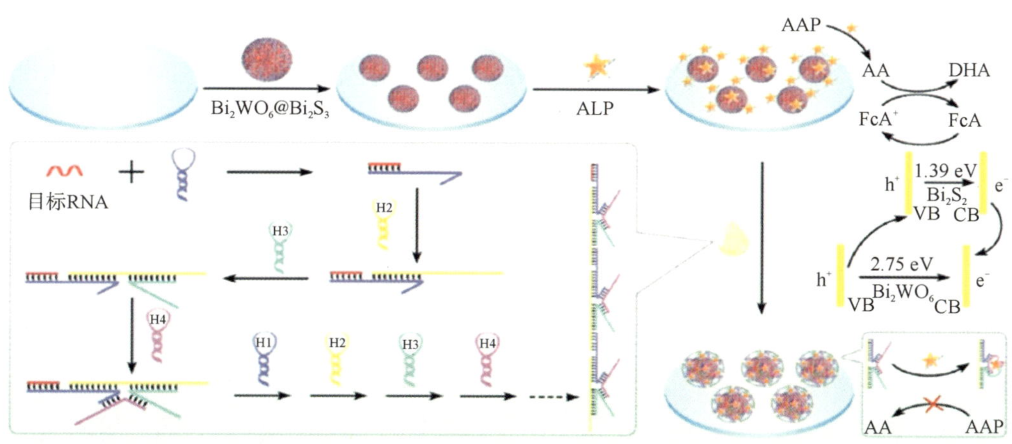

图 10.9 用于检测 miRNA – 21 的双信号放大的 PEC 传感器

10.5.3 真菌毒素

据联合国粮食与农业组织统计,全球每年平均约25%的粮油产品受到真菌毒素的污染,直接损失的农产品多达10亿吨,经济损失高达数千亿美元。受气候和储藏等因素影响,我国是世界上受真菌毒素污染最严重的国家之一。真菌毒素有500余种,直接或间接进入人类食物链,对人和动物具有致癌、诱变、致畸、免疫毒性和雌激素效应。其危害大、防控难,且种类繁多、混合污染具有相加协同效应,对人类生命健康与我国生物安全造成巨大威胁。因此,建立并储备高效精准的真菌毒素检测新手段对捍卫民众生命健康、维护国家生物安全具有重要意义。

真菌毒素的常规检测方法主要包括色谱分析法和免疫分析法。色谱分析法测定精确,但样品前处理复杂,检测过程耗时,需要昂贵的仪器设备,难以满足大量样本的快速检测需求,未能在企业及基层广泛推广使用。目前商品化的真菌毒素定量检测系统多基于光学免疫分析法,具有方便、快速、高灵敏、高特异性等优点,但同时也面临着两个问题:①真菌毒素作为小分子半抗原,表面的抗原决定簇较为单一,抗体制备复杂,成本较高,且稳定性易受外界环境影响;②现有的检测仪与定量检测卡配套使用模式难以一次性读取未知样本中多种真菌毒素的含量,一定程度上限制了此类分析方法的发展与应用。

基于PEC构建的生物传感器结构简单、响应速度快、灵敏度高、背景信号低,在真菌毒素检测研究中凸显出了独特优势。

例如,黄曲霉毒素 B_1(AFB_1)是毒性最强的真菌毒素,广泛存在于食品和动物饲料中,对我们的生命构成严重威胁,Pei等人提出了一种无标记PEC免疫传感器,用于AFB_1的高灵敏检测(图10.10)[10]。采用负载了AuNPs的石墨氮化碳片和三氧化钨球复合材料($g-C_3N_4/Au/WO_3$)作为光电活性材料,此复合材料不仅能够通过AuNPs固定抗体,而且由于具有良好的能带匹配效率,可显著增强电子空穴对的分离。其检测AFB_1的线性浓度范围为1.0 pg/mL~100 ng/mL,检测限为0.33 pg/mL(S/N=3),且具有良好的重现性、稳定性和特异性,为该免疫传感器的实际应用奠定了坚实的基础。

10.5.4 抗生素

抗生素是微生物产生的次级代谢产物或人工合成的类似物。自1929年英国细菌学家弗莱明发现青霉素一类抗生素以来,抗生素便由于其对病原微生物的抑制或杀灭作用而广泛应用于多种感染性疾病的预防和治疗中。随着抗生素的广泛应用,一些弊端和威胁也开始显露。在临床中,抗生素可用于治疗感染性疾病,但是抗生素的使用不当会对人体各系统造成不同程度的损伤,严重时会导致死亡。在畜牧养殖业中,为预防奶牛感染疾病,以获得优质的牛奶,便会在其饲料中添加抗生素。为避免奶制品的腐坏,也会在

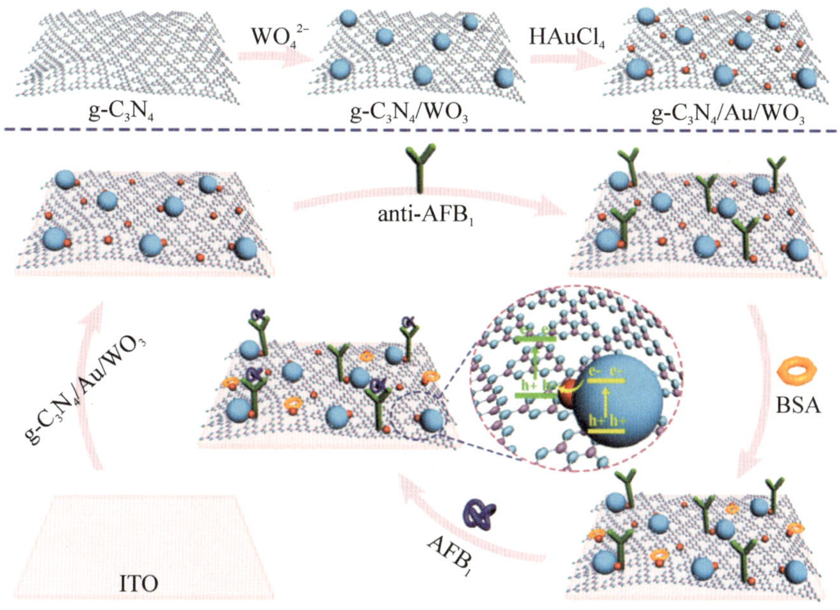

图 10.10　g－C_3N_4/Au/WO_3光电材料的制备流程及其构建的 PEC 免疫传感器示意图

牛奶中加入抗生素，这些都会引起抗生素在牛奶中的残留。畜禽仅能吸收少量抗生素，多余的抗生素会随着粪便排泄到动物体外，对环境、土壤等造成巨大的危害，对生态系统造成沉重负担。因此，为了更好地分析畜禽养殖废水中抗生素对自然界水环境和人类健康的影响，建立一种灵敏、快速、高效、可靠的定性定量检测方法十分重要。

目前抗生素的检测方法主要有高效液相色谱法、酶联免疫法、微生物检测法、分光光度法、电化学分析法等。高效液相色谱法检测精准，但费用昂贵、操作较为复杂。酶联免疫法灵敏度高、特异性强、重复性好，但其操作步骤较多，较为耗时。微生物检测法可直观、特异性地反映抗生素的抗菌活性，但易受到培养基质量、原材料种类、仪器洁净程度的影响。分光光度法仪器操作简单、费用低，但是对样品条件、测量浓度要求高，测定结果不准确。电化学分析法检测准确度高、选择性强、抗干扰性能好，能迅速检测微量抗生素的含量，此外，大多抗生素都具有电化学活性，使用电化学传感器，结合一系列信号放大策略，可实现各类抗生素的高性能检测。

例如，Zhang 等人基于肖特基结与金属敏化的协同策略，提出了一种用于检测卡那霉素（KAN）的 PEC 传感器（图 10.11）[11]。在这项工作中，以 CuO/Pd 纳米复合材料作为 PEC 光电极固定核酸适体。肖特基势垒不仅提供了电子从 CuO 到 Pd 壳转移的不可逆通道，而且在 CuO 和 Pd 壳之间产生了局部表面等离子体共振，从而提高了有效的电荷分离和光吸收。通过与目标核酸适体的杂交，将互补 DNA 功能化的 CdS 量子点（CdS QDs）引入 CuO/Pd 表面，以进一步提高 PEC 传感器的响应。当 CdS 接近 Pd 壳层时，CdS 的费米能级在敏化作用下重新调整，CdS 导带上的光生热电子通过强大的界面电场转移到 Pd 中。在蓝光照射下，光电流的变化取决于与 KAN 孵育前后 Pd 壳表面存储的负电荷量和 CdS 价带上存储的正电荷量。此 PEC 传感器获得了 20 pM 的低检测限和 0.1～500 nM 的宽线性范围。

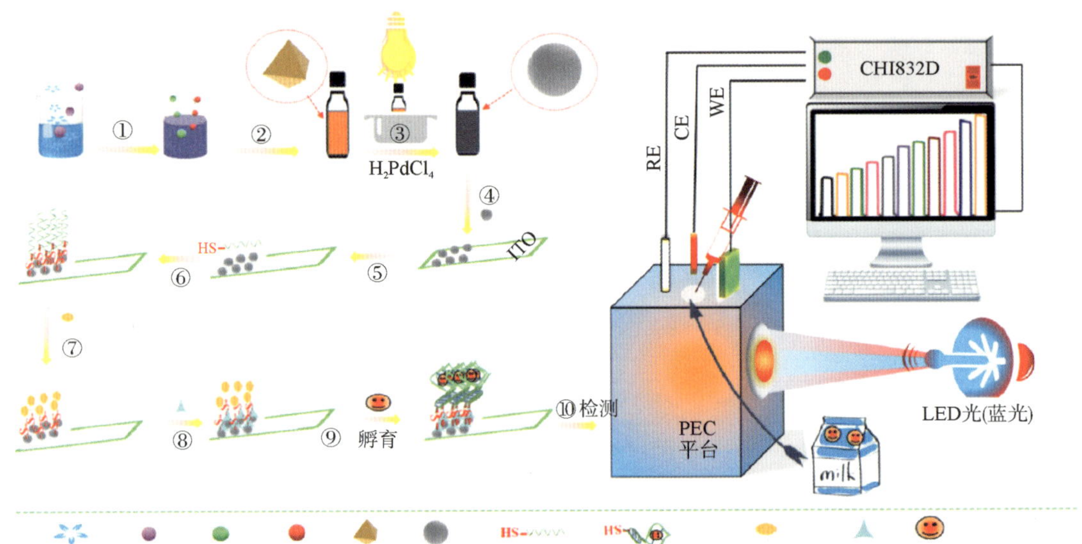

图 10.11　CuO/Pd 光活性材料的合成及其用于卡那霉素检测的 PEC 传感原理示意图

10.5.5　展望

作为 LAES 家族中的重要一员，PEC 在生物安全传感与检测方面取得了重要进展，也是目前发展最为迅速、研究最为广泛的生物安全证据技术之一。然而，由于光源系统、传感芯片系统、数据分析系统等多单元系统的集成化研究不足，目前尚无商品化的 PEC 检测系统问世。更遗憾的是，目前的研究多集中在高性能半导体光电材料的研发，缺乏其在实际应用中的深度考量，且目前的报道仅限于目标物的单通道检测，忽视了 PEC 时空分辨这一重大优势。

LAPS 在目前生物安全领域的应用主要体现在细菌、细胞和各种生物分子（如 DNA、蛋白）的检测，其面临的问题与 PEC 类似，仍处于基础研究阶段，缺少更为系统性的开发与探索。

为进一步推动基于 LAES 的生物安全证据关键技术的发展与应用，还需努力寻求突破口，对敏感元件、换能器、信号放大元件等多单元进行优化与集成，提高传感器的重现性、灵敏度、特异性，同时降低传感器的生产与使用成本。如未来可通过采用便携式阵列光源取代传统激光光源，结合微流控芯片，使用光寻址智能传感与检测模式，设计集成光电信号控制、测量、处理、显示、记录、存储等软硬件模块一体化系统，获得便携高通量生物安全智能分析与检测设备，从而为生物安全领域的精准识别与预警、衡量检测及溯源等方面的工作提供重要的技术支撑，为国家生物安全提供科学证据。

（王 健 张德文 周颖琳）

参考文献

[1] MENG Y, CHEN F, WU C, et al. Light-addressable electrochemical sensors toward spatially resolved biosensing and imaging applications[J]. ACS Sensors,2022, 7(7): 1791 – 1807.

[2] WANG J, CHEN F, GUO Q, et al. Light-addressable square wave voltammetry (LASWV) based on a field-effect structure for electrochemical sensing and imaging[J]. ACS Sensors,2021, 6(4): 1636 – 1642.

[3] WANG J, YANG Z, CHEN W, et al. Modulated light-activated electrochemistry at silicon functionalized with metal-organic frameworks towards addressable DNA chips[J]. Biosensors and Bioelectronics,2019, 146: 111750.

[4] WANG J, CHEN F, YANG Q, et al. Light-addressable electrochemical immunoassay for multiplexed detection of antigen [J]. Sensors and actuators B: chemical, 2023, 374: 132821.

[5] WANG J, ZHOU Y, WATKINSON M, et al. High-sensitivity light-addressable potentiometric sensors using silicon on sapphire functionalized with self-assembled organic monolayers[J]. Sensors and Actuators B: Chemical,2015, 209: 230 – 236.

[6] WANG J, TIAN Y, CHEN F, et al. Scanning electrochemical photometric sensors for label-free single-cell imaging and quantitative absorption analysis[J]. Analytical Chemistry,2020, 92(14): 9739 – 9744.

[7] WU F, ZHOU B, WANG J, et al. Photoelectrochemical imaging system for the mapping of cell surface charges[J]. Analytical Chemistry,2019, 91: 5896 – 5903.

[8] CHEN F, GUO Q, YANG Q, et al. Label-Free Imaging of Cell Apoptosis by a Light-Addressable Electrochemical Sensor[J]. Analytical Chemistry,2023, 95(23): 8898 – 8905.

[9] YI W, CAI R, XIANG D, et al. A novel photoelectrochemical strategy based on an integrative photoactive heterojunction nanomaterial and a redox cycling amplification system for ultrasensitive determination of microRNA in cells[J]. Biosensors and Bioelectronics, 2019, 143: 111614.

[10] PEI F, FENG S, WU Y, et al. Label-free photoelectrochemical immunosensor for afla-

toxin B1 detection based on the Z-scheme heterojunction of g-C3N4/Au/WO3[J]. Biosensors and Bioelectronics,2021, 189: 113373.

[11] ZHANG C, ZHOU L, PENG J. Blue-light photoelectrochemical aptasensor for kanamycin based on synergistic strategy by Schottky junction and sensitization[J]. Sensors and Actuators B: Chemical,2021, 340: 129898.

第 11 章 核酸质谱技术

核酸质谱技术（mass spectrometry of nucleic acid）是多重 PCR、高通量芯片和飞行时间质谱的结合，提供了一种高效、准确且高度集成的核酸检测方法，提高检测通量、特异性和灵敏度的同时，还能够减少交叉污染和背景噪声。这种技术的实施需要专业的设备和技术支持，以及严格的实验操作和质量控制流程。核酸质谱已成为继 PCR 和 NGS 之后的又一个分子诊断新平台。

11.1 核酸质谱技术 SNP 分型概述

核酸质谱技术是一个充满活力的研究领域，随着技术的不断进步，它的应用将越来越广泛。荧光定量 PCR 检测速度快，但通量有限，无法方便快捷地满足对于多基因数十个至数百个位点的检测需求；而基因组测序和阵列技术在发现全基因组单核苷酸多态性（SNP）基因分型的使用中变得越来越普遍，但是，GWAS 和阵列分析，检测 SNP 数量从 50 万到 500 万不等，在实际应用中通常只有几十个 SNP 基因分型，但 GWAS 和阵列生成的绝大多数数据都是多余的，其检测成本高、项目检测周期长、检测的数据也需专业的分析解读，技术门槛较高；目前最为常用的 SNP 检测手段主要为测序技术、荧光定量 PCR 技术、基因芯片技术等，但是在实验操作、时间、成本、数据分析难易度等方面各有利弊，总体来说并不完全适合多基因多位点的检测需求。

核酸质谱技术能够有效地对数十到数百个 SNP 进行基因分型，从检测设计到质谱分离，再到基因型数据的生成，一次分析产生 30720 个 SNP 基因型，这种方法在提高核酸检测效率和准确性方面具有显著优势。

飞行时间质谱平台是国际通用的 SNP 研究平台，基于飞行时间质谱(time of flight mass spectrometry, ToF MS)完成的 SNP 检测准确率可达 99.9%，除了准确性高、灵活性强、通量大、检测周期短等优势外，最有吸引力的是其性价比。该方法凭借其科学性和准确性已经成为该领域的新标准。

11.2 核酸质谱技术基本原理

核酸质谱技术是基于质谱仪检测带有特定标签的核酸分子，通过测量其质量和电荷比(m/z)来鉴定和定量核酸序列的一种技术。质谱仪工作原理是将样品分子离子化，产生带电粒子，然后在电磁场中根据其质荷比进行分离，检测器记录不同质荷比的粒子强度，从而得到质谱图(图 11.1)。

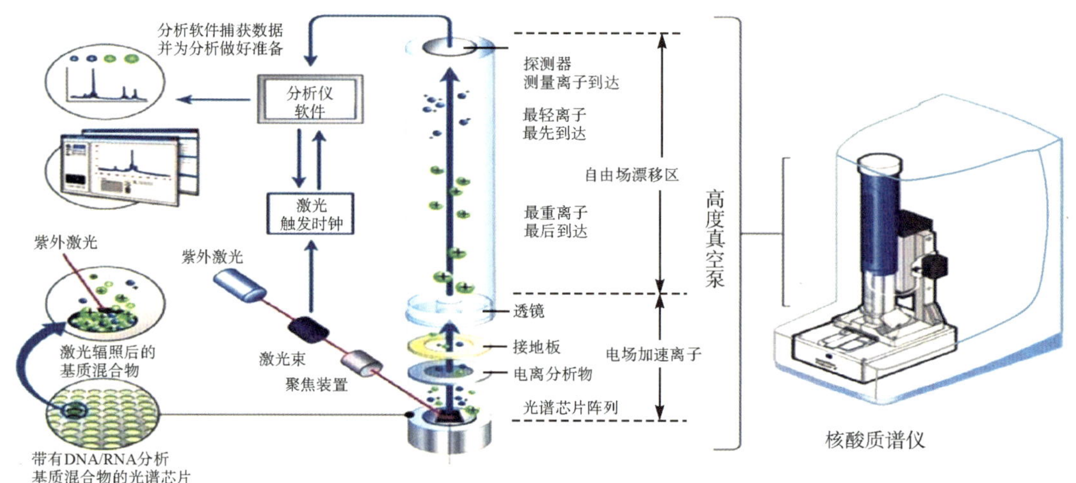

图 11.1　核酸质谱技术原理结构示意图

核酸质谱技术是一种结合了多重聚合酶链反应、高通量芯片技术和飞行时间质谱的核酸检测方法，用于定量分析基因表达水平、发现和研究遗传变异，以及进行基因组学研究。

(1)多重聚合酶链反应：允许同时扩增和检测多个目标 DNA 序列，显著提高了检测效率；通过选择性扩增目标序列，多重 PCR 可以减少非特异性的背景信号，提高检测的特异性；可扩增低丰度的 DNA 序列，从而提高了检测灵敏度。

(2)高通量芯片技术：可同时检测大量样本，实现了高通量检测；芯片上的探针与特定核酸序列高度特异性结合，减少了非特异性结合的可能性；芯片技术可以快速筛选出目标序列，加快检测过程。

(3)飞行时间质谱：可精确测定带电粒子的质量和电荷比，从而准确识别和定量 DNA 片段；提供高分辨率的质量分析，可以区分分子量相近的 DNA 片段；高灵敏度和高分辨率有助于减少实验过程中的交叉污染问题。

核酸质谱技术判断 SNP 分型主要基于 PCR 和单碱基延伸技术(图 11.2)[1]。通过 PCR 引物对含待检 SNP 的目标片段进行扩增,PCR 结束后加入虾碱性磷酸酶(SAP)去除反应液中的 dNTP;在反应液中加入 SNP 延伸引物及 ddNTP 等相关组分并进行单碱基延伸反应,反应过程中 SNP 延伸引物可与待测 SNP 的 5′端序列结合并延伸一个碱基,根据不同的 SNP 模板可得到不同的延伸产物,例如,SNP 位点模板为胞嘧啶(C),则延伸鸟嘌呤(G),SNP 模板为腺嘌呤(A),则延伸胸腺嘧啶(T);反应液与树脂混合进行离子交换用于去除液体中吸附于 DNA 片段上的 K^+、Na^+、Mg^{2+} 等离子,防止其干扰质谱检测结果;反应液与基质在靶板上结晶,进行质谱检测并得到图谱。由于各延伸产物分子量不同,因此可以在各自的分子量位置查看是否出现检测峰,然后判断该样品的 SNP 分型。

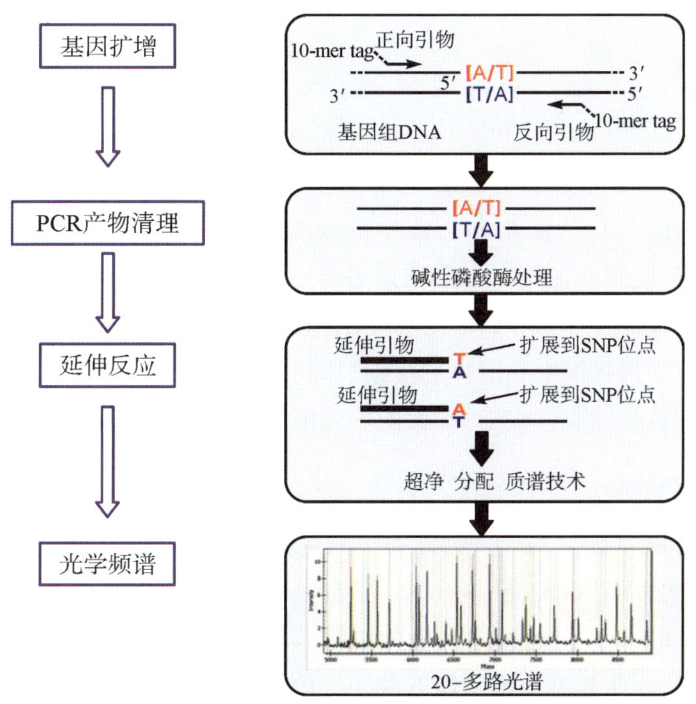

图 11.2 基于 PCR 扩增和单碱基延伸技术的核酸质谱技术 SNP 基因分型原理

根据对样本的解离和检测原理,核酸质谱技术主要可以分为以下几类。

(1)飞行时间质谱(ToF MS):是基于分子在电场中飞行时间的不同来实现分离和检测的技术。基本原理是将样品分子离子化后,在电场中加速,并在磁场中根据质荷比(m/z)进行分离。不同质量的分子会有不同的飞行时间,因此可以通过时间来区分不同的分子。这种技术常用于 DNA 测序、基因表达分析和单核苷酸多态性(SNP)检测。

(2)基质辅助激光解吸/电离质谱(matrix-assisted laser desorption/ionization, MALDI-MS):是一种软电离技术,常用于分析大分子如蛋白质、核酸和多糖。基本原理是使用激光脉冲照射样品和基质混合物,基质辅助激光解吸产生气态离子,然后这些离子进入质谱仪进行分析。这种技术适合于高通量的分子分析,如蛋白质组学和基因组学。

(3)离子阱质谱(ion trap MS):使用一个电场和磁场相结合的离子阱来捕获和操纵离子。基本原理是通过改变电场的强度来控制离子的运动,从而实现对离子的精确质量分析。这种技术适合于灵敏的定量分析和结构鉴定。

(4)等离子体解吸质谱(plasma desorption MS):是一种软电离技术,用于分析大分子。基本原理是将样品置于等离子体中,等离子体提供足够的能量使样品分子解吸并电离,然后,这些离子被引入质谱仪进行分析。这种技术适合于分析不易挥发的样品。

11.3 核酸质谱技术实验流程

11.3.1 样本准备与核酸提取

从生物样本或细胞培养物中提取核酸(DNA 或 RNA),生物样本类型包括从全血或白细胞组分、脸颊刷收集的细胞和唾液中提取的 DNA、绒毛膜绒毛样本、羊水、新生儿 DNA、血卡,并在室温储存备用。使用浓度在 5 ~ 10 ng/μL 的系统推荐范围内的高质量 DNA,通常为 1.8 或更高的 260/280 比值;采用标准的生物安全操作规程,佩戴手套、口罩和护目镜,避免直接接触样本和潜在的生物风险;使用商业化的核酸提取试剂盒,按照说明书进行操作;在核酸提取过程中,确保使用无菌的水和试剂,避免污染。

11.3.2 订购和制备 PCR 和延伸引物

根据“寡核苷酸订购文件”中包含的序列对寡核苷酸进行排序。应订购一定量的 25 nmol PCR 引物和 100 nmol 延伸引物。所有引物均应脱盐以去除小分子杂质,并以冻干形式递送;冻干的 PCR 引物正向和反向应复溶至 100 μM,并使用 Milli-Q 水将延伸引物复溶至 500 μM,这些复溶引物用作下游使用的储备引物,储存在 -20 ℃冰箱中,直到需要为止,在用于延伸反应之前,需要将延伸引物合并并调整。

11.3.3 基因分型过程

扩增 DNA 样本以获得特定的目标序列。在 PCR 扩增过程中,通过设置合适的扩增反应循环程序,以及阳性对照,以确保扩增效率和特异性。

1. 聚合酶链反应(PCR)

PCR 扩增含有目的 SNP 的 DNA 序列,并通过纯化去除未结合的 dNTPs。试剂混合物的制备可以使用单通道或(优选)多通道移液器和重复分液器手动进行,或使用液体处理和分液机器人进行机器人操作。下面描述的方案可适用于手动和机器人移液。Taq 聚合酶的用量取决于复合扩增位点的多少,低重检测(即≤26SNP)中使用的 Taq 量更少,是高重检测(>26SNP)中使用的 Taq 量的一半(表 11.1)。

表 11.1　低重和高重检测的 PCR 反应混合液　　单位:μL

混合液		低重(≤26SNP)		高重(>26SNP)	
试剂	在 5 μL 体系中的浓度	×1	×400	×1	×400
重蒸水	—	1.9	760	1.8	720
缓冲液	1×(2 mM $MgCl_2$)	0.5	200	0.5	200
氯化镁	2 mM	0.4	160	0.4	160
dNTPs	500 μM	0.1	40	0.1	40
引物混合物	100 nM	1.0	400	1.0	400
Taq 聚合酶	0.5 U/1 U	0.1	40	0.2	80
总体积	—	4	1600	4	1600

PCR 扩增条件,在 95℃下循环反应 2 min,然后在 95℃下循环 45 次,持续 30 s,56℃下循环 30 s,72℃下循环 1 min,然后进行 72℃的最终延伸步骤 5 min,4℃下冷却。

虾碱性磷酸酶(SAP)用于中和 PCR 反应中未掺入的 dNTP(表 11.2)。SAP 从未掺入的 dNTP 中切割磷酸盐,使其不适合在 iPLEX 延伸反应中加入核苷酸。

表 11.2　虾碱性磷酸酶(SAP)混合液　　单位:μL

混合液	×1	×410
重蒸水	1.53	627.3
10×缓冲液	0.17	69.7
虾碱性磷酸酶(1.7 U/μL)	0.3	123
总体积	2	820

去除未掺入的核苷酸条件,将反应液在 37℃下孵育 40 min,将酶在 85℃下加热灭活 5 min,4℃下冷却。

2. 引物延伸(primer extension,PEX)

纯化后的 PCR 产物,针对每个靶点 SNP 设计一条延伸引物,在以 ddNTPs 为底物的体系中进行单碱基延伸,每个 SNP 的等位基因延伸产物仅为末端一个碱基的差异。用于 384 孔板的低重和高重检测扩展混合液(表 11.3)。

表 11.3 低重和高重检测的延伸混合液 单位:μL

混合液	低重(≤18SNP)		高重(>18SNP)	
试剂	×1	×410	×1	×410
重蒸水	0.74	303.2	0.62	253.8
缓冲液	0.2	82	0.2	82
终止混合液	0.1	41	0.2	82
延伸引物混合物(从 Agena 获得)	0.94	385.4	0.94	385.4
iPLEX 酶	0.02	8.4	0.04	16.8
总体积	2	820	2	820

单碱基延伸条件,使用包含两个循环的 200 短步程序循环反应;在 94℃下变性 30 s,然后在 94℃下循环 40 次,持续 5 min,52℃下循环 5 s,80℃下循环 5 s。以 72℃的扩展步骤结束程序 3 min,4℃下冷却。引物延伸反应大约需要 3.5 h 才能完成循环。

3. **纯化**

使用 Clean Resin 离子交换树脂对产品进行质谱分析前的脱盐处理,即纯化。

11.3.4 质谱仪器校准与分析

分析之前对质谱仪器进行校准,校准过程通常包括调整仪器的质量范围、分辨率和其他参数,以确保准确性和重复性。将分析物转移到芯片上,并通过质谱仪发射分析物。使用 MALDI-TOF 分析仪采集基因型谱图,使用激光或其他能量源对样品靶上的核酸分子进行离子化。收集质谱数据,包括质量图、强度图和峰参数,完成后输出数据文件。

11.3.5 数据分析

对收集到的质谱数据进行基线校正、峰检测、峰归属和定量分析。使用专门的生物信息学软件(如 Mascot、PeakView 或 Proteomics Express)进行数据解析。

11.3.6 质量控制

在实验过程中,定期进行质量控制检查,如使用已知标准物质进行仪器校准,进行内部或外部质量评估,确保实验数据的准确性和可靠性。

11.3.7 实验室清洁和生物安全

在实验结束后,彻底清洁实验室,包括设备和工作台面。处理废弃物,如核酸提取试剂、扩增产物和质谱样品,按照当地的环保规定进行。

在整个实验操作流程中,必须遵循严格的安全操作规程,以确保实验室人员的安全和实验数据的可靠性，包括使用个人防护装备、避免交叉污染、正确处理生物废弃物和化学品，以及定期进行实验技能培训。

11.4 核酸质谱技术在生物安全证据中的应用

核酸质谱技术在生物安全领域发挥着重要作用，为病原体检测、监控和控制提供了强大的工具，随着核酸质谱技术的不断进步，其在生物安全领域的应用将更加广泛，为保护公共健康和生物安全作出更大贡献。

11.4.1 核酸质谱技术在病原体检测与监控中的应用

核酸质谱技术能够快速、准确地检测和识别各种病原体，包括细菌、病毒、真菌和寄生虫等。这对于生物安全至关重要，因为这些病原体可能引起传染病暴发，威胁公共健康。例如，通过 MALDI-ToF MS 技术，可以在短时间内对临床样本中的病原体进行鉴定，从而及时采取控制措施。核酸分析所使用的质谱电离技术主要为基质辅助激光解吸电离，分子量检测范围可达到 50 万道尔顿，打破了以往质谱仅可进行小分子物质分析的限制，使得研究范围扩大到核酸、蛋白质等生物大分子，极大地推进了基因组学和蛋白质组学的发展，给生物科学及医学领域带来了突破。核酸质谱可进行基因的 SNP、基因突变、DNA 甲基化及拷贝数变异(CNV)分析，广泛应用于药物基因组学、肿瘤分析、肿瘤液态活检、病原体检测、遗传性疾病和甲基化研究等领域，迄今为止临床上还鲜有其他检测平台可以兼顾多种组学层次的检验分析。核酸质谱分析经过多年研发，继飞行时间质谱仪取得微生物鉴定医疗器械注册证书后，同时也在核酸质谱领域开发了多个应用并陆续开始生产转化，如多种食源性致病菌联检、军团菌检测、耐药基因位点检测、癌症早筛、冠状病毒检测和甲基化检测；并参与了多个相关国标和行业标准的制定工作。

11.4.2 法医 DNA 表型分析

法医 DNA 表型(forensic DNA phenotyping，FDP)分析可以更好地了解身高、肤色、眼睛颜色、头发的结构和形状、是否秃顶等表型特征和相关遗传变异。以 STR 为主体 DNA 遗传标记和数据库不含有法医 DNA 表型信息，数据库中没有嫌疑人 DNA 图谱的情况下，寻找嫌疑人几乎没有可能性。FDP 分析可以通过从犯罪现场 DNA，预测外部可见特征(externally visible characteristics，EVC)发现嫌疑人[2]。未来 FDP 肯定会为个人识别提供新的维度和应用前景。

FDP 技术是从数十年来通过全基因组关联研究鉴定与特定特征统计相关的 SNP 的研究中发展起来的(图 11.3)。已经鉴定出可以在 PCR 多重检测中分型并使用统计模型分析的一小部分 SNP，这些模型可以高精度地预测感兴趣的 EVC。最近的研究为人类色素沉着特征的预测，主要包括眼睛和头发的颜色，以及肤色。单核苷酸多态性(SNPs)是最常见的遗传型信息，同时可以提供表型信息，例如推断 DNA 样本的祖先和表型皮肤、眼睛和头发颜色。

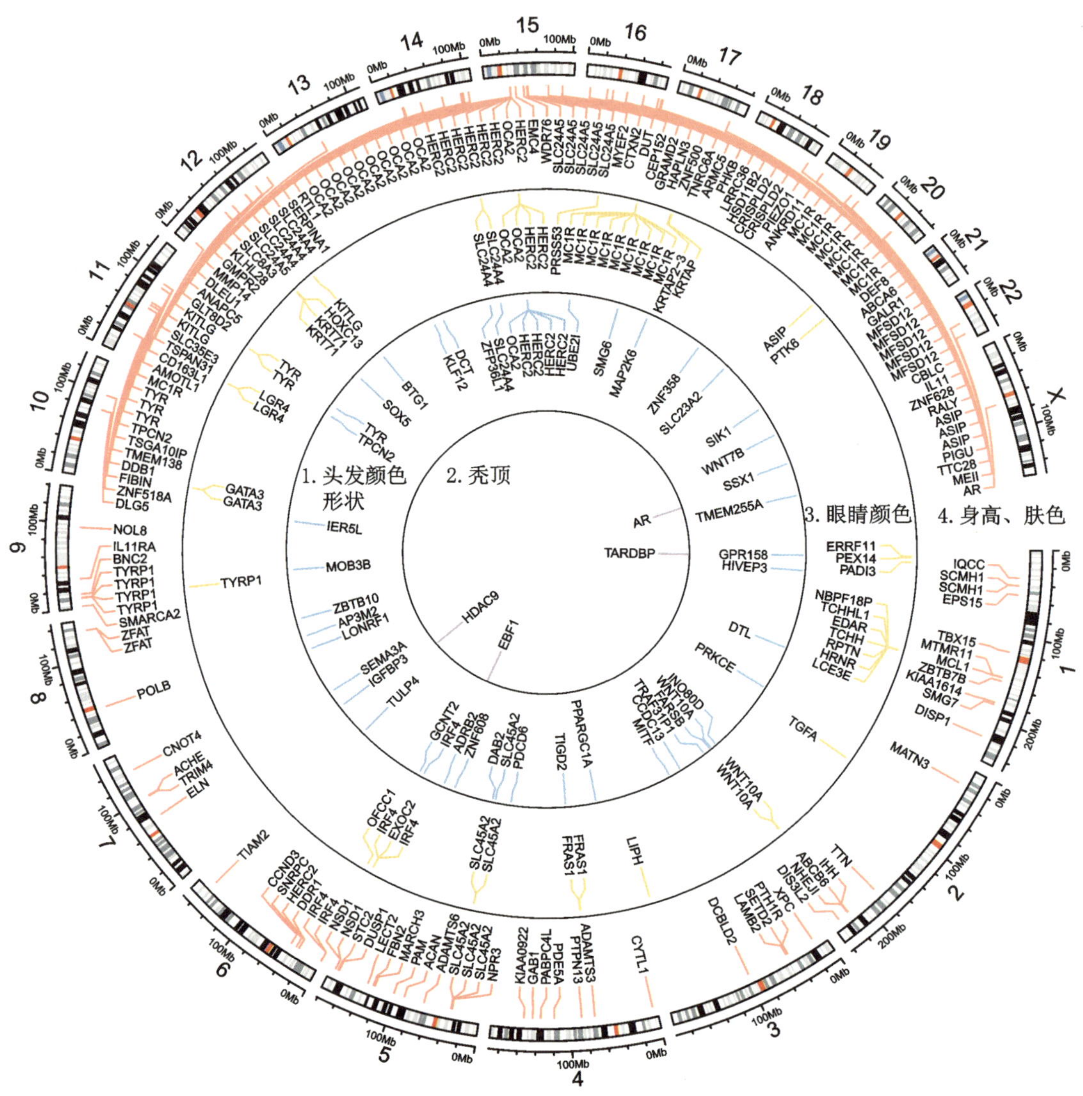

图 11.3　相关法医 DNA 表型在基因组分布

1. 身高或身材候选基因和 SNP 选择

从基因型预测复杂的特征(如人类身高)，许多潜在基因对身高的遗传影响仍然了解有限[3]。迄今为止，GWAS 只能确定负责成人身高变异遗传多样性的较小部分的 SNP(表 11.4)。基于 689 个身高相关 SNP 的预测模型在欧洲人中预测极高身材的准确率达到了 ~75%[4]。人类身高是一个复杂的多基因特征，在未来需要开发涉及有效性回归分析和神经网络的数学模型，用于通过增加涉及大规模人群研究的身高相关 DNA 变异的数量来提高身高预测。

2. 发型候选基因和 SNP 选择

头发的形状即直发、波浪形或由嵌入毛囊的形状决定。圆形毛囊产生直发，“S”形毛囊产生卷发。毛囊的形式是在胚胎发育过程中确定的，但促成的遗传因素仍然不精确。鉴定分别位于三个基因中的三个 SNP：*TCHH*（rs11803731），*WNT10A*（rs7349332）和 *FRAS1*（rs1268789）为欧洲人头发形态预测的基因测试的发展奠定了基础。在欧洲人中获得了 ~66% 的预测准确率，在非欧洲人中达到了 79% 的预测准确率[2]。对欧洲人的直发、波浪发和卷发的预测准确率分别为 ~67%、~60% 和 ~60%，非欧洲人对直发、波浪发和卷发的预测准确率分别为 ~80%、~61%、~74%。

3. 秃顶候选基因和 SNP 选择

雄激素性脱发或男性型秃发（MPB）的遗传风险与位于 X 染色体 AR/EDAR2 区域的 SNP 密切相关。五个最佳预测因子（AR-rs5919324、20p11region-rs1998076、EBF1-rs929626、TARDBP-rs12565727 和 HDAC9 – rs756853）的准确度为 76.2%。英国爱丁堡大学的 Saskia P. Hagenaars 等人建立了一个准确率为 78% 的预测算法[5]，以识别脱发风险最大的个体。

4. 面部复合材料候选基因和 SNP 选择

在过去的二十年，研究从遗传标记中近似个体面部特征的外观取得了重大进展[6-7]。人脸可以被认为是一种复杂的多基因特征，截至 2018 年进行的早期 GWA 研究已经报告了 50 多个与正常面部表型变异相关的遗传位点（*DCHS2*，*PDE8A*，*SCHIP*，*ASPM*，*DLX6*，*DYNC1L1*，*EDAR*，*MTX2*，*WDR27*，*PAX3*，*TP63*，*PABP1C1L2A*，*OSR1*，*EYA4*，*PKDCC*，*EPHB3*，*DVL3*，*SOX9*，*CASC17*，*KCTD15*，*DHX35*，*GL13* 为复杂的面部特征提供了潜在的遗传变异证据，可以整合到预测模型中。

5. 统计分析

表 11.4 总结了各种外部可见特征相关的 SNP。统计分析支持的基因型关联数据，发展为用少量 SNP 准确预测外部可见特征或表型工具，下面各种表型性状及其相关的遗传决定因素。与人类 EVC 相关的各种外部可见特征的遗传决定因素）中。包含所有这些上述特征的预测模型对于法医调查非常有用。大多数 EVC 是复杂的多基因性状。建立可靠的 EVC 预测模型需要基因组科学、机器学习算法和统计工具的协作方法。

DNA 表型数据库从犯罪现场 DNA 预测外部可见特征引领了法医基因组学智能识别的新时代，建立法医 DNA 表型（FDP）数据库。对不同人群的 GWA 研究已经确定了一系列 SNPs 和相关表型性状（表 11.8）。通过 DNA 分析可以获得一个人的外貌信息。这些信息可以有效地用于法医调查，通过 DNA 分析预测个体的外部可见特征。

表 11.4　单核苷酸多态性（SNP）与表型信息对应关系

参考 SNP	染色体定位	对应表型
rs3114908	16	皮肤
rs1800414	15	皮肤
rs10756819	9	皮肤
rs2238289	15	皮肤
rs17128291	14	皮肤
rs6497292	15	皮肤
rs1129038	15	皮肤
rs1667394	15	皮肤
rs1126809	11	皮肤
rs1470608	15	皮肤
rs1426654	15	皮肤
rs6119471	20	皮肤
rs1545397	15	皮肤
rs6059655	20	皮肤
rs12441727	15	皮肤
rs8051733	16	皮肤
rs3212355	16	毛发
rs796296176	16	毛发
rs11547464	16	毛发
rs885479	16	毛发
rs1805008	16	毛发
rs11538871	16	毛发
rs1805005	16	毛发
rs1805006	16	毛发
rs201326893	16	毛发
rs28777	5	毛发
rs2402130	14	毛发
rs2378249	20	毛发
rs683	9	毛发
rs16891982	5	眼睛

续表 11.4

参考 SNP	染色体定位	对应表型
rs12203592	6	眼睛
rs1800407	15	眼睛
rs12913832	15	眼睛
rs12896399	14	眼睛
rs1393350	11	眼睛
rs10488710	11	个体识别
rs2920816	12	个体识别
rs1058083	13	个体识别
rs221956	21	个体识别
rs13182883	5	个体识别
rs1821380	15	个体识别
rs6811238	4	个体识别
rs430046	16	个体识别
rs576261	19	个体识别
rs10092491	8	个体识别
rs560681	1	个体识别
rs1736442	18	个体识别
rs4364205	3	个体识别
rs445251	20	个体识别
rs7041158	9	个体识别
rs13218440	6	个体识别
rs9786184	Y	个体识别
rs2032652	Y	个体识别

近年来第一个基因型－表型关联数据库出现，FDP 技术预测头发、眼睛和皮肤颜色，特别是身高、头皮、头发的形状和结构、是否秃顶和其他面部特征取得了进展。但是，由于缺乏大规模的基因组关联数据，关于人类面部特征遗传决定因素的知识仍处于起步阶段。未来研究将核酸质谱技术和 FDP 技术结合起来，会显著减少基因型－表型关联数据库积累费用成本，将在全球不同的人群中鉴定新的标记和基因型－表型关联数据库，全面了解人类外观的遗传基础，它无疑为未来开拓一系列个体识别、种族溯源、多模生物特征识别等人类鉴定领域铺平了道路。

11.5 核酸质谱技术展望

核酸检测质谱技术在临床应用领域,包括药物基因组学检测、传染性疾病检测、遗传病筛查、肿瘤相关检测和健康管理等具有广泛的应用前景。

11.5.1 药物基因组学检测

药物基因组学是通过分析个体的基因组信息来预测个体对特定药物的反应。核酸检测质谱技术在这一领域的应用主要包括检测药物代谢酶和药物靶点的基因变异。例如,通过检测细胞色素 P450 酶家族中的 *CYP2D6*、*CYP2C19* 等基因的变异,可以预测个体对某些药物的代谢速度,从而为个体化药物治疗提供依据。此外,核酸检测质谱还可以用于检测药物靶点的基因变异,如乙型肝炎病毒(HBV)的基因突变,以指导抗病毒药物的选择。

11.5.2 传染性疾病检测

核酸检测质谱技术在传染性疾病检测领域的应用主要体现在病原体的快速检测和抗药性监测。例如,通过检测乙型肝炎病毒(HBV)、丙型肝炎病毒(HCV)等病原体的基因序列,可以快速诊断相应的肝炎疾病。此外,核酸检测质谱还可用于监测病原体的抗药性变异,如流感病毒的抗药性突变,从而为抗病毒药物的选择提供依据。

11.5.3 遗传病筛查

遗传病筛查是通过检测遗传突变来预防或早期诊断遗传性疾病。核酸检测质谱技术在这一领域的应用包括单核苷酸多态性(SNP)分型、大片段结构变异的检测等。例如,通过检测囊性纤维化病(CF)的基因突变,可以早期诊断该疾病。此外,核酸检测质谱还可以用于新生儿筛查,如检测先天性甲状腺功能减退症(CTH)的基因突变。

11.5.4 肿瘤相关检测

核酸检测质谱技术在肿瘤相关检测领域的应用主要包括肿瘤的早期诊断、治疗监控和预后评估。通过检测肿瘤相关基因的突变和肿瘤标志物,可以辅助诊断肿瘤、监测治疗效果,并预测疾病复发。例如,通过检测乳腺癌相关基因 *BRCA1* 和 *BRCA2* 的突变,可以提高乳腺癌的早期诊断率。

11.5.5 健康管理

在健康人群中,核酸检测质谱技术可以用于风险评估和早期警示。通过检测特定的遗传标记,可以预测个体未来患某些疾病的风险。这种预防性的应用需要大量的数据积累和深入的生物信息学分析。例如，通过检测心血管疾病相关基因的变异，可以评估个体未来患心血管疾病的风险，从而采取相应的预防措施。

总之，核酸检测质谱技术在药物基因组学检测、传染性疾病检测、遗传病筛查、肿瘤相关检测和健康管理等领域具有广泛的应用前景。随着技术的不断进步和成本的降低，核酸检测质谱技术在临床应用中的潜力将得到进一步的发挥。

（成 诚 李魏强 管培中）

参考文献

[1] ELLIS J A, ONG B. The MassARRAY((R)) system for targeted SNP genotyping[J]. Methods Mol Biol, 2017, 1492:77-94.

[2] DABAS P, et al. Forensic DNA phenotyping: Inferring phenotypic traits from crime scene DNA[J]. J Forensic Leg Med, 2022, 88:102351.

[3] KAISER J. Growth spurt for height genetics[J]. Science, 2020, 370(6517):645.

[4] YENGO L, SIDORENKO J, KEMPER K E, et al. Meta-analysis of genome-wide association studies for height and body mass index in approximately 700000 individuals of European ancestry[J]. Hum Mol Genet, 2018, 27(20):3641-3649.

[5] HAGENAARS S P, DAVID H W, HARRIS S E, et al. Genetic prediction of male pattern baldness[J]. PLoS Genet, 2017, 13(2):e1006594.

[6] LIU C, LEE M K, NAQVI S, et al. Genome scans of facial features in East Africans and cross-population comparisons reveal novel associations[J]. PLoS Genet, 2021, 17(8): e1009695.

[7] WHITE J D, INDENCLEEF K, NAQVI S, et al. Insights into the genetic architecture of the human face[J]. Nat Genet, 2021, 53(1):45-53.

第 12 章 小型液相色谱技术

近年来,生物安全问题日益复杂,构筑生物安全防线需针对生物安全威胁进行快速研判和预警,然而利用大型检测设备进行样品分析时,难以实时反映动物、人类和环境传播等活动中的生物安全证据,生物安全证据需要更为便携式和自动化的技术进行现场实时分析。小型化液相色谱(miniaturized liquid chromatography)系统是在传统高效液相色谱基础上发展出来的,具备试剂消耗小、分析灵敏度高等优点,其系统体积和重量的减小也使其具有便携的特点,可以适用于生物安全证据的原位分析检测,在生物安全风险预警和证据溯源中有着广阔的应用前景。

12.1 小型液相色谱技术概述

12.1.1 小型液相色谱的发展历程

1906 年,俄国植物学家茨维特(Tsweet)在他发表的文章中首次提到了"色谱"这一概念。茨维特利用$CaCO_3$作为固定相,将萃取了植物叶中叶绿素的石油醚从一根主要装有$CaCO_3$的玻璃管上端加入,沿管持续用石油醚淋洗玻璃柱管,结果按照不同色素的吸附顺序在管内观察到了它们相应的色带。他将实验中呈现的色带称为色谱图(chromatogram)[1],将此类方法称为色谱法(chromatographic method)并一直沿用至今。随后,色谱技术开始迅速发展。1941 年,马丁(Matin)和辛格(Synge)联合发明了液-液分配色谱法。1944 年,康斯坦因(Consden)和马丁(Matin)等发明了纸色谱法,1952 年又发明了气相色谱法。到 20 世纪 60 年代,研究者们将气相色谱分析(gas chromatography,GC)中获得的理论与实践经验应用于液相色谱，从而诞生了高效液相色谱法。高效液相色谱法（high performance liquid chromatography，HPLC）是在传统液相色谱分析技术的基础上选择较微细的颗粒作为更加高效的固定相，同时利用高压泵取代传统液相色谱的重力驱动方式来输送流动相，从而极大提升了液相色谱分析研究的分离水平。

20 世纪 60 年代，研究人员发现当传统色谱分离系统缩小后，色谱分离性能、仪器多功能性和有效成本等方面都有一定程度的改进。1967 年，Horvath 等用 1 mm 内径的不锈钢柱管填充薄壳填料来分离核苷酸，由此把微柱概念引入液相色谱。20 世纪 70 年代，Terry 等人在硅片上开发了小型气相色谱系统，尺寸减小近三个数量级，实现了在 10 s 内分离气态烃混合物，为后续芯片式液相色谱法的发展奠定了重要基础。Tsuda 和 Novotny 首创的直径低至几十微米的填充硅胶毛细管使 HPLC 柱体积直接缩小至毫升和微升级别。Novotny 等研制了内径在 250 ~ 320 μm、长度在 15 ~ 200 cm 的毛细管填充液相色谱柱，分析了植物萃取液等极其复杂的样品，得到了前所未有的分离效果，成为填充毛细管柱液相色谱早期发展的主要领导者。

20 世纪 90 年代左右，小型液相色谱柱技术迎来了快速发展。Karlsson 等首次用匀浆填充法制备了内径 44 μm 的纳米柱，标志着纳升液相色谱的诞生。Sves 等开发出新型的以二氧化硅为基底的无颗粒填充色谱柱结构，使用连续凝胶骨架和通孔以及开放中孔的整体硅胶作为填充材料。Regnier 及其团队首次展示了使用并置单片支撑结构（COMOSS）的芯片式色谱分离，虽然该 COMOSS 芯片仅使用电渗透驱动流进行评估，但它们对压力驱动液相色谱芯片上有序固定相的后续开发有重要影响。到了 90 年代末，毛细管柱液相色谱与质谱联用成为了蛋白质分析的主要手段，而蛋白质组学成为后基因时代主要发展方向，由此推动了小型液相色谱技术后续的快速发展。

小型液相色谱技术的发展历程如图 12.1 所示。从 20 世纪初液相色谱首次被提出，到 20 世纪 30 年代的经典柱色谱，再到 70 年代小型液相色谱技术出现[2]，如今，小型液相色谱以其更高的柱效、灵敏度以及更低的进样量，被广泛应用于生物样品分析、食品安全、药物质量控制以及临床分析等各个领域，小型液相色谱 - 质谱联用技术也在复杂样品组分定性定量分析中有着不可取代的地位。

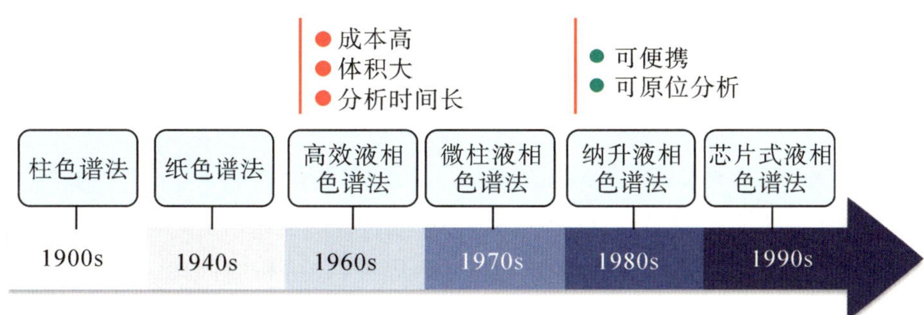

图 12.1 小型液相色谱技术的发展

12.1.2 小型液相色谱技术主要类型

小型液相色谱技术的商业产品出现在20世纪90年代，随着时间的推移，小型液相色谱技术不断发展并趋于成熟，目前已成为生物分析研究领域不可或缺的工具。典型的小型液相色谱技术主要有芯片液相色谱技术和毛细管液相色谱技术。

12.1.2.1 芯片液相色谱技术

芯片液相色谱(chips-LC)是在一个几平方厘米甚至更小的微流控芯片上制备色谱柱，并将传统液相色谱庞大的进样、分离、检测单元也尽可能集成在芯片上的一种液相色谱方法，是色谱仪器小型化的一种重要方式。通过微流控技术将传统液相色谱分离所需的泵、进样器、混合器、色谱柱和检测器等功能部件集成到单个液相色谱芯片上，可实现目标混合物的现场快速分析。芯片液相色谱与传统液相色谱相比，具有样品和试剂消耗量少、体积小、成本低且检测精度高等优点，能够满足现场实时分析需求。

芯片液相色谱作为一个系统性工程，其设计、加工与使用等环节都有着复杂精细的科学化规范。根据所分析检测物质的差异，液相色谱芯片的基底材料、微通道结构、色谱固定相、流体驱动方式、芯片连接方式以及联用检测器等要素都将对色谱的分析性能产生重要的影响。通常采用硅、玻璃以及聚合物材料作为芯片液相色谱基底材料，在选择时需要综合考虑材料特性、加工工艺以及分离分析的具体条件。在微流控芯片通道内构造色谱柱是芯片液相色谱集成的核心问题，应用于微流控芯片的液相色谱分离柱主要有开管色谱柱、化学整体柱、微柱阵列整体柱和填充柱。芯片液相色谱是以微流控芯片作为载体的色谱技术，因此高效的微流体驱动控制是芯片液相色谱正常工作的关键，通常采用电动进样或者压力进样两类技术驱动微流体，其中，电动进样由于不需要泵阀结构，操作更加简单，使用较广泛。此外，随着芯片液相色谱进样量的减少，样品中待检测目标成分也更少，这就对检测方法的灵敏度提出了更高的要求。常用的检测手段包括光学检测、电化学检测和质谱检测等，其中，应用最为广泛的是紫外 - 可见吸收光度法。

芯片液相色谱具备高度的可扩展性和可集成性，便于模块化设计加工，但是其技术研发领域中仍然存在芯片色谱技术对微型化、集成化的需求与芯片材料、工艺和设计发展现状间的矛盾，如果能够进一步提高芯片集成度和系统小型化程度，充分发挥芯片液相色谱的巨大优势，这项技术将有潜力成为液相色谱技术走入即时检测领域的全新途径。

12.1.2.2 毛细管液相色谱技术

毛细管液相色谱技术(capillary liquid chromatography，CLC)是利用毛细管作为色谱柱进行样品分离的液相色谱技术，其色谱柱内径通常 <320 μm，样品流速为 1 ~ 100 μL/min[3]。与传统液相色谱相比，柱内径的减少可能会带来一些优势，如分析时间短、样品消耗量少等，然而随着柱内径的进一步减小，就需要极低的系统死体积才能确保柱效率不会因额外的柱带加宽而降低。为此科研工作者做了大量工作，如不断优化检测池路径、选用合适的

进样阀来降低系统死体积,或选用更敏感的检测器和柱前对样品进行浓缩富集。典型的毛细管液相色谱系统通常包括可编程微流体注射泵、注射器、微流体切换阀、压力传感器、毛细管色谱柱以及检测器等元件,通过等度或梯度洗脱分离,能够实现样品的快速分析。

由于分析物的分离发生在毛细管内,而其内部的固定相能够促进其与被分析物的相互作用,通常减小固定相的颗粒直径、选用表面多孔颗粒以及选择更多样的键合固定相等方式都能显著提高分离性能,因此合适的固定相对于改善色谱系统性能具有十分重要的作用。毛细管色谱柱的固定相主要采用经化学修饰改性的、直径为 3 ~5 μm 的多孔石英颗粒,随着粒径的降低,分析物的分离效率和选择性显著提升。此外,相比于常规的 HPLC,毛细管色谱柱不仅可以使用压力方式,还可以使用电渗流方式驱动流动相,减小了色谱柱塔板高度,增加了色谱柱塔板数,提高了色谱柱的分离能力。

12.1.3 小型液相色谱技术的特点

小型液相色谱技术与传统高效液相色谱技术相比,具有以下优点。

(1)显著减少了样品、试剂和固定相的消耗量:一般流动相和固定相相比常规 HPLC 节省 97% 以上,试剂消耗量从毫升级降至微升级,样品消耗量减少 90%(仅需纳升级或皮升级),环境污染更小,小型色谱柱制备成本也更低。

(2)高通量和分析速度快:通过在单个芯片上进行平行实验提高分析通量,减少分析大量样品所需的时间。

(3)系统死体积小,检测灵敏度高:由于将传统分析仪器的各功能部件集成到单个芯片上,减少了管路连接,从而减小了系统死体积,提高了检测灵敏度。

(4)仪器的便携化程度高:分析仪器的小型化使其方便携带,可以进行现场分析,同时操作条件与常规 HPLC 一样方便。

(5)最佳流速低,易于与其他检测器(如质谱检测器)耦合联用。

(6)系统产生的热量小,热容量低,具有优异的热耗性,可以实现程序控制温度。

(7)色谱柱惰性好,在生物样品分析领域(如生化分析、手性分离、神经科学等)具有广阔的应用前景,这是传统液相色谱技术不可比拟的优点。

12.2 小型液相色谱技术基本理论

12.2.1 基本原理

12.2.1.1 小型液相色谱分离的本质

小型液相色谱分离原理与传统液相色谱相同,利用被检测混合物质在两相间分配系数的差别将混合组分逐一进行分离。混合物质进入色谱柱后，随流动相向前移动，混合物质中的各组分在固定相和流动相之间反复多次分配，最终由于保留能力的不同而在固定相上被分离。流动相与固定相在分离过程中达到动态平衡，当不同极性的流动相通过时，混合物中形成新的平衡。

12.2.1.2 塔板理论

塔板理论将色谱柱看作一个分馏塔，1941 年马丁（Matin）和辛格（Synge）建立的“塔板理论”模型将分离过程看作是组分在分馏塔塔板间移动[4]，每一个塔板内组分分子在固定相和流动相之间形成平衡，随着流动相的流动，组分分子不断从一个塔板移动到下一个塔板，并不断形成新的平衡。一个色谱柱的塔板数越多，其分离效果就越好。

根据塔板理论，被检测物质组分流出色谱柱时的浓度沿时间呈现二项式分布，当色谱柱的塔板数很高的时候，二项式分布趋于正态分布，则流出曲线上组分浓度与时间的关系可以表示为：

$$C_t = \frac{C_0}{\sigma\sqrt{2\pi}} e^{-\frac{(t-t_R)^2}{2\sigma^2}} \tag{12-1}$$

式中：C_t 为物质组分在 t 时刻的浓度；C_0 为组分的总浓度；σ 为半峰宽，即正态分布的标准差；t_R 为组分的保留时间。

根据流出曲线方程，定义色谱柱的理论塔板高度为单位柱长度的色谱峰方差：

$$H = \frac{L}{n} \tag{12-2}$$

在单位长度条件下，理论塔板高度越低，色谱柱中的塔板数就越多，色谱分离过程越好。流动相的物理化学性质、流速、色谱柱的质量和固定相的材质等均影响塔板理论高度。塔板理论认为被检测物质组分能够迅速在流动相和固定相之间建立平衡，并认为被检测物质在沿色谱柱流动时没有径向扩散，这些与色谱柱实际情况不相符。塔板理论是基于热力学近似的理论，是一种理想的静态模型，在实际测试中色谱分离过程不能完全满足塔板理论假设。塔板理论虽然能很好地描述色谱检测中的峰型、峰高，客观地评价色谱柱的柱效，却不能很好地解释与动力学过程相关的一些现象，如理论塔板数与流动相流速的关系以及色谱峰峰形的变形等。

12.2.2 液相色谱分离的重要参数

色谱图是用来显示被分离组分的检测信号强弱与时间的关系图像。当被检测物质经过固定相与检测器时，检测信号对时间的响应曲线称为色谱流出曲线。色谱图形与色谱方法有关，随检测记录不同而不同。在洗脱法色谱中，若采用微分型检测器，分离组分的检测信号随时间变化的图形是近似于高斯分布的一组色谱峰群，色谱图的纵坐标为检测器的响应信号,横坐标为时间、体积或距离。例如,混合组分 1 和组分 2 从注入色谱柱被分离后,检测器处便能记录到混合组分的流动过程。用组分浓度和时间的关系表示混合物质的色谱图,如图 12.2 所示。

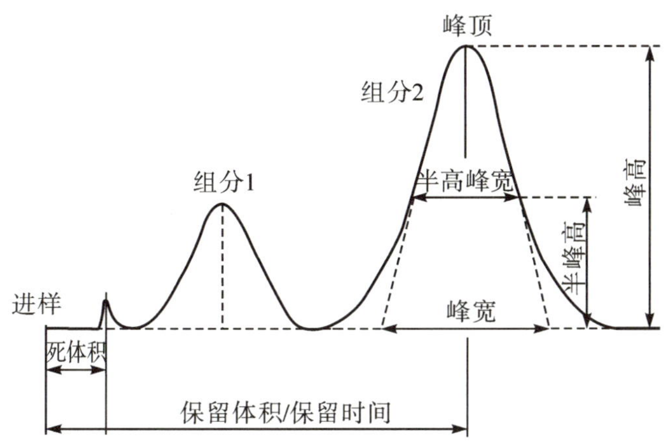

图 12.2　液相色谱分离示意图

1. 保留值

保留值有以下具体参数。

(1)保留体积:从进样开始到柱后出现样品的浓度极大值的时间内淋洗液流过的体积。

(2)保留时间:从进样开始到柱后出现样品的浓度极大值所需的时间。

(3)死体积:在柱中不保留的成分从进样到出现峰(往往是第一个峰)最大值所需的流动相体积。

(4)死时间:在柱中不保留的成分从进样到出现峰最大值流动所需要的时间。

(5)相对保留值:在一定色谱条件下被测化合物和标准化合物调整保留时间之比。

2. 柱渗透性

柱渗透性表示流动相通过柱的难易程度。在高效液相色谱中,为保证柱在较低压力下正常操作,通常希望柱渗透性大。

3. 柱压降

柱压降即色谱柱入口与出口处流体压力差值,可用达西公式计算:

$$\Delta p = \frac{\varphi \eta L u}{d_p^2} \tag{12-3}$$

式中: φ 为色谱柱对流路的阻抗因子; η 为流动相黏度; L 为色谱柱长度; d_p 为色谱柱直径; u 为柱内流体平均线速度。

4. 总孔率

总孔率是指固定相填充后的色谱柱在横截面上可供流动相通过的孔隙率,取决于固定相材质与体积。总孔率可认为是柱中颗粒之间的孔率。

5. 容量因子

容量因子用以描述混合物质组分溶质在色谱柱中的迁移速度,即在平衡状态时,组分在固定相与流动相中的质量之比。

6. 色谱柱峰容量

通常,峰容量被定义为在给定色谱条件下,在色谱图的死体积峰至最后一个峰之间所能包含的峰数,或定义为在分离的路径和空间中可容纳峰的最大值。

7. 分离度

分离度常被用来评价色谱分离的好坏,定义为两峰间距离的 2 倍与其底宽之和的商。

8. 最大样品体积

当过多的样品进入色谱柱时会引起超载,色谱柱的超载又可以分为质量超载(浓度超载)和体积超载。超载进样会引起色谱峰的变形,理论塔板数会下降,即柱效降低。通常,体积超载会导致较宽的平头峰,质量超载一般表现为色谱峰峰形拖尾。为避免超载进样必须限定进样体积,最大进样体积计算公式如下:

$$V_i = \frac{1.1\ V_B}{\sqrt{n}} \tag{12-4}$$

式中:V_B 为保留体积;n 为理论塔板数。

12.2.3 速率理论

小型液相色谱分离与传统液相色谱分离过程相似,包括热力学和动力学过程。塔板理论简单地将色谱分离过程描述为塔板形式,解释了色谱柱内发生的混合物质分离过程。但是,塔板理论主要考虑在静态条件下的理想分离过程,并没有考虑流体动力学因素,在实际应用中存在着很多的不足。下面将从不同角度对色谱柱分离过程进行理论分析与介绍。

12.2.3.1 谱带展宽的影响因素

在色谱系统中,溶质进入色谱柱后形成了一个谱带,其形状应该是圆柱形,峰形应该是矩形。但是,随着分离过程的进行,这个圆柱形的谱带会因分子扩散和一些其他因素的影响而逐渐变形,经检测器识别后变成一个高斯型的峰,这就是谱带展宽现象。谱带展宽可以分为柱内和柱外两部分:

$$\sigma^2_{总} = \sigma^2_{柱外} + \sigma^2_{柱内} \tag{12-5}$$

式中:$\sigma^2_{柱外}$ 为柱外效应;$\sigma^2_{柱内}$ 为柱内效应。

1. 柱内谱带展宽

一般来说,对填充式小型色谱柱,发生在柱内的谱带展宽效应主要是由涡流效应、纵向扩散和传质阻力等作用引起的。在填充色谱柱中,流动相在颗粒状的填料之间流动,由于填料粒径大小和形状存在着不均匀性,携带样品的流动相与固定相颗粒碰撞产生涡流会带来影响。其次,将一定浓度的溶质注入色谱柱后,由于浓度梯度的存在,溶质分子会向四周无规则扩散,导致柱状的谱带扩散成高斯峰形。另外,传质阻力也会引起柱内谱带展宽,主要由流动相传质阻力和固定相传质阻力引起。

2. 柱外谱带展宽

柱外谱带展宽又称为柱外效应,是色谱柱之外的所有流路引起的谱带展宽,主要是由于管路中的死体积造成的,包括进样阀、管接头、连接导管和检测池等都将导致色谱峰加宽和柱效下降。总体来说,引起柱外效应的主要还是连接导管,因此在使用过程中要尽可能缩短连接导管,让柱外总体积降至最低。此外,在使用小型液相色谱时,通常检测池体积也是引起柱外效应的主要因素。当柱效率越高或尺寸越小时,柱外效应就越显得突出。

12.2.3.2 Van Deemter(范德姆特)方程理论及其发展

1956 年,荷兰科学家 Van Deemter 等人在总结前人工作的基础上,提出了填充气相色谱柱塔板高度的理论方程[5]:

$$H = A + \frac{B}{u} + Cu \qquad (12-6)$$

式中:H 为理论塔板高度;A 为涡流扩散项系数;B 为分子扩散项系数;C 为传质阻力项系数;u 为流动相线速度。

式(12-6)是 Van Deemter 公式的一般形式,由式可知,如果固定相已经确定,在一定的色谱条件下,柱效率和所用流动相的速度成一定关系。其中,A、B、C 三项反映了流动相性质、填充颗粒大小及分布、色谱柱填充质量、填充颗粒性质等因素对柱效率的影响。

Van Deemter 方程是一个双曲线函数,描述了理论塔板高度 H 和流动相线速度 u 之间的关系。该曲线有极小值,意味着流速应该有一个最佳值,此流速下可获得最高的柱效。对于开管毛细管色谱柱,由于没有填料,因此涡流扩散项系数 A 为 0。对填充柱,通常色谱柱的粒径显著影响着柱效,粒径大小与柱效率成反比关系。

Van Deemter 方程较为全面地解释了色谱谱带展宽过程。但是,在实际应用中发现,有时实验值与理论计算值有较大偏差。于是,很多学者继续对其进行深入的研究,并提出了修正的方程。Giddings 考虑流动相线速度不仅影响涡流效应,还影响传质阻力,因此提出了理论塔板高度 H 的修正方程:

$$H = \frac{A}{1 + \frac{D}{u}} + \frac{B}{u} + Cu \qquad (12-7)$$

式中:A 为涡流扩散项系数;B 为分子扩散项系数;C 为传质阻力项系数;D 为谱带展宽常数。此方程适用于各种液相色谱。

12.2.3.3 Knox(诺克斯)方程理论

许多研究者在探讨影响理论塔板高度的各种因素时,都注意到了填料粒径的影响。在高效液相色谱发展过程中,由于技术壁垒,在早期常使用 35 μm 以上粒径的颗粒,且为非多孔。随着生产技术的发展,更小粒径的固定相相继出现。在 20 世纪 70 年代初期,Knox 等研究者对色谱柱粒径与柱效间的关系进行了细致、广泛的研究,提出了一种折合参数的描述方程——诺克斯方程,详细阐明谱带展宽的影响因素,并对不同粒径的固定相进行了比较[6]。

Knox 利用折合塔板高度和折合速度,建立了类似于 Van Deemter 方程的公式:

$$h = h_f + h_d + h_m \tag{12-8}$$

$$h_f = Au^{1/3} \tag{12-9}$$

$$h_d = \frac{B}{u} \tag{12-10}$$

$$h_m = Cu \tag{12-11}$$

式中:h 为折合塔板高度;h_f 为涡流效应的影响项;h_d 为分子扩散的影响项;h_m 为传质阻力项;u 为折合速度;A 为确定涡流扩散因素的常数,反映柱填充质量;B 为确定分子扩散影响因素的常数;C 为确定传质阻力影响因素的常数。

如果将 h 对 u 作图,则可以得到类似于 $H-u$ 的曲线,它有一个最小值,是和最佳折合流速相似却不同的 $H-u$ 曲线。诺克斯方程的优点在于,当使用不同粒径的固定相填充色谱柱时,可以通过 $h-u$ 曲线图比较不同粒径色谱柱性能,进而对色谱柱性能的优劣做出判断。对于填充较好的柱子,通常最佳 h 大约在 $2d$,即塔板高度约等于 2 倍的粒径。利用诺克斯方程可以简便而有效地评价一根填装柱的质量,但却难以利用它去设计一根质量优良的柱子。因为,式中 A、B、C 等参数是半经验地得到的,并没有进行严格的理论解析与推导。诺克斯方程总结了不同粒径固定相填充色谱柱色谱峰扩展的因素,从而较全面地分析了色谱柱性能的优劣。

12.3 小型液相色谱关键技术

小型液相色谱技术具有样品消耗量少、分析速度快、灵敏度高等特点,被广泛应用于食品分析、药物生产、临床诊断及环境监测等领域。小型液相色谱技术主要包括流体驱动技术、进样技术、色谱分离技术以及检测技术等核心技术[7]。

12.3.1　流体驱动技术

小型液相色谱系统需要通过输液装置储存和输送流动相，由流动相携带样品进入色谱柱进行分离，随后在检测器中进行检测。常使用微流泵实现小型液相色谱系统的流体驱动，其性能直接关系到整个仪器的重复精度、稳定性和准确度。下面介绍几种典型的专为小型液相色谱设计的微流泵。

12.3.1.1　基于热膨胀的微流泵

这种微流泵是利用液体（如水）或气体在升温时产生的体积膨胀作为推动力，通过控制升温速率来调节流量。因为这种泵的设计不依托于任何移动的机械部件，所以属于无脉冲流的微泵。尽管升温时的体积膨胀推动力不大，但足以为整个系统输液。

12.3.1.2　基于电渗原理的微流泵

电渗泵是一种结构简单的微流量输液泵，主要分为开管电渗泵（o – EOP）和填充床电渗泵（p – EOP）。开管电渗泵一般是通过毛细管柱或微制造工艺所蚀刻的微通道产生电渗流的微泵，其优点是输送压力较小，缺点是流量稳定性差。开管电渗泵种类很多并且应用广泛，所有毛细管电泳和芯片电泳的驱动形式均可称为开管电渗泵驱动。填充床电渗泵技术是通过填充在毛细通道内的小颗粒状的介电填料来提高电渗流量和液体的逆向流动阻力，从而增加输送压力的微泵技术，其特征是能够实现高压（输出压强可达 500 MPa 以上）、微流量（流量为 nL/min ~ μL/min 级）定量输液。

12.3.2　进样技术

进样技术用于将被检测物质送入色谱柱。小型液相色谱系统的进样量极低（nL ~ μL 级），因此对进样装置的密封性、重复性以及通道死体积都有极高的要求，而且必须确保在进样时对色谱系统产生的压力、流量波动较小，并尽可能满足自动化要求。目前，小型液相色谱系统的进样技术主要有分流进样、停流进样、中心切割进样、微阀进样和移动进样等方式。

12.3.2.1　分流进样

分流进样是指通过分流器进行进样，其中只有一小部分进入色谱柱，大部分样品从柱管外壁和接头缝隙的壁间流走。分流进样的优点是完全消除了死区，缺点是损失了大部分样品，在分析珍贵的生物样品时造成极大浪费。

12.3.2.2　停流进样

停流进样是指用毛细管吸取一定量的样品，然后把毛细管连接到色谱柱上完成分析的进样方式。将停流进样技术与分流进样技术对峰展宽的影响进行对比，结果证明停流进样只是稍逊于分流进样。随着微流控芯片技术的发展，为了减小停留进样的死体积，还发展了电驱动进样等进样技术。

12.3.2.3 中心切割进样

中心切割进样是一种类似于分流进样的方法,用两个切割阀门和分裂器从大体积样品的最大浓度位置"切下"一条窄的带子。此方法适用于开管柱和填充柱,可以实现1 nL~1 μL进样,特点是操作简单,易于控制。

12.3.2.4 微型进样阀进样

微型进样阀进样是目前微型液相色谱普遍采用的技术,商用微型进样阀的体积目前可达到10~20 nL。对于微型进样阀来说,延后将进样阀转到取样位的时间对改善分析过程中峰的对称性和峰的拖尾情况是非常有利的。

12.3.2.5 移动进样

移动进样是指在进样过程中把阀位由取样位转至进样位,再旋回取样位,可以通过控制阀在进样位停留的时间来控制进样量。进样量的精确性和准确度依赖于泵提供的流速和控制进样阀装置的稳定性[8]。移动进样技术可以将极少量的样品直接注入色谱柱中,而且由于移动进样技术转移的是未被流动相稀释的样品,因此其进样误差比传统进样技术小。

12.3.3 色谱柱技术

色谱柱是色谱仪的核心,是色谱分离的主要场所。色谱柱可以分为开管柱[图12.3(a)]、化学整体柱[图12.3(b)]、微柱阵列整体柱[图12.3(c)]和填充柱[图12.3(d)]四种类型[8]。其中,开管柱是通过化学手段直接在微通道内壁键合官能团来充当色谱固定相,这是目前在芯片上构建液相色谱固定相最简单的方法。化学整体柱的固定相一般经加热或光照来诱发微通道中单体溶液发生原位聚合反应而形成,具有连续性、整体性且多孔的特点。微柱阵列整体柱的加工过程包括固定相载体与固定相两部分,通过原位刻蚀工艺在芯片微通道内加工形成高度规整的微结构作为固定相载体,再经由表面化学反应将固定相材料集成在柱上,具有高渗透性、低背压和高柱效的优点。填充柱的制备和使用方法较为简单,其采用色谱填料装填通道,目前具有不同基体和固定相类型的填充材料已经高度商品化,应用极广。

下面对四种色谱柱进行对比,结果见表12.1[8]。在四种色谱柱中,虽然开管柱、化学整体柱和微柱阵列整体柱的柱压较低,然而其较小的有效保留面积导致柱容量较低,且需要化学表面处理步骤以引入固定相基团,很难保证重复性。与之相反,填充柱的色谱填料因丰富的微孔结构而具有较高的柱容量,商业填料不涉及额外的化学处理步骤,重复性能够得到保障,且有多种成熟的商业填料供不同应用选择,因而可以更加专注于芯片结构设计和工艺开发来克服高柱压问题。

图 12.3　色谱柱类型

(a)开管柱;(b)化学整体柱;(c)微柱阵列整体柱;(d)填充柱

表 12.1　不同类型色谱柱对比[8]

类型	优势	劣势
开管柱	柱压极低	通道尺寸较小,加工难度大 柱容量极低 需要表面化学处理
化学整体柱	柱压较低	柱容量较低 需要表面化学处理 批间重复性差
微柱阵列整体柱	柱压较低 柱效极高	通道尺寸较小,加工难度大 柱容量较低 需要表面化学处理
填充柱	柱容量较高 有成熟的填料类型可选	柱压较高 需要柱塞结构

12.3.4　检测技术

检测技术主要用于检测经色谱柱分离后的样品组分,通过记录仪绘制色谱图,进行定性、定量分析。小型液相色谱检测技术主要有紫外－可见吸收光检测技术、荧光检测技术、电化学检测技术和电导检测技术等。

12.3.4.1 紫外－可见吸收光度检测技术(UV－Vis)

紫外－可见吸收光度检测技术基于朗伯－比尔定律,利用溶质分子对紫外－可见光的吸收而设计的光学检测器称为吸收光度检测器。由于大部分有机物和一些无机物对紫外、近紫外光谱区都有较强的吸收,且吸收光度检测器分析检测的灵敏度高,不容易受到被测样品或者环境条件的影响,因此,吸收光度检测器在小型液相色谱中应用最为广泛。

12.3.4.2 荧光检测技术

荧光检测技术是基于荧光物质的光强以及波长分布获得物质浓度信息。荧光检测可以检测能够发射荧光的物质或被荧光探针标记的物质,检测灵敏度高、稳定性好,由于能够有效消除基质物质对检测的干扰,因此具备极强的选择能力。痕量生物和环境物质检测普遍通过分离系统与荧光检测联用的手段来完成。

12.3.4.3 电化学检测技术

电化学检测分为安培检测、伏安检测和库仑检测,其在液相色谱中的使用较广泛。它的特点是:①灵敏度高,安培检测对电活性强的物质检测灵敏度高;②选择性较好,不同的电活性基团发生氧化/还原反应的电位不同,通过控制工作电极的电位可实现目标物的选择性检测;③线性范围宽,一般可达4～5个数量级;④结构简单,电化学直接测定电信号,不需要光谱检测时的信号转换器件;⑤检测池体积小,响应速度快。

12.3.4.4 电导检测技术

电导检测技术是一种准通用的检测技术,可以检测几乎所有的离子样品,因而在离子色谱中普遍采用这一检测方法。由于不同离子在溶液中具有不同的电导率,且溶液电导率由其中的离子种类、离子浓度决定,因此电导检测技术通过测量溶液的电导率以表征溶液中离子的浓度。

12.4 小型液相色谱技术在生物安全证据中的应用

12.4.1 引言

与传统液相色谱相比,小型液相色谱具有便携性高、试剂消耗量少和分析灵敏度高等特点,可实现环境、动植物代谢活动中目标检测样品的原位分析[9],能为生物安全问题的司法溯源和科学预警过程提取证据提供技术支撑,在生物安全证据领域具有极大的应用潜力。

12.4.2　小型液相色谱技术在环境安全中的应用

生态系统处于循环状态，因此人类社会中的生物安全问题，可以在土壤、地表水源、海洋中寻找到相关证据。人类活动对于环境的污染主要来源于农业和工业生产，其中的主要污染物诸如农药残余、重金属离子会在环境内富集，最终通过植物、动物等渠道影响人类自身，造成生物安全问题。小型液相色谱可以应用于土壤、水质等环境中的多环芳羟、含氮/磷类农药、酚类污染物、苯胺类污染物和重金属离子等物质的分析。

案例：西北工业大学常洪龙课题组[8]开发的微流控离子色谱芯片测量水中阴离子

1. 系统介绍

如图 12.4(a)所示，微流控色谱芯片主要由双 T 型进样通道、控制流路通断的微阀、填充柱以及五电极电导检测器组成，此外，系统还包括 HPLC 泵(NP7001)、色谱工作站以及用于对比的商用非接触电容耦合电导检测器(C^4D)检测探头(ET125)。

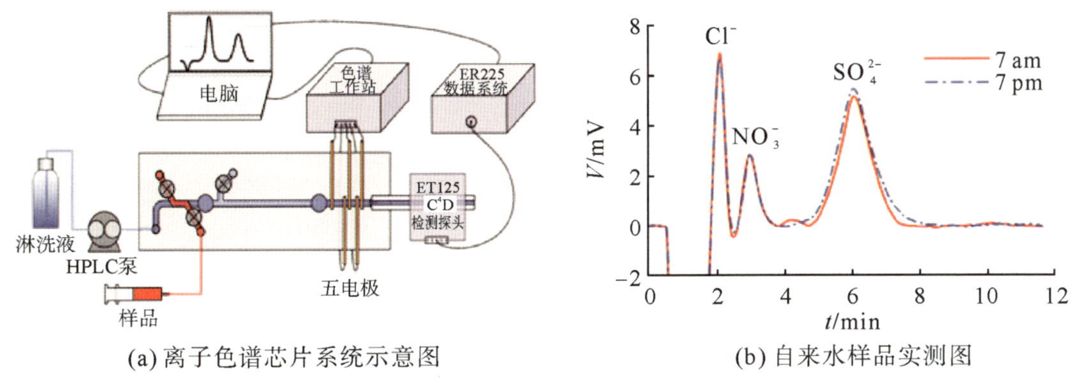

(a) 离子色谱芯片系统示意图　　(b) 自来水样品实测图

图 12.4　微流控离子色谱芯片测量水中阴离子[9]

2. 分析过程

选择含 2.5%(v/v)甲醇(MeOH)的 4 mM 对羟基苯甲酸(p－HBA)水溶液作为洗脱液，并用 0.1 M 的 NaOH 溶液调整 pH 值至 8.5，样品由水龙头直接取样，并经由 0.45 μm 滤膜过滤，洗脱全过程流动相流速为 25 μL/min。

3. 实验结果和分析

基于离子色谱芯片的检测方法可以实现自来水样品中 Cl^-、NO_3^-、SO_4^{2-} 等 3 种阴离子的检测；如图 12.4(b)所示，与标准曲线相比，检测结果相对偏差 $RD<10\%$。小型化的离子色谱芯片技术可以对自来水中阴离子过量带来的生物安全问题提供科学预警，为区域水质阴离子过量引发的大范围慢性疾病提供证据技术支持。

12.4.3　小型液相色谱技术在食品安全中的应用

食品安全与人类的生活息息相关，食品会直接影响生物的代谢活动，若其有毒物质含量过高,将造成严重的生物安全问题。利用小型液相色谱技术,对食品生产和储存中可能存在的多环芳羟、芳香胺和黄曲霉素等有害物质进行检测,可以将潜在生物安全威胁锁定在生物证据层面。

案例:南京大学赵亚菊等[10]利用微流控芯片系统分析牛奶中残留喹诺酮类药物

1. 系统介绍

系统包括一个以聚二甲基硅氧烷(PDMS)为基底的微流控芯片,芯片系统是由带有注射泵的样品加载功能单元、用于提取和免疫亲和富集的微流体装置,以及用于定性和定量分析的电喷雾电离质谱法(ESI-MS)三个部分组成,芯片系统具有八个并行检测通道,每个通道包括阵列微柱提取室、亲和式样品富集室,以及样品分离和洗脱室。

2. 分析过程

首先将牛奶样品和三氯乙酸由最左侧入口以15 μL/min的速率注入20 min,经混合器混合后通入阵列吸附柱内,并在中间单元通入磷酸盐和NaOH溶液与样品混合进行免疫亲和反应,同时加载磁性微球,混合吸附后固定在磁性通道内。随后以15 μL/min通入清水清洗,最后用甲醇以3 μL/min的速率进行洗脱,后端接入质谱检测器(MS)进行定性和定量分析。

3. 实验结果和分析

该方法将样品加载、样品提取、免疫亲和反应、磁分离和通过直接ESI-MS分析进行的在线洗脱集成到同一平台中并完全自动化,能够实现牛奶基质中喹诺酮类药物残留的30 min内快速定性和定量分析。该方法具有试剂消耗小、样品预处理简化、高通量和在线检测的特点,有望成为食品行业安全证据提取的有力手段。

12.4.4 小型液相色谱技术在药品安全中的应用

在药品安全检测中,药品中有害成分一直是一项重要的检测指标。药品在生产和贮存过程中会产生有毒有害物质,如果其含量超出标准规定限值会导致药物有效成分降低,将直接影响人身健康。小型液相色谱技术在天然药物、抗菌药、手性药物、临床治疗药物等药品的安全检测领域有不可替代的作用,已经成为医药研究领域的强有力分析手段之一。

案例:华盛顿大学May等[11]使用双毛细管柱串联双波长紫外检测器搭建的便携式微流量液相色谱系统分离检测合成卡西酮

1. 系统介绍

系统采用双注射泵以提供最高可达10000 psi(约69 MPa)的压力用于流动相梯度洗脱,500 nL外部进样环精确定量,使用Focus LC的填充了3.5 μm粒径C18填料的0.15 mm×100 mm色谱柱和0.15 mm×50 mm苯色谱柱串联,工作波段为255 nm和275 nm的双波长UV LED可以进行微流量检测。

2. 分析过程

合成卡西酮溶液在注射前离心 10 min，流动相溶剂均使用 MicroSolv AQ™ 尼龙 0.2 μm针头过滤器进行过滤。以 3 μL/min 的流速进样 5 min 后在初始梯度条件下平衡，进行 10 min 线性梯度洗脱，达到最终梯度条件后保持 3 min。

3. 结果评价

该便携式液相色谱仪重量轻（仅 8 kg）、溶剂用量少、废物产生少、电池寿命超过 10 h，并且内置 WiFi，便于携带，对合成卡西酮的检测限在 255 nm 处为 0.39 ~ 12.5 ppm，在 275 nm 处为 0.64 ~ 5.22 ppm。

12.4.5 小型液相色谱技术在生命安全中的应用

生物标志物检测是临床中广泛用于诊断、疗效评估和预测的方法，是检验人体健康水平、保障生命安全的重要途径。由于临床生物诊断的标志物往往都存在于复杂生物基质（血浆、尿液、唾液、泪液、呼出液、胆汁等）内，含量一般极其微弱，因而其分析检测结果特别容易受到基质影响，这无疑对检测技术提出了非常高的要求。小型液相色谱技术是近年来崛起的分析技术，具有分析速度快、分离效果好、灵敏度高和样品用量微等优点，较适合对复杂的生物基质进行定量分析，因此被广泛应用于临床诊断标志物的检测中。

案例：西北工业大学李丁[12]等研制的微流控便携式液相色谱仪快速分离和检测糖化血红蛋白

1. 系统介绍

系统集成了自主研发的高耐久电化学高压微泵、针孔滤波高灵敏吸光度检测器和聚甲基丙烯酸甲酯（PMMA）基微流级耐高压液相色谱芯片，在这个芯片上集成加工了微阀、进样器、色谱柱、柱塞和光学检测池等功能部件[图 12.5(a)]。

2. 分析过程

研究中，将 5 μL（约 1 滴）样品加入到提前装有裂解液的采血管中进行裂解和稀释，手动轻轻晃动试管约 1 min 实现混合，制成含糖化血红蛋白的样本。等度洗脱流量为 20 μL/min、温度为 25 ℃、流动相为 75 mM NaCl 的磷酸盐缓冲液。

3. 结果评价

此项研究仅用 1 μL 样品于 5 min 内就能实现糖化血红蛋白的分离和检测，结果如图 12.5(b)所示，表明该仪器具有良好的重复性（变异系数≤ 2.8%）。与商用 HPLC 仪器（MQ - 6000 糖化血红蛋白分析仪）检测结果对比，两者检测结果高度一致（相关系数 R_2 = 0.9875，偏差≤4.3%），有望满足社区医院及偏远地区糖尿病的低成本、便携式和快速诊断需求。

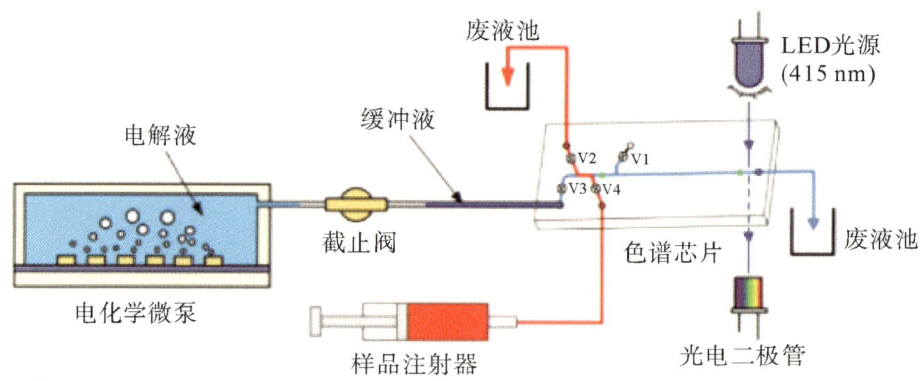

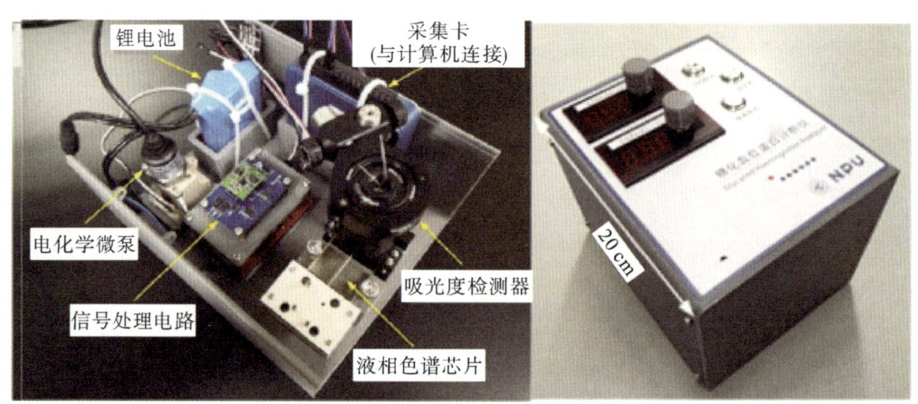

(a) 便携式液相色谱仪示意图

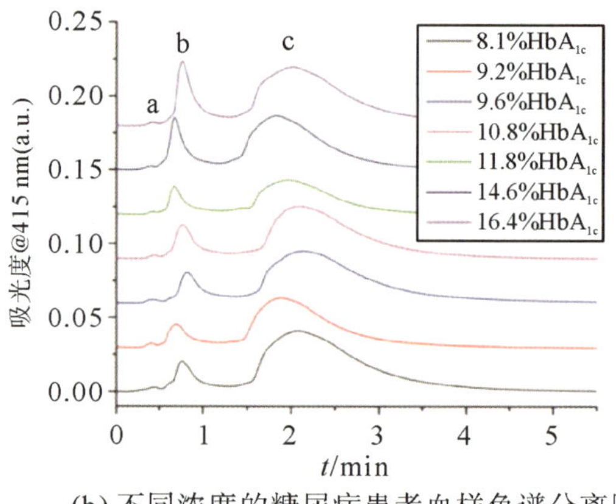

(b) 不同浓度的糖尿病患者血样色谱分离图

图 12.5　便携式液相色谱仪快速分离和检测糖化血红蛋白[12]

12.5 总结与展望

与传统液相色谱相比,小型液相色谱具有样品和试剂消耗量少、体积小、成本低以及检测灵敏度高等优点,满足即时诊断和现场实时分析的迫切需求,通过与试样预处理技术相配合能够有效分离复杂混合物中的微量成分,这些优势使得小型液相色谱在生物安全技术领域有着广泛的应用,能为生物安全领域提供极具应用价值的标志物证据。总之,小型液相色谱是提供生物安全证据的重要分析方法之一,随着生物安全、生物医学和分析化学等领域相关技术的深入发展,将进一步推动小型液相色谱方法在生物物证研究领域发挥出更大的作用。

(张瑞荣　焦得钊　常洪龙)

参考文献

[1] 杨先碧,阮慎康. 高效液相色谱发展史[J]. 化学通报, 1998, 11: 56-60.

[2] HAGHIGHI F, TALEBPOUR Z, NEZHAD A S. Towards fully integrated liquid chromatography on a chip: Evolution and evaluation[J]. Trac - Trend in Anal Chem, 2018, (105):302-337.

[3] CEMIL A, ASLHAN G, ADIL D, et al. Organic polymer-based monolithic capillary columns and their applications in food analysis[J]. JSEP SCI, 2019, 42(5):962-979.

[4] MARTIN A, SYNGE R. A new form of chromatogram employing two liquid phases: A theory of chromatography. 2. Application to the micro-determination of the higher mono-amino-acids in proteins[J]. Biochem J, 1941, 2(11):N245.

[5] 刘国诠. 色谱技术丛书:色谱柱技术[M]. 2 版. 北京:化学工业出版社, 2006.

[6] KNOX J H, PARCHER J F. Effect of the column to particle diameter ratio on the dispersion of unsorbed solutes in chromatography[J]. Anal Chem, 1969, 41(12): 1599-1606.

[7] 张维冰,邹汉法,张丽华. 分析化学手册 6:液相色谱分析[M]. 3 版. 北京:化学工业出版社, 2016.

[8] 李小平. 面向水质检测应用的耐高压离子色谱芯片关键技术研究[D]. 西安:西北工业大学, 2020.

[9] 端礼钦,李亚辉. 液相色谱实战宝典[M]. 北京:化学工业出版社, 2021.

[10] ZHAO Y, TANG M, LIU F, et al. Highly integrated microfluidic chip coupled to mass spectrometry for online analysis of residual quinolones in milk[J]. Anal Chem, 2019, 91(21): 13418-13426.

[11] MAY M C, PAVONE D C, LURIE I S. The separation and identification of synthetic cathinones by portable low microflow liquid chromatography with dual capillary columns in series and dual wavelength ultraviolet detection[J]. J SEP SCI, 2020, 43(19): 3756-3764.

[12] 李丁. 面向糖尿病快速诊断的便携式液相色谱仪研究[D]. 西安:西北工业大学, 2019.

第 13 章
微色谱芯片呼气诊断技术

13.1 呼气诊断技术概述

在人体代谢过程中，细胞根据身体状况而代谢产生不同类型的挥发性有机化合物（volatile organic compounds，VOCs），进入肺后通过气体交换而呼出体外，这些呼出的VOCs 种类超过 1000 种。病理学研究表明：在患病状态下，人体器官生理过程发生改变，会产生新的化学物质或改变现有化学物质的消耗，从而改变了体液的组成，导致呼出的挥发性有机化合物的种类和浓度发生了变化。这些信号变化可以作为特定疾病的生物标志物（biomarker），用于疾病早期检测和疾病分析。研究证实，很多代谢性疾病和重大疾病（如图 13.1 所示）都具有相应的呼气 VOCs 生物标志物[1]。目前，作为疾病诊断标志物的常用的 VOCs 有 20～30 种，包括异烯烃、烷烃类、甲基烷烃、苯衍生物、醛酮类化合物等。这些呼气 VOCs 组合形成的气体指纹，为高特异性的无创医疗诊断提供了新的有效途径。

呼气诊断在癌症诊断中有巨大的应用潜力。现诊断癌症多通过内窥镜、X 线、穿刺活组织等，这些方法是侵入式或是对人体有伤害的，费用较为昂贵、分析时间较长，且多只有在症状显著后才能明确诊断，易错过最佳治疗时间。癌症患者呼气中多种 VOCs 特征气体组合形成的气体指纹可形成高特异性生物标记，可实现更准确的疾病早期筛查和诊断，因此面向癌症等重大疾病的呼气诊断方法越来越受到关注。有学者应用纳米材料传感器研究用于肺癌的呼气诊断方法，发现相比于轻症状胃病患者，胃癌患者的呼气中有更高浓度的 2－丙烯腈、2－丁氧基乙醇、糠醛、6－甲基－5－庚烯－2－酮和异戊二烯等特征 VOCs,依此建立模型得到的检测方法具有 89% 的敏感性与 90% 的特异性,能够有效区分胃癌患者与良性胃病患者,初步实现了胃癌早期诊断。此外,肺癌、直肠癌、乳腺癌患者的呼气 VOCs 检测与分析[2],为未来呼气诊断用于多种癌症的辅助诊断提供了科学依据。呼气诊断也可用于代谢性疾病的诊断,典型的如非酒精性脂肪性肝病(NAFLD)、糖尿病等。

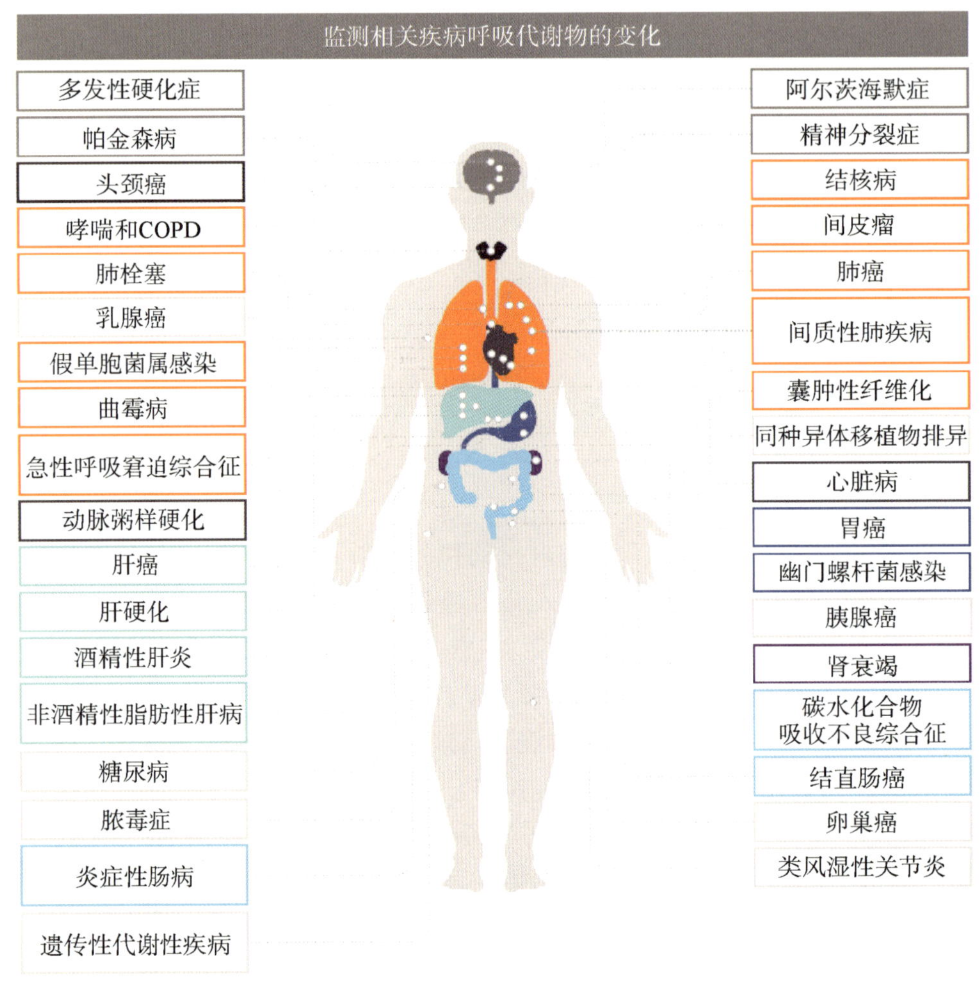

图 13.1 可通过 VOCs 气体指纹诊断的疾病[1]

综上,人体呼出气体中,除氮、氧和二氧化碳等无机气体,绝大多数为 VOCs(如异戊二烯等)和非挥发性物质,其中包括 VOCs 在内的很多气体可作为重大疾病的生物标记物,这为早期诊断和快速筛查提供了一种全新的诊断方法,且与其他医疗检测方法(如内窥镜、血检、影像法)相比,呼气诊断具有非侵害性、安全性、即时性的优点;相比于体液(尿检),呼气样品更容易获得并可进行多次采样。由于在临床诊断和明确评估方面具有巨大的优势,呼气诊断技术近年来受到极大的重视,呼气标志物已成为某些重大疾病常规监测的必要指标。

13.2 呼气检测的基本理论和方法

目前,美国 FDA 已批准了 8 种呼气疾病诊断仪,如表 13.1 所示。这些仪器大多采用单气体检测的电化学、红外吸收等原理的传感器,从而具有便携性。如具有心脏特异性的烷烃类气体采用大型的气相色谱 - 质谱仪(GC - MS)检测,主要用于住院患者的心脏移植排斥反应检测。以多气体组合的气体指纹为代表的呼气检测,是进行呼气组学研究和重大疾病呼气诊断的前提。

表 13.1 美国 FDA 批准的呼气诊断仪

编号	被测气体名称	诊断应用
1	乙醇	筛查血液酒精
2	一氧化氮(NO)	监测哮喘
3	二氧化碳(CO_2)	CO_2 中毒
4	一氧化碳(CO)	新生儿黄疸、CO 中毒
5	碳 - 13(^{13}C)	幽门螺杆菌感染
6	氢	乳糖吸收障碍
7	烷烃	心脏移植排斥反应
8	标记碳 - 13	胃蠕动障碍

采用多组分 VOCs 进行疾病诊断,特征气体浓度很低,例如 NAFLD 的特征气体为浓度范围为几到几百 ppb 的 VOCs 气体。常见的几种特征气体的阈值浓度,丙酮为 200 ppb,苯为 8 ppb,乙烷为 19.5 ppb。通过多种 VOCs 特征气体的对比、分析、识别和匹配,即可实现疾病的准确诊断。现有呼气检测技术中,电子鼻是一种多传感器阵列的气体识别与检测技术,具有便携性好、响应快等优点,但也存在特异性差、抗干扰能力弱及通用性差的技术瓶颈,导致检测精度低,难以满足呼气诊断的高精度要求;GC - MS 的检测精度高,但因其体积大、功耗高且分析时间长,不能现场应用;质子转移反应质谱(PTR - MS)、离子迁移谱(IMS)等,存在实时性、通用性、适用性等问题,无法满足呼气检测的即时检验(point-of-care testing,POCT)应用需求。因此,针对疾病特别是重大疾病的呼气诊断需求,需要开发出便携、快速、准确、高灵敏度的多组分 VOCs 现场呼气检测技术。

气相色谱技术,是指被测气体通过色谱柱时,通过各气体组分与固定相分配系数的差异,沿时间轴实现混合气体的分离,可实现复杂多组分气体的高精度、无干扰检测,如

图 13.2 所示。然而，传统色谱仪的核心部件——毛细石英管色谱柱长度达 15 ~ 60 m，通过卷绕成环悬挂在柱温箱中，减小色谱柱卷绕环直径将使跑道效应增加，从而使分离峰展宽。为避免跑道效应，传统色谱柱卷绕环直径设计为 15 ~ 20 cm。卷绕环的直径决定了柱温箱体积无法缩减，成为传统色谱仪体积大、功耗大的主要原因。另外，以热导检测器（TCD）、氢火焰离子化检测器（FID）等为主检测器的传统色谱仪，需配置专门的氮气、氢气等高纯载气瓶，不仅增加了仪器体积，还限制了仪器的便捷性。因此，传统气相色谱技术时间长、体积大、检测限高，满足不了呼气诊断的 POCT 应用需求。

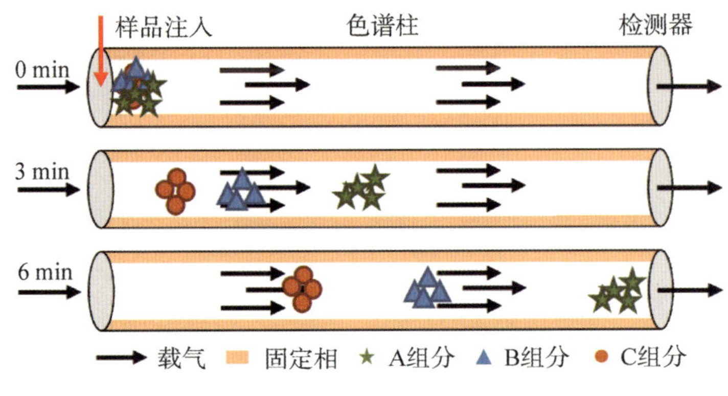

图 13.2　气相色谱分离技术示意图

13.3　基于微色谱法的呼气检测技术

13.3.1　微型气相色谱分析

为了使呼气诊断设备能像电子血压计、血糖仪等医疗设备一样方便使用，其必须具备体积小、功耗低、分析速度快、检测限低、准确度高、使用简单等特点。微型气相色谱仪（μGC）是气体检测仪器微型化的一个重要研究方向，可以大幅降低仪器的体积，提高便携性。将色谱仪的主要部件分别微型化后，再装配集成为色谱系统，是实现 Micro GC 的主要研究思路。μGC 的核心部件包括微色谱芯片、微检测器、微富集器等，均可通过微机电系统（micro-electro-mechanical system，MEMS）技术实现微型化，例如采用 MEMS 的微色谱技术，可把大直径卷绕环的石英毛细管柱变为硅片上的平面微流道结构的色谱芯片，并与微加热器集成以取代传统的柱温箱，从而极大地减小了色谱仪的体积和功耗，如图 13.3 所示。

1979 年，Terry 等人首次利用 MEMS 技术建立了一个微型气相色谱分析系统，通过光刻和化学蚀刻在硅片上制造出 1.5 m 长、200 μm 宽、30 μm 深的螺旋分布毛细管柱，并将毛细管柱、样品注入系统和热导检测器都集成在一个单晶硅圆片上，实现了在 10 s 内分离出气态碳氢化合物混合物。可见，微色谱技术有潜力满足呼气诊断的 POCT 应用需求。

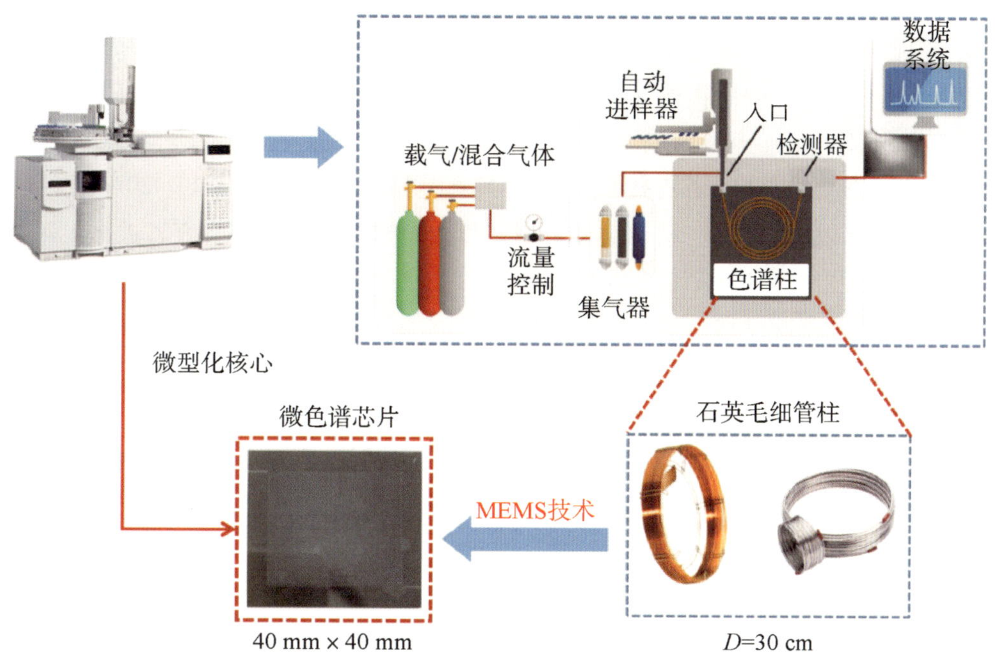

图 13.3　微色谱技术实现大型色谱仪小型化示意图

13.3.2　微色谱芯片

微色谱芯片是 μGC 的关键部件，其核心为微流道和固定相材料，此外，为了精确控温，需要集成加热和测温元件。半填充柱的微色谱芯片如图 13.4 所示，它由阵列排布着微柱的流道组成，在流道及微柱表面涂覆有固定相材料。流道与微柱通过 MEMS 工艺在硅片上刻蚀并键合形成封闭结构，在流道的背面通过光刻、溅射等工艺制备测温电极和加热电极。在微色谱芯片制备后，使用静态涂敷和动态涂敷的方法将各种固定相材料沉积在微流道内壁。这样采用 MEMS 技术结合涂覆工艺即可完成微色谱芯片的加工。为了提高微色谱芯片的柱效，实现更多种类气体的高效、稳定分离，人们在流道排布、微色谱芯片结构、固定相材料等方面开展了大量的研究。

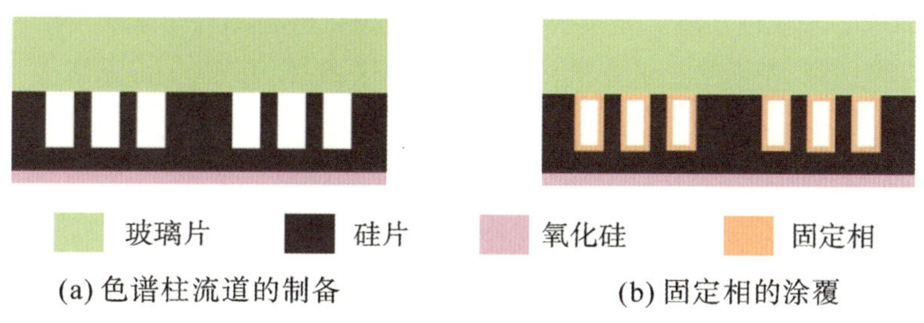

图 13.4　微色谱芯片的制备

在微色谱芯片的流道排布方面，蛇形结构比螺旋形结构性能更优。Radadia 等人比较了蛇形、圆形螺旋柱和方形螺旋柱的微色谱芯片的分离性能，实验证实，与圆形或方形螺旋结构相比，蛇形柱的微色谱芯片具有更多的分离塔板数[3]。袁欢等人研究表明，在色谱柱整体采用蛇形通道排布的前提下采用非直的波浪形通道，可减小直道中较为严重的层流效应，直道色谱柱的塔板高度更低，并且在分辨率上会提高 10% ~20%[4]。

除流道排布之外，色谱柱结构对微色谱芯片性能的影响也备受研究者关注。2008 年以前，微色谱芯片均是开管结构(open tubular)。在开管结构的微流道中，气体在柱内流动时，气体与柱壁间的摩擦力使在柱壁上的载气流速迅速减小，产生了层流现象，导致柱内流速呈现抛物线形状。由于层流作用的影响，大多数组分在柱中央快速流出，并没有与两壁上的固定相进行充分分配，从而降低了柱效及组分间分离度。Zareian 等人研究了由平行工作的窄宽矩形毛细管组成的多道柱，通过将两道、四道和八道毛细管的微色谱芯片进行比对发现，多道结构能减少载气流速变化带来的影响，在提高微色谱芯片工作稳定性的同时极大地提高原有微色谱芯片的样品容量[5]。同年，Ali 等人提出了半填充结构，使理论塔板数首次达到 10000/m。半填充结构由于在开管中加入均匀分布的支柱，与传统开管柱相比，半填充柱可以降低压降和涡流扩散，减弱层流效应，使样品的容量和分离效率均得到提高[6]。此后，人们探索了半填充柱的柱间距、柱形状等变量的影响方式，不断地优化半填充结构。

固定相材料对微色谱芯片性能有着重要的影响。现有微色谱芯片多采用蛇形流道与半填充结构，改进余地较小，而芯片内部涂覆的固定相材料种类丰富且不断发展，涂覆选择性、化学稳定性与热稳定性良好的固定相材料是微色谱芯片性能提升的有效方式之一。自 20 世纪 50 年代起，人们在研究与实际测试分析中使用了超过 1000 种的固定相，现阶段有上百种固定相材料发展为成熟的商业产品，如常见的聚硅氧烷类 OV - 系列固定液、聚乙二醇固定液，针对异构体分离的环糊精及其衍生物类固定液。聚二甲基硅氧烷(PDMS)是最常用做固定相的一种聚合物，其商品名为硅酮 OV - 1。用 PDMS 作为微色谱芯片的结构和功能材料，可实现二甲苯/苯蒸汽混合物的分离。在此之后，金层、氧化铝纳米颗粒和介孔硅等材料也被用作固定相，但这些材料分离能力总体偏低，无法实现人体呼气 VOCs 气体的分离。近年来，众多类型的新材料出现，为微气相色谱芯片的固定相提供了更多选择，例如，金属有机骨架材料、离子液体、量子点石墨烯等。

13.3.3 基于微色谱芯片的呼气诊断技术

微色谱芯片虽然具有体积小的优势，但由于柱长短而导致分离能力有限，对于组分复杂的呼出气体可能无法获得特征气体的色谱峰，加之如果检测器的灵敏度不够，经常不能满足呼气中多组分痕量气体的检测需求。另外，POCT 的呼气诊断仪对于检测精度、设备体积、功耗等均有严苛的要求，这也对于集成微色谱技术提出了挑战。图 13.5 展示了 POCT 呼气诊断仪的检测要求及目前微色谱技术具有的优势和局限性。可以看到，为了满足疾病呼气的复杂组分、痕量 VOCs 的 POCT 检测要求，还需要进一步从微色谱芯片理论、固定相载体结构与材料、特征气体识别与检测算法等方面开展研究，以提高集成微色谱技术对复杂 VOCs 气体的分离检测能力。此外，还要研究被测疾病的特征气体指纹构建方法与预测模型，实现疾病的准确、快速诊断。

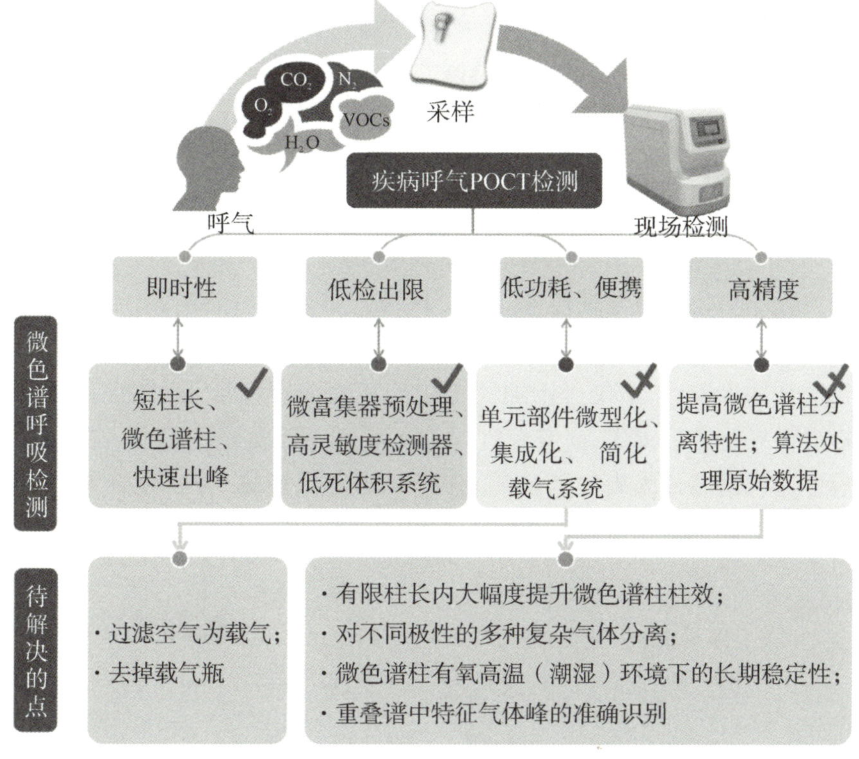

图 13.5　微色谱呼气诊断技术存在的问题与提升思路

针对重大疾病呼气中复杂多组分特征气体的快速、准确检测，需要研究高性能的固定相材料，并开发高分离能力的微色谱芯片，通过微色谱芯片的系统集成，实现 VOCs 气体的微色谱定量检测，进而研究 VOCs 的特征气体指纹，实现疾病的诊断。为阐明微色谱呼气诊断技术，本章以一种介孔二氧化硅微球为载体、离子液体（ion liquid，IL）为固定相的复合结构固定相为例，阐述在温度场与流场作用下复杂多组分 VOCs 气体在复合结构离子液体微色谱芯片内表面的传质、分配平衡变化规律，及如何实现复杂呼出特征气体的微色谱高效分离；研究高温有氧作用下固定相性能的演化规律，优化 IL 固定相材料与载体结构，实现复合结构离子液体微色谱芯片的长期稳定性。在微色谱集成技术方面，介绍微色谱的系统集成方案，以及复杂组分重叠的准确识别与定量检测算法；在疾病诊断方面，则阐述如何构建疾病的高特异性气体指纹。通过这些技术的突破，将可形成用于 POCT 疾病呼气诊断的微色谱技术。

13.3.4 高效分离的复合结构离子液体微色谱芯片设计及性能优化

1. 复合结构离子液体微色谱芯片设计

为了实现呼气诊断的复杂多组分特征气体的快速、准确检测,采用复合结构离子液体微色谱技术。该技术是在微色谱芯片流道的粗糙内壁表面上,构建以介孔二氧化硅微球为载体、离子液体为固定相的微纳复合结构涂覆层;通过温度场与流场作用下复杂多组分 VOCs 气体在复合结构离子液体微色谱芯片内表面的传质、分配平衡变化规律,得到微色谱芯片高分离特性的条件;最后,通过 MEMS 工艺制备集成微色谱芯片,并采用静态涂覆工艺制备微纳复合结构固定相,完成微色谱芯片的研制。

2. 性能优化

复合结构离子液体微色谱芯片的结构如图 13.6 所示,其中图(a)是微色谱芯片的结构示意图和内部二氧化硅微球结构形式,图(b)是气体流动后的两相传质、分配规律。在微色谱芯片的流道粗糙内壁表面上,构建以介孔二氧化硅微球为载体、离子液体为固定相的微纳复合结构涂覆层,不仅可增加固定相的相对面积以增强流动相的作用,还可给离子液体提供可靠稳定的支撑;研究温度场与流场作用下复杂多组分 VOCs 气体在复合结构离子液体微色谱芯片内表面的传质、分配平衡变化规律,为高效分离的微色谱芯片结构设计与工作条件优化提供理论依据。

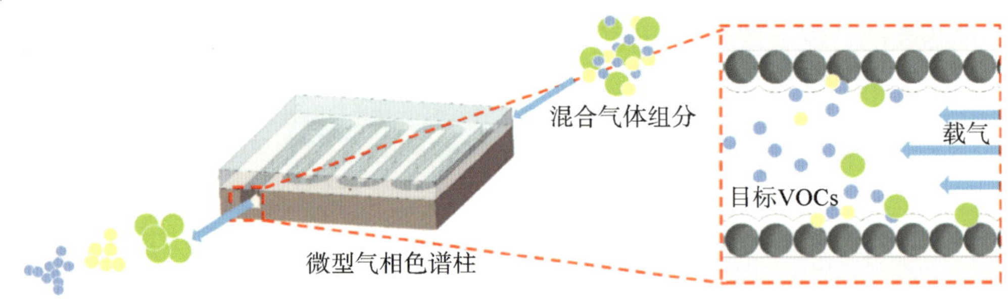

(a) 微色谱流道结构示意图

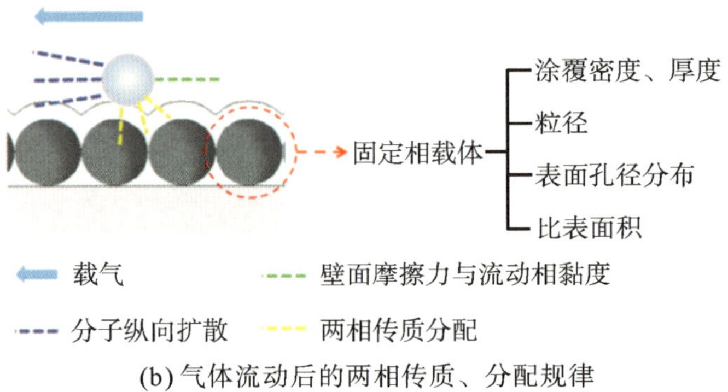

(b) 气体流动后的两相传质、分配规律

图 13.6 复合结构离子液体微色谱芯片内表面的传质、分配示意图

微色谱芯片的设计,采用结合数值计算研究介孔二氧化硅微球载体对微色谱芯片性能的影响规律,为色谱芯片结构形式、介孔二氧化硅微球尺寸等提供设计依据。微色谱芯片相关的动力学理论基础如表 13.2 所示。

表 13.2 微色谱动力学一体方程

项目	内容			
理论依据	速率理论与纵向分子扩散理论			
模型	块状液膜模型			
进样	六通阀;进样函数 $f(t)$ 为宽度为 t_{in} 的矩形脉冲函数			
塔板高度 H 公式	$H=\dfrac{t_{in}^2u^2}{12(\dfrac{ut_{in}}{2L}+1+k')^2}+\dfrac{2D_g(1+k')^2}{u(\dfrac{ut_{in}}{2L}+1+k')^2}+\dfrac{1+6k'+11k'^2}{24(\dfrac{ut_{in}}{2L}+1+k')^2}\dfrac{r_0^2}{D_g}u+\dfrac{2k'd_f^2u}{D_l(\dfrac{ut_{in}}{2L}+1+k')^2}$			
对应色谱过程	进样影响	分子纵向扩散	径向流速非均匀性	两相分配
相关参数	u 为流动相流速;L 为柱长;$k'=k\cdot\dfrac{1-\kappa}{\kappa}$;$k$ 为平衡时物质在两相之间的分配浓度比;κ 为流动相占有的横截面分数;D_g 为扩散系数;r_0 为横截面积;D_l 为液相值传质系数;d_f 为固定相液膜厚度			
局限性	假设组分在两相之间的分配平衡瞬时达成,而实际两相之间交换的传质速率有限			

表 13.2 的塔板高度 H 公式的前三项表达进样函数与分子扩散对塔板高度的贡献,最后一项量化了固定相的传质阻力对塔板高度的影响。事实上,待分离组分在流动相与固定相之间的分配平衡并不如纵向扩散理论中所假设的瞬时达成,物质在两相之间交换的传质速率并非无限大,在此关系下,理论塔板高度 H 与动力学系数 β 有关。决定动力学系数 β 数值的主要因素为整个过程中进行速度最慢的步骤,在色谱过程中为流动相的传质过程,对于气－液色谱而言,固定相膜厚为主要的传质影响因素。关于微色谱方面塔板高度的更多计算方法,可参考相关文献。

为实现微色谱芯片的最佳分离条件,需要结合复合结构离子液体微色谱芯片与检测器的微色谱系统,研究各组分平衡时的分配系数和容量因子表达式,以及目标气体在微流道中的扩散传播情况对色谱峰区域宽度的影响。针对人体呼气中特征气体浓度低、种类多、极性复杂等特点,需要重点研究保留温度、初期冻结、有效柱温、程序梯度等相关参数的关联性,建立程序升温过程中各组分分离性能的评价模型,以获取特征标志物的最佳气体分离条件,从而达到提高复杂呼出特征气体的微色谱分离特性的目的。图 13.7(a)为呼气 VOCs 通过微色谱芯片流道时流场的受力与流场分布示意图,图 13.7(b)则是不同区域温控下温度场的分布示意图。

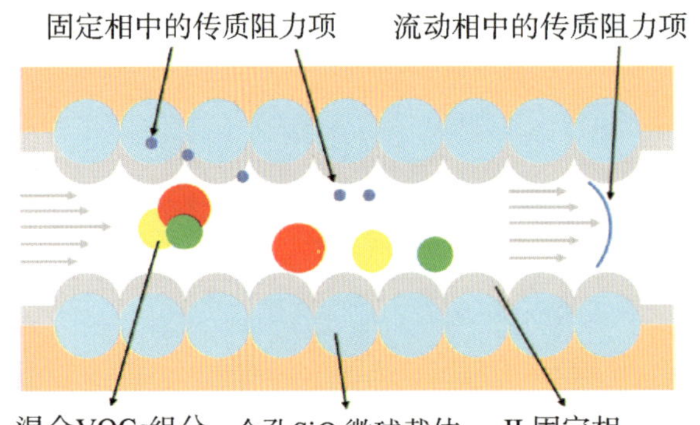

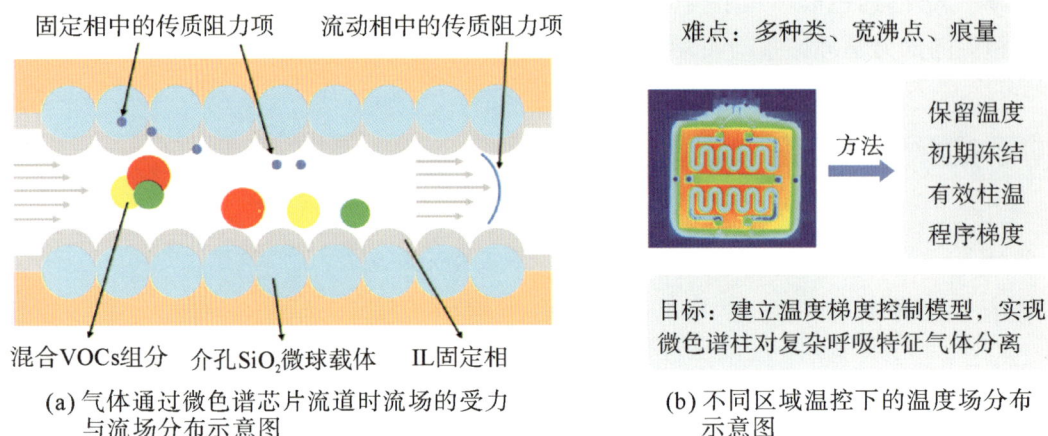

(a) 气体通过微色谱芯片流道时流场的受力与流场分布示意图

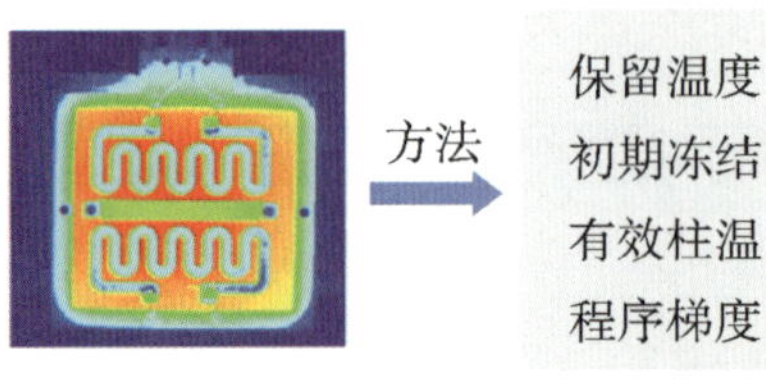

(b) 不同区域温控下的温度场分布示意图

图 13.7 温度与流场作用下的复杂多组分气体分离特性研究

呼气样品的 VOCs 混合物中，各组分在微色谱芯片内的流动相与固定相间反复进行多次分配，形成各自的分配平衡；各个组分因为其沸点、极性、分子结构差异，在两相中的分配系数存在差异，即受到的固定相的作用力大小不同，这会导致各组分按照与固定相分配系数的大小由小到大依次流出，由此实现混合物在时间轴上的分离。为保持复合载体结构及离子液体固定相在高温和氧气条件下的长期稳定性，提高微色谱芯片对高沸点组分的高效分离，以复合结构离子液体为固定相，研究较高工作温度和含氧流动相对 IL 固定相的结构与理化性能的影响方式，筛选性能更为稳定的 IL 类型；分析涂覆工艺对固定相形貌特征与厚度的影响，结合温度与氧气作用下微色谱芯片分离性能的退化规律，进行涂覆工艺的优化，为高稳定性微色谱芯片的固定相设计和制备提供依据。

微色谱芯片的制备主要包括以下三部分内容。

1. 介孔二氧化硅微球的制备

采用凝胶溶胶法制备介孔二氧化硅微球，首先，在表面活性剂加入无机反应物之前先形成液晶相胶束，并作为介孔结构的模板剂让溶解在溶剂中的无机单体分子或齐聚物通过与亲水端之间的引力沉淀在胶束棒之间的孔隙间，聚合固化成孔壁，自组装成介孔材料。制备中以 TEOS 为前驱体，CTAB 为模板剂，乙酸乙酯为模板助剂，氨水为催化剂。通过调节反应温度、环境 pH 值、反应时间与助模板剂量控制生成的介孔二氧化硅微球的粒径、比表面积。生成的介孔二氧化硅微球用原子力显微镜、扫描电镜、表面积分析仪等仪器表征。

2. 半填充柱微色谱芯片的制备

采用如图 13.8 所示的 MEMS 工艺制备微色谱芯片，采用光刻、显影、电子束蒸发与剥离加工出铝掩膜，并采用深反应离子刻蚀方法刻蚀出高深宽比的流道；去铝之后将硅片与硼硅玻璃通过阳极键合密封，并在微色谱芯片的背面通过套刻、显影与磁控溅射钛与铂形成测温电阻与加热丝；划片、封装后得到 1 m、3 m 等不同柱长的微色谱芯片。

3. **复合结构离子液体固定相的涂覆**

加工后的微色谱芯片，选用静态涂覆方式分别将介孔二氧化硅微球溶液与 IL 固定相涂覆到微色谱芯片内壁上。硅片在去铝之后会用浓硫酸 - 双氧水溶液（体积比为3:1）浸泡清洁，形成一层薄薄的氧化硅层，保证后续涂覆中介孔二氧化硅微球与壁面有足够的结合强度。在正式涂覆载体前，内壁要经过酸处理及粗糙化处理，随后依次以介孔二氧化硅微球的乙醇溶液与 IL 二氯甲烷溶液为涂覆液，采用静态涂覆方式涂覆。涂覆固定相膜厚度在 0.1 ~ 0.3 μm，介孔二氧化硅微球附着在流道内壁形成大表面积的粗糙涂覆面，不仅增加了内表面积，还有助于提高固定相的附着强度。

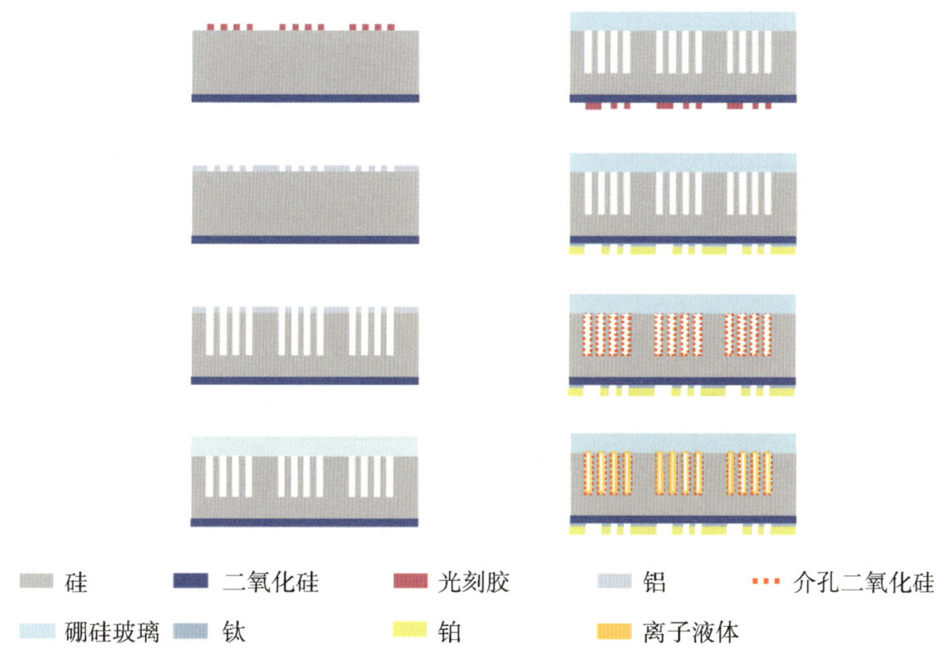

图 13.8 微色谱芯片制备工艺示意图

13.3.5 微色谱芯片集成及优化

在微色谱芯片集成时，根据被检疾病的痕量多组分特征气体的检测浓度与置信要求，确定微型气体检测器的检测限、精度等要求并选择检测器。目前，我们常采用 MEMS 气体传感器、PID 气体传感器或其他类型的微型传感器作为集成微色谱芯片的气体检测器；然后，采用微纳集成技术，把微进样器、微色谱芯片和微检测器集成为体积小、保留时间短、检测限低的集成微色谱气体检测系统。在集成微色谱气体检测系统中，根据检测器的原理,可选用洁净空气、纯净氮气或其他类型气体作为载气。由于人体呼出气体组分复杂且为高湿气体,因此使用具有水分过滤功能的微进样器。根据集成微色谱系统的各功能部件的要求,开发嵌入式测控系统,实现精确控温、气路通断、压力控制、信号采集与处理等功能。微色谱气体检测器的信号通过调理电路后进行采集,并使用多种滤波算法处理,在测控系统软件中嵌入卷积神经网络算法,优化卷积核和节点等参数对呼气中复杂特征组分的识别与定量计算精度,从而实现分离气体色谱峰的精确计算。

图 13.9 为集成微色谱芯片系统,它通过采样袋采样,样本通过预处理后进入微色谱芯片(有时为了更低浓度的检出限,可考虑加入微富集器)。微色谱芯片具有集成温控功能,经微色谱芯片分离后的气体组分通过广谱型的微型气体传感器检测。另外,系统中的阀、泵等使用死体积小、功耗低的微型或小型元件。

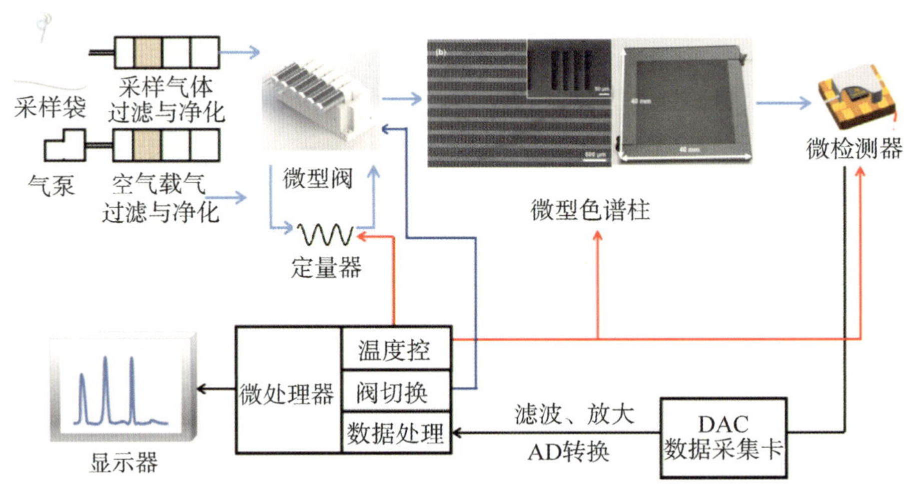

图 13.9　集成微色谱系统示意图

集成微色谱系统建立后,需要优化调控参数(气体流速、升温速率、吸附/脱附时间等)以实现疾病特征呼出气体的高效快速分离,如图 13.10 所示。集成微色谱系统可以通过控制算法对系统温度与气路通断进行调控。根据目标特征气体分子在微色谱芯片流道内进行交换时的传质阻力的不同,划分不同的流速间隔以研究各个目标组分在恒定温度下的最佳分离流速。针对复杂人体呼气,根据目标特征气体的分子质量、极性及沸点等自身物理特性,研究目标组分的起始温度(初期冻结)、温度梯度变化模型、保留温度和保留时间等关键变量,综合考虑不同程序升温模型带来的载气流速的耦合变化,对不同目标气体建立最优的温度梯度控制模型。通过集成微色谱系统的参数调整和结果比对分析,确定出对呼气特征气体具有高分离度的调控参数,并保存在系统中以便调用。

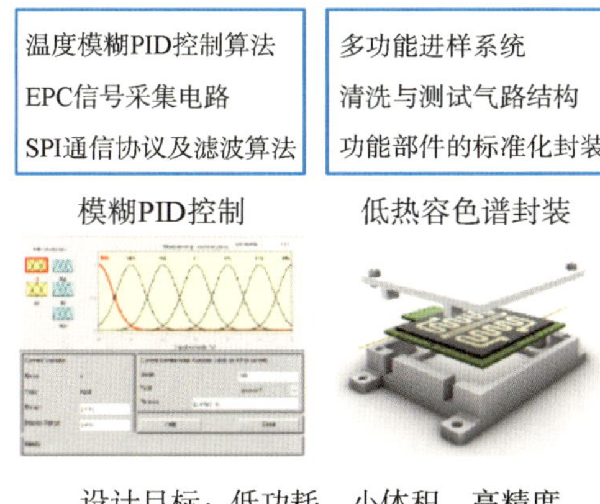

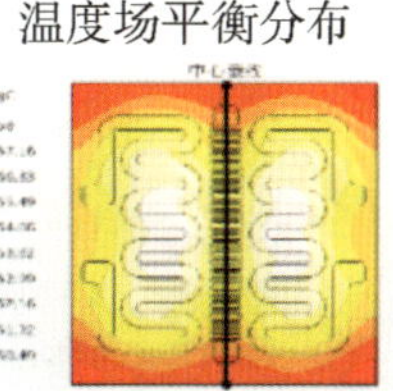

图 13.10　微色谱系统的最佳调控参数确定

在集成微色谱系统上，由于微色谱芯片柱长短会导致复杂多组分气体的出峰的重叠，为此，采用卷积神经网络算法进行特征峰识别与定量检测。首先，收集一定量的呼气样本进行测试，记录柱温、流速、气体组分与浓度等信息，获取辅助特征、标签值与原始样本数据；其次，根据目标气体组分保留时间对原始数据进行尾部去除，并平展成一维数组完成原始数据的预处理；然后，设计针对呼气特征组分的一维卷积神经网络结构实现输出结果的预测，主要包括卷积层、池化层以及全连接层的数量、结构与排布形式，卷积层中非线性激活函数链式卷积核的选取，池化层数据压缩方案，全连接层节点方案等；然后，确定迭代周期和学习率等参数，将大量实验集数据通过初步设计的 1D－CNN 结构计算，训练得到初代模型；最后，使用不同于实验集的测试集数据对初代模型进行准确度的评估，若准确度欠佳或存在过拟合等情况，需采用 Dropout 等方法降低节点和阶数，调整卷积核、卷积层数量、全连接层等细节参数做优化处理，修改原始数据预处理形式，调整数据与标签值对应关系等，建立高准确度的复杂气体组分识别与定量检测模型，实现微色谱分离的疾病特征呼出气体组分的快速准确检测。

13.4　微色谱技术研究的一些进展和应用

本节以西安交通大学在微色谱芯片、微富集器、微气体检测器、集成微色谱技术等方面的一些研究进展为例，介绍微色谱技术的部分应用。

13.4.1　微色谱芯片研究进展

西安交通大学团队研制了 1 m、3 m 等不同柱长和微柱形式的集成式半填充柱微色谱芯片，研究比较了 PDMS、石墨烯量子点掺杂、离子液体、微纳复合材料等多种固定相的性能，结果表明，介孔二氧化硅支撑的离子液体固定相的稳定性和对分子量接近的 VOCs

的分离性能更好;研制了集成温控系统,实现了微色谱芯片 0.1℃的控温精度;提出一种基于硅 - 硅键合的高深宽比微色谱芯片的制备方法,该方法将流道的深宽比增大一倍,同时通过集成加热丝的设计,使通道内部受热更加均匀,降低了微色谱芯片的体积并提高了复杂气体的分离能力。如图 13.11 所示的微色谱芯片,已经成功实现 C5 ~ C14 烷烃类气体、多种芳香族气体及醇类的分离,重复性良好[7]。

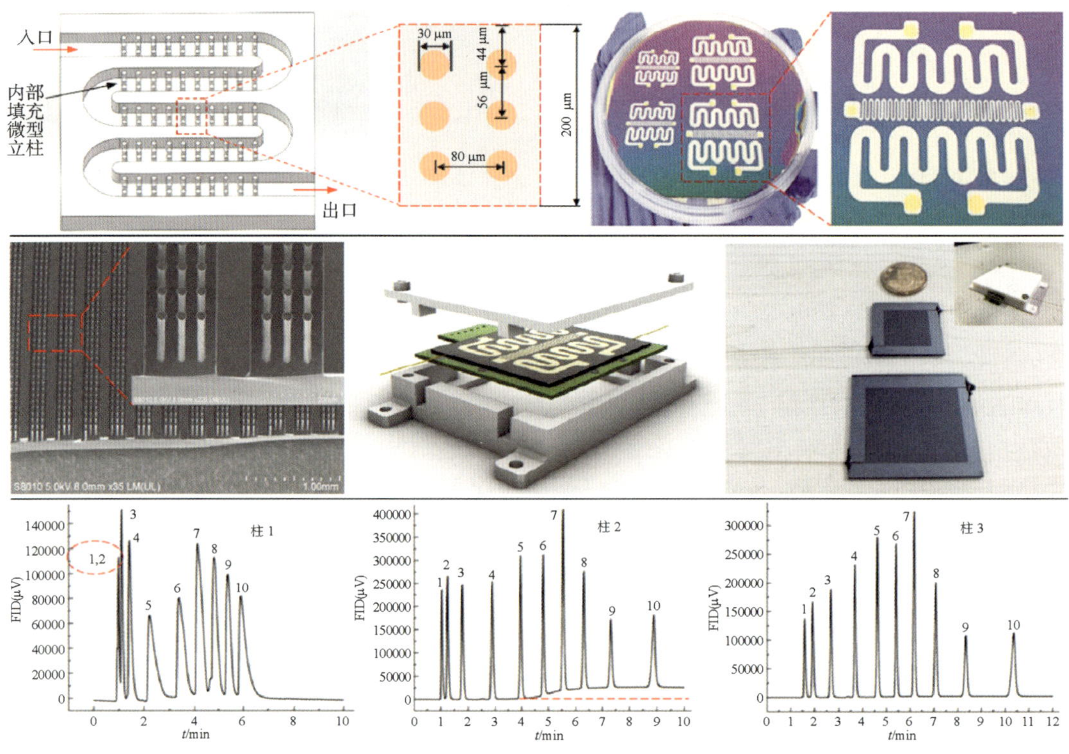

图 13.11　微色谱芯片与分离特性

13.4.2　微检测器、微富集器

针对呼出气体种类多和超低浓度特点,采用独有的掺杂、集成工艺、纳米材料制备技术,解决了微纳集成工艺难题,研制 mW 级超低功耗微纳气体传感器,将其用作 μGC + μMOS 系统的检测器。采用如图 13.12 硬掩膜工艺,成功实现了硅基纳米气敏材料(图 13.13)的集成,开发了检测限低至 ppb 级的微纳传感芯片,实现多种呼气 VOCs 的检测(图 13.14)。对 PID 传感器进行封装结构改进,把扩散式改成流动式,大幅降低死体积。细节可参考相关文献[8 - 9]。

团队开发了一种高强度的金属基微富集器,如图 13.15(a)所示,所加工的器件、表征及测试结果如图 13.15(b)、图 13.15(c)所示。该微富集器在低功耗情况下可实现异戊二烯等 NAFLD 特征气体 300 以上的高富集率,并具有良好的气体保真性能和性价比。

该微富集器的引入,可大幅降低痕量特征气体的检测限[10-11]。

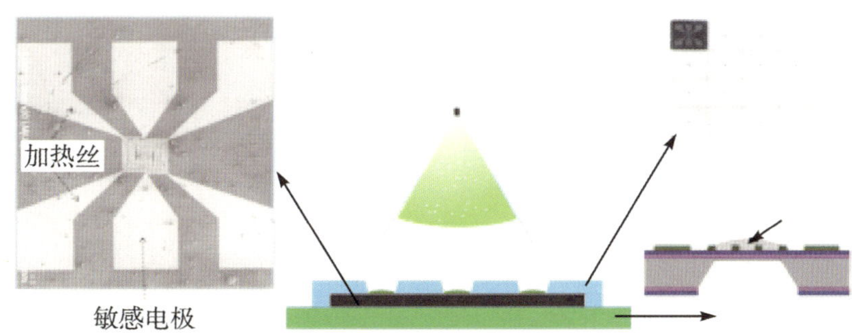

图 13.12 硬掩膜工艺流程示意图

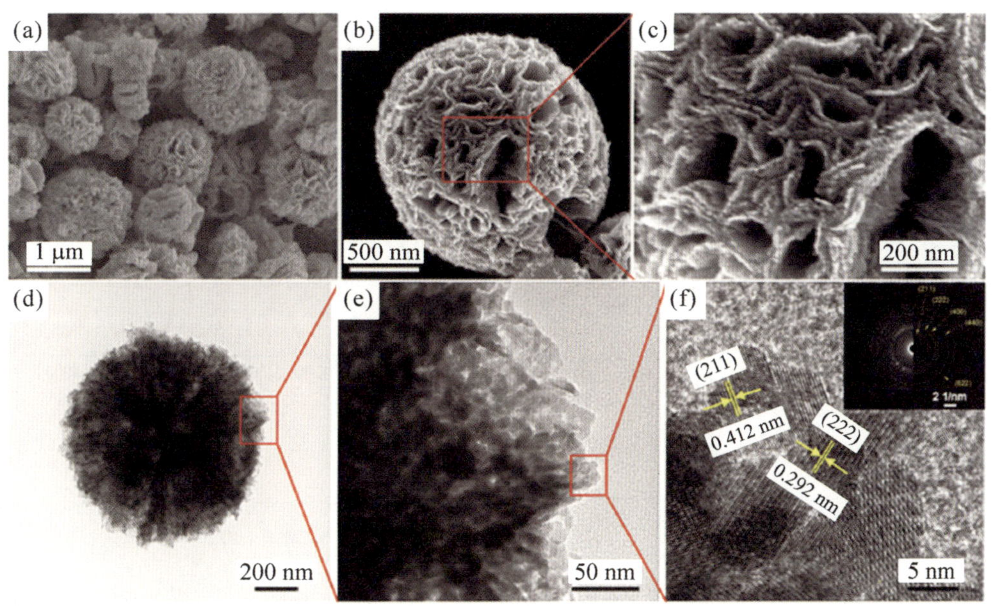

图 13.13 MOS 纳米气敏材料表征

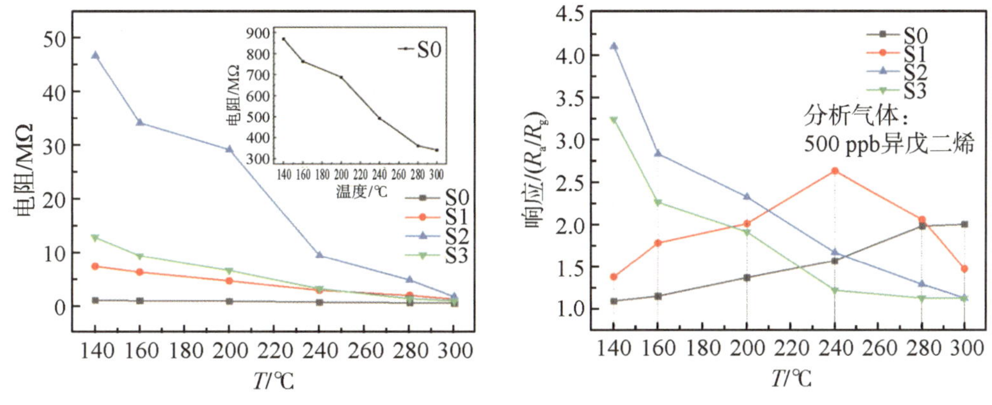

(a) 不同工作温度下的电阻值（左）及响应值（右）

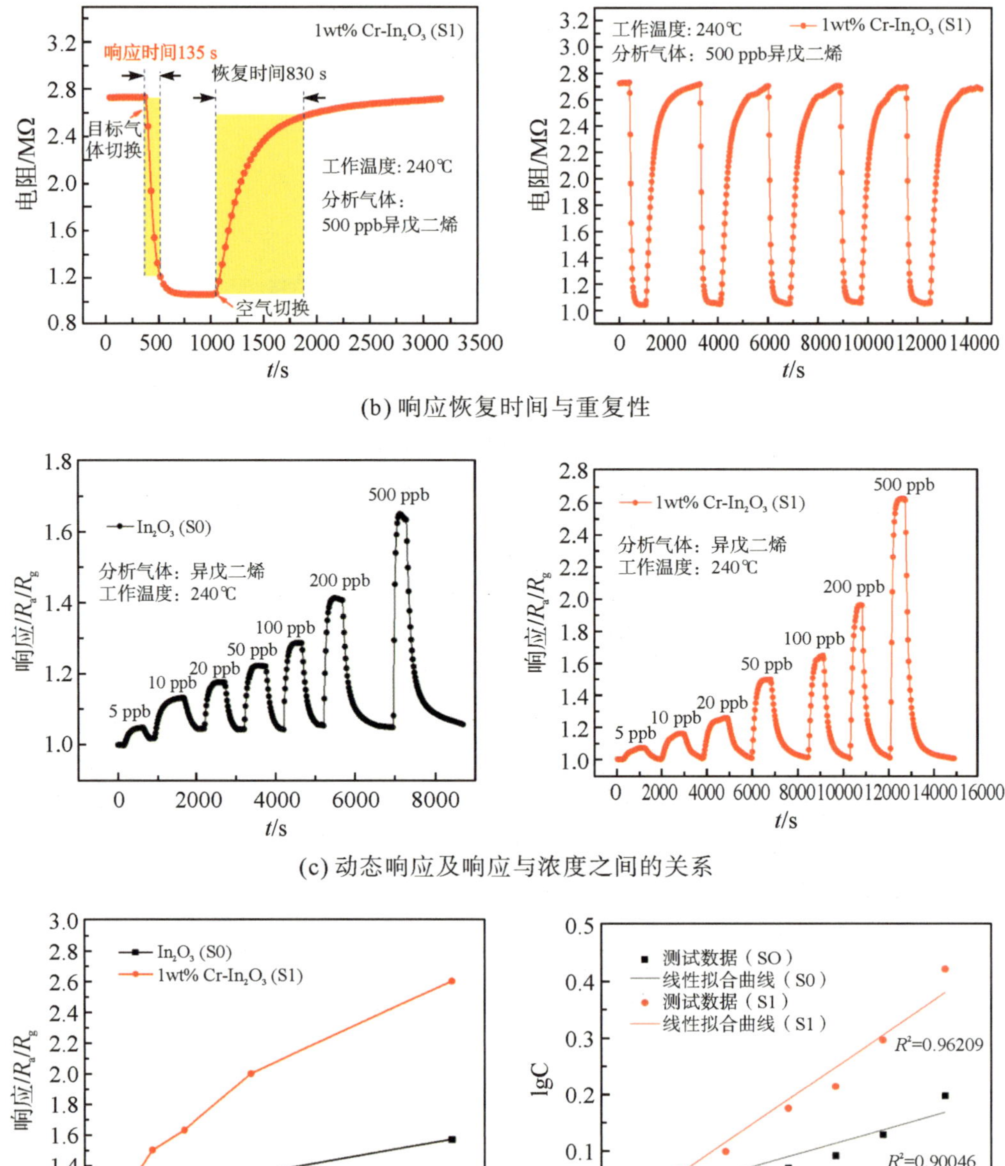

图 13.14　微纳气体传感器性能

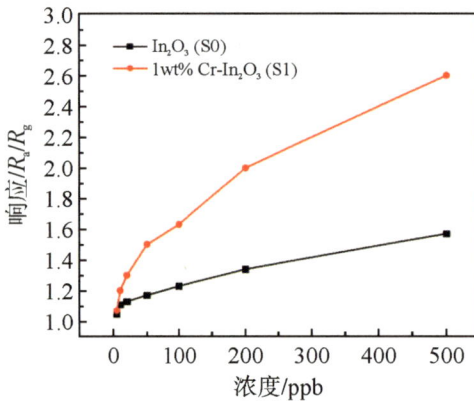

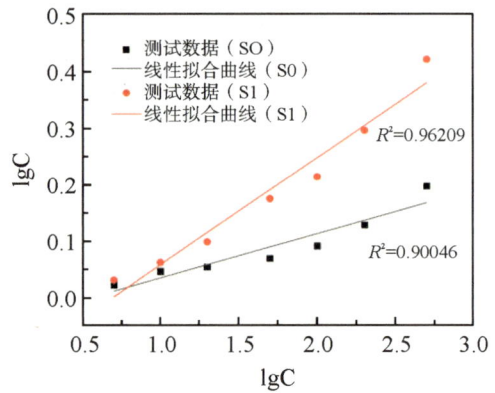

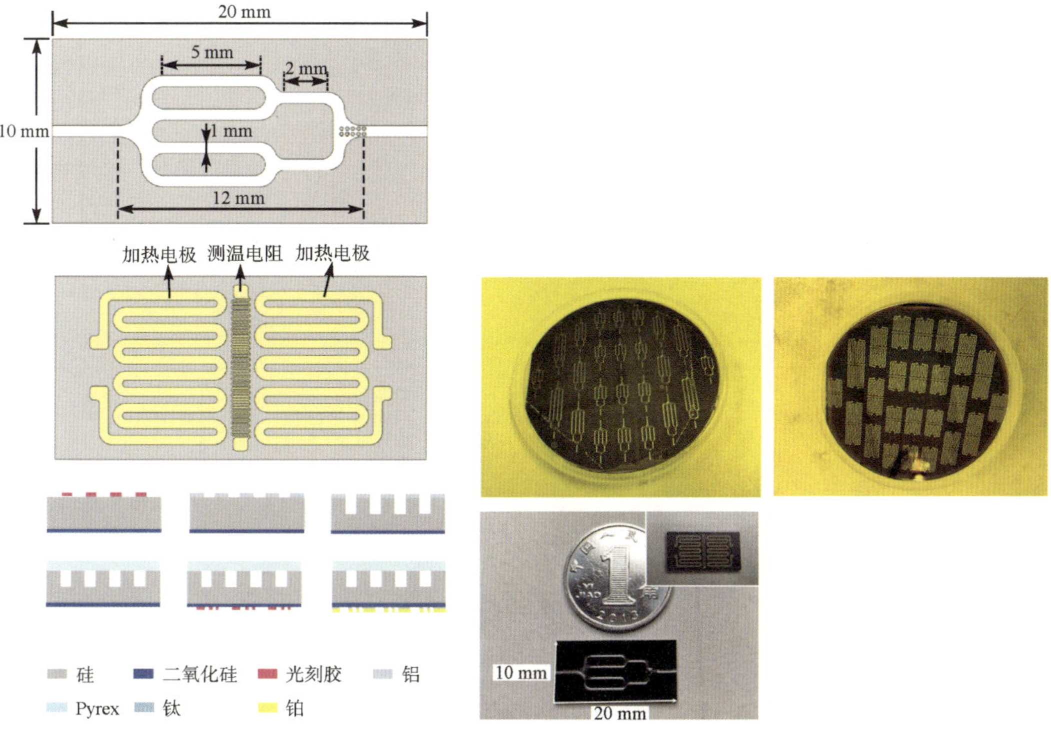

(a) 设计示意图及实物

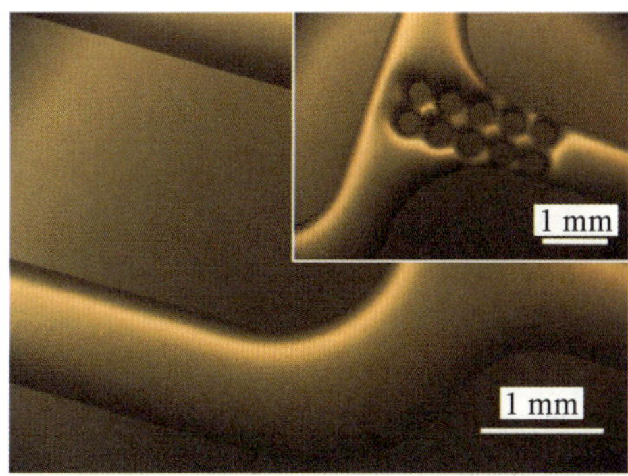

(b) 形貌表征

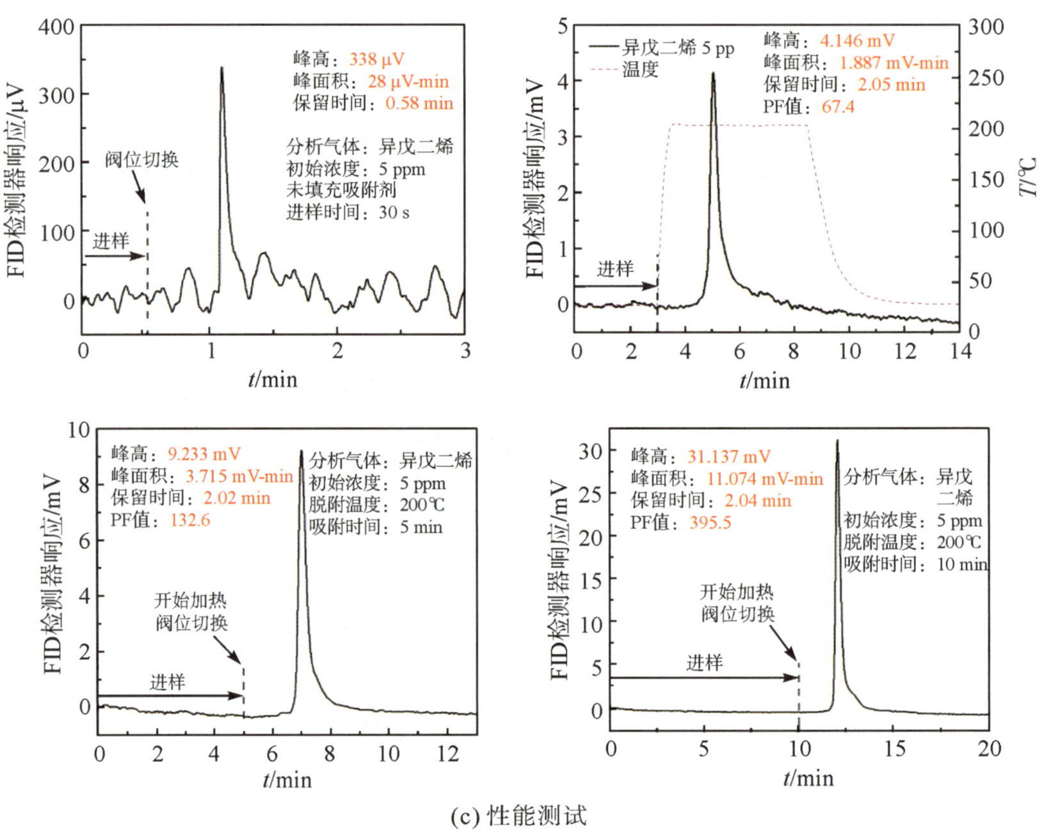

(c) 性能测试

图 13.15　高强度金属基微富集器

13.4.3　集成微色谱技术及应用

团队开发了基于 PDMS 固定相微色谱芯片的 μGC + μMOS 的集成微色谱系统，如图 13.16 所示，实现了 5 种 VOCs 的痕量级检测，并具有良好的重复性，可用于非酒精性脂肪性肝病的诊断。

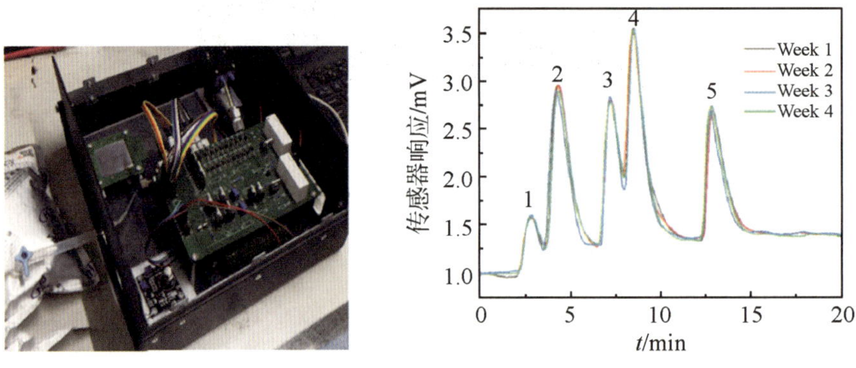

图 13.16　基于 PDMS 固定相微色谱芯片的 VOCs 检测系统及测试结果

13.4.4　疾病气体指纹的构建与疾病预测

对于疾病的呼气诊断，首先筛选出高特异性特征气体。由于单一性气体特异性差，无法形成准确的疾病判断，为此，通过不同人群的呼气诊断结果的筛选对比，选择多种高特异性的 VOCs 气体作为被检测疾病的特征气体。对各特征气体浓度边界与阈值进行统计分析与建模，结合被检测疾病呼出特征气体类型和浓度范围，构建多类型气体组合，形成被检测疾病不同阶段和人群的特征图谱，并建立特征气体指纹与疾病的高置信映射关系，实现疾病的高准确率的预测。图 13.17 是新冠肺炎检测时由 5 种气体组成的气体指纹示意图。

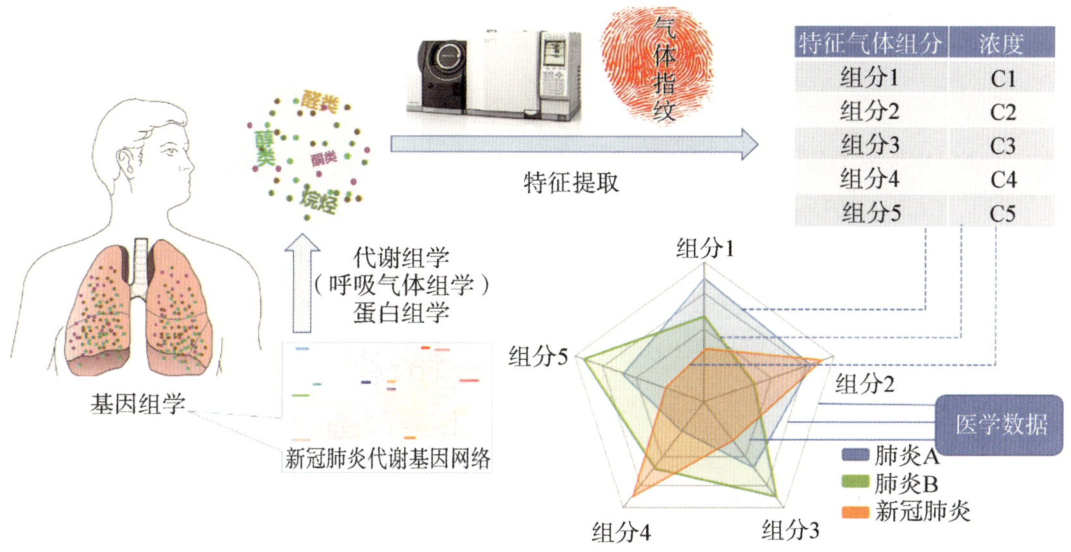

图 13.17　疾病诊断 VOCs 特征气体指纹的构建

13.5　总结与展望

由于呼气中富含氧气与水蒸气，且 VOCs 浓度低、种类多，分子量差异大、极性跨度大，以多种 VOCs 组成的特征气体指纹进行高特异性的疾病诊断时，快速、准确、高灵敏的现场检测仍是一个巨大的挑战。

本章介绍了微色谱芯片呼气诊断技术的相关研究进展。呼气诊断具有非侵入性、便捷性等优点，在疾病特别是癌症的早期诊断中具有巨大潜力。目前常用的呼气检测仪器有电化学传感器、气相色谱－质谱联用仪等。微色谱技术具有体积小、功耗低等优点，可实现对呼气中复杂 VOCs 的高效分离检测。本章详细介绍了微色谱芯片的设计制备、固定相材料选择、集成系统优化等研究进展，以及微色谱技术在疾病呼气诊断中的应用：构建疾病特征气体 VOCs 指纹图谱，实现对如肺癌、脂肪肝等疾病的准确快速诊断。

微色谱芯片技术通过分离度的提高，解决了微色谱分离性能不足的难题，从而实现了各种特征气体在短柱长内的高效分离。集成微色谱芯片技术的应用，可突破传统气体检测技术实时性、适用性及准确性等方面的瓶颈，解决呼气复杂特征多组分 VOCs 的高效分离和定量检测的难题，使微色谱呼气诊断仪具有分钟级检测、高精度、低成本、便携及操作简便等优点，从而使 NAFLD、肺癌、糖尿病等重大疾病呼气诊断的 POCT 技术的实现成为可能。微色谱技术在呼气诊断领域具有广阔的应用前景，还需继续优化微色谱芯片性能、提高集成系统检测灵敏度、构建更多疾病的气体指纹图谱等。

（王海容　成　诚　李生斌）

参考文献

[1] VAN DER SCHEE M P, PAFF T, BRINKMAN P, et al. Breathomics in lung disease [J]. Chest, 2015, 147(1): 224 – 31.

[2] HINTZEN K F H, GROTE J, WINTJENS A, et al. Breath analysis for the detection of digestive tract malignancies: systematic review [J]. BJS Open, 2021, 5(2).

[3] RADADIA A D, SALEHI-KHOJIN A, MASEL R I, et al. The effect of microcolumn geometry on the performance of micro-gas chromatography columns for chip scale gas analyzers [J]. Sensors and Actuators B: Chemical, 2010, 150(1): 456 – 64.

[4] YUAN H, DU X, TAI H, et al. The effect of the channel curve on the performance of micromachined gas chromatography column [J]. Sensors and Actuators B: Chemical, 2017, 239: 304 – 10.

[5] ZAREIAN-JAHROMI M A, ASHRAF-KHORASSANI M, TAYLOR L T, et al. Design, Modeling, and Fabrication of MEMS-Based Multicapillary Gas Chromatographic Columns [J]. Journal of Microelectromechanical Systems, 2009, 18(1): 28 – 37.

[6] ALI S, ASHRAF-KHORASSANI M, TAYLOR L T, et al. MEMS-based semi-packed gas chromatography columns [J]. Sensors and Actuators B: Chemical, 2009, 141(1): 309 – 15.

[7] CHEN J L, HAN B Q, LIU T H, WANG H R, et al. Separation characteristics of an integrated temperature-controlled micro gas chromatography chip [J]. Journal of Instrumentation, 2021, 16(03): P03024.

[8] WU X, WANG H, WANG J, et al. Hydrothermal synthesis of flower-like Cr_2O_3-doped In_2O_3 nanorods clusters for ultra-low isoprene detection [J]. Colloids and Surfaces A:

Physicochemical and Engineering Aspects, 2021, 620: 126606.

[9] WU X, WANG H, WANG J, et al. VOCs gas sensor based on MOFs derived porous Au@ Cr_2O_3-In_2O_3 nanorods for breath analysis [J]. Colloids and Surfaces A: Physicochemical and Engineering Aspects, 2022, 632: 127752.

[10] 王海容，韩宝庆，李长青，等. 一种微型气体富集器及其制备方法，CN107014666A [P/OL]. https://d. wanfangdata. com. cn/patent/CN201710170246. 7.

[11] HAN B, WANG H, HUANG H, et al. Micro-fabricated packed metal gas preconcentrator for enhanced monitoring of ultralow concentration of isoprene [J]. Journal of Chromatography A, 2018, 1572: 27 - 36.

第 14 章
先进光学成像技术

14.1 先进光学成像技术概述

解决生物安全问题离不开各种生物检测技术。对生物微观世界进行探索,由于传统的显微技术分辨率受限,无法看到比细胞器更小的生物结构细节,因此阻碍了对生物底层机制更深的了解;防控突发疾病和掌控动植物疫情,需要快速反应、及时处理,因此对现场检测的需求迫切,传统检测设备体积大,对工作环境要求高,不适合现场携带,容易导致决策不及时;保障生物资源安全,需要监控各种动植物、微生物生理活动,诊断和识别各种生物病变组织或细胞,常用的方法是切片化验,容易对活体生物造成不可逆的损伤,导致生物资源的破坏,不利于对濒危生物的保护;生物安全问题日益复杂,要筑牢国家生物安全防线,生物安全检测技术的普及和成本是至关重要的,但是目前检测设备费用高昂,并非一般实验室所能承担。

“看”是研究生物问题最直观的检测手段,往往也是最有效和最常用的方法。随着光学技术的不断发展,各种新的光学成像技术孕育而生,称之为先进光学成像技术,极大地丰富了成像的概念,不但可以看得更加清楚,而且让成像的维度更丰富,为生物安全领域提供了更多更优的技术选择。先进光学成像技术按照其成像信息的维度主要分为五类:空间维度、空间 + 光谱维度、空间 + 偏振维度、空间 + 相位维度和更多复合维度(如空间 + 光谱 + 偏振、空间 + 相位 + 光谱等),即超分辨显微成像技术、光谱成像技术、偏振成像技术、相位成像技术和多维融合成像技术。

14.2　先进光学成像技术基本原理

14.2.1　超分辨显微成像

显微成像技术是生物研究领域不可或缺的工具,是科学家们探索细胞、微生物等未知的微小尺度世界依赖的“眼睛”,但它也是存在分辨率极限的。1835 年,英国科学家乔治 · B · 爱里(George B. Airy)就提出了“艾里斑”理论:基于光的衍射特性,即使一个无限小的发光点在通过透镜成像系统后,也会形成一个弥散的图案,称为“艾里斑”。艾里斑在成像平面附近的三维光强分布被称为光学系统的“点扩散函数”(PSF)。随后在 1873 年,著名的德国科学家恩斯特 · 阿贝(Ernst Abbe)基于此原理提出了“阿贝光学衍射极限理论”,定义了传统的显微成像技术能分辨的极限:

$$d = \frac{\lambda}{2n\sin\theta} \tag{14-1}$$

式中:d 为光学系统的分辨率(即能分辨的两点之间距离);λ 是照明光源的波长;n 是成像系统中介质的折射率;θ 是物镜聚焦光锥的半角。n 和 θ 决定了成像物镜的数值孔径(NA,等于 $n\sin\theta$)。根据式(14.1),光学显微成像系统的分辨率极限被限制在约光源波长的一半,为 250 nm 左右(可见光波长范围为 400 ~ 700 nm),即当两个无限小的点光源相距 250 nm 以内时,它们的点扩散函数(或是它们的艾里斑)会有很大的重叠而造成无法区分的现象,即达到了光学衍射极限。

衍射极限曾经被认为是不可逾越的理论物理极限,传统光学系统的成像只能达到分辨细胞器(如线粒体、内质网等)的水平,无法满足探索更微观世界对分辨率的需求(如探索细胞器内部结构、蛋白质结构以及细胞器间相互作用机制等)。但在 2000—2006 年,一系列显微成像技术[超分辨显微成像(super - resolution microscopy imaging)技术]成功打破了这一极限,把生命科学研究的视野从细胞、细胞器尺度,扩展到了蛋白质结构和细胞器结构尺度,主要分为以下三类。

1. 以受激辐射损耗显微成像技术(STED)为代表的“基于点扩散函数修饰”

STED 及其衍生的可逆饱和光学荧光转化显微成像技术(RESOLFT)都是利用“甜甜圈”状的空心光束来修饰中心激发光的 PSF,达到超分辨成像的目的。不同的是 STED 利用了荧光染料分子的受激辐射损耗性质,而 RESOLFT 则利用了荧光蛋白的光控可逆转化性质。无论是 STED 还是 RESOLFT,一方面,分辨率极限都是由形成的甜甜圈大小决定,导致越高的分辨率需要越强的耗损光;另一方面,反复的点扫描成像方式使得高强度照明具有持续性,因此在成像过程中难以避免对活体样本造成严重的光损伤和光漂白。

2. 以结构光照明显微成像技术(SIM)为代表的"频谱卷积"

该技术利用包含样本结构信息的干涉图案"摩尔条纹",加上后期的图像重构,达到超分辨成像的目的。SIM 通过干涉的方式将高频信息转化成低频信息,进而实现传统光学显微成像系统对高频信息的捕获。但是,捕获的低频信息需要通过复杂的后期图像处理转化成原始的高频信息,才能实现超分辨成像。

3. 以随机光学重构显微成像技术(STORM)和荧光光敏定位显微成像技术(PALM)为代表的"基于单分子荧光定位"

STORM 和 PALM 都是利用荧光染料分子光控开关或者荧光蛋白的光控转化性质,在一个衍射极限空间内(~250 nm)随机"点亮"单个荧光分子,进而实现超分辨成像。类似地,还有点积累在纳米尺度的地形成像技术(PAINT),利用了对化学反应常数的精确调控,实现带有荧光标记的分子和靶向分子之间的短暂结合,从而达到类似的"点亮"效果。

除上述三类外,还有一些技术,例如,最小光子流量成像技术(MINFLUX)综合了 STED 和 STORM 两类成像技术的优点,将定位精度提高到了前所未有的 1 nm;膨胀显微技术通过直接将被成像样品进行物理膨胀,间接达到超分辨成像的目的。但是这些超高分辨率显微成像技术都只能对特定的样品进行成像,操作过程极其低效和繁琐,而且设备成本高昂。

总的来说,以上介绍的超分辨显微成像方法,极大地丰富了生物目标超分辨成像的方式,有力地推进了法医微生物和生物安全的研究进程;但也存在着一些不足,或是对生物样本具有严重的光漂白和光损伤,或是设备复杂、价格昂贵,一般试验人员无法承担其费用,或是扫描效率低,或是对成像样品要求特殊,或是需要复杂的图像后处理。超分辨显微成像技术对低成本、小型化、直观化、低损伤等具有迫切的发展需求。

随着微纳光学技术的发展,一种新的基于点扩散函数操作的超分辨显微成像方式开始崭露头角,即基于超振荡透镜芯片的超分辨显微成像技术。由超振荡透镜芯片获得的小于衍射极限的光点作为一种成像的照明光源,实现超分辨成像的原理和 STED 相似,都是对其点扩散函数进行修饰,具有比较广泛的样品适用性,但有本质区别:超振荡透镜芯片不需要依靠其他设备或者介质,可以直接产生小于衍射极限尺寸的点扩散函数,使得成像系统在实现超分辨成像的同时,不会对生物样品产生严重的光损伤和光漂白。

14.2.2 光谱成像

光谱号称万物的"指纹",每种物质或处于不同状态的物质都有其独特的光谱。光谱成像技术是成像技术和光谱技术的结合,可以同时捕获目标的空间信息和光谱信息,实现对生物样本更精准的诊断和识别。分光元件是光谱探测系统的核心元件，主要实现对目标光谱特征的采集。分光元件不仅决定了光谱探测系统的探测模式、谱段范围和光谱分辨率等光学性能，同时很大程度上决定了系统的整机构架、体积重量等指标。目前常用的分光技术主要有色散型、干涉型和可调滤波型。

随着微机电系统（micro-electro-mechanical system，MEMS）技术的发展，采用微纳加工技术制作的各种 MEMS 光功能芯片，不仅克服了传统光学元件体积大、定制能力差和成本高的缺点，且实现了光学元件由静到动的质的跨越。基于 MEMS 技术制作的静态和动态滤波芯片，采用微纳结构调控干涉、衍射和色散等光学参量的原理实现滤波功效，通过改变微纳结构尺寸、形状、材料等特征或是利用基于 MEMS 的微小驱动装置可实现滤波性能的定制。基于 MEMS 技术的滤波芯片为光谱成像系统的微型化、智能化、便携化提供了有效途径。

光谱成像技术能和显微技术结合，主要分为显微荧光光谱成像技术和显微拉曼光谱成像技术。显微荧光光谱成像技术集荧光光谱分析与显微成像分析于一体，不仅可以提供被观测样品的二维形貌信息，还可以定量地表征其光谱变化趋势，已经在分子生物学、基因学等诸多领域取得了前所未有的成果。近些年，一种基于数字微镜阵列（DMD）的显微荧光光谱成像方法被提出[1]，不仅能够获得很高的光谱分辨率，而且可以大大提高系统的小型化程度。利用该方法，开发出小型轻量化的功能样机，获得了高达几纳米的光谱分辨率，还可以赋予系统空间分辨率灵活可调的功能，进一步增加了目标的检测范围和分析的灵活性。

拉曼光谱是化学分子基团的“分子指纹”，显微拉曼光谱成像技术可获取生物分子基团的振动与结构特性，是探测生物大分子间弱键相互作用力的有效途径，可用于揭示生物大分子相互作用机制，为生物安全领域提供大分子层面的机理研究手段。

14.2.3 偏振成像

生物研究领域中对生物组织结构（低至细胞甚至亚细胞水平）和功能（代谢和组成信息、微血管血流）的光学探究方法，是通过分析生物组织的光学特性（如吸收、散射、相位延迟等），来实现组织病理学或生物活体中病变的检测和区分。为了获得这些丰富有用的生物物理学信息，光学测量通过组织反射、透射、吸收或出射的光的振幅、相位、波长或偏振信息的变化开展研究。偏振测量法属于这些光学表征方法之一，是研究偏振光与生物组织结构相互作用以推断其结构和组成信息的方法。偏振成像技术就是偏振测量法和成像技术的结合。偏振成像技术作为一种新型光电探测技术，可同时获取目标的空间状态和偏振特征，针对特定的应用场景具有更高的材质及轮廓辨识能力。利用不同生物组织或同一组织结构的不同形态（粗糙度、含水量、生物组织的物理特征等）的偏振特征差异性，将目标空间影像信息与表征其物理性质的偏振信息相结合，偏振成像技术可以更好地区分背景与目标，有利于提升目标的探测精度和识别概率[5]。

偏振成像技术的基础是斯托克斯方程。在偏振成像过程中，斯托克斯矢量 $\boldsymbol{S}$ 表示如下：

$$\boldsymbol{S} = [s0, s1, s2, s3] \tag{14-2}$$

表示光线的偏振状态。$\boldsymbol{S}_{in}$表示入射光的斯托克斯矢量，S_{out}表示出射光的斯托克斯矢量，当光束通过成像系统后，系统对光的调制作用可以通过 Mueller 矩阵来表示：

$$\boldsymbol{S}_{out} = \boldsymbol{M} \times \boldsymbol{S}_{in} = = \begin{bmatrix} m_{00} & m_{01} & m_{02} & m_{03} \\ m_{10} & m_{11} & m_{12} & m_{13} \\ m_{20} & m_{21} & m_{22} & m_{23} \\ m_{30} & m_{31} & m_{32} & m_{33} \end{bmatrix} \begin{bmatrix} s_0 \\ s_1 \\ s_2 \\ s_3 \end{bmatrix} \tag{14-3}$$

根据线性偏振器件的 Mueller 矩阵，对式(14－3)进一步推导，得到的结果如式(14－4)所示。在线偏振成像系统中，成像探测器的感光像素单元只对入射光线的强弱敏感，因此，式(14－4)可简化为式(14－5)所示形式

$$\boldsymbol{S}_{out} = \begin{bmatrix} s_0 \\ s_1 \\ s_2 \\ s_3 \end{bmatrix} = \boldsymbol{M} \times \boldsymbol{S}_{in} = \frac{1}{2} \begin{bmatrix} 1 & \cos 2\theta & \sin 2\theta & 0 \\ \cos 2\theta & \cos^2 2\theta & \sin 2\theta \cos 2\theta & 0 \\ \sin 2\theta & \sin 2\theta \cos 2\theta & \sin^2 2\theta & 0 \\ 0 & 0 & 0 & 0 \end{bmatrix} \begin{bmatrix} s_0 \\ s_1 \\ s_2 \\ s_3 \end{bmatrix} \tag{14-4}$$

$$I_{\theta_i} = \frac{1}{2}[s_0 + s_1 \cos 2\theta_i + s_2 \sin 2\theta_i] \tag{14-5}$$

式中：I_{θ_i}表示偏振方向为 θ_i 角度时探测器测量的光强度。

根据式(14－5)可知，探测器需要至少获取三个不同偏振方向的强度信息，即可求解出目标场景的斯托克斯(Stokes)参量，进而求出目标的偏振度[式(14－6)]和偏振角[式(14－7)]等参数信息。

$$DoLP = \frac{\sqrt{{s_1}^2 + {s_2}^2}}{s_0} \tag{14-6}$$

$$AoLP = \frac{\tan^{-1}(\frac{s_1}{s_2})}{2} \tag{14-7}$$

根据偏振信息的采集方式，偏振成像系统可分为分时型、分振幅型、分孔径型和分焦平面型四大类。其中，分振幅型和分孔径型成像装置具有多光路结构，虽然可以实时成像，但是光路系统复杂、体积较大，且分孔径型成像系统存在图像分辨率低的缺点。分时型偏振成像系统通常采用旋转偏振光学器件或电调谐液晶元件的方法获得离散时间序

列下不同偏振方向上的辐射图像，具有设计简单、调谐便捷、图像分辨率高等优点；然而，液晶可调型偏振成像装置中液晶对光有衰减作用，导致探测距离有限，且对温度较敏感，对使用环境有较高要求。分焦平面型偏振成像系统实现了偏振滤波芯片与探测器的像素级集成，由于没有分光元件和复杂光路，具有体积小、重量轻、结构紧凑和集成度高等优点；但是，存在像元对准误差、空间分辨率损失等问题，此外，探测器感光像元和微偏振阵列的集成难度大，工艺复杂，成本较高。相比于其他偏振系统，分时型的机械旋转式偏振成像装置采用时序工作方式控制偏振片旋转获取同一场景不同偏振角度下的图像，具有结构简单、易实现、成本较低和目标偏振信息获取更丰富等优点，适用于静/动态成像应用。

14.2.4 相位成像

光学显微镜自16世纪诞生以来就一直作为人们观测和认识微观世界的重要手段。与电子显微镜相比，光学显微镜对样品的损伤小，适用于活体样品的快速成像。然而，传统的光学显微镜只能获取样品的强度信息，对于透明样品的观测则显得无能为力。光波穿过样品（或被样品反射）产生的相位延迟与样品的理化信息具有定量的联系，可以用于凹显和量化样品的理化特性，相位成像技术（QPM）就是一种利用光波的相位变化来提供无损、高对比度的样本内部结构和动态信息的光学成像方法，将相位信息、强度信息、空间信息相结合，为观测透明样品提供了一种快速、无损、高分辨率的成像手段。当一束平行光波在样品表面反射或穿过透明样品时，样品的三维形貌、厚度分布和折射率分布会引起反射光波或透射光波相位的变化。通过对反射光或透射光进行相位成像，便可以得到待测样品的三维形貌、厚度和折射率分布等定量信息，是一种可定量分析的成像手段[3]。

14.2.5 多维融合成像

多维融合成像技术是将来自不同成像模态或不同时间点的多个图像结合起来，以提供更全面、高质量的综合视图和信息的技术[4]。由于能利用两幅（或多幅）图像在时空上的相关性及信息上的互补性，使得融合后得到的图像集成多个维度生物成像的优势，因此利用融合结果可以更全面地分析和研究生物目标，最常用的就是光谱/偏振融合成像技术。单纯的光谱成像技术可以捕获丰富的生物体理化特性、荧光标记等信息，但是对于表面纹理、粗糙度、边缘轮廓等信息却无能为力；单纯的偏振成像系统可以捕获生物体含水量、轮廓边界、流体状态等信息，但是对于理化特性、荧光标记、元素成分等信息却束手无策。光谱/偏振融合成像技术能够同时获取目标的空间位置信息、光谱信息和偏振态信息，反映目标的空间分布、理化属性、元素和结构等特征，因此，实现了光谱成像和偏振成像对生物目标进行成像探测的优势互补，极大提高对生物目标的探测识别效能。

14.3 先进光学成像技术典型案例

14.3.1 基于超振荡透镜芯片的超分辨显微成像技术

基于点扩散函数修饰的超分辨显微成像技术由两个光路组成，一个为图像捕获光路，一个为照明光路。照明光路提供的焦点越小，捕获光路捕获的图像便具有越高的分辨率。但是光的衍射约束了传统的光学系统，使其无法产生小于衍射极限的焦点光斑，所以传统的共聚焦显微成像系统无法实现超越衍射极限的分辨率。

随着量子光学的发展，光学超振荡现象被提出，其被描述为：一种光场的带限函数，它的局部振荡频率比其最快傅里叶分量还要快。从频域角度讲，就是通过一系列低频光波的干涉叠加，在局部空间产生一个高频的光波信号。这个高频信号可以突破原始低频光波信号的聚焦极限，产生一个小于衍射极限的聚焦光斑。超振荡透镜（super-oscillatory lens, SOL）芯片就是一种利用微纳结构对光场进行精细调控，在特定位置实现特定干涉进而产生超振荡现象的透镜。

超振荡透镜芯片的工作原理如图 14.1 所示。首先，超振荡透镜芯片上的微纳结构对入射的平行光进行精细的相位或者幅值调控，在超振荡透镜芯片另一侧产生特定的光场分布；然后，此特定光场经自然传播，在指定位置产生相干干涉进而引发超振荡现象，获得小于衍射极限的聚焦光斑。相比于 STED 方法，超振荡透镜芯片产生焦点的大小和光场强度相互独立，因此不会对生物样本造成严重的光损伤和光漂白。

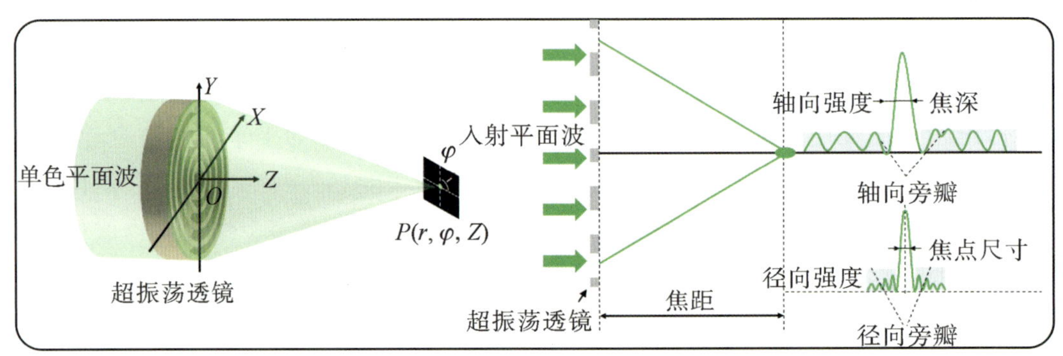

图 14.1　超振荡透镜芯片的工作原理示意图

基于超振荡透镜芯片搭建的超分辨显微成像系统如图 14.2（a）所示，激光器通过准直器和偏振片提供准直的偏振光作为超振荡透镜芯片的入射光，入射光经过超振荡透镜芯片的聚焦作用，在超振荡透镜芯片右侧的指定区域产生具有小于衍射极限的聚焦光斑，然后利用该光斑对生物样品进行扫描，同时通过捕获光路同步跟踪捕获图像，最后对捕获的图像进行图像拼接,实现生物样品的超分辨成像。

另外,超振荡透镜芯片因为具有可定制化、设计灵活等特点,除了可以获得突破衍射极限的焦点,还可以同时延长焦深[5]。如图 14.2(b)所示为神经元细胞的显微图像,相比于传统的共聚焦显微镜,基于大焦深超振荡透镜芯片搭建的超分辨显微成像系统,除了可以实现突破衍射极限的分辨率,还可以捕获到更深处的细胞结构。超振荡透镜芯片简单的工作模式使得其成像系统具有更紧凑的空间布局,而且采用传统共聚焦显微镜的光路架构,因此,基于超振荡透镜芯片的超分辨显微成像技术在小型化、便携式、低成本等方面具有明显的优势和巨大的发展潜力[6]。

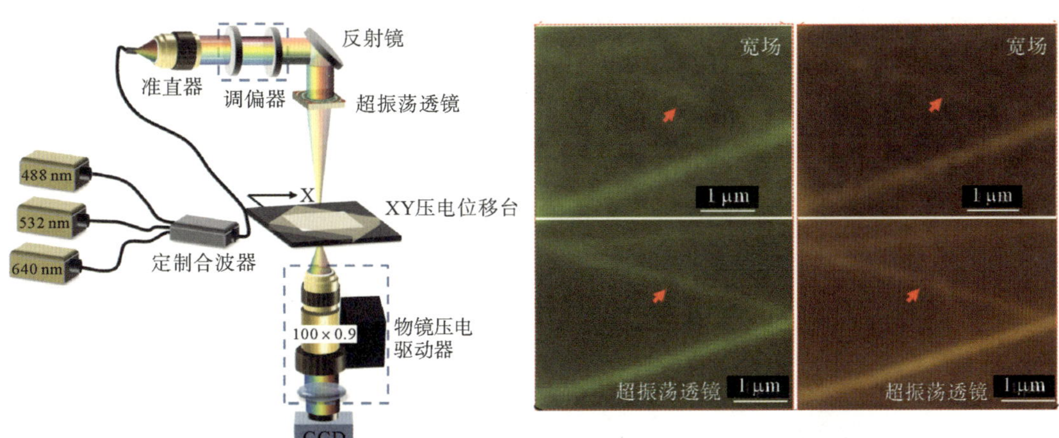

(a) 基于超振荡透镜芯片搭建的超分辨显微成像系统

(b) 系统获得的神经元细胞的超分辨显微图像

图 14.2 基于超振荡透镜芯片的超分辨显微成像技术

14.3.2 拉曼光谱和显微光谱成像技术

显微拉曼光谱技术是一种基于拉曼散射现象,通过分析散射光的特性,获得样品分子结构和化学成分信息的技术[7]。拉曼效应又称拉曼散射效应(Raman scattering effect),由 1928 年印度科学家拉曼发现并以自己的名字命名,拉曼因此于 1930 年获得诺贝尔物理学奖。拉曼效应是光的非弹性散射的一种形式,当激发光照射样品以后,入射的光子与样品的分子发生非弹性碰撞,相互作用时产生能量交换,导致出射光子的能量与入射光子的能量不同,造成频率偏移。

成像元件是显微拉曼光谱成像系统中的关键核心组件。传统光学透镜存在体积大、质量重且单个透镜难以突破衍射极限聚焦的问题,因此传统共聚焦显微拉曼光谱成像技术空间分辨率低,难以直接分析亚衍射极限尺寸量级的基团分子键作用力。为了解决该问题,基于平面超分辨透镜芯片的显微拉曼光谱成像系统被提出,将平面超分辨透镜芯片产生的超分辨点光源作为入射光源对目标样品进行逐点扫描，经过样品后的光场经分束镜分成两束光路，一路为成像采集光路，另一路经分光得到该点处的光谱信息，被高灵敏度的光谱探测器收集。该方法可打破传统显微拉曼成像系统空间分辨率低且难以突破衍射极限的约束。

显微光谱成像结合了光谱成像的光谱信息获取能力和显微镜的高分率成像能力，可以对样品进行精细的光谱和空间分析。基于 DMD 的显微荧光光谱成像系统主要包括前置成像子系统、DMD 和后续分光子系统三大部分，其工作原理如图 14.3 所示：首先成像子系统负责将目标样品按一定放大倍数成像于 DMD 的微镜阵列面上，使其放大后的像被 DMD 按列划分，而划分的粗细程度直接影响了显微荧光光谱图像的空间分辨率大小；然后控制 DMD 的微镜按列偏转，将每列样品像从左到右依次反射到后续分光子系统中进行分光处理，进而获得对应的色散光谱图像，后续分光子系统决定显微荧光光谱图像的光谱分辨率；把每次偏转的所有列微镜看成一个扫描单元，当所有扫描单元全部扫描结束后，探测器也同步记录了每列样品像的色散光谱图，即完成了整个三维数据立方体的采集[8]。

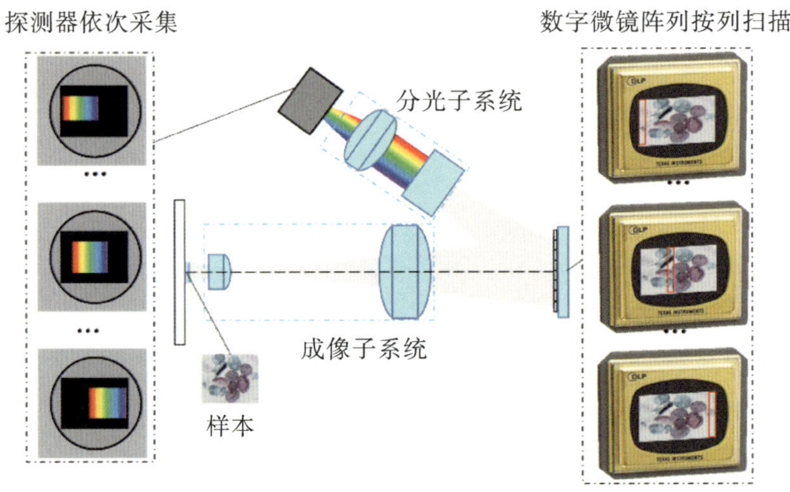

图 14.3　基于 DMD 的显微荧光光谱成像方法工作原理示意图

为实现样品反射、透射与荧光三种模式的成像，基于 DMD 的显微荧光光谱成像系统进一步开发了系统的三种功能模块，并在硬件系统设计时预留出即插即用式接口，方便不同成像模式的快速切换。三种成像模式下照明方向不同，透射式与荧光式需要从样品背面进行照明，而反射式则相反。考虑到透射与显微荧光成像模式的相似性，将光源、样品与滤波片设计成一个模块，滤波片夹具采用插槽式，这样可同时实现样品的透射式与荧光式成像。此外，为保证照明均匀，采用环形 LED 灯镶嵌在成像子系统上。微球广泛应用于校准、免疫检测、流式细胞技术和颗粒分析等。利用该系统可对蓝、绿、黄、橘和红五种混合在一起的彩色微球进行解混,效果如图 14.4 所示。

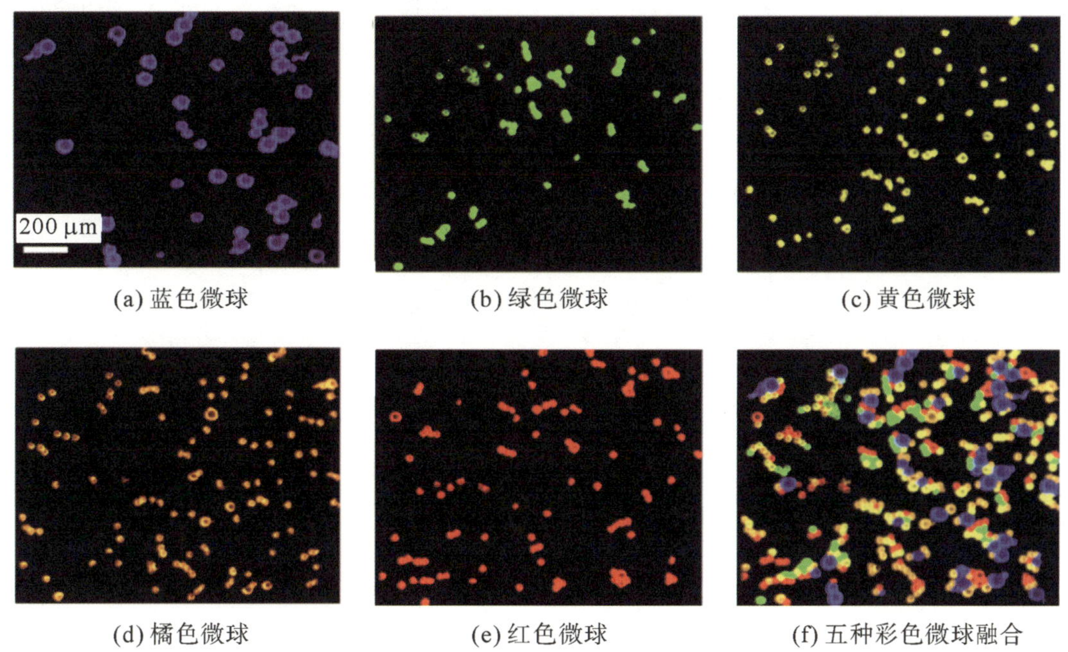

(a) 蓝色微球　(b) 绿色微球　(c) 黄色微球

(d) 橘色微球　(e) 红色微球　(f) 五种彩色微球融合

图 14.4 彩色微球解混结果图[8]

14.3.3 显微偏振成像技术

生物组织由许多形态结构相似的细胞以及细胞间质构成,其生化成分复杂,属于非均匀天然介质,其微观结构和光学特性(如散射体的尺寸、形态、密度等)会极大地改变光的偏振态,可以通过检测出射光的偏振态对生物组织进行定量和定性的描述,偏振信息的差异反映了不同组织之间的微观结构差异[9]。显微偏振成像技术是偏振成像技术和显微成像技术的组合,原理如图 14.5 所示,大部分光路采用传统显微镜的光路配置,分为三个子光路:一路为照明光路,利用白炽灯为生物样品提供照明;通过放大物镜获取焦平面处的样品图像空间信息和偏振信息,然后,通过分光镜的作用将光路分为两路:一路用于传统光学 CCD 相机采集空间光强信息,另一路通过偏振成像传感器或者偏振片和 CCD 的组合对图像进行偏振滤波和捕获。对原始偏振图像使用插值算法恢复图像分辨率,根据多偏振角度的偏振图像计算出斯托克斯参量、偏振度、偏振角、椭圆率等,使用图像融合算法对偏振特性图像和强度图像进行融合,最后对偏振图像或其融合图像进行去噪或边缘检测处理。

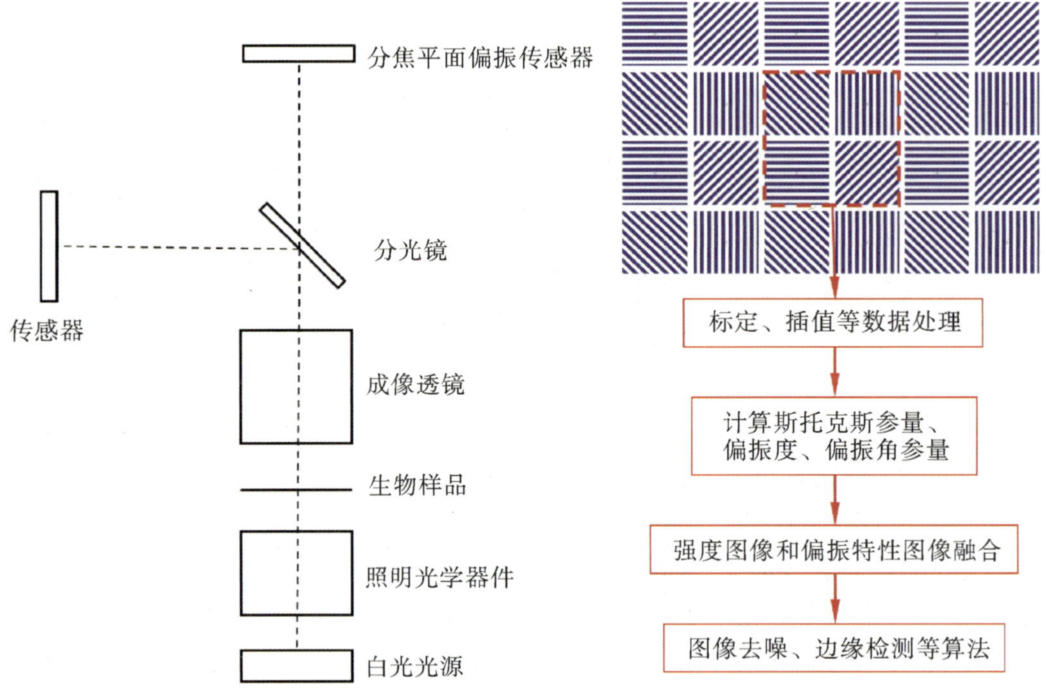

图 14.5　显微偏振成像原理示意图

14.3.4　相位成像技术

相位成像技术将光波的波长作为"标尺",以实现对样品三维形貌或厚度分布的定量分析,具有极高的测量精度,该技术按照是否采用参考光分为两大类:物参共路数字全息显微技术和单光束定量相位显微技术。物参共路数字全息显微技术是基于数字全息显微技术搭建的相位成像技术,其优点在于:物光和参考光历经完全相同的光学元件,环境扰动对物光和参考光具有相同的干扰,所以不会影响到物光与参考光之间的相位差,具有极高的稳定性,可以对一些微观过程进行高衬度成像。物参共路数字全息显微技术具有很高的相位测量精度,但需要引入额外的参考光,对光源相干性要求较高。为了克服这一缺点,研究者发展了单光束相位成像技术。该技术无须参考光,凭借结构简单、抗干扰强等优点逐渐受到人们的青睐。

14.3.5　光谱/偏振融合成像技术

光谱/偏振融合成像技术是一种将光谱成像(捕获物体不同波长下的光谱信息)和偏振成像(测量光波偏振状态以揭示表面特性和几何信息)相结合的方法,以提供更丰富的物理和化学特性信息,在生物医疗领域有着广泛的应用。为了实现光谱/偏振融合成像系统的小型化和高度集成化,西北工业大学团队提出了一种小型化光谱/偏振融合成像技术。

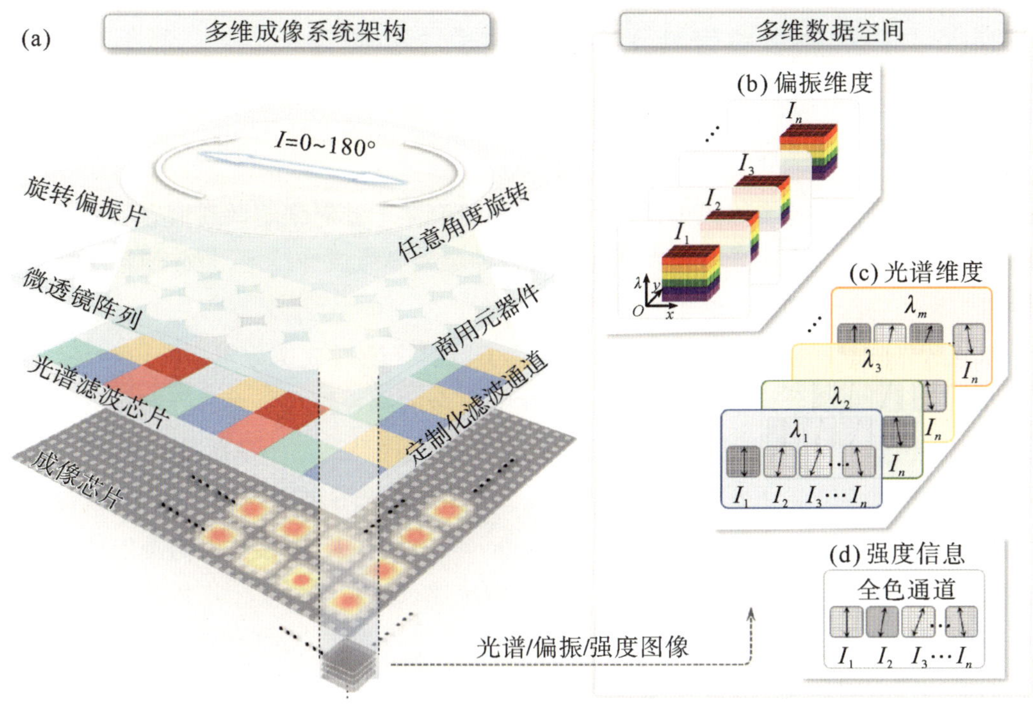

图 14.6 光谱/偏振融合成像原理图

(a)多维成像系统架构;(b)偏振维度;(c)光谱维度;(d)强度信息

小型化光谱/偏振融合成像系统的基本架构如图 14.6(a)所示,由旋转偏振片、微透镜阵列、光谱滤波芯片、成像芯片及其他必要结构组成。其中,旋转偏振片可在任意角度启停,获取 0 ~ 180°范围内的任意偏振态信息;微透镜阵列实现孔径复制功能,在探测器上对同一目标同时成多个图像;光谱滤波芯片实现多光谱分光,其滤波通道与微透镜阵列相匹配;成像芯片为黑白工作模式,接收光谱/偏振成像信号。这样,对于单个光谱滤波通道,通过旋转偏振片,可以获取该波段下的多偏振态图像;对于单一偏振态,通过光谱滤波芯片和微透镜阵列的共同作用,可以获取该偏振态下的多光谱图像。

光谱/偏振融合成像系统获取目标偏振、光谱、强度等信息,构成多维数据空间。在偏振维度[图 14.6(b)]下,系统获取不同偏振态($I_1,I_2,I_3,\cdots,I_n$)下的光谱数据立方体;在光谱维度[图 14.6(c)]下,系统获取不同波段($\lambda_1,\lambda_2,\lambda_3,\cdots,\lambda_n$)下的目标的多偏振态图像。通过光谱/全色滤波芯片中的全色通道[图 14.6(d)],还可以获取目标不同偏振态下未经光谱滤波的强度图像。这些多维数据空间记录了目标丰富的信息,既可以独立表征目标特性,还能共同提高目标探测识别效能[10]。

14.4 先进光学成像技术在生物安全中的应用

14.4.1 超分辨显微成像技术的应用

细胞是生物体的基本组成单位,生物领域的研究离不开对细胞微观世界的探索。光学显微镜以及后来结合荧光标记发展起来的各种荧光显微成像技术,是在细胞水平研究生命科学和生物医学问题时必不可少的手段之一。

超分辨显微成像技术的崛起,成功地绕过了衍射极限对成像分辨率的限制,满足了生物安全领域对更高分辨率的需求,为未来生物安全问题更微观层面的研究提供可行的检测手段。例如,德国海德堡大学传染病病毒学研究团队通过 STED 技术观察了单个 HIV-1 表面的病毒包膜(Env)糖蛋白的分布,发现了成熟诱导的 Env 蛋白聚化物,探究了 Env 蛋白聚化物与病毒进入效率(viral entry efficiency)的相关性,揭示了病毒内部和外部之间的耦合机制;加拿大研究团队利用 SIM 显微成像技术观察到了采用传统显微技术无法直接观察到的 HeLa 细胞中心粒的周围物质(PCM),发现中心蛋白(PCNT)是一个从中心粒向外延伸的细长分子,PCM 成分在有丝分裂的 PCM 中占据可分离的空间区域,揭示了高阶 PCM 组织在中心体组装和功能调节中的作用;哈佛大学研究团队采用 STORM 技术对 10 种突触蛋白进行成像,发现了位于突触前膜的脚手架蛋白 Bassoon 和 Piccolo 的排布呈现规律的方向性,即每种蛋白质所有分子的 C 端和 N 端的排布方向一致,还观察到不同突触后蛋白质分布有一定的层次性,且距离突触间隙的距离各不相同,通过结合标准的免疫化学标记技术对该现象进行分析,揭示了更多类型的突触和突触蛋白的信息以及突触蛋白间相互作用关系。

目前超分辨显微成像技术成本高昂、体积庞大,不能很好地满足生物安全领域对现场检测或低成本、便携式检测的需求。所以,定制化、低成本、小型化是超分辨显微成像技术未来的主要发展方向之一。基于超振荡透镜芯片搭建的超分辨显微成像系统,有望提供小型化、便携式、低成本的超分辨显微成像新解决方案,真正地把超分辨显微成像设备带到生物安全检测“前线”。

14.4.2 光谱成像技术的应用

随着近年来生物安全事件频发,人们对生物安全也日益重视,微生物种类及其有害产物的快速辨识成为技术发展的一个重要方向。基于光谱成像技术的生物检测,不仅可实现微生物种类、有害产物类型的快速识别,而且可定量表征微生物及其有害产物剂量和分布特征,可以在不对生物体造成损伤的前提下,对生物目标进行精准的诊断和识别,在生物安全领域具有巨大的应用潜力。

显微光谱成像技术可以用于分析和识别细胞和组织中的病理变化，丰富了生物安全问题病理学证据鉴定方法，如肿瘤、炎症、细胞凋亡等，通过观察样本的光谱特征，可以非破坏性地获取有关生物样本的信息，为相关生物安全问题的预防和控制提供技术依据；可用于检测和鉴定生物样本中的病原体，如细菌、病毒、真菌等，通过分析其光谱特征，快速确定样本中是否存在特定的病原体，为流行病的早期诊断和预防提供高效检测手段；可用于药物研发过程中的药效学和毒理学评价，通过观察药物与生物样品相互作用的光谱特征，评估药物的药效和毒性，为预防药物生物安全问题提供有效手段。

不足的是，防控突发疾病、掌控动植物疫情等生物安全防控措施，需要快速响应、及时处理，基于传统分光元件的光谱成像系统因其体积大、成本高，难以用于快速便捷的外场检测。MEMS 技术的发展为上述问题提供了可行的解决方案。基于 MEMS 技术构建的功能集成芯片具有体积小、集成度高和可定制化的优势，所以基于 MEMS 技术构建的滤波芯片的光谱成像系统不仅体量大大缩小、成本降低，且可根据不同的微生物检测应用场景，对滤波芯片和光谱成像系统的性能进行定制化设计。在未来，还可以对光谱成像的后端处理进行模块扩展，结合光谱分析技术，在后端实现光谱成像的智能分析，实现"傻瓜式"、便携式、小型化光谱成像技术，为生物安全防控提供便捷的检测手段，降低设备使用难度，助力生物安全防控的普及化，提高应对生物安全问题的反应和决策速度。

未来在超振荡透镜技术的助力下，基于超振荡透镜芯片搭建的显微拉曼光谱成像技术，还有望进一步实现超分辨的显微拉曼光谱成像，在更微小的生物世界里探究链接生命的生物"指纹"，推动生物安全领域更前沿技术的发展。

14.4.3 偏振显微成像技术的应用

偏振显微成像技术可以通过观察水体和土壤中微生物和污染物的偏振特性，评估环境中的生物和化学物质的分布和浓度，有利于在生态环境保护中采取生物安全相关的一系列有效预防和控制措施；提供高分辨率、高对比度的细胞和组织图像，帮助研究人员观察细胞结构和形态的细微变化，例如，通过观察组织样本中胶原纤维的偏振特性，可以识别和鉴别纤维化等病理状态，为生物安全问题证据鉴定提供重要参考；在生物安全级别较高的实验室中，可以利用偏振显微成像技术对生物样本进行观察和分析，确保实验操作符合安全规范，防止生物材料的意外泄露或传播。

14.4.4 相位成像技术的应用

相位成像技术已经被广泛应用于微生物、细胞和细胞器结构等的量化分析和成像[3]，为生物安全研究提供一种无损、可量化的检测手段。相位成像技术可以捕获生物样本的微观结构和动态过程，无须对样本进行染色或其他破坏性处理；在活细胞成像方面，能够提供高对比度和高时空分辨率的图像，使研究者能够实时观察和分析细胞的生长、分裂、迁移等活动，例如单光束相位成像技术已经被应用于内质网结构、线粒体结构、活体 Cos7 细胞等成像，物参共路数字全息显微技术可以实时观测到草履虫的食物泡运动和螺旋前进过程；在流行病检测领域，通过检测细胞和组织的微观结构变化，有助于早期识别和分类各种疾病。随着其成像稳定性的不断提高，相位成像技术在生物安全研究领域将会发挥越来越重要的作用。

14.4.5 多维融合成像技术的应用

多维融合成像可以将多种维度成像技术的优势进行互补与融合，突破了单一维度成像的信息获取的局限性，具有跨维度、全方位、可视化等特点，可对生命体的微观结构、生理行为、代谢过程进行全方位可视化描绘与精准测量，为复杂生物安全领域问题的研究提供一种多维度的研究手段，揭示复杂生命结构与其生理活动之间的奥秘，可为生物威胁调查、相关证据鉴定分析和解释等任务提供更先进的技术手段。

在对生物组织的成像中，散射光中通常会引起一定程度的去偏振，因此通常通过偏振成像来抑制目标区域外的信号（如组织附近的散射信号），减少不必要的散射，达到提高图像的信噪比的目的。而光谱成像技术则可以判断组织、细胞等具体的理化特征，进行精准的分析和识别。因此通过光谱/偏振融合成像方法，能够从多个信息维度获取样品信息，例如，利用偏振成像去除反光的优势，能够减小生物组织表面的反光干扰，同时利用光谱成像手段鉴别癌变组织和正常组织，保证“看得清、识得准”。纽约城市学院针对组织样本和癌变检测，引入了无创光谱/偏振融合成像技术，通过组织散射或发出的光和造影剂发出的光，分别对隐藏在宿主前列腺组织中 2.5 mm、4.0 mm 和 7.5 mm 深度直径为 1 mm 的小异物进行实时成像和癌变组织的精准识别。

单维度成像表征容易受客观因素干扰且具有一定的局限性。随着生物安全问题研究的不断深入和情况的逐渐复杂化，将对成像技术提出越来越复杂、全面的信息获取要求。不同维度成像技术之间进行互补与融合已经成为了先进光学成像领域的主流发展趋势之一，未来必将在生物安全研究领域发挥更重要作用。

14.5 总结与展望

日益丰富的先进光学成像技术为生物安全的研究提供了越来越多的可行的技术选择。超分辨显微成像技术实现了突破衍射极限的分辨率，把生物微观世界的显微视野从细胞器尺度扩展到了细胞器结构和蛋白质结构尺度；光谱成像技术和偏振成像技术通过空间信息与偏振光谱信息的分别结合，对成像目标进行更深入的解读，实现了各种病理诊断和组织识别，同时也是一种无损诊断手段。随着生物安全研究的不断深入、问题的不断复杂化、解决的迫切化，对成像技术提出更高的要求：便携化、低成本、小型化、定制化等。生物安全领域和先进光学成像技术会有越来越多的切合点。

基于微纳光学超分辨芯片(超振荡透镜芯片)的超分辨显微成像技术可实现针对不同场景灵活定制的、小型化、低成本的超分辨显微成像系统,满足生物安全相关工作定制化的检测需求,有利于生物安全防控的普及。基于 MEMS 滤波芯片的光谱成像系统,展现出了可定制化、小型化、便携式、功能高度集成化的优势,为疫情防控、濒危动植物和微生物保护等需要快速反应和决策的现场活动提供了便携、小巧的快速诊断和识别手段。基于光功能芯片搭建的成像系统易进一步和智能芯片集成,实现后续智能功能的开发,提高生物安全检测的智能化,提高工作效率。成像系统定制化、集成化、便携化的发展已经成为了不可逆的趋势。基于各种功能集成芯片搭建的各种光学成像系统在未来将展现出更多的集成化优势,为生物安全领域的发展提供更多更优的技术选择。

多维融合成像技术通过将多种维度的成像技术融合到一起,实现不同维度成像技术之间的优势互补,通过单个设备可以获得更多维度的信息和更准确的解读信息,也是未来成像技术发展的热点趋势之一,典型的就是光谱/偏振融合成像技术。大多数活体生物属于纯位相物体,会对光波的相位产生可量化的影响,因此通过反演相位变化,可以实现目标的形态特征重建,提高空间成像技术的成像分辨率,因此相位成像技术提供了一种可用于透明样品、快速、无损的成像手段。相位成像技术和光谱成像技术的融合也是一种潜在的多维融合成像方式。

未来,先进光学成像技术将会对生物安全研究产生深远影响,不断提高生物威胁检测与分析的精度和灵敏度,加速病原体的识别、改进生物安全监测措施,并提供更深入的传染病研究思路,从而增强我们保障公共健康和有效应对新兴生物挑战的能力,为生物安全问题研究开辟新的视野和可能性。

(虞益挺　赫　培)

参考文献

[1] DONG X, XIAO X, PAN Y, et al. DMD-based hyperspectral imaging system with tunable spatial and spectral resolution[J]. Opt Express, 2019, 27(12): 16995.

[2] HE C, HE H, CHANG J, et al. Polarisation optics for biomedical and clinical applications: a review[J]. Light-Sci Appl, 2021, 10(1): 194.

[3] SUN J, WU J, WU S, et al. Quantitative phase imaging through an ultra-thin lensless fiber endoscope[J]. Light-Sci Appl, 2022, 11(1): 204.

[4] KARIM S, TONG G, LI J, et al. Current advances and future perspectives of image fusion: a comprehensive review[J]. Inform Fusion, 2023, 90: 185.

[5] HE P, AN C, JI H, et al. Sidelobe-suppressed sub-diffraction-limit quasi-non-diffracting

light sheets achieved by super-oscillatory lenses[J]. Opt. Lett, 2023, 48(7): 1590.

[6] LI W, HE P, LEI D, et al. Super-resolution multicolor fluorescence microscopy enabled by an apochromatic super-oscillatory lens with extended depth-of-focus[J]. Nat. Commun, 2023, 14(1): 5107.

[7] HARMSEN S, ROGALLA S, HUANG R, et al. Detection of premalignant gastrointestinal lesions using surface-enhanced resonance raman scattering-nanoparticle endoscopy[J]. ACS Nano, 2019, 13(2): 1354.

[8] DONG X, TONG G, SONG X, et al. DMD-based hyperspectral microscopy with flexible multiline parallel scanning[J]. Microsyst Nanoeng, 2021, 7(1): 68.

[9] SAKAMOTO M, NHAN H T, NODA K, et al. Polarization-probe polarization-imaging system in near-infrared regime using a polarization grating[J]. Sci Rep, 2022, 12(1): 15268.

[10] YU X, SU Y, SONG X, et al. Batch fabrication and compact integration of customized multispectral filter arrays towards snapshot imaging[J]. Opt Express, 2021, 29(19): 30655.

第 15 章
流式细胞术

15.1　流式细胞术概述

15.1.1　历史概述

流式细胞术(flow cytometry, FCM)是对液体中悬浮的单个细胞或某种微粒进行分析或分选的一项技术[1]。20 世纪 30 年代初,针对细胞光度计、基于显微镜的自动细胞计数器的开发,使流式细胞术的原理基础与设备基础具备了初步的雏形。早期大多数的细胞计数与检测是建立在显微镜观察基础上的,被归类为脉冲细胞光度法。1940 年,Coons 提出用结合荧光素的抗体去标记细胞上的特定蛋白,将特定类型的细胞区分开,这也是现今常用的荧光检测型流式细胞仪的基本检测思路。1949 年,Coulter 提出了在细胞悬浊液中利用细胞的电阻特性对电路的影响来对其计数并区分其特征的方法,即库尔特计数法。在 20 世纪中旬光电粒子计数器等技术的基础上,1969 年德国科学家 Wolfgang Göhde 发明了第一台非显微镜式细胞光度计,也就是现在的流式细胞仪。

15.1.2　分类概述

1. 依据检测原理分类

依据检测原理,流式细胞术可以分为阻抗检测型和荧光检测型。阻抗检测型是采用库尔特计数原理,利用被检颗粒(细胞或微生物)的电阻对整体电路系统的扰动来计数并分析被检颗粒特性的技术;荧光检测型则是通过样本预处理对被检颗粒进行荧光标记,然后使用聚焦技术使细胞依次通过检测区,并使用激光诱导荧光检测技术检测每一个颗粒的散射光和特异性荧光标记,从而获知细胞的结构信息和携带的抗原信息并用于细胞分类计数。

2. 依据检测目标分类

依据检测目标,流式细胞术可以分为细胞检测型、微生物检测型和生物物质检测型。流式细胞仪以分析并获取样品中细胞的数量、特征和状态为主要目的,主要检测细胞的数量(比例)与细胞的结构(如细胞大小、细胞颗粒度等),进一步调整荧光抗体与样本后,还可以获得细胞表面面积、核浆比例、脱氧核糖核酸(DNA)含量与细胞周期、蛋白质含量等信息;对微生物的检测技术是建立在细胞检测基础上的一种新方案,检测范围包括过氧化物的生成与胞内氢离子浓度指数(pH),鉴别死/活细菌和酵母菌并计数,区分革兰氏阳/阴性细菌,研究酵母菌细胞器,研究病原菌与吞噬细胞的关系、病毒 - 细胞的相互作用、病毒感染导致细胞蛋白表达的改变,病毒对细胞周期的干扰,以及病毒引起的凋亡等;检测生物物质通常使用流式点阵仪(流式点阵免疫发光法),它利用荧光标记和激光激发计数检测技术,同时检测多种目标分子,目前常应用于免疫分析、核酸分析、酶学分析、受体和配体分析等场合。

3. 依据聚焦方式分类

依据聚焦方式,流式细胞术可以分为鞘流聚焦型和无鞘流聚焦型。传统流式细胞仪广泛采用鞘流聚焦方法,利用层流特性产生稳定的鞘流,将细胞样本流包裹在其中央并挤压成为一条细流束,从而使细胞呈单列并稳定地通过光学检测区。然而,鞘流聚焦通常需要消耗 10 倍样本体积以上的大量鞘流液,并产生大量难以循环利用的生物废液。然而,要产生稳定的鞘流需要复杂的液路系统,不利于仪器的小型化,且需要开关机冲洗、排除气泡等繁琐的定期维护。因此,在针对仪器小型化、轻量化、试剂低消耗和低排放的开发过程中,无鞘流聚焦方法被广泛使用。其主要分为两种方法:一是毛细管流式细胞术,由美国 Guava 公司发明的这种微毛细管流动技术省去了鞘液流,将样品泵入毛细管即可直接检测,大幅减少了废液量、细胞用量与试剂量。二是基于微流控芯片平台的流式细胞术。该技术主要利用齐次泊松过程流动与缩小检测通道的尺寸来降低颗粒同时出现在检测区的概率,使颗粒依次单个通过检测区,从而实现聚焦。

15.1.3 发展概述

当前的流式检测设备普遍向着小型化、多参数化和特殊环境适应化方向发展,研究方向也从体外诊断领域拓宽到了太空等特殊场合。西北工业大学针对载人航天领域的微重力、低排放要求,开发了一种流式细胞仪,如图 15.1 所示。该设备利用微流控芯片特殊的通道结构设计并立足于无鞘流检测技术,实现了微重力环境下淋巴细胞(lymphocyte)亚群的分类计数,并已经成功应用于“绿航星际”4 人 180 天受控生态生保系统集成试验中,同时通过抛物线飞行实验,成功验证了样机的微重力适应性。

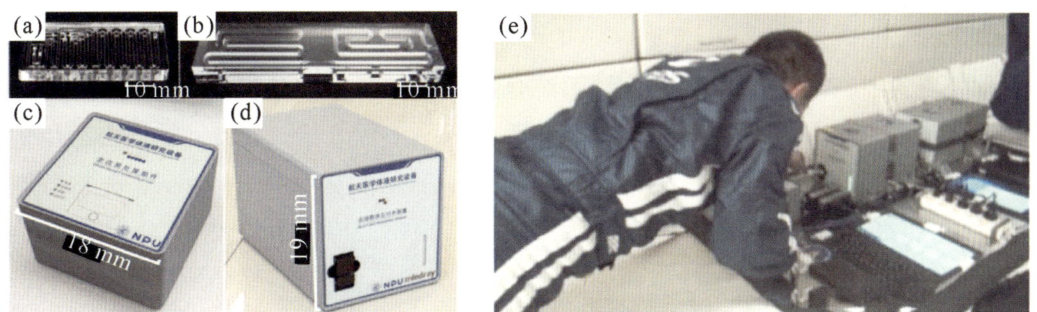

图 15.1　西北工业大学航天流式细胞仪

(a)预处理微流控芯片;(b)细胞聚焦微流控芯片;(c)预处理设备;
(d)荧光检测设备;(e)微重力适应性验证实验

15.2　流式细胞仪原理

目前常用的流式细胞仪是荧光检测型流式细胞仪,主要由液路系统、光路系统、检测分析系统、分选系统四部分组成,如图 15.2 所示。本节主要讲述荧光检测型流式细胞仪的计数原理,并具体介绍流式细胞仪的主要组成系统。

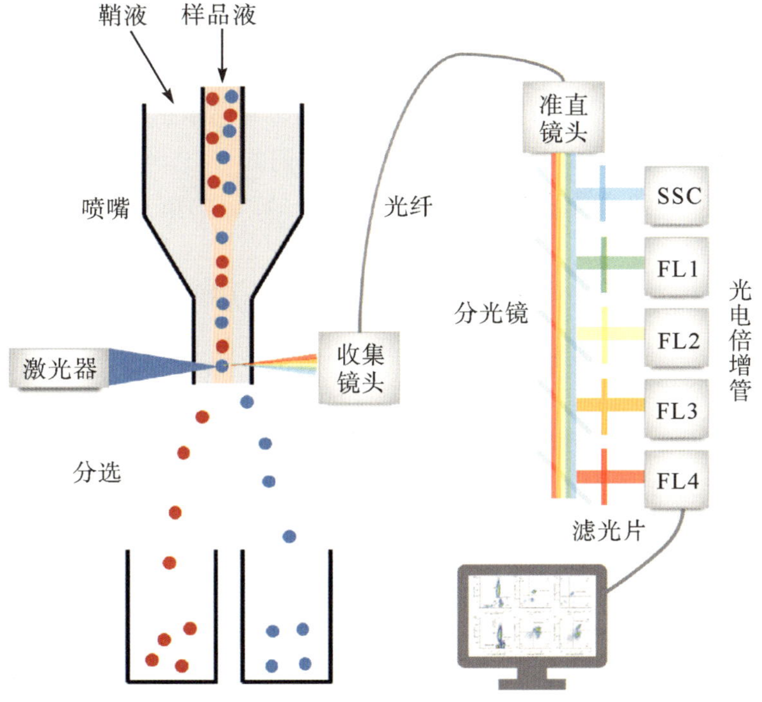

图 15.2　流式细胞仪系统组成

15.2.1 液路系统

作为流式细胞仪的基础系统，液路系统是由两个密切相关且相互独立的液路组成，即鞘液流和样品液流（如图 15.2 所示）。鞘液流从鞘液桶开始，而样品液流则是从样品管开始，它们分别通过特定的专用管道进入喷嘴，然后一起从喷嘴口射出，形成非常细的液路，经激光照射后进行分选或者直接流入废液桶。在上样分析的过程中，鞘液流和样品液流虽然互相接触，但它们并没有混合在一起，而是形成层流，样品液流在中间，鞘液流在外围。

在特定的时间点，激光只能照射到一个细胞，由此分析该细胞的各种物理化学指标。要在短时间内分析含大量细胞的样品，对液路的流速要求就非常高：流速越高，单位时间内流经激光照射点的细胞量越多，实验所需时间越短，流式细胞仪的分析速度就越快。流式细胞仪通过对鞘液和样品液施加高压（某些型号的流式细胞仪还给废液桶施加负压），来实现液路的高速流动。

15.2.2 光路系统

流式细胞仪分析细胞是基于激光照射细胞后收到的光信号进行的，所以光路系统是流式细胞仪的“灵魂系统”。

流式细胞仪必须至少有一个激光器，激光照射细胞产生的光信号通过光路系统被不同的通道接收。流式细胞仪收集的光信号有两种：散射光信号和荧光信号。散射光信号与标记的荧光素无关，是细胞本身的固有参数，又分为前向散射光（forward scatter，FSC）和侧向散射光（side scatter，SSC），FSC 反映了细胞体积的大小，SSC 反映了细胞内颗粒的复杂性。荧光信号是自发荧光或被标记的荧光素分子发出的荧光，激发荧光信号表示被测细胞内部颗粒的信息。

理论上各个方向接收到的荧光信号应该相同，为了方便仪器设计，荧光信号与 SSC 在同一方向接收。所以，流式细胞仪在侧面 90°角接收到的 SSC 和各荧光信号是混合在一起的，需要通过光路系统根据不同的波长将 SSC 和荧光信号分离出来，由不同的接收通道接收，然后根据信号的强度间接反映细胞的物理和化学特性。

光路系统使用不同的滤光片组合来达到分离光信号的目的。滤光片按其功能主要可分为长通滤片、短通滤片和带通滤片三种类型，这些滤片通过选择性地传递特定波长范围内的光而阻挡其他波长的光，以满足特定的光学需求。其中，长通滤片允许波长大于某个特定阈值的光通过，而阻挡低于该阈值的光。与长通滤片相反，短通滤片允许波长小于某个特定阈值的光通过，而阻挡高于该阈值的光。带通滤片则是结合了长通和短通滤片的特性，只允许一个特定的波长范围内的光通过，而阻挡该范围外的所有其他波长的光。光路系统中的各种滤光片可以根据实验的需要进行灵活地移动和更换。

15.2.3 检测分析系统

流式细胞仪的检测分析系统是对各通道单元中的光信号进行汇总分析,最终得到样品群体中细胞的物理化学特征的部分。通道也就是光电倍增管,流式细胞仪上有多少个光电倍增管就有多少个通道。根据波长的不同经滤光片分离的光信号最后进入各自的通道。流式细胞仪的通道根据光信号的不同性质可分为散射光通道和荧光通道。散射光通道是接收散射光的通道,即前面提到的 FSC 通道和 SSC 通道,荧光通道是接收结合在细胞上的每个荧光素发出的荧光信号的通道。

光电倍增管连接光路系统和计算机分析处理系统,起到桥梁作用。其主要有两个功能:①将光信号转变为电子信号。流式细胞仪依靠计算机来分析大量的信息,而计算机处理的信号必须是电子信号。②在将光信号转变为电子信号时,信号按一定比例放大。流式细胞仪分析处理信息是基于单个细胞,一个细胞的散射光和荧光信号均较弱,而且流式细胞仪只采集一个方向的光信号,并不是将所有的散射光和荧光信号集中后收集,所以如果不放大信号,计算机可能无法有效地分析这些电子信号。

当散射光信号和荧光信号通过光电倍增管转换为电子信号时,它们被计算机系统以电子脉冲或电子波的形式接收和分析。比较电子波大小主要有三种方法,即电子波的长度 *H*(高度)、宽度 *W* 和面积 *A*,相比之下,使用参数 *A* 来表示电子波的大小比参数 *W* 和 *H* 更准确。在实际流式检测过程中,操作人员可以发现通道名称后面有一个字母,比如"FSC - A",这意味着流式细胞仪用电子脉冲的面积来表示电子脉冲的大小,而目前大多数流式细胞仪默认用面积表示。当然,也可能有"FSC - H"或"FSC - W"。

检测分析系统的另一个重要组成部分是计算机分析系统,通过特定的软件实时反映收集到的信息,并控制流式细胞仪的工作,用户也通过计算机系统来控制流式细胞仪,并对收集到的信息进行分析。每种类型的流式细胞仪都有相应的软件来控制和分析,虽然软件差别很大,但基本内容相似,一般操作比较简单。

15.2.4 分选系统

分选型流式细胞仪比分析型流式细胞仪多了一个系统,那就是分选系统。样品细胞通过分析型流式细胞仪进行分析,最后流到废液桶内,不再回收;而分选型流式细胞仪可以从样品细胞中分离出目标细胞,并且回收后可以再培养,也就是说,分选后得到的细胞是具有活性的、无菌条件下的细胞,可以进行下一步的功能试验。

分选系统位于可见液流部分,主要是对可见液流的操作。分选型流式细胞仪在喷嘴部位多了一个高速振荡器,使喷嘴在分选过程中高速振荡。喷嘴高速振荡,带动从喷嘴流出的可见液流高速振荡,从而使可见液流在下段形成独立的液滴,而不是连续的液流。这与分析型流式细胞仪的可见液流明显不同。分析型流式细胞仪可见液流中的鞘液流和样品液流相对独立，呈层流关系；分选型流式细胞仪的可见液流由于振荡，使得鞘液流与样品流混合，而在可见液流下段形成的液滴是由鞘液和样品液相互混合而成的，振荡的幅值越大，断点位置就越高。由于细胞分选后需要再培养或者进行后续的功能试验，因此要确保鞘液的渗透压等渗且无菌。可见液流的上半部分是连续液滴，而其下半部分是独立的液滴，激光照射点则是位于上半部分的连续液滴。

分选型流式细胞仪的分选原理是，当液滴位于激光照射点时，通过采集细胞的散射光信号及荧光信号，由后台的检测分析系统对该液滴中的细胞进行分析，以判断液滴是否为目标细胞，再决定该液滴是否要进行分选。当液滴变成独立的液滴时，再进行相应的处理，使其带上相应电量的电荷，而带有电荷的独立液滴则会在强电场中发生偏移，进入到对应的收集管道中，完成流式分选。

15.3 流式细胞术操作流程

目前，流式细胞术主要应用于免疫表型分析，如识别和量化不同的免疫细胞类型（T 细胞、B 细胞、NK 细胞等）。T 细胞、B 细胞、NK 细胞是人体免疫系统中的三种重要类型的白细胞，共同维护着人体的免疫防御机制。T 细胞在胸腺中发育成熟，包括辅助 T 细胞、细胞毒性 T 细胞和调节 T 细胞等，主要负责细胞免疫应答。B 细胞是在骨髓中发育的淋巴细胞，负责体液免疫应答。NK 细胞是自然杀伤细胞，是一种重要的非特异性免疫细胞。它们通过识别细胞表面的"非自身"标记或是"缺失的自我"标记来执行其杀伤功能，从而在免疫监视中发挥作用。因此，可通过检测不同淋巴细胞亚群的数量比例对人体的免疫功能进行评估。

明确免疫细胞群体的特征表型，也就是明确这个细胞群体相对于总体内的其他细胞具有或者缺少哪个或者哪些特征性的抗原，利用该抗原的相应荧光素偶联抗体，就可以进行比例测定，如表 15.1 所示。本节我们将以测定淋巴细胞亚群为例，介绍流式细胞术的操作流程。

表 15.1　免疫细胞群体特征表型

细胞群体	特征表型
免疫细胞	$CD45^{+}$
T 细胞	$CD45^{+}$
CD4 T 细胞	$CD3^{+}$ $CD4^{+}$
CD8 T 细胞	$CD3^{+}$ $CD8^{+}$
初始 T 细胞	$CD44^{low}CD62L^{high}$
调节性 T 细胞	$CD4^{+}$ $CD25^{+}Foxp3^{+}$

续表 15.1

细胞群体	特征表型
B 细胞	CD19⁺ 或 CD20⁺ 或 B220⁺
NK 细胞	CD56⁺(人)、DX5⁺(小鼠)、NK1.1⁺(小鼠 C57BL/6 品系)
单核细胞	CD14⁺
巨噬细胞	CD11b⁺，F4/80⁺(小鼠)
中性粒细胞	CD11b⁺CD15⁺(人)、Gr-1⁺CD11b⁺(小鼠)

15.3.1 样品前处理

在流式细胞术中，样品制备的质量直接关系到最后的测试效果。下面将以外周血为例介绍样品的保存与制备。

人体的外周血通过静脉抽血采集，然后将其置于加有抗凝剂的试管中，室温下保存，尽量在 12 h 内处理样本。抗凝剂一般加肝素或乙二胺四乙酸(EDTA)。如果无法及时处理则在 4℃ 下保存，最好选择肝素抗凝。通常情况下，该样品无须特别的处理，使用淋巴细胞分离和红细胞裂解液即可完成单细胞悬液的制备。

另外，对于血液的样本预处理，西北工业大学开发了具备微重力适应性的全血预处理芯片，应用于航天用流式细胞仪，集自动定量取样、试剂混匀和孵育等功能于一体。芯片如图 15.3 所示，抗体试剂和裂解液分别存储于各自的储液通道，全血样本的定量进样由取样通道实现，两端分别通过延时截止阀连接到芯片正面的全血加样口和排气口。芯片存储时，加样口、排气口和四个驱动口均使用胶带密封。加样时，首先撕开正面的密封胶带，由加样口加入全血至超过排气口端的延时截止阀即可，然后阀门自动延时关闭并将全血定量截留在取样通道中。经实验验证，该芯片处理与手动处理血样检测出的淋巴细胞亚群百分比最大差异小于 0.9%，可认为全血预处理模块能实现与传统手动预处理相同的预处理效果。

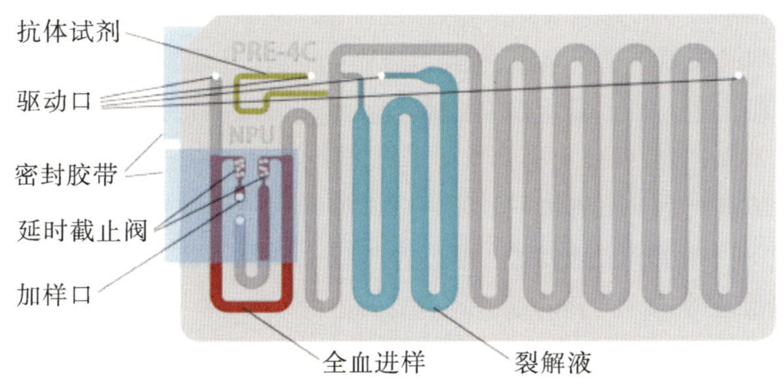

图 15.3 全血预处理芯片微通道设计

最后，悬浮细胞液制备完成后，加入荧光素偶联抗体进行细胞标记，使细胞带有相应的荧光素，在后续检测中经激光激发可产生特定波长的荧光。流式检测中常用的荧光素是荧光素异硫氰酸酯（FITC）和磷酸化红藻胺（PE），由 488 nm 激光器激发。荧光素偶联抗体由荧光素和抗体组成，其抗体包括特异性抗原结合和非特异性受体结合两部分，因此需要做样本封闭处理，以此保证所有的结合都是抗原与荧光素偶联抗体的特异性结合。做荧光标记的方法比较简单，只需在样品单细胞悬液中加入适量的荧光素偶联抗体，充分混匀，在 4℃下静置 30 min，用磷酸盐缓冲溶液（PBS）洗去游离的抗体，重悬细胞后即可进行上样准备，进行仪器检测和分析。

流式分选和流式分析在样品制备上有许多相似之处，都是将样品处理为单细胞悬浮液状态。为了提高分离的效率，样品处理时细胞的密度不能太高，避免细胞间的粘连，尽可能使每个液滴中只含有一个细胞。

15.3.2 样品测试

样品测试是将已经完成孵育和染色标记的细胞悬液转移到流式细胞仪进行结果检测。流式细胞仪大致分为主机部分（包括激光激活源、射流和射线探测器）和计算机部分（数据分析软件）。

在使用流式细胞仪之前，必须对其进行调整和校正，该环节主要是对测量区的光路、液流速度、激光强度等进行调节，以保证仪器处于最佳工作状态。在运行过程中首先打开电源，预热系统，再打开气阀，调整压力参数，获得合适的液体流速，同时启动光源冷却系统。在试管中添加去离子水，清洗液体喷嘴系统，然后通过调定放大器电路增益、光电倍增管电压、激光功率提高荧光信号强度并减小变异系数，从而得到更加准确的分析结果。在选定测量参数、细胞数、流速后，在同一工作条件下分析目标样品和对照样品，通过选择数据显示模式观察和理解测量过程。测量完毕后，采用去离子水清洗液流系统，在将测试数据输入电脑后，关掉气阀和测量仪器，由计算机处理得到最后的结果。目前市面上有多种具体型号的流式细胞仪，其具体操作需要参照仪器说明书。

对于分选型流式细胞仪而言，除了调节激光光路外，还需要调节液滴延迟，保证仪器对于液滴的处理能够正确作用到相应液滴上。另外，分选后一般还需要继续培养细胞，因此上样时加 75% 乙醇，保证上样管道处于无菌状态，消毒接收仓（可用酒精喷洒消毒），保证接收仓内环境也处于无菌状态。如果分选型流式细胞仪配备有温控系统或者冷却系统，在分选过程中可以开启此系统，使分选过程中样品细胞和接收管中的细胞均保持在 4℃，以尽量保证分选后得到的细胞具有活力。

15.3.3 结果分析

对流式细胞仪数据进行分析可以确定样品中表达标记物的相对比例关系。数据的分析软件，除了和仪器配套的分析软件外，还有如 FlowJo、Kaluza 等商业化计算机程序。最终数据的显示形式有直方图、散点图和等高线图等，其中由于散点图可以同时表达两种通道的信息，因此具有较强的可视化和通用性。

散点图的横、纵坐标分别表示一个荧光信号或散射光信号相对强度的值，坐标可以是线性或对数的，图中每一点代表一个细胞。比如前向/侧向散点图的横、纵轴分别表示 FSC 与 SSC，反映的是细胞大小和内容物的多少。在流式检测结果中，首先可以根据前向/侧向散点图判断细胞的物理性质，前向散射光代表细胞的大小，侧向散射光代表细胞的颗粒度。在此基础上通过“设门”确定目标研究细胞的所在区域，再根据测试需要选择参数进行分析。

以全血细胞淋巴亚群检测为例，如图 15.4 所示，首先在 CD45-FITC/SSC 散点图中设门圈出 FITC 信号较强而 SSC 信号较弱的淋巴细胞，然后分别在 CD3-PC5/CD4-RD1 散点图和 CD3-PC5/CD8-ECD 散点图中设门圈出双阳性的 CD3 + CD4 + (T4) 和 CD3 + CD8 + (T8) 淋巴细胞亚群和总 CD3 + 淋巴细胞；可以统计出淋巴细胞亚群占总淋巴细胞的百分比，CD3 + CD8 + 淋巴细胞百分比为 25.1 ±0.5%，总 CD3 + 百分比为 87.5 ±0.5%，CD3 + CD4 + 百分比为 57.3 ±0.8%。

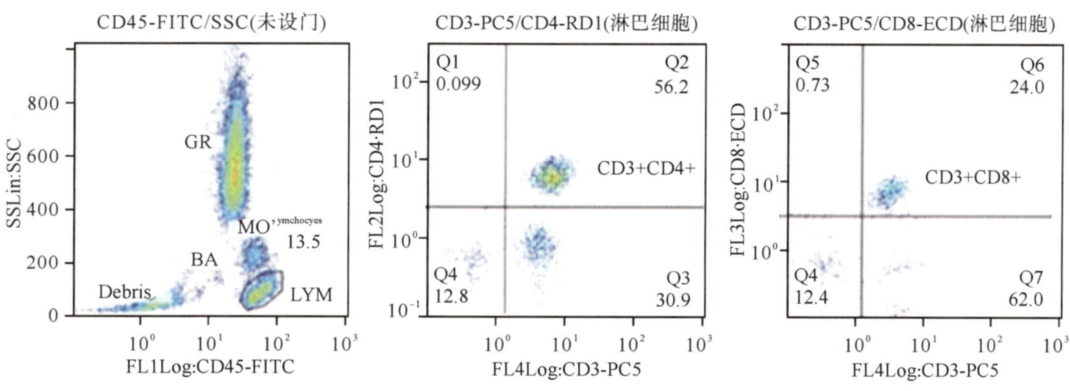

图 15.4 全血细胞淋巴亚群检测散点图

对于流式细胞仪，分析设门得到目标细胞后，最后要将分选出来的细胞用离心管或者流式管道来收集，同时还可以补充一些培养液，起到缓冲作用并提供营养，这样才能保持细胞的活力。若所分选的细胞需进行培养，则可将特定浓度的抗生素注入收集管。如果是在不太洁净的环境下，一定要用含有抗生素的 PBS 进行清洁，然后用含有抗生素的培养基进行培养，这样可以避免细菌的感染。

15.4 流式细胞术的应用

近年来，流式细胞术在液路、光路和信号转化、数据采集、计算等方面发展迅速，为个性化医疗背景下的血液学、免疫学、肿瘤学等提供单细胞水平更快、更精、更广的组学信息。目前我国流式细胞术的应用领域主要集中在免疫学、血液学等领域,基于流式细胞术的检测理论,可将其拓展到法医物证技术、毒物分析检测等方面。本节将具体介绍流式细胞术在医学诊断和生物安全证据方面的应用。

15.4.1 血液系统疾病诊断

流式细胞术经常被用来对血液系统疾病的免疫分型和白血病最小残留病变(MRD)进行有效监测,进行血液系统疾病的诊断、治疗评估和可能的复发监测[2]。流式细胞术的细胞免疫表型鉴定在诊断造血系统疾病时具有重大的意义,是最重要的国际公认标准之一,目前已被广泛接受并被认为是一种免疫表型鉴定方法。

白血病是一类因造血干细胞的分化受阻、增殖失控、凋亡受到抑制等机制引起的造血干细胞恶性增殖疾病。对白细胞表面抗原的研究为白血病的分型、诊断和治疗提供了重要的基础,如B淋巴细胞的CD22、CD20、CD19等抗原,T淋巴细胞的CD3、CD5、CD8等抗原,巨核系的CD61、CD42、CD41抗原,髓系细胞的CD15、CD13、CD33、CD14、髓过氧化物酶等抗原。利用流式细胞术检测被单克隆抗体标记的淋巴细胞来对白血病进行分型是鉴别急性白血病和慢性白血病的重要依据。流式细胞术检测白血病的分型具有准确、快速和方法简便等优点,其在检测外周血细胞时能够圈定需要检测的细胞团,从而排除血小板、红细胞、细胞碎片的干扰,相比荧光显微镜和免疫组化的方法,其准确性更高。

此外,流式细胞术能通过噻唑橙、吖啶橙等荧光染料结合红细胞中的RNA来检测网织红细胞占成熟红细胞的百分比值,以及红细胞的成熟度,为贫血的治疗监测提供了重要的依据。通过流式细胞术还能检测血小板表面相关抗原来辅助诊断血小板相关的疾病,如非免疫性血小板活化、急性心肌梗死、动脉粥样硬化、血小板输血或药物不良反应引起的血小板止血功能障碍。

15.4.2 尿液成分检测

尿常规是医学检验三大常规项目之一,通常由尿液物理、化学成分检测和有形成分检测几部分组成,可以对泌尿系统疾病做出辅助诊断及鉴别诊断,对预后判断也有重要意义。尿液有形成分检查在诊断、鉴别泌尿系统疾病与评估疗效的过程中发挥着至关重要的作用,显微镜检查在一定程度上是检验尿液有形成分的金标准。流式细胞仪检测可以筛选出尿液中有形成分含量属于正常范围的人群,将其视为正常而不需要进行镜检的样本,以此可以更加细致地对有病理成分标本进行尿镜检。另外,利用尿流式分析仪可以对均一性红细胞群和非均一性红细胞群进行更加客观的分析,根据其比例变化可以更加有效地鉴别与诊断血尿的来源。

流式细胞术进行尿液中有形成分检测的优点是可自动化分析尿液,工作流程被简化,尿液不必离心而可以直接上机检查,重复性好;检测速度快,便于质量控制和标准化操作,具有较高的准确度和精密度,还能弥补干化学法的许多缺陷,为临床提供更多的诊断依据。

新型的全自动尿液有形成分分析仪已成为尿沉渣检测的首选工具,但是机器不能检出滴虫、胱氨酸、脂肪滴、某些药物、结晶等,尤其对病理性管型不能明确分类,而病理性管型的分类又具有重要意义;对脓尿、肉眼血尿、高浓度碎屑、黏液丝等标本分析不够准确,仍存在假阴性、假阳性方面的不足[3];消耗品的价格昂贵、成本高。因此,尿沉渣检测仪器不能完全取代传统的显微镜人工镜检。

15.4.3 毒物分析

由于尿液检测的成本最低、结果很可靠,使用又方便快捷,所以,尿液是当前最常使用的进行人体内毒品成分检验的工具。但是由于尿液检测最长的有效期为一周(最佳检测时间为吸毒后三四天内),因此就有可能出现吸毒者在一个星期前吸毒,而尿液检测结果却是阴性(即未检测出吸毒)的情况。为了保证检测的准确性,可以使用流式细胞术检测人体内是否有毒品。

首先,新型毒品(K 粉、摇头丸、麻古)滥用者的 CD4 T 淋巴细胞会出现进行性或不规则性下降,标志着免疫系统受到严重损害,可能发生多种机会性感染或肿瘤。CD4 细胞是辅助性 T 细胞,能够协助 B 细胞分化抗体;CD8 细胞是一种抑制性 T 细胞,能够抑制 B 淋巴细胞活性以及 T 细胞的增殖。两者的稳态维持着机体正常的免疫应答。当机体受到新型毒品的兴奋性刺激时,CD4 细胞降低,CD8 细胞增高,CD4/CD8 比值下降,导致辅助性功能下降,抑制性功能上升,引起人体合并多种疾病感染。

吸食阿片类毒品者的红细胞 C3b 受体花环率及 CD4 细胞百分率明显低于健康人。红细胞免疫复合物花环率及 CD8 细胞百分率依据吸毒史的长短、吸入量的多少亦有明显变化,吸毒史长、吸入量大者相差显著;且 CD4 细胞百分率与红细胞 C3b 受体花环率降低呈正相关。毒品通过激活中枢阿片受体下丘脑 - 垂体 - 肾上腺轴,刺激促肾上腺皮质激素分泌和释放,进而促使肾上腺糖皮质激素水平增高。糖皮质激素具有抑制淋巴细胞丝状分裂和淋巴细胞直接溶解作用,使淋巴细胞系统负性调节,使外周血 CD4 减少。由于机体 CD4 细胞数目明显降低,使 CD8 细胞增高,CD4/CD8 比值明显降低,T 淋巴细胞介导的细胞免疫功能严重受损,机体抵抗力下降,对外界刺激的应激反应降低,容易受细菌、病毒感染,罹患肺结核、肝硬化、小叶性肺炎等与免疫相关的疾病。

综上所述,流式细胞术通过检测 CD4 细胞和 CD8 细胞的含量,可以检测人体是否在一定时间内摄入过毒品。

15.4.4 药物检测

使用流式细胞术的受体占有率(receptor occupancy,RO)分析可以识别、量化和监测治疗药物与其靶点的结合[4]。RO 分析可帮助确定生物治疗药物的最低生物学效应水平，从而防止发生不良反应（包括细胞因子风暴），并建立最佳剂量方案。RO 的长期饱和可能表明药物结合过度或时间延长，可能会导致严重的副作用或毒性。

通常用于 RO 评估的分析有两种基本类型。第一种是利用与药物分子竞争的荧光标记抗体（通常是药物分子的荧光标记版本）评估未占用或未结合（称为“自由的”）位点比例的间接方法。第二种是直接评估结合药物的水平，在该试验中，使用荧光标记的识别药物分子的抗体（称为“结合的”）。检测样本一般使用全血。

通过 RO 评估可以检测出死者是否由于药物过量致死，对于刑侦案件的勘破具有很大的帮助。

15.4.5 血型鉴定

血型鉴定是利用抗原抗体反应的原理，例如分别将抗 A 血清和抗 B 血清滴在载玻片上，与 A 型血清发生凝集反应就是 A 型血，与 B 型血清发生凝集反应就是 B 型血，如果同时与 A、B 血型都发生凝集反应就是 AB 型，如果都没有发生反应就是 O 型血。可以看出，传统血型鉴定是建立在显微镜镜检的基础上的，这种方式显然会受到检测环境和操作人员的限制。此外，对于 ABO 血型系统中亚型的鉴定、Rh 血型系统的鉴定，以及某种原因引起红细胞血型抗原减弱的定型，常规方法只能用吸收放散试验及测定唾液中分泌型血型物质，间接证明红细胞上的血型抗原及其强度，同样对操作人员的素质有很高要求。因此，应用流式细胞术，及时、快速、准确地鉴定红细胞血型及其亚型，就成为确保输血安全与患者生命健康的一种优秀的选择。

利用流式细胞术进行血型鉴定的主要方案与典型的流式荧光检测流程一致，即制备红细胞的单细胞悬液，防止较大的细胞团块或细胞碎片影响结果，然后使用荧光试剂染色红细胞上的抗体（如 Rh 血型分析时最常用的荧光标记物就是 FITC），最后在孵育完成后利用激光诱导荧光，检测红细胞悬液的荧光染色情况，进而判断血型。

15.4.6 尸体死亡时间的推断

死亡时间（postmortem interval，PMI）是指人体死后的时间间隔，也就是检查尸体与死亡的时间间隔。在刑事和民事调查中，准确预测 PMI 对于调查确定嫌疑人和受害者之间的时间关系、从嫌疑人名单中排除人员以及与人寿保险相关的欺诈行为等至关重要。

在法医学中，推断 PMI 有基于如僵硬、死后疼痛、超生反应等依据的物理方法，但不能给出准确的 PMI。法医病理学则通过测量体液（如血液、脊髓液、眼睛中的玻璃体液和水体液等）的化学浓度与死亡时间成正比的关系进行判断。除了这些方法外，可以研究 DNA 随时间的降解模式来估计死亡时间。

流式细胞仪可以通过测定人体死后组织细胞 DNA 含量的变化规律来推断死亡时

间。在组织细胞经过碘化丙啶(PI)或4',6-二脒基-2-苯基吲哚(DAPI)等特染后,用流式细胞仪测定组织细胞内DNA含量。有研究使用流式细胞仪分析了大鼠死后心、肝、肾细胞悬液的DNA含量情况,发现个体差异较小,心、肝、肾间DNA含量无显著差异。死后6 h内细胞DNA含量变化不显著,死后12~24 h下降显著,死后30~48 h下降趋于缓慢,以后按一定规律下降至消失,其原因与死后的机体酶活性降低有关。

流式细胞仪在法医科学领域的首次应用是根据已知PMI的尸检中采集的脾组织,采用FCM确定DNA降解率与死亡后时间之间的关系:在死后72 h内,脾脏及其他组织细胞均呈现出一定的规律性降低,DNA含量与死亡时间之间存在很强的相关关系;超过72 h,FCM检测不到任何有效值。

对于样本的选择,通过对比研究死者脾脏、肝脏和犯罪现场发现的血液三种提取样本,发现使用流式细胞术测定DNA降解率与体外和尸体组织中的时间关系,肝组织是最好的样本,因为它在DNA降解和死亡后的时间之间几乎呈线性相关,可以作为PMI的判断依据。也有研究通过流式细胞术分析了在两种不同温度(21℃和4℃)下96 h内DNA降解的速率,结果发现脑组织的DNA降解比脾更少,表明脑组织是估计死亡时间的更好选择。另外,玻璃体液被广泛用于估计PMI,它因为受到良好的保护,自溶过程较慢。其PMI估计是通过测量玻璃体液中的钾浓度来完成的,但玻璃体液中的污染会影响结果。Corderio等人应用流式细胞术检测并消除玻璃体液中的血液污染。他们观察到,流式细胞术即使在1:750000稀释的受污染的玻璃体液中也能检测到玻璃体液的红细胞。

对于运用流式细胞仪测定人体死后组织细胞DNA含量的变化规律来推断死亡时间,还需要在不同条件下对样本量进行大量研究以建立普遍接受的DNA降解率,将PMI以图表或经验关系的形式表示以免判断错误。另外,可以将流式细胞术与图像分析技术相结合,以有效提高DNA的检测精度,从而推动PMI推断的发展。

15.4.7 混合检材拆分和细胞分选

混合检材在法医学上因为受成分种类、个体数量和所占比例的影响,检测和结果分析比较繁琐,特别是对小成分的检测可能失败。目前常用的两种对混合检材的检测分析方法是细胞物理分离法及混合分型拆分法,其中细胞物理分离法得到的证据可信度更高且更容易理解。因此,基于流式细胞仪用于细胞分选可以从不同的细胞群中分离和富集目标细胞的特点,其在混合检材的检验分析中有较好的应用前景。

精液和阴道液混合斑是性侵案件中常见的一种混合斑,其检测的目的是为了发现男性的遗传标志。在此类案件中使用基于流式细胞术分类可以提供足够数量的精子细胞以便于DNA分型,从而识别罪犯。在性侵案件中,有优先裂解和密度梯度离心等方法可用于区分和分离精液和阴道液。然而,这些方法涉及多个阶段,可能会导致污染和精子细胞丢失。如果只有少量的精子细胞和大量的阴道细胞,那么犯罪者的身份识别就更加困难。Schoell 等人建议使用流式细胞术分离精子细胞和阴道细胞，因为该方法即使只有微量精子也很有效。Nunno 等人还研究了流式细胞术在使用阴道细胞分离精子细胞方面的效果。研究结果表明，基于形态学的区域具有识别精子细胞的最大可能性，在强奸案件中，可以使用流式细胞术检查阴道液。Viator 等将公牛精子细胞稀释并利用流式细胞术检测，发现检测灵敏度可达每毫升 3 个精子细胞，进一步说明了流式细胞术对精子细胞具有较好的检测灵敏度。因此，在 DNA 提取前，使用流式细胞术对混合斑中微量的精细胞进行分选具有重要意义。

对多为混合检测的接触性检材，可以采用流式细胞仪对接触性检材中的组分及 DNA 的来源进行分析，并将其与人体皮肤上的脱落细胞进行分离。Cristina 等采用流式细胞仪从细胞水平研究接触性检材 DNA 的来源和相对比例，结果显示，接触性标本中多数为无核化角质化细胞，其中84% ~100% 的 DNA 分布于细胞体外。这对提取和保存现场的物证和 DNA 的后续分析都有一定的参考价值。

在司法实践中经常会碰到血样，这是一种最常见的物证。由于这种混合检材各组分相同，很难用细胞间的不同来实现物理分离。但是由于只有白细胞才是有核细胞，所以可以通过流式细胞仪对混合样品进行分类，从而方便后续的 DNA 分析。安志远等人开发了一种利用流式细胞仪对混合样品的白细胞进行快速分选的新方法[5]。在细胞染色中，选择 CD227 相关荧光(519 nm)作为 Y 轴，CD45 相关荧光(450 nm)作为 X 轴。采用流式细胞仪分选 100 个 CD45 + 细胞，随后进行聚合酶链反应(polymerase chain reaction, PCR)复合扩增和基因检测。

综上所述，在法医混合检材的应用中，流式细胞术具有广大的应用前景，应该积极地进行这方面的研究和应用，从而减少检测成本，提高检测准确性和效率。

15.4.8 精神疾病检测

在公检法案件中有患精神分裂症的罪犯和受害者，检测他们的精神状态对案件的分析有帮助，在心理学家作判断的同时提供科学证据作为补充。通过对精神分裂症免疫功能紊乱机理的研究，结果显示患者外周血液中 T 淋巴细胞(CD3 +)、辅助性 T 淋巴细胞(CD4 +)水平均较正常对照组低，TH1 淋巴细胞明显减少，TH2 细胞数量较多。已有研究表明，精神分裂症患者的某些特定细胞因子介导的免疫机能异常，可促进免疫细胞的反应，导致机体免疫活性异常。其中，Th17 细胞系是从作用型 CD4 + T 细胞中分化而来的，而 IL - 17 则是其主要的作用因子。四川省医学会精神病学年会指出，外周血 Th17 相关炎症因子与精神分裂症的暴力侵害行为有一定的关系。

同样的，研究发现抑郁症患者存在效应 T 细胞失衡，特别是 Th1 细胞增多，Th2 细胞明显减少[6]。应用流式细胞仪检测抑郁症患者血液中的淋巴细胞亚群，结果显示抑郁症患者 CD3 +T 细胞、CD3 + CD4 +T 细胞比例及绝对值均低于正常人，但 CD3 + CD8 +T 细胞的比例和绝对值明显高于正常人,而在不同程度抑郁症患者中,CD3 + T、CD4 + T 和 CD3 + T 的比例和绝对值都有差异。另一项研究发现,抑郁症患者的外周血中中央记忆性 T 细胞(Tcm)与效应记忆性 T 细胞(Tem)的比率出现了相反的改变[7]。

基于上述理论机理变化,利用流式细胞仪对外周血进行免疫检测分析,是对涉及精神相关问题的科学证据补充。

15.4.9 水库水质与海水淡化污染监测控制

近年来,随着现代化和城市化进程的加速,淡水水库的水质开始日益遭受严重破坏,主要原因是外源性污染物和内源性污染物的影响。外源性污染物多指外来污水中的有害化学成分(如重金属和有机物等)和微生物,而内源性污染物主要是水库底质中积累的化学物质和微生物。这些污染物,特别是微生物污染物,一旦快速增殖爆发,就会对水库产生巨大的威胁,危害人民的生命健康。无独有偶,海水淡化工程也经常面临此类问题。海水淡化经常会产生大量高盐水和富营养凝胶质(沉降海水中的大颗粒物),这些副产物往往会引发微生物的聚集,引发赤潮,危害当地居民的健康并造成经济损失。因此,利用科技手段监测特定环境、特定区域里的水源、河流、海洋等的微生物数量等级,降低人类或其他动植物感染微生物患病可能,预防有害微生物(如有毒藻类)的爆发,就具有重大的生物安全意义。

考虑到此类监测的自动化、长期化和无人化的需求,流式细胞术就成为一个极佳的选择。一种解决方案就是在水库、河口或入海口等处安装微型的、具备无线收发信息、太阳能充电、毛细管汲液取样功能的、基于微流控芯片的流式微生物检测仪。除定期、定时的计数(每次更换芯片或几次更换芯片)的监测外,也可以为某种特定的、有较大爆发可能的、容易造成重大经济损失的有害微生物配置特定的染色微流控芯片,以进行针对性监控,防患于未然。

15.5 总结与展望

流式细胞术在高速、高通量、多参数逐个检测细胞和相似大小颗粒方面独具特色。目前,流式细胞术在生物证据安全领域的应用仍处于研究探索阶段,国内外相关的研究报道尚少。从本章对流式细胞术的介绍可以了解到,流式技术已在科研、临床检测中获得广泛应用,进入快速增长期。流式细胞术已普遍应用于免疫学、血液学、肿瘤学、细胞生物学、细胞遗传学、生物化学等临床医学和基础医学研究领域。

基于可检测目标物及其变化机理的理论,流式细胞术可以拓展到如法医物证技术、毒物分析检测等方面。一方面,将来的发展可以针对特定应用场景来设定仪器的参数和能力,如用于法医物证检测中对某些单一项目检测的微流控流式,强调低成本、简易和方便性能，争取实现在公检法机关的普遍应用；另一方面，通过提升如检测灵敏度、分选速度、分选精度或分选细胞的活力水平等的检测能力，将流式细胞术推广到检测可溶物质如蛋白质、核酸等，甚至实现多重检测。自动化技术也是流式细胞术在生物安全证据应用上的开发目标。随着数据的复杂度和规模的增长，手工圈门分析方法对操作人员的要求较高，因此，开发合适的数学算法和软件以自动化处理、分析数据，充分挖掘数据中的信息，能发挥出先进的流式技术的作用。

总的来说，流式细胞术在生物证据领域的应用具有较好前景，应积极开展该方面的研究与应用，着力降低检验成本，提高检测的准确性，并简单化仪器操作。

（苑曦宸　姜乃乾　常洪龙）

参考文献

[1] 寻文鹏. 面向航天流式细胞术的聚合物微流控芯片技术研究[D]. 2019.

[2] 张月霞. 流式细胞术的医学应用现状与前景[J]. 中国当代医药, 2019, 26(34).

[3] 周小安, 周小芹, 薛辉, 等. 尿沉渣法、干化学法及传统镜检检测尿液有形成分的对比研究[J]. 检验医学与临床, 2022, 19(12): 1668 –1670,1674.

[4] AUDIA A, BANNISH G, BUNTING R, et al. Flow cytometry and receptor occupancy in immune-oncology[J]. Expert Opin Biol Ther, 2022, 22(1): 87 –94.

[5] 安志远, 徐珍, 凃政. 一种应用流式细胞术快速分选混合样本白细胞的方法[J]. 中国法医学杂志, 2019, 34(05): 491 –493.

[6] SERAFINI G, COSTANZA A, AGUGLIA A, et al. The role of inflammation in the pathophysiology of depression and suicidal behavior: implications for treatment[J]. Med Clin North Am, 2023, 107(1): 1 –29.

[7] 李光, 张玲, 贺毅, 等. 抑郁症患者外周血记忆性 T 细胞亚群分析[J]. 北京医学, 2022, 44(06): 475 –479.

第 16 章 生物安全风险因子评价体系

16.1 生物安全风险因子评价体系概述

从近年来几次大的公共卫生事件来看，由于国家、地区、人群、种族、社会环境、意识形态、经济水平等不同，生物安全事件对经济社会的影响有所不同，所采取的措施和由此引发的后果也不同。生物安全风险的大小，不仅仅取决于生物安全事件本身的直接技术性危害，其对经济社会的危害程度与很多因素息息相关，这些影响生物安全风险程度的因素就是生物安全风险因子。借助生物安全风险因子，以不同的生物安全事件的种类、性质、因果关系、损害范围和后果、修复机制等为出发点，对生物安全事件的因果关系进行判定，并对由此引发的损害后果进行科学评估，从而采取适当、可行、合理、低成本的应对策略，是整个生物安全事件处理的核心环节，也是生物安全管理的重中之重。因此，有必要建立生物安全风险因子评价体系，当生物安全事件发生后，通过识别出可能对人类、动物和环境造成危害的生物安全风险对象，以不同的生物安全风险因子为参照物，对生物安全风险的传播途径和因果关系进行分析，对其造成经济社会危害的性质、范围和程度等进行判断，从而制定有针对性的防控方案，采取相应的防控策略和有效的技术手段；同时，优化各种资源配置，持续监测和评估防控效果，及时调整和改进防控策略，以确保各项防控处置措施持续有效，对经济社会发展的影响降到最低。

16.2 生物安全风险因子构成

通过分析不同因素对生物安全风险判定、评估、应对、处置和恢复等的影响程度，深入考察不同社会背景下哪些因素对国家生物安全产生影响，初步筛选出政治制度、法律政策保障体系、管理组织体系、管控措施、监测与追踪能力、人口基数、宣传教育程度、公众参与度、直接危害率、国家间协同能力等 10 个生物安全风险因子。

16.2.1 政治制度

政治制度影响政治过程，进而影响到其结果[1]。政治制度决定了政府在生物安全风险防控中的角色和作用。在集权制国家，政府通常拥有更高的决策效率和执行力，能够更快地采取措施控制风险传播；而在一些分权制国家，地方政府可能拥有更大的自主权，这使得风险防控策略的执行效果可能因地区而异。同时，政治制度也影响了政府应对风险的透明度和公信力。人民民主主义制度国家通常更加注重民众的知情权和参与权，及时向公众公布疫情信息，与民众进行沟通交流，增强民众对政府防控措施的信任和支持；而一些资本主义国家可能面临信息透明度不足、为了少数人利益隐瞒真实情况等问题。政治制度还影响着国际合作的有效进行，国家间可能因为政治制度不同而导致在跨国合作中存在一定的分歧和困难，一些国家可能因为强调主权和独立性而不愿意接受国际援助或建议。总之，政治制度的稳定性和决策机制的科学化对于制定和执行生物安全管理政策具有重要影响，稳定、高效的政治制度可以为生物安全风险防控提供坚实的基础。

16.2.2 法律政策保障体系

不论是中国还是西方国家，法律本义都是“正义”，都是对坚守合宜的事物或行为的伦理要求[2]。法律以国家强制力为后盾而成为普遍利益与特殊利益的调适器[3]。法律政策保障体系通过对有利于大多数人的利益规则的固化，为生物安全风险防控提供坚实的制度支撑和保障。通过制定相关法律法规和政策文件，可以明确生物安全风险防控的基本原则、工作目标、主要任务、工作要求和责任等，规范相关主体行为，督促各方履行责任，提高各项规定的针对性和可操作性，确保防控工作有序有效开展。例如，对于违反生物安全法律法规的行为，可以依法进行惩处，从而起到震慑和警示作用。同时，通过制定相关技术标准和规范，可以为生物安全防控提供统一的技术指导和标准要求，促进防控技术研发和应用，提高防控工作的科学性和有效性，为防控提供技术支持和保障。通过参与国际生物安全法律法规的制定和实施，可以加强与其他国家和地区的合作和交流，共同应对全球性生物安全挑战。

16.2.3 管理组织体系

管理组织体系的作用在于有效地协调和整合组织资源，实现组织目标，提升整体效率，在面对复杂多变的环境时能够做出迅速而准确的响应。管理组织体系是生物安全事件处置的核心。管理组织体系的效率和执行力决定了政府、医疗机构等组织在生物安全事件应对中的反应速度。组织体系高效，能够迅速调动资源、协调各方行动，有利于尽早控制危机。管理组织体系也决定了社会各种资源和物资的调配效率，高效、有序的组织体系能够更好地将资源和物资分配到影响最严重的地区和机构。管理组织体系的开放、民主、包容决定了生物安全事件各种信息的上传下达和公开透明度，有利于及时向公众传达危机信息，增强公众的信任感和安全感，有利于政府和民众的互动与沟通，鼓励更多的社会组织和个人参与到防控工作中，形成全民参与、共同防控的良好局面。危机防控往往涉及多个部门和多方利益，管理组织体系决定了跨部门协作的效率和效果，有力的组织体系能够协调各方利益，形成统一高效的协作机制，更有利于防控工作开展。总之，一个完善的管理组织体系能够形成有力的领导和监督机制，加强跨部门、跨地区的协作与合作，形成统一的指挥体系和工作机制，提高生物安全管理的效率和协同作战能力，确保生物安全危机得到有效处置。

16.2.4 管控措施

管控措施能够有效降低和控制生物安全风险，直接决定着生物安全事件处置的效果。封锁、隔离、限制人员流动等管控措施可以有效减缓生物安全危机的传播速度，减少所波及的人员范围，但也可能导致企业停工、商店关闭、交通运输受阻等，对正常的经济社会活动产生一定冲击，因此，政府要权衡危机防控和社会经济发展的关系，尽量减少管控措施对经济社会的负面影响。管控措施对民众的生活和心理健康也会产生负面影响，可能导致民众出现焦虑、抑郁等心理问题，催生恶意散播谣言、哄抬物价等违法行为，对社会秩序和公共安全产生不良影响。总之，科学、合理的管控措施，有利于预防生物安全事件的发生，控制生物安全危机的发展和蔓延，维护稳定的社会秩序和确保公共安全。

16.2.5 监测与追踪能力

监测与追踪能力是生物安全风险防控中不可或缺的一环，通过实时、精准的监测和追踪潜在风险，为有效预防和应对生物安全事件提供关键信息支持，从而显著提升防控工作的效率和准确性。建立健全的监测体系和高效的追踪机制，可以及时发现潜在的生物安全风险，为防控工作争取宝贵时间。同时，通过对相关指标的持续监测，以及对可能存在风险的场所、人群、物品等进行追踪，可以评估传播趋势，预测未来的发展变化情况，为防控工作提供预警。通过对监测数据的分析，可以了解风险来源、传播途径和扩散趋势，为防控工作提供科学依据，帮助制定更加精准和有针对性的防控措施。通过监测、追踪防控措施的实施与后果，及时发现防控漏洞，从而调整防控策略，提高防控效果。总之，加强监测、追踪能力建设，提高监测、追踪的准确性和及时性，对于生物安全风险防控具有重要意义，政府、企业和相关组织应加大投入，加强监测、追踪技术的研发和应用，提高监测、追踪能力，为保障生物安全提供有力支持。

16.2.6 人口基数

人口基数的大小直接影响着生物安全事件的传播速度和影响范围。生物安全事件发生后,人口基数大意味着更大的医疗和物资等需求和消耗,付出的成本更高。同时,人口基数大也意味着传播的风险更高,需要追踪和隔离的密切接触者数量更多,增加了防控难度,防控压力更大,实施防控措施需要更全面和细致。人口基数大也意味着更庞大的人口密度和更复杂的经济结构,生物安全事件对经济社会发展的波及面和影响面也更大,引发失业和经济衰退的可能性更大。人口基数大的国家往往也是人口大国,这在全球公共卫生危机中增加了国际合作的需求,需要协调更多的国家和地区共同应对疫情,分享防控经验和医疗资源。总之,不同地区和人口密度的差异,对于相应的管控措施和应急预案等的要求有所不同。

16.2.7 宣传教育程度

宣传教育程度是动员公众和社会各个方面积极参与生物安全风险防控,提高生物安全管理各项措施实施效果的重要手段。宣传教育有助于大众了解生物安全事件的严重性、传播途径、防护措施等,增强自我防护意识和能力,养成自我防护、保持社交距离等良好的行为习惯,从而降低传播风险,加强各项防控措施落实,形成全民参与、共同防控的良好局面。宣传教育也有助于大众进一步了解生物安全知识,不断提高生物安全意识,时刻保持警惕,减少潜在的生物安全风险。宣传教育也有助于及时传递权威信息,树立正确舆论导向,打破各种谣言,缓解大众的恐慌情绪,增强社会凝聚力和向心力,共同应对危机挑战。总之,宣传教育程度是应对生物安全危机非常重要的一环,政府、媒体、社区等各方应当加强宣传教育力度,提高宣传教育的针对性和实效性,不断提高公众应对生物安全危机的能力。

16.2.8 公众参与度

在社会领域中政府与公众、公权力与私权利的关系是核心问题,而公众参与是破解该问题的唯一理想方案[4]。公众参与度是生物安全危机处置能否取得成功的关键。发生生物安全事件后,公众的参与能够弥补政府防控力量的不足,减轻应急、医疗、安全等部门压力,使有限的资源得到更加合理的分配和使用。公众自我防护意识的加强和防护措施的跟进,可以降低自身被传播或感染的风险,提高全社会的警觉性,有效遏制风险传播。公众的积极参与还可以增加风险监测的准确性,帮助政府及时掌握生物安全危机变化情况,为制定科学的防控策略提供依据。同时,在政府的统一调度下,公众可以协助开展排查、追踪、隔离等工作,提高防控的效率。公众的积极参与和相互支持还可以增强社会凝聚力和向心力,增强公众应对危机的信心和勇气,提高全社会的责任感和使命感。

公众的参与也能增进政府和大众之间的沟通交流，增强互信，提高生物安全管理的透明度和公正性，增强管理的合法性和可信度。总之，公众的参与是生物安全危机防控成功的关键，政府应该提供必要的资源和支持，建立健全公众参与机制，鼓励和引导公众有序、有效地参与防控工作。

16.2.9 直接危害率

直接危害率可以直观反映生物安全风险的实际影响程度，为生物安全风险防控提供量化依据和参考，更有效地降低生物安全事件的发生概率和危害程度。生物安全风险多种多样，不同的风险可能具有不同程度的危害。通过对直接危害率的分析判断，可以更加准确地评估风险的严重程度，为制定科学合理的防控策略提供依据。直接危害率的变化趋势对于调整防控策略具有重要意义，如果危害率持续上升，防控策略需要根据实际情况进行适时调整，采取更加严格的措施，以遏制风险的扩散和危害的加重。直接危害率是评估防控效果的重要指标，通过监测和追踪直接危害率的变化，可以评估防控措施的效果，为防控工作的持续改进提供依据。总之，直接危害率是生物安全防控工作的重要参考指标之一，加强直接危害率的监测和评估，提高数据的准确性和可靠性，对于制定防控策略、调整防控措施和提高防控效果具有重要意义。

16.2.10 国家间协同能力

国家间的协同能力是应对跨国界生物安全挑战，最大限度消除生物安全威胁的重要手段。在全球化时代，许多生物安全风险超越国界，需要国际社会共同应对。国家间的协同能力有助于各国有效地进行信息共享和情报交流，了解生物安全风险的全球态势，预测发展趋势，提高对风险的预警和应对速度；同时，也可以促进生物安全技术研发，合力攻克科技难题，提高科技手段在防控中的有效应用。国家间的协同能力也有利于各国医疗物资、科研成果、防控经验等方面的共享，优化资源配置，提高防控效率，还能够有效破除制度隔阂，加强国家间的合作与交流，提高国际合作和联合行动的一致性，推动全球生物安全治理体系的完善和发展，提高整体治理水平，降低生物安全风险的发生和影响。总之，加强国家间的协同能力，建立有效的信息共享机制和技术交流平台，积极参与国际生物安全合作，对于提高生物安全风险防控，提升全球生物安全治理水平具有至关重要的作用。

根据以上 10 个生物安全风险因子在生物安全风险防控中所发挥的作用、影响的程度、不良时引发的后果等，可以分别给每个因子赋值，形成可预测、可量化的生物安全风险因子评价体系，为制定综合高效、务实管用的生物安全风险防控政策和相关标准提供依据和支持，有效降低生物安全风险对人类、动物和环境的危害。

16.3 生物安全风险因子评价体系对加强我国生物安全管理工作的启示

党的二十大报告提出:“从现在起,中国共产党的中心任务就是团结带领全国各族人民全面建成社会主义现代化强国、实现第二个百年奋斗目标,以中国式现代化全面推进中华民族伟大复兴。”

生物安全风险因子评价体系是制定生物安全政策、加强生物安全管理工作的科学基础。加强我国生物安全管理,要以习近平新时代中国特色社会主义思想为指导,深入贯彻落实总体国家安全观,坚持党的领导,坚持以人民为中心的发展思想,坚持以人为本、风险预防、分类管理、协同配合原则,紧紧围绕生物安全管理现代化,充分发挥生物安全风险因子评价体系的科学证据作用,统筹发展和安全,完善国家生物安全战略,健全党委领导、政府负责、社会协同、公众参与、法治保障的生物安全治理机制,切实提高防范和应对生物安全风险能力水平,切实推动生物安全管理工作科学化、规范化、专业化,努力筑牢国家生物安全屏障,维护国家安全和社会稳定。这是我们在充分吸取近年来生物安全防控工作经验,用科学的思维和模式创新生物安全管理工作的必然选择。

16.3.1 顶层设计科学化

以顶层设计推动实践发展构成当代中国社会发展的基本逻辑,着力于科学化、全面化、制度化和实践化的顶层设计与整体谋划,是十八大以来党中央治国理政实践的鲜明特色,它为坚持和发展中国特色社会主义提供了重要的启迪[5]。科学的顶层设计意味着在生物安全管理工作中,必须基于科学思维构建法律制度体系,基于科学证据建设风险评估、应急处置、修复效果评价等工作体系,尊重科学规律构筑合理有效的决策体系,推动生物安全管理工作在科学轨道上运行,确保国家生物安全管理体系科学严谨、严密精细、务实高效。要紧紧围绕保护人民群众身体健康、维护国家安全、促进经济发展等,进一步明确生物安全管理的远景规划和短期战略目标,确保工作目标清晰、具体、明确,成为指导各级政府部门和相关单位加强生物安全管理工作的准则。要充分考虑生物安全领域的各方面、各要素,如生物资源保护、生物技术研发和应用、生物产品监管等,确保各个部分之间协调一致,形成有机整体。要在《中华人民共和国生物安全法》明确生物安全的基本原则、目标、任务和责任主体,并规定生物安全管理的基本制度、措施和程序等基础上,不断健全完善生物安全相关的生物技术、生物资源、生物产品等法律法规制度体系,确保各个领域都有法可依;进一步明确政府、企业、科研机构、个人等各方主体的法律责任,规范生物安全管理的行为和流程,建立严格的处罚机制,对违反生物安全管理规定的行为进行处罚,确保法律法规的有效执行。同时,要建立评估和修订机制,定期对生物安全法律法规制度进行评估,根据评估结果及时修订完善相关法律法规;建立反馈机制,收集公众和相关利益方的意见和建议,为法律法规的修订提供参考。

16.3.2　风险防控主动化

主动防控生物安全风险,是国家生物安全能力建设的重中之重。要建立健全风险监测与预警机制,通过定期收集监测病原体传播、生物技术发展、生物资源利用等方面的动态信息并对其进行分析整合,评估各种因素对人类健康、生态环境和经济社会发展的影响,及时发现潜在风险,并发出预警。要基于科学证据,充分运用生物安全风险因子,采用科学方法和模型,全面评估生物安全风险的大小、可能性和影响,强化生物安全风险评估能力,为决策提供科学依据。同时,加强决策科学化,决策过程应公开透明,充分考虑各方利益诉求和专家意见。要基于科学的风险评估,采取主动式风险管理策略,包括预防、控制、减轻和应对等,制定和实施有效的政策措施、技术标准和操作规范,降低生物安全风险的发生概率和影响程度。要持续投入资源和资金,加强生物安全领域的科研工作,推动相关技术的研发和应用,加强科研支撑和创新能力,为生物安全风险防控提供有力的技术支撑。

16.3.3　应急处置规范化

生物安全事件发生后,应急处置工作的规范化水平高低决定着能否成功实现防控目标。要基于科学的风险评估和实际情况,制定和完善生物安全应急预案,明确应急处置的流程、职责、资源和措施,提高预案的可操作性和针对性。要定期开展生物安全应急演练,检验应急预案和指挥体系的有效性,对演练中发现的问题和不足及时进行整改和完善,提高应急处置的实战能力。要建立专门的生物安全应急指挥体系,充分发挥快速响应、决策科学、指挥有力等优势,负责统一指挥和协调,确保应急处置工作的高效运转。要组建由专业的应急管理人员、专业技术人员和救援人员等组成的生物安全应急队伍,加强队伍的培训和演练,提高应急处置的能力和水平。要强化应急药品、防护用品、救援设备等应急物资保障,建立应急物资储备和调配机制,确保应急物资的充足供应和合理有效使用。要建立健全信息报告和信息公开机制,及时、准确、全面地收集生物安全事件的相关信息,加强各部门之间的信息共享和协同作战,确保沟通协调流畅无障碍。

16.3.4　技术管理标准化

技术管理标准化是生物安全防控的基石,它确保防控工作的统一性、协同性和高效性,从而显著提升生物安全风险的应对能力和防控效果。加强生物安全技术管理,要从随机应急向标准化转变,不断提升管理效率和水平。要加强生物安全技术标准体系建设,为 8 大生物安全技术领域及细分领域(如实验室安全、基因编辑、病原体检测等)制定详细、完备的技术管理标准,明确生物安全风险防控的技术操作规范和安全要求等,并为各项生物安全技术设定具体的评估指标，如实验室的安全等级、生物安全柜的性能标准等，并积极参与国际生物安全技术标准的制定和修订，推动我国的技术标准与国际接轨，不断提高技术管理规范化标准化水平。要构建生物安全技术管理体系，在国家层面自上而下设立专门的生物安全技术管理机构，在企业或研究机构内部设立专门的生物安全技术管理部门，负责技术的日常管理和监督，加强生物安全技术研发到应用的评估、审批、培训、监测等全流程管理，提高管理的标准化水平。要加强技术培训和能力建设，定期对技术人员和管理人员进行技术培训和考核，确保其掌握最新的技术知识和操作规范，达到预期的技术操作性要求。要加强对新出现或重点生物安全技术的审查和评估，确保其安全性、有效性和前沿性。要充分利用现代技术手段（如传感器、数据分析等）建立生物安全技术监测和预警系统，实时监控技术运行状态，为关键生物安全技术指标设定预警阈值，实现监测预警自动化。要设立研发基金，为生物安全技术的研发提供资金支持，鼓励企业和研究机构进行技术创新，加强产学研合作，促进技术成果的转化和应用。

16.3.5 人才培养规模化

大规模的专门化人才是确保生物安全的防控和管理等工作取得成功的重中之重，必须不断加大生物安全人才培养力度。要制定全面的人才培养计划，针对生物安全领域的不同岗位和需求（如生物技术专家、生物安全管理员、生物安全研究员等），明确人才培养的目标、内容、方式和时间，以及所需的资源和支持等，并根据培养目标，设计包含基础理论知识、专业技能和实践操作的课程体系，促进人才培养有目标、有遵循。要加强师资队伍建设，积极引进国内外优秀的生物安全领域人才，定期为现有教师提供培训和发展机会，鼓励教师开展科学研究，提高其专业素养和教学能力。要根据社会对生物安全人才的需求，通过高考、自主招生、继续教育等不同的招生渠道，不断扩大生物安全相关专业的招生规模和招生范围，优化招生政策，吸引更多的学生报考生物安全相关专业。要加大对实践教学环节的投入，建设完善的实践教学基地和实验室，建立产学研合作机制，为学生提供更多的实践机会，积累更多实践经验，促进学校、企业和研究机构之间的合作与交流，提高生物安全领域的人才培养质量。要优化人才培养模式，充分利用现代教育技术手段，结合线上线下教学方式，与国际知名高校和研究机构开展交流与合作，引进国际先进的生物安全人才培养经验和技术，提高教学效果和学习体验。

16.3.6 国际合作机制化

生物安全领域的国际合作，是我国生物安全管理适应愈加严峻的生物安全形势的必然要求。要推动建立国际生物安全合作框架，明确合作的目标、原则、领域和方式，以指导性的文件方式为各国在生物安全领域的合作提供方向和依据。要推动设立国际生物安全合作机构，负责协调和管理各国的合作活动，通过定期召开会议，评估合作进展，解决合作中出现的问题,推动各国之间的合作深入开展。要通过建立信息交流平台、开展技术合作项目等方式,加强生物安全领域信息共享和技术交流,促进各国之间的合作和沟通,共同应对生物安全挑战。要推动生物安全标准和规范的统一,积极参与国际生物安全标准和规范体系建设,减少各国之间的合作障碍,提高合作效率。要加强能力互补和技术转让,加强对生物安全治理能力薄弱的国家的技术支持和援助,促进各国在生物安全领域的共同发展。要在建立疫情预警、应急响应、联合防控等方面应对生物安全事件的合作机制,推动各国在面临生物安全事件时能够快速、有效地采取行动,减少损失和影响,共同应对生物安全挑战。

16.3.7 组织领导体系化

加强组织领导,实现各项工作组织化、体系化,是关系生物安全管理工作成败的关键所在。要加强党中央集中统一领导,设立专门的国家生物安全管理委员会,由党中央直接领导,负责审议和决策国家生物安全重大战略、政策和规划,明确生物安全管理的目标和任务,指导各级政府和各部门开展生物安全管理工作,强化国家生物安全工作的整体规划和统一协调行动。要推动建立权威的生物安全管理机构,在国家层面设立国家生物安全管理局,负责全国生物安全管理的综合协调和监管,负责统一指挥和协调全国生物安全应急响应工作;在省、市、县三级政府设立相应的生物安全管理部门,作为上级生物安全管理部门的派出机构,负责生物安全管理的日常工作和决策执行,确保各项生物安全管理工作有效运行;落实和强化地方政府生物安全管理责任,加强地方生物安全管理能力和水平。要完善生物安全应急指挥与队伍建设,建立国家生物安全应急指挥中心,负责统一指挥和协调全国生物安全应急响应工作;设立国家生物安全专家库,为生物安全管理和应急响应提供专业技术支持;加强各级生物安全应急专业人才队伍的建设,提高应急处置队伍快速响应和高效专业处置的能力水平。要建立部门协调合作机制,加强信息共享平台建设,促进各部门之间的合作与沟通,形成工作合力。

（张效礼　李生斌）

参考文献

[1] 童建挺.政治制度:作用和局限[J].当代世界与社会主义,2009(1):122－126.

[2] 夏勇.人权概念起源[M].北京:中国政法大学出版社,1992:28.

[3] 马长山.从市民社会理论出发对法本质的再认识[J].法学研究,1995(1).

[4] 杨成虎.公众网络参与若干问题探析[J].云南社会科学,2010(3):24－27.

[5] 高建生.十八大以来党中央以顶层设计推动实践发展[J].马克思主义研究,2016(2):5－11,158.

索　引

Y